U0915480

中 国 国 家 标 准 汇 编

432

GB 24183～24245

（2009 年制定）

中国标准出版社　编

中 国 标 准 出 版 社

北　京

图书在版编目(CIP)数据

中国国家标准汇编:2009年制定.432:GB 24183～24245/中国标准出版社编.—北京:中国标准出版社,2010

ISBN 978-7-5066-6005-1

Ⅰ.①中… Ⅱ.①中… Ⅲ.①国家标准-汇编-中国-2009 Ⅳ.①T-652.1

中国版本图书馆CIP数据核字(2010)第165722号

中国标准出版社出版发行
北京复兴门外三里河北街16号
邮政编码:100045

网址 www.spc.net.cn
电话:68523946 68517548
中国标准出版社秦皇岛印刷厂印刷
各地新华书店经销

*

开本 880×1230 1/16 印张 37.5 字数 1 068 千字
2010年10月第一版 2010年10月第一次印刷

*

定价 220.00 元

ISBN 978-7-5066-6005-1

出 版 说 明

1.《中国国家标准汇编》是一部大型综合性国家标准全集。自1983年起，按国家标准顺序号以精装本、平装本两种装帧形式陆续分册汇编出版。它在一定程度上反映了我国建国以来标准化事业发展的基本情况和主要成就，是各级标准化管理机构，工矿企事业单位，农林牧副渔系统，科研、设计、教学等部门必不可少的工具书。

2.《中国国家标准汇编》收入我国每年正式发布的全部国家标准，分为"制定"卷和"修订"卷两种编辑版本。

"制定"卷收入上一年度我国发布的、新制定的国家标准，顺延前年度标准编号分成若干分册，封面和书脊上注明"20××年制定"字样及分册号，分册号一直连续。各分册中的标准是按照标准编号顺序连续排列的，如有标准顺序号缺号的，除特殊情况注明外，暂为空号。

"修订"卷收入上一年度我国发布的、修订的国家标准，视篇幅分设若干分册，但与"制定"卷分册号无关联，仅在封面和书脊上注明"20××年修订-1，-2，-3，……"字样。"修订"卷各分册中的标准，仍按标准编号顺序排列(但不连续)；如有遗漏的，均在当年最后一分册中补齐。需提请读者注意的是，个别非顺延前年度标准编号的新制定的国家标准没有收入在"制定"卷中，而是收入在"修订"卷中。

读者配套购买《中国国家标准汇编》"制定"卷和"修订"卷则可收齐上一年度我国制定和修订的全部国家标准。

3. 由于读者需求的变化，自1996年起，《中国国家标准汇编》仅出版精装本。

4. 2009年我国制修订国家标准共3 158项。本分册为"2009年制定"卷第432分册，收入国家标准GB 24183～24245的最新版本。

中国标准出版社
2010年8月

目　　录

GB/T 24183—2009　金属材料　制耳试验方法 …… 1
GB/T 24184—2009　烧结熔剂用高钙脱硫渣 …… 7
GB/T 24185—2009　逐级加力法测定钢中氢脆临界值试验方法 …… 11
GB/T 24186—2009　工程机械用高强度耐磨钢板 …… 21
GB/T 24187—2009　冷拔精密单层焊接钢管 …… 29
GB 24188—2009　城镇污水处理厂污泥泥质 …… 43
GB/T 24189—2009　高炉用铁矿石　用最终还原度指数表示的还原性的测定 …… 49
GB/T 24190—2009　铁矿石　化合水含量的测定　卡尔费休滴定法 …… 59
GB/T 24191—2009　钢丝绳　实际弹性模量测定方法 …… 73
GB/T 24192—2009　铬矿石　粒度的筛分测定 …… 81
GB/T 24193—2009　铬矿石和铬精矿　铝、铁、镁和硅含量的测定　电感耦合等离子体原子发射光谱法 …… 87
GB/T 24194—2009　硅铁　铝、钙、锰、铬、钛、铜、磷和镍含量的测定　电感耦合等离子体原子发射光谱法 …… 95
GB/T 24195—2009　金属和合金的腐蚀　酸性盐雾、"干燥"和"湿润"条件下的循环加速腐蚀试验 …… 108
GB/T 24196—2009　金属和合金的腐蚀　电化学试验方法　恒电位和动电位极化测量导则 …… 123
GB/T 24197—2009　锰矿石　铁、硅、铝、钙、钡、镁、钾、铜、镍、锌、磷、钴、铬、钒、砷、铅和钛含量的测定　电感耦合等离子体原子发射光谱法 …… 137
GB/T 24198—2009　镍铁　镍、硅、磷、锰、钴、铬和铜含量的测定　波长色散X-射线荧光光谱法(常规法) …… 149
GB/T 24199—2009　纯吡啶中吡啶含量的气相色谱测定方法 …… 159
GB/T 24200—2009　粗酚中酚及同系物含量的测定方法 …… 165
GB/T 24201—2009　高炉炭块抗铁水熔蚀性试验方法 …… 171
GB/T 24202—2009　光缆增强用碳素钢丝 …… 177
GB/T 24203—2009　炭素材料真密度、真气孔率测定方法　煮沸法 …… 187
GB/T 24204—2009　高炉炉料用铁矿石　低温还原粉化率的测定　动态试验法 …… 193
GB/T 24205—2009　铁矿粉　烧结试验结果表示方法 …… 203
GB/T 24206—2009　洗油15℃结晶物的测定方法 …… 217
GB/T 24207—2009　洗油酚含量的测定方法 …… 221
GB/T 24208—2009　洗油萘含量的测定方法 …… 227
GB/T 24209—2009　洗油黏度的测定方法 …… 233
GB/T 24210—2009　整体石墨电极弹性模量试验　声速法 …… 239
GB/T 24211—2009　蒽油 …… 243
GB/T 24212—2009　甲基萘油 …… 247
GB/T 24213—2009　金属原位统计分布分析方法通则 …… 251
GB/T 24214—2009　煤焦油水分快速测定方法 …… 261
GB/T 24215—2009　桥梁主缆缠绕用低碳热镀锌圆钢丝 …… 267

GB/T 24216—2009 轻油 …… 273
GB/T 24217—2009 洗油 …… 279
GB/T 24218.1—2009 纺织品 非织造布试验方法 第1部分:单位面积质量的测定 …… 283
GB/T 24218.2—2009 纺织品 非织造布试验方法 第2部分:厚度的测定 …… 287
GB/T 24219—2009 机织过滤布泡点孔径的测定 …… 293
GB/T 24220—2009 铬矿石 分析样品中湿存水的测定 重量法 …… 299
GB/T 24221—2009 铬矿石 钙和镁含量的测定 EDTA滴定法 …… 303
GB/T 24222—2009 铬矿石 交货批水分的测定 …… 313
GB/T 24223—2009 铬矿石 磷含量的测定 还原磷钼酸盐分光光度法 …… 319
GB/T 24224—2009 铬矿石 硫含量的测定 燃烧-中和滴定法、燃烧-碘酸钾滴定法和燃烧-红外线吸收法 …… 327
GB/T 24225—2009 铬矿石 全铁含量的测定 还原滴定法 …… 339
GB/T 24226—2009 铬矿石和铬精矿 钙含量的测定 火焰原子吸收光谱法 …… 347
GB/T 24227—2009 铬矿石和铬精矿 硅含量的测定 分光光度法和重量法 …… 355
GB/T 24228—2009 铬矿石和铬精矿 化学分析方法 通则 …… 363
GB/T 24229—2009 铬矿石和铬精矿 铝含量的测定 络合滴定法 …… 367
GB/T 24230—2009 铬矿石和铬精矿 铬含量的测定 滴定法 …… 375
GB/T 24231—2009 铬矿石 镁、铝、硅、钙、钛、钒、铬、锰、铁和镍含量的测定 波长色散X射线荧光光谱法 …… 383
GB/T 24232—2009 锰矿石和铬矿石 校核取样和制样偏差的试验方法 …… 395
GB/T 24233—2009 锰矿石和铬矿石 评定品质波动和校核取样精密度的试验方法 …… 403
GB/T 24234—2009 铸铁 多元素含量的测定 火花放电原子发射光谱法(常规法) …… 415
GB/T 24235—2009 直接还原炉料用铁矿石 低温还原粉化率和金属化率的测定 气体直接还原法 …… 425
GB/T 24236—2009 直接还原炉用铁矿石 还原指数、最终还原度和金属化率的测定 …… 433
GB/T 24237—2009 直接还原炉料用铁矿球团 成团性的测定方法 …… 445
GB/T 24238—2009 预应力钢丝及钢绞线用热轧盘条 …… 457
GB/T 24239—2009 直接还原铁和热压铁块 取样和制样方法 …… 465
GB/T 24240—2009 直接还原铁 热压铁块(HBI)表观密度和吸水率的测定 …… 507
GB/T 24241—2009 直接还原铁 热压铁块转鼓和耐磨指数的测定 …… 517
GB/T 24242.1—2009 制丝用非合金钢盘条 第1部分:一般要求 …… 525
GB/T 24242.2—2009 制丝用非合金钢盘条 第2部分:一般用途盘条 …… 543
GB/T 24243—2009 铬矿石 采取份样 …… 551
GB/T 24244—2009 铁氧体用氧化铁 …… 565
GB/T 24245—2009 橡胶履带用钢帘线 …… 577

ICS 77.040.10
H 22

中华人民共和国国家标准

GB/T 24183—2009/ISO 11531:1994

金属材料 制耳试验方法

Metallic materials—Earing test

(ISO 11531:1994,IDT)

2009-06-25 发布 2010-04-01 实施

中华人民共和国国家质量监督检验检疫总局
中国国家标准化管理委员会 发布

前　言

本标准等同采用国际标准 ISO 11531:1994《金属材料 制耳试验》(英文版)。为了便于使用，本标准做了下列编辑性修改:

a) “本国际标准”一词改为“本标准”;

b) 用小数点“.”代替作为小数点的逗号“,”;

c) 删除了国际标准的前言;

d) 引用文件按对应的国家标准作了变更。

本标准由中国钢铁工业协会提出。

本标准由全国钢标准化技术委员会归口。

本标准起草单位:上海出入境检验检疫局、武汉钢铁股份有限公司、冶金工业信息标准研究院。

本标准主要起草人:吴益文、华沂、李荣峰、祝洪川、胥成民、董莉、徐凌云。

金属材料　制耳试验方法

1　范围

本标准规定了金属薄板(带)在深冲后测定制耳高度的试验方法。

本标准适用于厚度为0.1 mm～3 mm的金属薄板(带)。

2　规范性引用文件

下列文件中的条款通过本标准的引用而成为本标准的条款。凡是注日期的引用文件,其随后所有的修改单(不包括勘误的内容)或修订版均不适用于本标准,然而,鼓励根据本标准达成协议的各方研究是否可使用这些文件的最新版本。凡是不注日期的引用文件,其最新版本适用于本标准。

GB/T 1031　表面粗糙度　参数及其数值(GB/T 1031—1995,neq ISO 468:1982)

GB/T 4340.1　金属材料　维氏硬度试验　第1部分:试验方法(GB/T 4340.1—2009,ISO 6507-1:2005,MOD)

3　符号及说明

表1列出了制耳试验中所用符号及说明,并在图1和图2中加以了说明。

表1　符号及说明

符号	说明	单位
a	试样厚度	mm
d_1	冲头直径	mm
R_1	冲头圆角半径	mm
d_2	凹模内径	mm
R_2	凹模内侧圆角半径	mm
d_b	试样直径	mm
h_t	制耳峰高(制耳顶峰到冲压杯底外表面的垂直距离)	mm
h_v	制耳谷高(相邻两个制耳之间的谷底到冲压杯底外表面的垂直距离)	mm
$h_{t,max}$	h_t 的最大值	mm
$h_{v,min}$	h_v 的最小值	mm
$\overline{h_t}$	h_t 的平均值	mm
$\overline{h_v}$	h_v 的平均值	mm
$\overline{h_e}$	平均制耳高度	mm
$h_{e,max}$	制耳高度的最大值	mm
Z	制耳率(以百分比表示的制耳高度)	%
Ra	表面粗糙度(表面轮廓的数学平均偏差)	μm

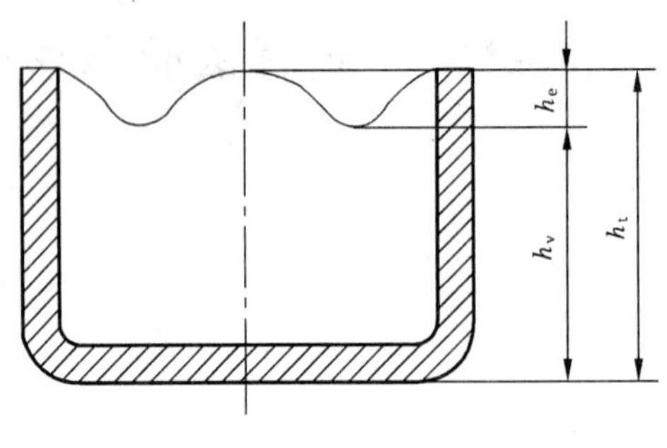

图 1 杯体示意图

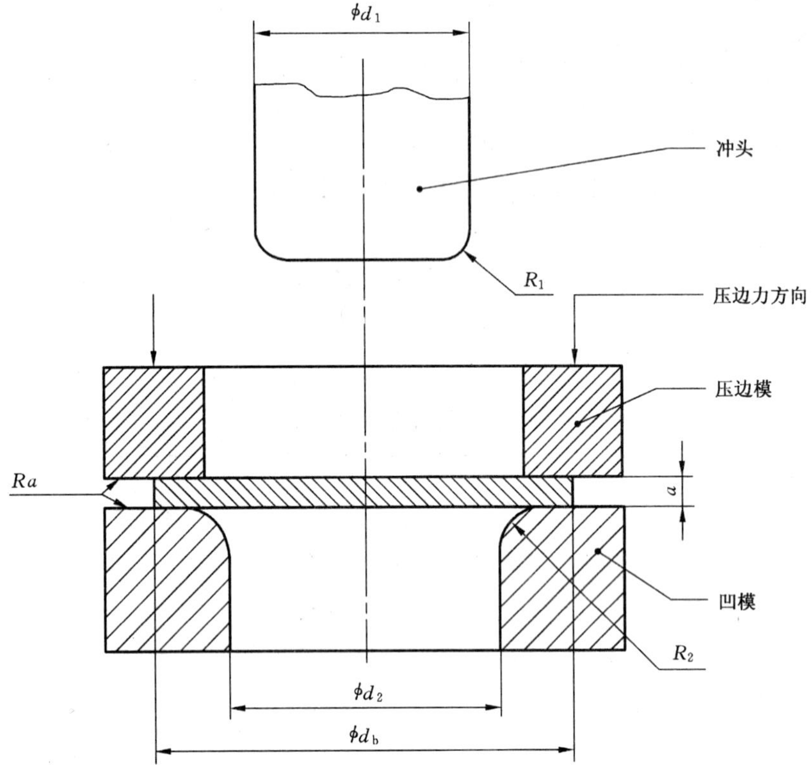

图 2 试验装置的总布置图

4 原理

从金属薄板(带)上取下圆形试样,深冲成圆柱形杯体,然后测量深冲后杯体上每个制耳峰和谷的高度。

5 . 试验设备

5.1 试验装置的总布置图见图 2。冲头应能够沿着凹模、压边模和试样的中心轴线移动。试验设备应避免出现由于压边力的作用和/或由于冲头和凹模之间没有足够的间隙所造成的制耳熨平,且在不损害制耳的情况下,可取出冲压成形杯体。

5.2 试验设备应保证可控的冲压速度和压边力。

5.3 本试验设备应配备一套定位装置从而确保试样和试验设备同轴。

注:对部分已预成型为杯状的试样,试验时可以不用试样定位装置。

5.4 根据金属板的不同厚度，冲头和凹模的尺寸应按照表2的要求来选择，除非产品标准或双方协议中另作规定。

注：表2列出了通常要求的冲头和凹模的尺寸组合。由于冲头和凹模的间隙的影响，这种组合并不一定对所有的材料都是理想的。如果产品标准中规定了冲头和凹模的尺寸组合，应优先考虑。

表2 冲头和凹模的尺寸组合

试样厚度 a	凹模内径 d_2		凹模圆角半径 R_2		表面粗糙度（最大值）Ra
mm	$d_1=33$ mm	$d_1=50$ mm	$d_1=33$ mm	$d_1=50$ mm	μm
$0.1<a\leqslant0.2$	33.44	50.44	$2.0_{-0.2}^{0}$	$2.5_{-0.2}^{0}$	0.1
$0.2<a\leqslant0.4$	33.88	50.88	$2.5_{0}^{+0.2}$	$3.0_{0}^{+0.2}$	0.1
$0.4<a\leqslant0.8$	34.76	51.76	$3.5_{0}^{+0.2}$	4.5±0.1	0.8
$0.8<a\leqslant1.6$	36.52	53.52	$5.0_{0}^{+0.2}$	6.5±0.1	0.8
$1.6<a\leqslant3.0$	39.60	56.60	$7.0_{0}^{+0.2}$	$9_{-0.2}^{0}$	1.6
冲头直径为33 mm时，冲头圆角半径 R_1 为3.3 mm±0.05 mm；冲头直径是50 mm时，冲头圆角半径 R_1 为5.0 mm±0.05 mm。					

5.5 凹模、压边模和冲头应有足够的刚度，在试验中不应有明显变形。凹模、压边模和冲头的工作表面硬度应不小于750HV30。与试样接触的凹模、压边模和冲头的表面应抛光，其粗糙度 Ra 应符合表2要求。

6 试样

6.1 试样为圆盘状。拉延比是指圆盘试样直径和冲头直径的比率，在确保空心圆柱形杯体底部不产生撕裂的前提下应尽可能选用大的拉延比。在一个系列测试或对比试验中，所有试验的拉延比应保持一致。比较合适的拉延比为1.8。

6.2 试样的周边不应有影响试验结果的毛刺。

6.3 试验前，不能对试样进行锤打或冷、热加工。

7 试验步骤

7.1 通常，试验应在10 ℃～35 ℃的温度范围内进行。在需要控制温度条件下进行的试验，温度应控制在23 ℃±5 ℃以内。

7.2 试样的厚度测量应精确至0.01 mm，并根据5.4的要求选择合适的冲头和凹模。

7.3 在试验之前，要按照相关产品标准的要求或双方协议在试样的两面轻轻且均匀地涂抹润滑剂，应根据材料的特性来选用润滑剂。

7.4 将试样放在压边模和凹模之间，并且同轴心，施加足够的压边力来防止试样四周边缘起皱。

注：如果不知道试验所需的压边力，可以通过反复多次试验来确定。以下提供的压边力仅用于第一次的尝试性试验（也可见5.1）。

冲头直径/mm	铝	钢铁
33	1 000 N	2000 N
50	2 000 N	4 000 N

7.5 让冲头慢慢接触试样，冲压成杯体，并且周向无凸缘。

7.6 圆柱形冲压杯体出现不同轴心、有不规则变形和其他缺陷的情况，该试样报废。

7.7 测量冲压杯体的每个制耳峰高 h_t 和制耳谷高 h_v，精确到±0.05 mm。

7.8 记录制耳相对于薄板(带)轧制方向的方位。

8 结果计算

通过上述测量，可以确定下列参数值。

8.1 制耳峰高 h_t 平均值和制耳谷高 h_v 的平均值：

$$\overline{h_t}=\frac{h_{t1}+h_{t2}+h_{t3}+\cdots\cdots}{\text{制耳峰的数量}}$$

$$\overline{h_v}=\frac{h_{v1}+h_{v2}+h_{v3}+\cdots\cdots}{\text{制耳谷的数量}}$$

8.2 平均制耳高度：

$$\overline{h_e}=\overline{h_t}-\overline{h_v}$$

8.3 制耳高度的最大值：

$$h_{e,max}=h_{t,max}-h_{v,min}$$

8.4 制耳率：

$$Z=\frac{\overline{h_e}}{\overline{h_v}}\times 100$$

9 试验报告

9.1 试验报告应包括以下内容：

a) 本国家标准的编号；

b) 试样的详细资料；

c) 试样实测厚度和直径；

d) 冲头和凹模的直径；

e) 试验速度；

f) 制耳的数量及其方位；

g) 本标准第8章规定的试验结果或双方议定的试验结果。

9.2 试验报告也可以包括以下内容：

a) 压边力；

b) 使用润滑剂的类型；

c) 本标准第8章以外的其他试验结果。

ICS 77.140.99
H 54

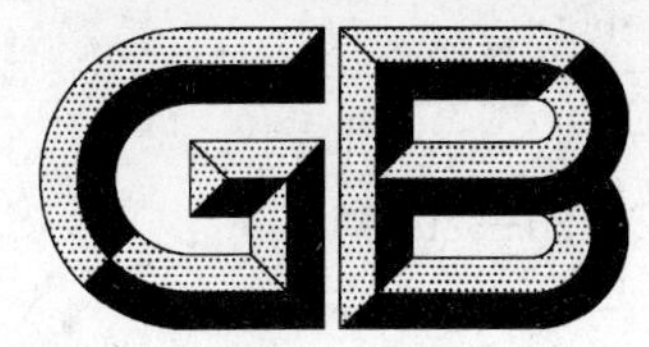

中华人民共和国国家标准

GB/T 24184—2009

烧结熔剂用高钙脱硫渣

High calcium hot melt slag after desulphurization for sintering flux

2009-06-25 发布　　　　2010-04-01 实施

中华人民共和国国家质量监督检验检疫总局
中国国家标准化管理委员会　发布

前　　言

本标准的某些内容有可能涉及专利。本标准的发布机构不应承担识别这些专利的责任。

本标准由中国钢铁工业协会提出。

本标准由全国钢标准化技术委员会归口。

本标准主要起草单位：马鞍山钢铁股份有限公司、冶金工业信息标准研究院。

本标准主要起草人：夏征宇、陈广言、刘玉兰、仇金辉、金俊、侯江、叶平。

烧结熔剂用高钙脱硫渣

1 范围

本标准规定了烧结熔剂用高钙脱硫渣(以下简称高钙脱硫渣)的技术要求、试验方法、检验规则、运输、贮存与质量证明书。

本标准适用于以钙基脱硫剂的铁水炉外脱硫工艺产生的高钙脱硫渣。

2 规范性引用文件

下列文件中的条款通过本标准的引用而成为本标准的条款。凡是注日期的引用文件,其随后所有的修改单(不包括勘误的内容)或修订版均不适用于本标准,然而,鼓励根据本标准达成协议的各方研究是否可使用这些文件的最新版本。凡是不注日期的引用文件,其最新版本适用于本标准。

GB/T 2007.1 散装矿产品取样、制样通则 手工取样方法

GB/T 2007.2 散装矿产品取样、制样通则 手工制样方法

GB/T 2007.7 散装矿产品取样、制样通则 粒度测定方法 手工筛分法

GB/T 3286.1 石灰石、白云石的化学分析方法 氧化钙量和氧化镁量的测定

GB/T 3286.2 石灰石、白云石的化学分析方法 二氧化硅量的测定

GB/T 3286.6 石灰石、白云石的化学分析方法 磷量的测定

GB/T 3286.7 石灰石、白云石的化学分析方法 硫量的测定

3 术语和定义

本标准采用下列术语和定义。

3.1

烧结熔剂用高钙脱硫渣 high calcium hot melt slag after desulphurization for sintering flux

以钙基脱硫剂的铁水炉外脱硫工艺产生的高钙脱硫渣称为烧结熔剂用高钙脱硫渣。

4 技术要求

4.1 化学成分

高钙脱硫渣化学成分应符合表1的规定。

表 1 高钙脱硫渣的化学成分(质量分数) %

项目	CaO	MgO	SiO_2	P	S
指标	≥53.0	≤3.0	≤12.0	≤0.15	≤3.00

4.2 粒度要求

高钙脱硫渣的粒度范围应符合表2的规定。

表 2 高钙脱硫渣的粒度范围

粒度规格/mm	最大粒度/mm	波动范围
0~5	8	0~5 mm 部分≥85.0%

4.3 高钙脱硫渣中不得混入其他外来杂物。

5 试验方法

5.1 取样和制样方法按 GB/T 2007.1 和 GB/T 2007.2 的规定进行。

5.2 氧化钙、氧化镁含量的测定按 GB/T 3286.1 的规定进行。

5.3 氧化硅含量的测定按 GB/T 3286.2 的规定进行。

5.4 磷含量的测定按 GB/T 3286.6 的规定进行。

5.5 硫含量的测定按 GB/T 3286.7 的规定进行。

5.6 粒度测定按 GB/T 2007.7 的规定进行。

6 检验规则

6.1 产品的质量由供方负责检验，每 500 t 为一检验批，不足 500 t 亦为一检验批。检验结果应符合本标准第 4 章的要求。

6.2 检验项目：粒度、氧化钙、氧化镁、二氧化硅、磷、硫。

7 运输、贮存与质量证明书

7.1 高钙脱硫渣在运输与贮存过程中应避免混入杂质，并应符合环境保护的有关规定。

7.2 质量证明书的内容包括：

a) 产品名称；

b) 生产单位与批号；

c) 证明书编号与日期；

d) 质量检验结果；

e) 检验人员。

ICS 77.040.10
H 22

中华人民共和国国家标准

GB/T 24185—2009

逐级加力法测定钢中氢脆临界值试验方法

Test method for measurement of hydrogen embrittlement threshold in steel by the incremental step loading method

2009-06-25 发布　　2010-04-01 实施

中华人民共和国国家质量监督检验检疫总局
中国国家标准化管理委员会　发布

前　言

本标准参照 ASTM F1624-06《用逐级加载技术测定钢中氢脆临界值试验方法》制定。

本标准由中国钢铁工业协会提出。

本标准由全国钢标准化技术委员会归口。

本标准起草单位：上海材料研究所。

本标准主要起草人：王滨、陈华锋、李光福。

引　言

氢脆是由进入钢中的氢引起的，氢在残余应力或服役时产生的外部应力作用下会使材料发生断裂。酸洗或电镀等工艺过程，或处于阴极保护条件下都可能在钢中产生氢。本方法可用于快速确定这些工艺过程中产生的残余氢的影响，或者定量确定一定充氢条件下材料的氢脆敏感性。

当预裂纹试样的残余应力和工作应力之和大于某一应力值时就会发生延迟断裂（有限寿命），小于这一应力值时就不会断裂（无限寿命），该应力值称为临界应力[对于预裂纹试样则称为临界应力强度(K)]。采用缺口试样的持久载荷-失效时间试验可以测定产生氢应力破裂的临界应力，但需要较多试样、多台高载荷能力的试验机和几千小时以上的试验时间。

本标准提供了一个只需要少量试样在一台设备上用一周以内的时间即可完成的加速试验方法，它可用于确定钢中产生初始氢应力破裂的临界应力或临界应力强度。

逐级加力法测定钢中氢脆临界值试验方法

1 范围

本标准规定一种用逐级加力法测量钢中氢脆临界应力值和临界应力强度值的符号与说明、原理、试验设备、试样、试验程序和试验报告。

本标准适用于定量评估钢的氢脆敏感性，或冶炼、热加工、表面处理等加工过程产生的钢内残余氢以及环境外部氢对钢性能的影响。

2 规范性引用文件

下列文件中的条款通过本标准的引用而成为本标准的条款。凡是注日期的引用文件，其随后所有的修改单(不包括勘误的内容)或修订版均不适用于本标准，然而，鼓励根据本标准达成协议的各方研究是否可使用这些文件的最新版本。凡是不注日期的引用文件，其最新版本适用于本标准。

GB/T 228　金属材料　室温拉伸试验方法(GB/T 228—2002,eqv ISO 6892:1998)

GB/T 4161　金属材料　平面应变断裂韧度 K_{IC} 试验方法(GB/T 4161—2007,ISO 12737:2005,MOD)

GB/T 15970.7　金属和合金的腐蚀　应力腐蚀试验　第7部分:慢应变速率试验(GB/T 15970.7—2000,idt ISO 7539-7:1989)

GB/T 16825.1　静力单轴试验机的检验　第1部分:拉力和(或)压力试验机测力系统的检验与校准(GB/T 16825.1—2008,ISO 7500-1:2004,IDT)

3 符号与说明

本标准使用的符号及相应的说明见表1。

表1　符号与说明

符　号	说　明
F	试验力
F_m	拉伸试验时得到的最大力
F_i	在位移控制条件下采用逐级加力法使在给定加力速率和环境条件的试样萌生裂纹时所承受的试验力
F_{in}	第 n 个试样的 F_i
F_{th}	F_i 不随加力速率变化时的临界值
A_{net}	试样的最小横截面积
σ_{th}	由 F_{th} 除以试样的最小横截面积 A_{net} 得到的氢脆应力临界值
$\sigma_{th\text{-}EHE}$	试验在给定的充氢环境下进行时，试样由外部氢引起的氢脆临界应力值

表 1（续）

符　号	说　　明
$\sigma_{th\text{-}IHE}$	试验在空气中进行时，试样由内部氢引起的氢脆临界应力值
$K_{th\text{-}EHE}$	试验在给定的充氢环境下以给定的加力速率进行时，试样由外部氢引起的氢脆应力强度临界值
$K_{th\text{-}IHE}$	试验在空气中以给定的加力速率进行时，试样由内部氢引起的氢脆临界应力强度值
K_{IEHE}	试验在给定充氢环境下进行时，试样由外部氢引起的恒定的氢脆临界应力强度值
K_{IIHE}	试验在空气中进行时，试样由内部氢引起的恒定的氢脆临界应力强度值

4　原理

通过逐级降低施加于不同试样上的加力速率，使氢扩散并产生裂纹，当位移保持不变的情况下，试验力将随裂纹萌生而减小，通过试验力-时间曲线可以得到氢脆临界应力或临界应力强度值。

5　试验设备

试验机的测力系统应按照 GB/T 16825.1 的要求进行校准，其准确度应为 1 级或优于 1 级。

如需在规定环境条件下进行试验，试验装置应能提供所需要的试验环境。

试验设备应能记录试验力-时间曲线。

6　试样

6.1　试样分为断裂力学试样和实物试样。

6.1.1　断裂力学试样应符合 GB/T 4161 的要求。

注：为保证试验结果的准确，预制疲劳裂纹时的最大应力应低于任一所测的氢致裂纹扩展的应力值的 60%。

6.1.2　实物试样是将产品实物作为试样，如紧固件。

注：对实物试样，同种材料不同形状或尺寸的试样试验结果会不同。

6.2　试样数量一般为 5 个～10 个。

7　试验程序

7.1　试验前按 GB/T 228 规定的试验速率对试样施加试验力直至断裂，测出最大力 F_m。

7.2　用逐级加力法对其余试样施加试验力达到 F_m 时，每级增加的试验力值应相等，其值取决于要求的试验准确度。如对于准确度为 5%的试验，每级增加的试验力为 5%F_m，共分 20 级加力。1# 试样每级试验力的保持时间一般为 1 h。随后的试样每级试验力的保持时间一般为前一个试样的 2 倍，如图 1 中所示的 2# 和 3# 试样。为节省试验时间，建议当试验力超过 0.5F_{in}时对每级的试验力保持时间加倍，如图 1 中所示的 4# 试样。

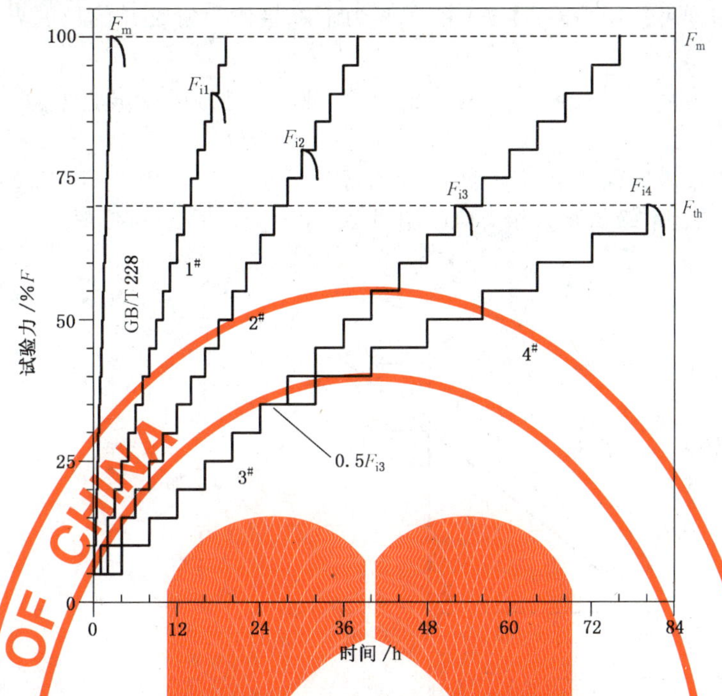

图1 逐级加力法确定临界应力的示意图

7.2.1 对1#试样进行分级施加试验力，每级施加的试验力为5%F_m，每级试验力的保持时间为1 h，记录试验力-时间曲线，从曲线上观察到试验力的下降量超过试验的准确度(如5%)时，记录此时裂纹萌生时的试验力F_{i1}(见图1)。F_{in}(n=1,2,3……)的确定方法如下：

7.2.1.1 如果试验力下降时，试验力-时间曲线形状呈凸形，即试验力下降速率是逐渐增加的，则可认为此时裂纹开始在试样中扩展，试验力开始下降时的值为裂纹形成的试验力F_{in}[见图2a)]。

7.2.1.2 如果试验力下降时，试验力-时间曲线形状呈凹形，即试验力下降速率是逐渐降低的，此时不能认为是裂纹形成时的试验力F_{in}[见图2b)]。这种现象是由于裂纹尖端应力大于等于试样的屈服强度使试样产生塑性变形、试样蠕变或试验设备等因素所造成的。

7.2.1.3 如果试验力下降时，试验力-时间曲线形状是从凹到凸的，即试验力下降速率从恒定不变或逐渐下降过渡到逐渐增加，那么曲线拐点处的力值也可定义为裂纹形成的试验力F_{in}[见图2c)]。

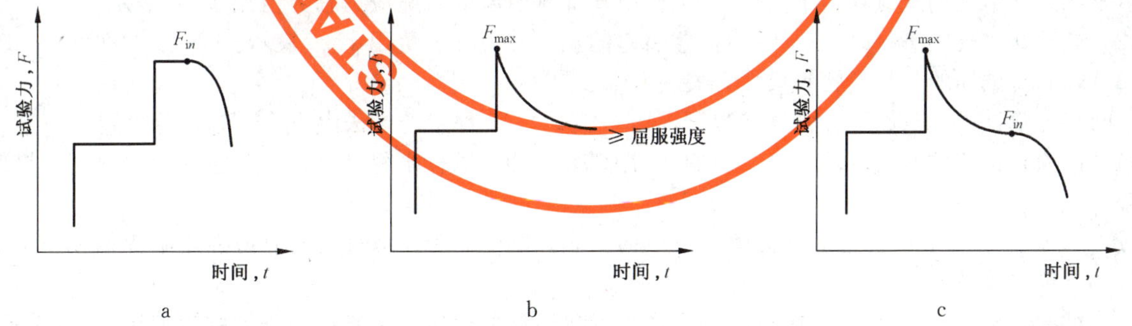

图2 裂纹开始扩展时的试验力的定义

7.2.2 随后的样品采取相同的加力级数但每级试验力的保持时间较前一个试样加倍的方法进行试验，由此可得出更低的裂纹萌生时的试验力F_{in}(见图1，F_{i2}每级试验力的保持时间为2 h，F_{i3}每级试验力的保持时间为4 h)。

7.3 如此试验直至获得不随试验速率变化的恒定的裂纹萌生时的试验力临界值F_{th}。F_{th}的确定方法如下：

7.3.1 对于裂纹扩展速率较快的材料，一般将试验力下降5%F_m作为裂纹开始扩展的界线；对于裂纹扩展速率很低的材料，则可采用小于 5% F_m 的试验力下降量作为裂纹开始扩展界线，这样更便于试验力下降的直观检测。

7.3.2 如果施加试验力后立即检测出试验力的下降，则 F_{th} 应为保持试验力恒定的最后一级的试验力值。

7.3.3 如果试验力在某级应保持恒定 y 小时，而实际 x 小时后就出现试验力下降($x<y$)，则 F_{th} 应为前一级的试验力值再加上本级试验力相对应的增量 $\Delta=(x/y)\times 5\% F_m$，见图 3。

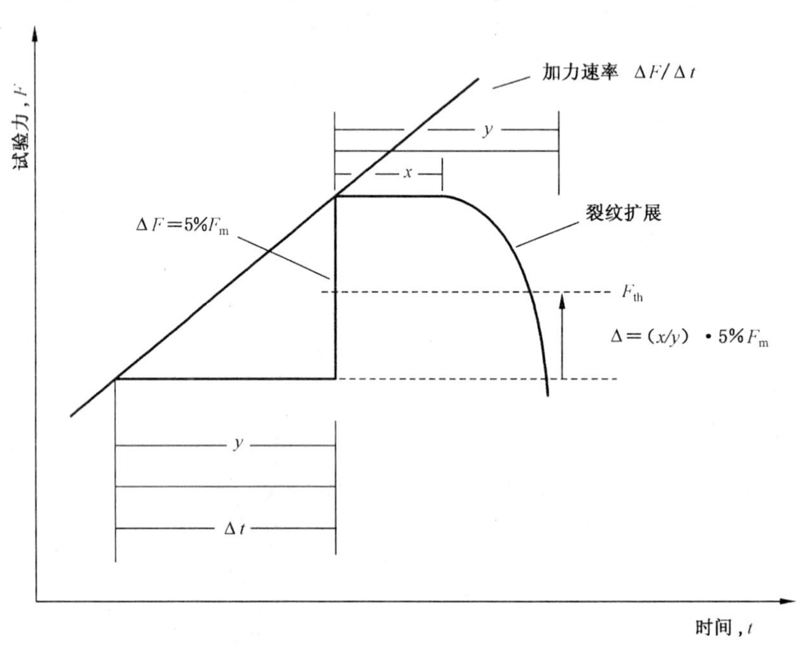

图 3 加力速率和确定 F_{th} 方法的示意图

7.4 逐级加力法的试验条件用“试验级数/每级施加的试验力(% F_m)/每级的试验力保持时间(h)”表示，例：图 1 中 1# 试样表示为 20/5/1，即试验级数为 20，每级施加的试验力为 5% F_m，每级的试验力保持时间为 1 h；同理 4# 试样表示为 7/5/4+13/5/8。

7.5 实物试样的氢脆应力临界值 s_{th} 可由 F_{th} 除以试样的最小横截面积 A_{net} 得到。如对紧固件，A_{net} 为试样的应力截面积；对缺口拉伸试样，A_{net} 为试样缺口处的最小截面积。

7.5.1 试验在给定的充氢环境下进行时，试样由外部氢引起的氢脆应力临界值用 $s_{th\text{-}EHE}$ 表示。

7.5.2 试验在空气中进行时，试样由内部氢引起的氢脆应力临界值用 $s_{th\text{-}IHE}$ 表示。

7.5.3 s_{th} 值与试样的几何形状和尺寸有关。

7.6 断裂力学试样的氢脆应力强度参数可根据 GB/T 4161 规定的方法由 F_{in} 或 F_{th} 计算得到。

7.6.1 试验在给定的充氢环境下以给定的加力速率进行时，试样由外部氢引起的氢脆应力强度临界值用 $K_{th\text{-}EHE}$ 表示。

7.6.2 试验在空气中以给定的加力速率进行时，试样由内部氢引起的氢脆应力强度临界值用 $K_{th\text{-}IHE}$ 表示。

7.6.3 试验在给定充氢环境下进行时，试样由外部氢引起的恒定的氢脆应力强度临界值用 K_{IEHE} 表示。

7.6.4 试验在空气中进行时，试样由内部氢引起的恒定的氢脆应力强度临界值用 K_{IIHE} 表示。

7.6.5 K_{th}、K_{IEHE} 和 K_{IIHE} 值均与试样的几何形状和尺寸无关。

7.7 试验时的应变速率应在 $10^{-5}\ s^{-1}$～$10^{-8}\ s^{-1}$ 之间或按照 GB/T 15970.7 的规定进行。应变速率可通过应力速率除以弹性模量得到。

8 试验报告

试验报告应包括以下内容：

a) 本标准编号；

b) 试验材料的详细资料；

c) 试样的类型及详细的信息；

d) 试验结果，如 s_{th}，K_{th} 等；

e) 每级施加的试验力和试验力保持时间；

f) 确定加力速率的方法；

g) 试验环境。

ICS 77.140.50
H 46

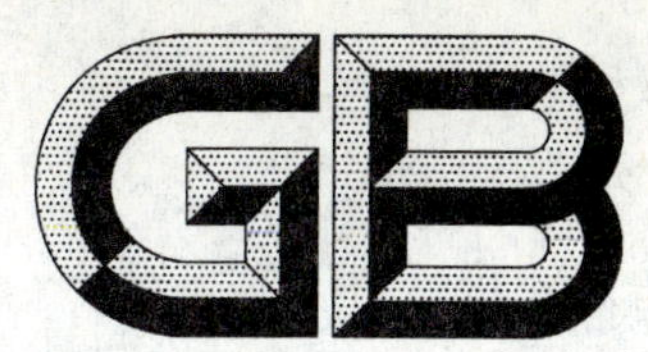

中华人民共和国国家标准

GB/T 24186—2009

工程机械用高强度耐磨钢板

High strength abrasion resistant steel plates for construction machine

2009-06-25 发布　　2010-04-01 实施

中华人民共和国国家质量监督检验检疫总局
中国国家标准化管理委员会　发布

前　言

本标准附录 A 为资料性附录。

本标准由中国钢铁工业协会提出。

本标准由全国钢标准化技术委员会归口。

本标准主要起草单位：济钢集团有限公司、冶金工业信息标准研究院、舞阳钢铁有限责任公司、湖南华菱涟源钢铁有限公司。

本标准主要起草人：高玲、冯勇、王晓虎、晁飞燕、孙根领、谢良法、王新、温德智、周鉴。

工程机械用高强度耐磨钢板

1 范围

本标准规定了工程机械用高强度耐磨钢板的牌号、尺寸、外形、重量及允许偏差、技术要求、试验方法、检验规则、包装、标志及质量证明书。

本标准适用于矿山、建筑、农业等工程机械耐磨损结构部件用厚度不大于 80 mm 的钢板。本标准规定的耐磨钢板也适用于其他领域。

2 规范性引用文件

下列文件中的条款通过本标准的引用而成为本标准的条款。凡是注日期的引用文件，其随后所有的修改单（不包括勘误的内容）或修订版均不适用于本标准，然而，鼓励根据本标准达成协议的各方研究是否可使用这些文件的最新版本。凡是不注日期的引用文件，其最新版本适用于本标准。

GB/T 222　钢的成品化学成分允许偏差

GB/T 223.3　钢铁及合金化学分析方法　二安替吡啉甲烷磷钼酸重量法测定磷量

GB/T 223.9　钢铁及合金　铝含量的测定　铬天青 S 分光光度法

GB/T 223.11　钢铁及合金化学分析方法　过硫酸铵氧化容量法测定铬量

GB/T 223.12　钢铁及合金化学分析方法　碳酸钠分离-二苯碳酰二肼光度法测定铬量

GB/T 223.13　钢铁及合金化学分析方法　硫酸亚铁铵滴定法测定钒含量

GB/T 223.14　钢铁及合金化学分析方法　钽试剂萃取光度法测定钒含量

GB/T 223.17　钢铁及合金化学分析方法　二安替吡啉甲烷光度法测定钛量

GB/T 223.23　钢铁及合金　镍含量的测定　丁二酮肟分光光度法

GB/T 223.26　钢铁及合金　钼含量的测定　硫氰酸盐分光光度法

GB/T 223.54　钢铁及合金化学分析方法　火焰原子吸收分光光度法测定镍量

GB/T 223.58　钢铁及合金化学分析方法　亚砷酸钠-亚硝酸钠滴定法测定锰量

GB/T 223.59　钢铁及合金化学分析方法　锑磷钼蓝光度法测定磷量

GB/T 223.60　钢铁及合金化学分析方法　高氯酸脱水重量法测定硅含量

GB/T 223.61　钢铁及合金化学分析方法　磷钼酸铵容量法测定磷量

GB/T 223.62　钢铁及合金化学分析方法　乙酸丁酯萃取光度法测定磷量

GB/T 223.63　钢铁及合金化学分析方法　高碘酸钠（钾）光度法测定锰量

GB/T 223.64　钢铁及合金　锰含量的测定　火焰原子吸收光谱法

GB/T 223.67　钢铁及合金　硫含量的测定　次甲基蓝分光光度法

GB/T 223.68　钢铁及合金化学分析方法　管式炉内燃烧后碘酸钾滴定法测定硫含量

GB/T 223.69　钢铁及合金　碳含量的测定　管式炉内燃烧后气体容量法

GB/T 223.71　钢铁及合金化学分析方法　管式炉内燃烧后重量法测定碳含量

GB/T 223.72　钢铁及合金　硫含量的测定　重量法

GB/T 223.75　钢铁及合金　硼含量的测定　甲醇蒸馏-姜黄素光度法

GB/T 223.76　钢铁及合金化学分析方法　火焰原子吸收光谱法测定钒量

GB/T 223.78　钢铁及合金化学分析方法　姜黄素直接光度法测定硼含量

GB/T 228　金属材料　室温拉伸试验方法（GB/T 228—2002，eqv ISO 6892：1998）

GB/T 229　金属材料　夏比摆锤冲击试验方法（GB/T 229—2007，ISO 148-1：2006，MOD）

GB/T 231.1　金属材料　布氏硬度试验　第1部分：试验方法(GB/T 231.1—2009,ISO 6506-1:2005,MOD)

GB/T 247　钢板和钢带验收、包装、标志及质量证明书的一般规定

GB/T 709　热轧钢板和钢带的尺寸、外形、重量及允许偏差

GB/T 2975　钢及钢产品力学性能试验取样位置及试样制备(GB/T 2975—1998,eqv ISO 377:1997)

GB/T 4336　碳素钢和中低合金钢的光电发射光谱分析方法(常规法)

GB/T 17505　钢及钢产品交货一般技术要求(GB/T 17505—1998,eqv ISO 404:1992)

GB/T 20066　钢和铁　化学成分测定用试样的取样和制样方法(GB/T 20066—2006,ISO 14284:1996,IDT)

YB/T 081　冶金技术标准的数值修约与检测数值的判定原则

3　订货内容

订货时需方应提供如下信息：

a)　本标准编号；

b)　产品名称；

c)　牌号；

d)　尺寸；

e)　交货状态；

f)　重量；

g)　其他特殊要求。

4　牌号表示方法

钢的牌号由“耐磨”的汉语拼音的首位字母“NM”及规定布氏硬度数值组成。

例如：NM500

5　尺寸、外形、重量及允许偏差

5.1　钢板的尺寸、外形、重量及允许偏差应符合GB/T 709的规定。

5.2　经供需双方协议，可供应其他尺寸、外形及允许偏差的钢板。

6　技术要求

6.1　牌号及化学成分

6.1.1　钢的牌号和化学成分(熔炼分析)应符合表1的规定。

6.1.1.1　在保证钢板性能的前提下，表1中规定的Cr、Ni、Mo合金元素可任意组合加入，也可添加表1规定以外的其他微合金元素，具体含量应在质量证明书中注明。

6.1.1.2　钢中Cu为残余元素时，其含量应不大于0.30%；As含量应不大于0.08%。如供方能保证，可不做分析。

6.1.1.3　根据用户要求，由供需双方协议，可规定各牌号碳当量，碳当量按公式(1)计算。附录A列出了碳当量参考值。

$$CEV(\%) = C + Mn/6 + (Cr + Mo + V)/5 + (Cu + Ni)/15 \quad \cdots\cdots(1)$$

6.1.1.4　当采用全铝(Alt)含量计算时，Alt应不小于0.015%。

6.1.2　成品钢板的化学成分允许偏差应符合GB/T 222的规定。

6.2 **冶炼方法**

钢由转炉或电炉冶炼，并进行炉外精炼。

6.3 **交货状态**

钢板以淬火、淬火＋回火、TMCP＋回火、回火或热轧状态交货。

表 1 牌号及化学成分

牌号	化学成分[a]（质量分数）/%										
	C	Si	Mn	P	S	Cr	Ni	Mo	Ti	B	Als
	不大于									范围	不小于
NM300	0.23	0.70	1.60	0.025	0.015	0.70	0.50	0.40	0.050	0.000 5～0.006	0.010
NM360	0.25	0.70	1.60	0.025	0.015	0.80	0.50	0.50	0.050	0.000 5～0.006	0.010
NM400	0.30	0.70	1.60	0.025	0.010	1.00	0.70	0.50	0.050	0.000 5～0.006	0.010
NM450	0.35	0.70	1.70	0.025	0.010	1.10	0.80	0.55	0.050	0.000 5～0.006	0.010
NM500	0.38	0.70	1.70	0.020	0.010	1.20	1.00	0.65	0.050	0.000 5～0.006	0.010
NM550	0.38	0.70	1.70	0.020	0.010	1.20	1.00	0.70	0.050	0.000 5～0.006	0.010
NM600	0.45	0.70	1.90	0.020	0.010	1.50	1.00	0.80	0.050	0.000 5～0.006	0.010

[a] 对于NM400及以下牌号，其Si、Mn含量可分别提高至2.00%和2.20%，合金元素含量由供方确定。

6.4 **力学性能**

6.4.1 钢板的拉伸、冲击、硬度试验结果应符合表2的规定。

表 2 力学性能

牌 号	厚度/mm	抗拉强度[a] R_m/MPa	断后伸长率[a] $A_{50\ mm}$/%	－20 ℃冲击吸收能量（纵向）[a] KV_2/J	表面布氏硬度 HBW
NM300	≤80	≥1 000	≥14	≥24	270～330
NM360	≤80	≥1 100	≥12	≥24	330～390
NM400	≤80	≥1 200	≥10	≥24	370～430
NM450	≤80	≥1 250	≥7	≥24	420～480
NM500	≤70	—	—	—	≥470
NM550	≤70	—	—	—	≥530
NM600	≤60	—	—	—	≥570

[a] 抗拉强度、延伸率、冲击功作为性能的特殊要求，如用户未在合同注明，则只保证布氏硬度。

6.4.2 夏比摆锤冲击功按三个试样的算术平均值计算，允许其中一个试样值比表2规定值低，但不得低于规定值的70%。

6.4.3 厚度小于12 mm钢板不进行夏比摆锤冲击试验。

6.5 **表面质量**

6.5.1 钢板表面不允许存在裂纹、气泡、结疤、折叠和夹杂等缺陷。钢板不得有分层。如有上述表面缺陷，允许清理，清理深度从钢板实际尺寸算起，不得超过钢板厚度公差之半，并应保证钢板的最小厚度。缺陷清理处应平滑无棱角。

6.5.2 钢板表面允许有不妨碍检查表面缺陷的薄层氧化铁皮、铁锈、由压入氧化铁皮脱落所引起的表面粗糙、划伤、压痕及其他局部缺陷，但其深度不得大于厚度公差之半，并应保证钢板的最小厚度。

7 试验方法

钢板的检验项目、取样数量、取样方法及试验方法应符合表 3 的规定。

表 3 检验项目、取样数量、取样方法及试验方法

序 号	检验项目	取样数量(个)	取样方法	试验方法
1	化学成分	1/炉	GB/T 20066	GB/T 223、GB/T 4336
2	拉伸	1	GB/T 2975	GB/T 228
3	冲击	3	GB/T 2975	GB/T 229
4	硬度	1	—	GB/T 231.1
5	尺寸、外形	逐张	—	符合精度要求的量具
6	表面	逐张	—	目视

8 检验规则

8.1 钢板的检查和验收由供方技术质量监督部门负责，需方有权按本标准或合同所规定的任一检验项目进行检查和验收。

8.2 钢板应成批验收，每批钢板由同一牌号、同一炉号、同一厚度、同一交货状态的钢板组成，每批重量不大于 60 t。

8.3 钢板复验和判定应符合 GB/T 17505 的规定。

8.4 检验结果的数值修约与判定应符合 YB/T 081 的规定。

9 包装、标志及质量证明书

钢板的包装、标志及质量证明书应符合 GB/T 247 的规定。

附 录 A
（资料性附录）
碳当量参考值

钢板的碳当量参考值见表 A.1。

表 A.1

牌 号	厚度/mm	CEV,不大于
NM300	≤80	0.45
NM360	≤80	0.48
NM400	≤50	0.57
	>50～80	0.65
NM450	≤50	0.59
	>50～80	0.72
NM500	≤50	0.64
	>50～80	0.74
NM550	≤50	0.72
NM600	≤50	0.84

ICS 77.140.75
H 48

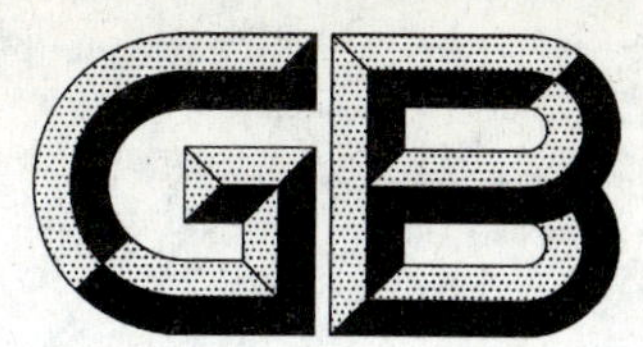

中华人民共和国国家标准

GB/T 24187—2009

冷拔精密单层焊接钢管

Cold-drawn precision single welded steel tubes

2009-06-25 发布 2010-04-01 实施

中华人民共和国国家质量监督检验检疫总局
中国国家标准化管理委员会 发布

前　言

本标准参照 ISO 3305:1985《平端精密焊接钢管　交货技术条件》和 EN 10305-2:2002《精密钢管　交货技术条件　焊接冷拔钢管》制定。

本标准的附录 A、附录 D 为规范性附录,附录 B、附录 C 为资料性附录。

本标准由中国钢铁工业协会提出。

本标准由全国钢标准化技术委员会归口。

本标准负责起草单位:浙江康盛管业有限公司、常州市武进顺达精密钢管有限公司。

本标准参加起草单位:苏州市华盛邦迪镀铜钢带有限公司、青岛炬泰精密管业有限公司、张家港勇邦管业有限公司、合肥荣事达电冰箱有限公司。

本标准主要起草人:陈汉康、张国良、盛小七、彭炳炬、勇沛浩、赵渝生、占利华、王新、杨时熙。

冷拔精密单层焊接钢管

1 范围

本标准规定了冷拔精密单层焊接钢管的分类及代号、尺寸、外形、重量及允许偏差、技术要求、试验方法、检验规则、包装、标志和质量证明书。

本标准适用于制冷、汽车、电热电器等工业中用于制作冷凝器、蒸发器、燃料管、润滑油管、电热管、冷却器管以及一般配管用的冷拔精密单层焊接钢管(以下简称“钢管”)。

2 规范性引用文件

下列文件中的条款通过本标准的引用而成为本标准的条款。凡是注日期的引用文件,其随后所有的修改单(不包括勘误的内容)或修订版均不适用于本标准,然而,鼓励根据本标准达成协议的各方研究是否可使用这些文件的最新版本。凡是不注日期的引用文件,其最新版本适用于本标准。

GB/T 222 钢的成品化学成分允许偏差

GB/T 223.3 钢铁及合金化学分析方法 二安替比林甲烷磷钼酸重量法测定磷量

GB/T 223.58 钢铁及合金化学分析方法 亚砷酸钠-亚硝酸钠滴定法测定锰量

GB/T 223.59 钢铁及合金化学分析方法 锑磷钼蓝光度法测定磷量

GB/T 223.61 钢铁及合金化学分析方法 磷钼酸铵容量法测定磷量

GB/T 223.62 钢铁及合金化学分析方法 乙酸丁酯萃取光度法测定磷量

GB/T 223.63 钢铁及合金化学分析方法 高碘酸钠(钾)光度法测定锰量

GB/T 223.64 钢铁及合金 锰含量的测定 火焰原子吸收光谱法

GB/T 223.67 钢铁及合金 硫含量的测定 次甲基蓝分光光度法

GB/T 223.68 钢铁及合金化学分析方法 管式炉内燃烧后碘酸钾滴定法测定硫含量

GB/T 223.72 钢铁及合金化学分析方法 氧化铝色层分离-硫酸钡重量法测定硫含量

GB/T 223.74 钢铁及合金化学分析方法 非化合碳含量的测定

GB/T 223.79 钢铁 多元素的测定 X-射线荧光光谱法(常规法)

GB/T 228—2002 金属材料 室温拉伸试验方法(eqv ISO 6892:1998)

GB/T 241 金属管 液压试验方法

GB/T 242 金属管 扩口试验方法(GB/T 242—2007,ISO 8493:1998,IDT)

GB/T 244 金属管 弯曲试验方法(GB/T 244—2008,ISO 8491:1998,IDT)

GB/T 246 金属管 压扁试验方法(GB/T 246—2007,ISO 8492:1998,IDT)

GB/T 2102 钢管的验收、包装、标志和质量证明书

GB/T 4336 碳素钢和中低合金钢 火花源原子发射光谱分析方法(常规法)

GB/T 10125 人造气氛腐蚀试验 盐雾试验(GB/T 10125—1997,eqv ISO 9227:1990)

GB/T 11605 湿度测量方法

GB/T 16488 水质 石油类和动植物油的测定 红外光度法

GB/T 20066 钢和铁 化学成分测定用试样的取样和制样方法(GB/T 20066—2006,ISO 14284:1996,IDT)

GB/T 20123 钢铁 总碳硫含量的测定 高频感应炉燃烧后红外吸收法(常规方法)(GB/T 20123—2006,ISO 15350:2000,IDT)

GB/T 20126 非合金钢 低碳含量的测定 第2部分:感应炉(经预加热)内燃烧后红外吸收法

(GB/T 20126—2006,ISO 15349-2:1999,IDT)

3 分类及代号

3.1 尺寸精度

a) 普通精度,代号为 PA;

b) 高级精度,代号为 PC。

3.2 力学性能

a) 普通钢管,代号为 MA;

b) 软态钢管,代号为 MB。

3.3 表面状态

钢管的表面状态和代号见表 1。根据需方要求,经供需双方协商,可供应表 1 以外表面状态的钢管。

表 1 钢管的表面种类、状态和代号

种类	状态	代号
光亮表面	钢管内外表面无镀层	SL
镀铜表面	钢管的外表面镀铜	Cu
镀锌表面[a]	钢管的外表面镀锌或锌合金	Zn
双面镀铜表面[b]	钢管的内外表面均镀铜	Cu/Cu
外镀锌内镀铜表面[c]	钢管的外表面镀锌或锌合金,内表面镀铜	Zn/Cu

[a] 采用电镀、化学镀或热浸镀的方法。

[b] 采用双面镀铜的钢带制造。焊缝处的镀层质量要求由供需双方协商。

[c] 采用双面镀铜的钢带制造。

4 订货内容

按本标准订购钢管的合同或订单应包括下列内容:

a) 本标准编号;

b) 产品名称;

c) 尺寸规格(钢管的外径、壁厚,单位为毫米);

d) 尺寸精度(PA 或 PC);

e) 力学性能(MA 或 MB);

f) 表面状态;

g) 订购的数量(总重量或总长度);

h) 特殊要求。

5 尺寸、外形、重量及允许偏差

5.1 外径和壁厚

5.1.1 钢管的外径和壁厚应符合表 2 的规定。根据需方要求,经供需双方协商,可供应表 2 规定以外尺寸规格的钢管。

表 2　外径、壁厚和理论重量

<table>
<tr><td rowspan="3">外径
/mm</td><td colspan="10">壁厚/ mm</td></tr>
<tr><td>0.30</td><td>0.40</td><td>0.50</td><td>0.60</td><td>0.65</td><td>0.70</td><td>0.80</td><td>0.90</td><td>1.00</td><td>1.30</td></tr>
<tr><td colspan="10">理论重量[a]/(kg/m)</td></tr>
<tr><td>3.18</td><td>0.021 3</td><td>0.027 4</td><td>0.033 0</td><td></td><td></td><td></td><td></td><td></td><td></td><td></td></tr>
<tr><td>4.00</td><td>0.027 4</td><td>0.035 5</td><td>0.043 2</td><td>0.050 3</td><td></td><td></td><td></td><td></td><td></td><td></td></tr>
<tr><td>4.76</td><td>0.033 0</td><td>0.043 0</td><td>0.052 5</td><td>0.061 6</td><td>0.065 9</td><td>0.070 1</td><td></td><td></td><td></td><td></td></tr>
<tr><td>5.00</td><td>0.034 8</td><td>0.045 4</td><td>0.055 5</td><td>0.065 1</td><td>0.069 7</td><td>0.074 2</td><td></td><td></td><td></td><td></td></tr>
<tr><td>6.00</td><td>0.042 2</td><td>0.055 2</td><td>0.067 8</td><td>0.079 9</td><td>0.085 8</td><td>0.091 5</td><td>0.102 6</td><td>0.113 2</td><td>0.123 3</td><td></td></tr>
<tr><td>6.35</td><td>0.044 8</td><td>0.058 7</td><td>0.072 1</td><td>0.085 1</td><td>0.091 4</td><td>0.097 5</td><td>0.109 5</td><td>0.121 0</td><td>0.131 9</td><td></td></tr>
<tr><td>7.94</td><td>0.056 5</td><td>0.074 4</td><td>0.091 7</td><td>0.108 6</td><td>0.116 9</td><td>0.125 0</td><td>0.140 9</td><td>0.156 3</td><td>0.171 2</td><td>0.212 9</td></tr>
<tr><td>8.00</td><td>0.057 0</td><td>0.075 0</td><td>0.092 5</td><td>0.109 5</td><td>0.117 8</td><td>0.126 0</td><td>0.142 1</td><td>0.157 6</td><td>0.172 6</td><td>0.214 8</td></tr>
<tr><td>9.53</td><td>0.068 3</td><td>0.090 1</td><td>0.111 3</td><td>0.132 1</td><td>0.142 3</td><td>0.152 4</td><td>0.172 2</td><td>0.191 5</td><td>0.210 4</td><td>0.263 9</td></tr>
<tr><td>10.00</td><td>0.071 8</td><td>0.094 7</td><td>0.117 1</td><td>0.139 1</td><td>0.149 9</td><td>0.160 5</td><td>0.181 5</td><td>0.202 0</td><td>0.222 0</td><td>0.278 9</td></tr>
<tr><td>12.00</td><td>0.086 6</td><td>0.114 4</td><td>0.141 8</td><td>0.168 7</td><td>0.181 9</td><td>0.195 1</td><td>0.221 0</td><td>0.246 4</td><td>0.271 3</td><td>0.343 0</td></tr>
<tr><td>12.70</td><td>0.091 7</td><td>0.121 3</td><td>0.150 4</td><td>0.179 0</td><td>0.193 2</td><td>0.207 2</td><td>0.234 8</td><td>0.261 9</td><td>0.288 5</td><td>0.365 5</td></tr>
<tr><td>14.00</td><td>0.101 4</td><td>0.134 2</td><td>0.166 5</td><td>0.198 3</td><td>0.214 0</td><td>0.229 6</td><td>0.260 4</td><td>0.290 8</td><td>0.320 6</td><td>0.407 2</td></tr>
<tr><td>15.88</td><td>0.115 3</td><td>0.152 7</td><td>0.189 6</td><td>0.226 1</td><td>0.244 1</td><td>0.262 1</td><td>0.297 5</td><td>0.332 5</td><td>0.367 0</td><td>0.467 4</td></tr>
<tr><td>16.00</td><td>0.116 2</td><td>0.153 9</td><td>0.191 1</td><td>0.227 9</td><td>0.246 1</td><td>0.264 1</td><td>0.300 0</td><td>0.335 2</td><td>0.369 9</td><td>0.471 3</td></tr>
<tr><td>18.00</td><td>0.131 0</td><td>0.173 6</td><td>0.215 8</td><td>0.257 5</td><td>0.278 1</td><td>0.298 7</td><td>0.339 3</td><td>0.379 5</td><td>0.419 2</td><td>0.535 4</td></tr>
<tr><td colspan="11">[a] 未增添外镀层时的理论重量，钢的密度取 7.85 kg/dm³。</td></tr>
</table>

5.1.2　未增添外镀层时钢管外径的允许偏差应符合表 3 的规定。根据需方要求，经供需双方协商，可供应表 3 规定以外尺寸允许偏差的钢管。

表 3　钢管外径的允许偏差

单位为毫米

外径	普通精度(PA)	高级精度(PC)
<4.76	±0.08	±0.05
4.76～8.00	±0.12	±0.07
>8.00～12.00	±0.16	±0.10
>12.00	±0.20	±0.12

5.1.3　未增添外镀层时钢管壁厚的允许偏差应符合表 4 的规定。

表 4　钢管壁厚的允许偏差

单位为毫米

壁厚	允许偏差
<0.70	±0.05
≥0.70	±0.07

5.2　长度

5.2.1　钢管的通常长度为 1.5 m ～4 000 m，长度不大于 8 m 的钢管以条状交货，大于 8 m 的钢管以盘状交货。

5.2.2　根据需方要求，经供需双方协商，并在合同中注明，钢管可按定尺长度交货。钢管的定尺长度应在通常长度范围内，按条状交货的定尺钢管，其定尺长度的允许偏差应符合表5的规定。

表5 钢管定尺长度的允许偏差

单位为毫米

长度	允许偏差
≤2 000	$^{+4}_{0}$
>2 000～5 000	$^{+7}_{0}$
>5 000～8 000	$^{+10}_{0}$

5.3 外形

5.3.1 弯曲度

条状交货钢管的弯曲度应不大于5 mm/m。

5.3.2 端部形状

条状交货钢管的两端端面应与钢管轴线垂直，切口毛刺应予清除。

5.4 重量

5.4.1 盘状钢管以实际重量交货。

5.4.2 条状钢管按实际重量交货，也可按理论重量交货，钢管按理论重量交货时应符合表2的规定或按式(1)计算。

$$W = 0.024\ 661\ 5(D - S)S \qquad (1)$$

式中：

W——钢管每米理论重量，单位为千克每米(kg/m)；

D——钢管的外径，单位为毫米(mm)；

S——钢管的壁厚，单位为毫米(mm)。

5.4.3 按理论重量交货的钢管，每批实际重量与理论重量的允许偏差应为±7.5%。

5.5 标记示例

标记顺序：尺寸精度-规格尺寸-力学性能-表面种类及镀层后处理-标准编号

示例1：普通精度，外径4.76 mm、壁厚0.50 mm，外表面镀铜的盘状制冷用软态冷轧精密单层焊接钢管，其标记为：

PA-4.76×0.50-MB-Cu-GB/T 24187

示例2：高级精度，外径8.00 mm、壁厚0.70 mm、长度6 000 mm，外表面镀锌层厚度8 μm钝化成深色的条状定尺汽车用普通冷轧精密单层焊接钢管，其标记为：

PC-8.00×0.70×6 000-MA-Zn 8 D-GB/T 24187

6 技术要求

6.1 冷轧钢带

6.1.1 钢带的化学成分

6.1.1.1 钢管用冷轧钢带可采用冷轧低碳钢带或冷轧超低碳钢带，钢带的化学成分(熔炼分析)应符合表6的规定。

表6 钢带的化学成分(质量分数) %

类别	C	Si	Mn	P	S
冷轧低碳钢带	≤0.08	≤0.03	≤0.30	≤0.030	≤0.030
冷轧超低碳钢带	≤0.008	≤0.03	≤0.25	≤0.020	≤0.030

6.1.1.2 钢带的化学成分按熔炼成分验收。当需方要求进行成品分析时，应在合同中注明，成品化学成分的允许偏差应符合GB/T 222的规定。

6.1.1.3 经供需双方协商，并在合同中注明，也可采用其他化学成分的钢带。

6.1.2 钢带的力学性能

6.1.2.1 冷轧低碳钢带的力学性能应符合表7的规定。

表7 冷轧低碳钢带的力学性能

厚度 /mm	抗拉强度 R_m/MPa	屈服强度[a] R_{eL}/MPa	断后伸长率[b] A/%
0.25～<0.35	≥270	≥180	≥32
0.35～<0.50			≥34
≥0.50			≥36

a 当屈服现象不明显时采用 $R_{P0.2}$ 代替。

b 试样类型为 GB/T 228—2002 中的试样编号 P14。

6.1.2.2 冷轧超低碳钢带的力学性能应符合表8的规定。

表8 冷轧超低碳钢带的力学性能

厚度 /mm	抗拉强度 R_m/MPa	屈服强度[a] R_{eL}/MPa	断后伸长率[b] A/%
≤0.50	≥280	130～250	≥38
>0.50			≥40

a 当屈服现象不明显时采用 $R_{P0.2}$ 代替。

b 试样类型为 GB/T 228—2002 中的试样编号 P14。

6.2 制造方法

钢管采用钢带成型、纵缝焊接后进行冷拔的方法制造。也可采用焊接后不进行冷拔的制造方法。

6.3 力学性能

钢管的力学性应符合表9的规定。

表9 钢管的力学性能

类别	抗拉强度 R_m/MPa	屈服强度[a] R_{eL}/MPa	断后伸长率[b] A/%
普通钢管(MA)	≥270	≥180	≥14
软态钢管(MB)	≥230	150～220	≥35

a 当屈服现象不明显时采用 $R_{P0.2}$ 代替。

b 试样类型为 GB/T 228—2002 中的试样编号 S7。

6.4 工艺试验

6.4.1 压扁试验

钢管应进行压扁试验。压扁试验时，用压板将长度为 50 mm～100 mm 的试样压扁至内壁接触；焊缝位于压扁处的外侧，与压扁作用力方向呈 90°。试验后，试样不允许出现裂缝、裂口或焊缝开裂。

6.4.2 扩口试验

钢管应进行扩口试验。扩口试样长度为 50 mm～100 mm，顶心锥度为 30°，外径扩口率为 20%，试验后试样不允许出现裂缝、裂口或焊缝开裂。

6.4.3 弯曲试验

钢管应进行弯曲试验。弯芯半径为钢管外径的3倍，弯曲角度 360°，焊缝应位于弯曲方向的外侧。试验后，试样不允许出现皱折、开裂或裂缝。

6.4.4 喇叭口试验

汽车用钢管应进行喇叭口试验,喇叭口试验应符合附录 A 的规定。

6.5 液压试验

汽车用钢管应进行液压试验。试验压力按式(2)计算:

$$P = 2SR/D \qquad (2)$$

式中:

P——试验压力,单位为兆帕(MPa);

S——钢管的壁厚,单位为毫米(mm);

R——允许应力,其值取 140 MPa;

D——钢管的外径,单位为毫米(mm)。

在试验压力下,稳压时间应不少于 5 s,钢管不允许出现破裂或渗漏现象。

6.6 气密性

钢管应逐根进行气密性试验。气密性试验压力应不小于 1.6 MPa,稳压时间应不少于 3 min,钢管不允许出现气体渗漏现象。

6.7 充氮密封

根据需方要求,经供需双方协商,并在合同中注明,盘状钢管内可充入压力不小于 0.2 MPa 的氮气后将钢管的两端密封,充入的气体在密封处不应出现泄漏。

6.8 表面质量

6.8.1 钢管的内外表面应清洁、光滑、无锈斑和污迹,不允许有裂纹、结疤、分层、搭焊等对使用有害的缺陷。

6.8.2 无镀层的钢管表面应光亮无黑斑;有镀层的钢管,镀层应均匀、完整、结合牢固。

6.8.3 钢管表面允许有长度不大于 50 mm,深度不超过壁厚负偏差的擦伤和划道。

6.8.4 钢管焊缝外表面的毛刺应清除,焊缝内表面的凸起高度应不大于 0.20 mm。

6.8.5 采用热浸镀的钢管,表面允许有局部的粗糙面、锌瘤和暗斑。

6.9 内表面清洁度

6.9.1 钢管内表面清洁度的残留物应不超过 0.16 g/m^2。

6.9.2 制冷用高清洁度钢管内表面的要求由供需双方协商确定或参见附录 B。

6.10 表面镀层

6.10.1 钢管表面镀层的种类、状态和标记见表 1。

6.10.2 钢管外表面镀层的要求由供需双方协商确定或参见附录 C。

7 试验方法

7.1 钢管的尺寸和外形应采用符合精度要求的量具逐根测量,壁厚的测量应避开焊缝。

7.2 钢管的表面应在充分照明条件下逐根目视检查。

7.3 钢带的化学成分和力学性能以钢带制造厂的质量证明书为准。供需双方商定需要复验或仲裁时,钢管的化学成分试验方法应符合表 10 的规定。

7.4 钢管的气密性试验由供方在以下方式中选择:

a) 钢管的一端接入气压表,另一端通入干燥的气体,在达到规定的压力后断开气源,稳压到规定的时间,检查钢管内的压力不应下降,进行该试验时应保证钢管端接口处的密封。

b) 钢管内通入干燥的气体,在达到规定的压力后将钢管置于水下,在规定的时间内不应出现因管内气体渗漏产生的气泡。

7.5 钢管的充氮密封应在气密性试验后进行,钢管的一端接入气压表,另一端通入干燥的氮气,达到规定的压力后断开气源,采用压扁或焊接的方法将钢管的两端密封;把密封后的管端置于水下检查,密封处不应出现因管内气体渗漏产生的气泡。

7.6 钢管其他检验项目的取样方法和试验方法应符合表 10 规定。

表 10 检验项目、试验方法及取样数量

序号	检验项目	取样方法、试验方法	取样数量
1	化学成分	GB/T 223、GB/T 4336、GB/T 20066 GB/T 20123、GB/T 20126	每炉取 1 个试样
2	力学性能	GB/T 228	每批取 1 个试样
3	压扁试验	GB/T 246	每批在两根钢管上各取 1 个试样
4	扩口试验	GB/T 242	每批在两根钢管上各取 1 个试样
5	弯曲试验	GB/T 244	每批取 1 个试样
6	液压试验	GB/T 241	每批取 1 个试样
7	喇叭口试验	附录 A	每批取 1 个试样
8	高清洁度钢管内表面的要求	附录 B	供需双方协商
9	外镀层	附录 C	供需双方协商
10	内表面清洁度的残留物	附录 D	供需双方协商

8 检验规则

8.1 检查和验收

钢管的检查和验收由供方质量技术监督部门进行。

8.2 组批规则

钢管按批进行检查和验收，每批应由同一牌号、同一规格、同一状态、同一表面处理方法的钢管组成。每批钢管的数量应不超过 10 000 kg。

8.3 取样数量

钢管各项检验的取样数量应符合表 10 的规定。

8.4 复验与判定规则

钢管的复验与判定规则应符合 GB/T 2102。

9 包装、标志和质量证明书

9.1 条状钢管应捆扎成捆，内用防潮纸、气相防锈纸或塑料薄膜包裹，外用塑料编织带、塑料薄膜或麻袋布等防护性包装材料捆扎。也可用防潮纸或气相防锈纸、塑料薄膜包裹捆扎后装入专用木(铁)箱。

9.2 盘状钢管内用防潮纸、气相防锈纸或塑料薄膜包裹，外用塑料编织带、塑料薄膜或麻袋布等防护性包装材料捆扎。也可用防潮纸或气相防锈纸、塑料薄膜包裹捆扎后装入专用木(铁)箱。

9.3 没有充氮密封的钢管两端应进行防尘封闭，防尘封闭可采用加塞、加帽、加套、压扁或焊接的方法。

9.4 特殊的包装方式由供需双方协商确定。

9.5 钢管的标志和质量证明书应符合 GB/T 2102 的规定。

附　录　A
（规范性附录）
汽车用钢管的喇叭口试验

A.1　除非供需双方另有规定，喇叭口试验采用单层还是双层形式由供方选择。

A.2　喇叭口的单、双层试验应按图 A.1 和表 A.1 规定的形状和尺寸进行。扩口后的部位不应出现开裂或裂纹现象。

A.3　扩口后的 90°区域内应光滑、无裂缝。扩口后的表面允许有不影响密封性能的不规则痕迹，但不允许有扩口工具损坏或异物粘沾而造成的压痕。

如对 90°区域内的外观有异议时，当该区在承受规定压力试验时无渗漏现象，应判合格；否则，应判不合格。

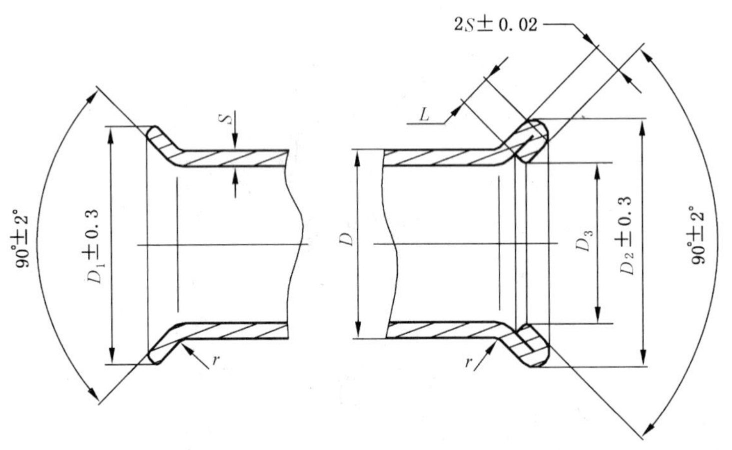

图 A.1　单、双层喇叭口

表 A.1　单、双层喇叭口的尺寸

单位为毫米

外径 D	单层扩口外径 D_1	双层扩口外径 D_2[a]	双层扩口最小长度 L	双层扩口内径 D_3[a]	扩口圆角半径 r
3.18	4.5	5.0	1.0	最大：$(D-2S)+0.25$ 最小：$(D-2S)-0.50$	1.0±0.3
4.00	5.4	6.0	1.0		
4.76	6.3	7.0	1.0		
5.00	6.6	7.3	1.0		
6.00	7.7	8.4	1.0		
6.35	8.1	8.8	1.0		
7.94	10.1	10.7	1.6		
8.00	10.1	10.8	1.6		
9.53	11.8	12.5	1.6		
10.00	12.3	13.0	1.6		
12.00	14.6	15.2	1.6		
14.00	17.0	17.5	2.1		
15.88	19.1	19.6	2.1		
16.00	19.2	19.7	2.1		
18.00	21.5	22.0	2.1		

[a] D_2 和 D_3 只需选其一。

附 录 B
（资料性附录）
制冷用高清洁度钢管内表面的要求

B.1 含水量

B.1.1 要求

钢管内表面的含水量应不大于 30 mg/m²。

B.1.2 试验方法

钢管内表面含水量的试验应符合 GB/T 11605 中电解法的规定。经供需双方协商，也可采用电解法的水份分析仪，仪器测定的不确定度应不大于 5%，试样的准备和试验的方法按仪器说明书的规定。

B.2 残留物含量

B.2.1 要求

钢管内表面清洁度的残留物应不大于 30 mg/m²。

B.2.2 试验方法

钢管内表面清洁度残留物的试验方法见附录 D。经供需双方协商，也可采用其他方法。

B.3 含油量

B.3.1 要求

钢管内表面的含油量应不大于 10 mg/m²。

B.3.2 试验方法

钢管内表面含油量的试验应符合 GB/T 16488 的规定。经供需双方协商，也可采用红外光谱吸收法的油份分析仪，仪器测定的不确定度应不大于 5%，试样的准备和试验的方法按仪器说明书的规定。

附 录 C
(资料性附录)
钢管外镀层的要求

C.1 钢管外镀层的镀覆方法

钢管的外镀层可采用电镀、化学镀、热浸镀的方法,经供需双方协商,并在合同中注明,也可采用其他的镀覆方法。

C.2 钢管镀层的标记及耐蚀要求

C.2.1 制冷用钢管

制冷用钢管镀层的标记、类型、盐雾试验(NSS)出现红锈的最短耐蚀时间见表 C.1。

表 C.1 制冷用钢管镀层的标记、类型及耐蚀时间

标记	类型	耐蚀时间
Cu	镀铜管	—
Zn	镀锌管	48 h

C.2.2 汽车用钢管

钢管镀锌后进行钝化处理形成转化膜。转化膜的标记、类型、典型外观、盐雾试验(NSS)出现白色腐蚀物的最短耐蚀时间见表 C.2。

表 C.2 钢管的转化膜的标记、类型、典型外观及耐蚀时间

标记	类型	典型外观	耐蚀时间
A	光亮	透明、光亮有时带轻微蓝色	6 h
B	漂白	略带彩虹且透明	24 h
C	彩虹	黄彩虹色	72 h
D	深色	橄榄绿隐约可见棕色或青铜色	96 h
E	复合	黑色	200 h
注:本表依据铬酸盐转化膜,采用其他处理方式时是否适用可由双方协商。			

C.3 镀层的其他要求

C.3.1 盐雾试验时钢管的转化膜不应受到破坏且须经 24 h 的室温老化处理。

C.3.2 规定了镀层的厚度时,对镀层厚度的检测采用阳极溶解库仑法或重量法。

C.3.3 盐雾试验(NSS)按 GB/T 10125 的规定。

C.3.4 钢管镀覆外镀层后应进行弯曲试验,弯芯直径为钢管外径的 6 倍,弯曲角度 360°,试验后的试样不应有镀层剥落的现象。

C.3.5 外镀层鼓励采用环保型的镀覆工艺。

附　录　D
（规范性附录）
内表面清洁度残留物的试验方法

D.1　试样

D.1.1　钢管的试样总长度应不小于12 m，可分为多段操作，每段的长度应大于1.5 m。

D.1.2　取样时应防止尘、屑等进入管内，取样后应将管端清洁干净。

D.2　溶剂

D.2.1　精制的三氯甲烷、三氯乙烯或四氯乙烯。

D.2.2　溶剂量为100 mL。

D.2.3　溶剂在使用中应注重环保。

D.3　试验方法

D.3.1　用溶剂清洗全部试样的内表面。

D.3.2　将清洗后的溶剂倒入一个重量已知、清洁的容器内，用蒸汽或低温电炉对容器加热使溶剂蒸发，并在100 ℃～110 ℃温度下干燥，直到溶剂完全蒸发（注意不要让容器过热以防残留物碳化）后再称出重量。

D.3.3　前后两次重量相减得出试样的残留物重量，计算出每平方米钢管内表面清洁度的残留物的克数。

ICS 93.030
P 41

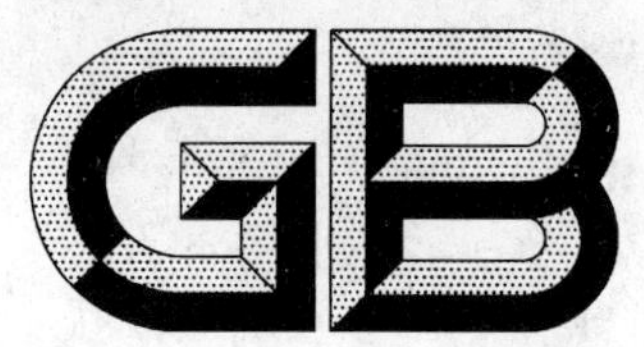

中华人民共和国国家标准

GB 24188—2009

城镇污水处理厂污泥泥质

Quality of sludge from municipal wastewater treatment plant

2009-07-08 发布 2010-06-01 实施

中华人民共和国国家质量监督检验检疫总局
中国国家标准化管理委员会 发布

前　言

本标准的 4.2.1 为强制性的，其余为推荐性的。

本标准由中华人民共和国住房和城乡建设部提出。

本标准由住房和城乡建设部给水排水产品标准化技术委员会归口。

本标准负责起草单位：北京市市政工程管理处。

本标准主要起草人：杨树丛、曹洪林、王春顺、蒋兰、赵晓光、封勇、曹佳红、刘爽、江涛、李文宏、高燚、林毅。

本标准为首次发布。

城镇污水处理厂污泥泥质

1 范围

本标准规定了城镇污水处理厂污泥泥质的控制指标及限值。

本标准适用于城镇污水处理厂的污泥。

居民小区的污水处理设施的污泥，可参照本标准执行。

2 规范性引用文件

下列文件中的条款通过本标准的引用而成为本标准的条款。凡是注日期的引用文件，其随后所有的修改单(不包括勘误的内容)或修订版均不适用于本标准，然而，鼓励根据本标准达成协议的各方研究是否可使用这些文件的最新版本。凡是不注日期的引用文件，其最新版本适用于本标准。

GB 7959 粪便无害化卫生标准

GB/T 17134 土壤质量 总砷的测定 二乙基二硫代氨基甲酸银分光光度法

GB/T 17135 土壤质量 总砷的测定 硼氢化钾-硝酸银分光光度法

GB/T 17136 土壤质量 总汞的测定 冷原子吸收分光光度法

GB/T 17137 土壤质量 总铬的测定 火焰原子吸收分光光度法

GB/T 17138 土壤质量 铜、锌的测定 火焰原子吸收分光光度法

GB/T 17139 土壤质量 镍的测定 火焰原子吸收分光光度法

GB/T 17141 土壤质量 铅、镉的测定 石墨炉原子吸收分光光度法

GB 18918 城镇污水处理厂污染物排放标准

CJ/T 221 城市污水处理厂污泥检验方法

CJ 3082 污水排入城市下水道水质标准

3 术语和定义

下列术语和定义适用于本标准。

3.1

城镇污水处理厂污泥 sludge from municipal wastewater treatment plant

城镇污水处理厂在污水净化处理过程中产生的含水率不同的半固态或固态物质，不包括栅渣、浮渣和沉砂池砂砾。

3.2

城镇污水处理厂污泥泥质 quality of sludge from municipal wastewater treatment plant

特指经过稳定化处理或脱水处理后的城镇污水处理厂污泥达到的质量标准。

4 要求

4.1 一般规定

4.1.1 城镇污水处理厂污泥的稳定化处理，应符合 GB 18918 的相关规定。

4.1.2 城镇污水处理厂污泥不应任意弃置，不应向划定的污泥处理、处置场以外的任何区域排放。

4.1.3 排入城镇下水道的污水水质应符合 CJ 3082 的要求。

4.2 泥质

4.2.1 城镇污水处理厂污泥泥质基本控制指标及限值应满足表 1 的要求，表 1 中第 3 项、第 4 项适用于新建、改建、扩建的城镇污水处理厂。

表 1　泥质基本控制指标及限值

序号	基本控制指标	限值
1	pH	5～10
2	含水率/%	＜80
3	粪大肠菌群菌值	＞0.01
4	细菌总数(MPN/kg 干污泥)	＜10^8

4.2.2　城镇污水处理厂污泥泥质选择性控制指标及限值应满足表 2 的要求。

表 2　泥质选择性控制指标及限值　　单位为毫克每千克干污泥

序号	选择性控制指标	限值
1	总镉	＜20
2	总汞	＜25
3	总铅	＜1 000
4	总铬	＜1 000
5	总砷	＜75
6	总铜	＜1 500
7	总锌	＜4 000
8	总镍	＜200
9	矿物油	＜3 000
10	挥发酚	＜40
11	总氰化物	＜10

5　取样和监测

5.1　取样方法

采取多点取样混合，样品应有代表性，样品质量不小于 1 kg。

5.2　监测分析方法

按表 3 执行。

表 3　监测分析方法

序号	指标	监测分析方法	方法来源
1	pH	玻璃电极法	CJ/T 221
2	含水率	重量法	CJ/T 221
3	粪大肠菌群菌值	发酵法	GB 7959
4	细菌总数	平皿计数法	CJ/T 221
5	总镉	石墨炉原子吸收分光光度法	GB/T 17141
		常压消解后原子吸收分光光度法[a] 常压消解后电感耦合等离子体发射光谱法 微波高压消解后原子吸收分光光度法 微波高压消解后电感耦合等离子体发射光谱法	CJ/T 221
6	总汞	冷原子吸收分光光度法	GB/T 17136
		常压消解后原子荧光法[a]	CJ/T 221

表 3（续）

序号	指标	监测分析方法	方法来源
7	总铅	石墨炉原子吸收分光光度法	GB/T 17141
		常压消解后原子荧光法[a] 微波高压消解后原子荧光法 常压消解后原子吸收分光光度法 常压消解后电感耦合等离子体发射光谱法 微波高压消解后原子吸收分光光度法 微波高压消解后电感耦合等离子体发射光谱法	CJ/T 221
8	总铬	火焰原子吸收分光光度法[a]	GB/T 17137
		常压消解后电感耦合等离子体发射光谱法 微波高压消解后电感耦合等离子体发射光谱法 常压消解后二苯碳酰二肼分光光度法 微波高压消解后二苯碳酰二肼分光光度法	CJ/T 221
9	总砷	二乙基二硫代氨基甲酸银分光光度法 硼氢化钾-硝酸银分光光度法	GB/T 17134 GB/T 17135
		常压消解后原子荧光法[a] 常压消解后电感耦合等离子体发射光谱法 微波高压消解后电感耦合等离子体发射光谱法	CJ/T 221
10	总铜	火焰原子吸收分光光度法	GB/T 17138
		常压消解后原子吸收分光光度法[a] 常压消解后电感耦合等离子体发射光谱法 微波高压消解后原子吸收分光光度法 微波高压消解后电感耦合等离子体发射光谱法	CJ/T 221
11	总锌	火焰原子吸收分光光度法	GB/T 17138
		常压消解后原子吸收分光光度法[a] 常压消解后电感耦合等离子体发射光谱法 微波高压消解后原子吸收分光光度法 微波高压消解后电感耦合等离子体发射光谱法	CJ/T 221
12	总镍	火焰原子吸收分光光度法	GB/T 17139
		常压消解后原子吸收分光光度法[a] 常压消解后电感耦合等离子体发射光谱法 微波高压消解后原子吸收分光光度法 微波高压消解后电感耦合等离子体发射光谱法	CJ/T 221
13	矿物油	红外分光光度法[a] 紫外分光光度法	CJ/T 221
14	挥发酚	蒸馏后 4-氨基安替比林分光光度法	CJ/T 221
15	总氰化物	蒸馏后吡啶-巴比妥酸光度法 蒸馏后异烟酸-吡唑啉酮分光光度法[a]	CJ/T 221

[a] 为仲裁方法。

ICS 73.060.10
D 31

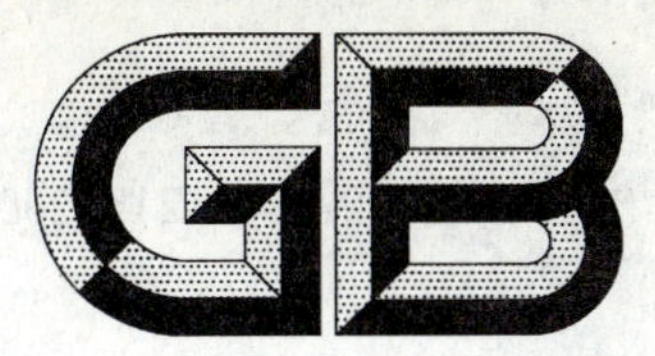

中华人民共和国国家标准

GB/T 24189—2009/ISO 7215:2007

高炉用铁矿石 用最终还原度指数表示的还原性的测定

Iron ores for blast furnace feedstocks—Determination of the reducibility by the final degree of reduction index

(ISO 7215:2007,IDT)

2009-07-08 发布 2010-04-01 实施

中华人民共和国国家质量监督检验检疫总局
中国国家标准化管理委员会 发布

前　　言

本标准等同采用国际标准 ISO 7215:2007《高炉用铁矿石　用最终还原度指数表示的还原性的测定》(英文版)。

为了便于使用,本标准做了下列编辑性和非技术差异性的修改:

——“本国际标准”改为“本标准”;

——用小数点“.”代替作为小数点的逗号“,”;

——删除国际标准的前言;

——引用文件修改为对应的国家标准。

本标准的附录 A 为规范性附录、附录 B 为资料性附录。

本标准由中国钢铁工业协会提出。

本标准由全国铁矿石与直接还原铁标准化技术委员会归口。

本标准负责起草单位:宝山钢铁股份有限公司。

本标准参加起草单位:冶金工业信息标准研究院。

本标准主要起草人:陈小奇、陆平、孙良、李凤芸、刘益智、周星、王晗、于成峰。

高炉用铁矿石
用最终还原度指数表示的还原性的测定

警告——使用本标准的人员应有正规实验室工作的实践经验。本标准并未指出所有可能的安全问题。使用者有责任采取适当的安全和健康措施,并保证符合国家有关法规规定的条件。

1 范围

本标准规定了在模拟高炉还原区域的条件下,氧从铁矿石中分离出来的相对测量方法。

本标准适用于块矿、烧结矿和球团矿。

2 规范性引用文件

下列文件中的条款通过本标准的引用而成为本标准的条款。凡是注日期的引用文件,其随后所有的修改单(不包括勘误的内容)或修订版均不适用于本标准,然而,鼓励根据本标准达成协议的各方研究是否可使用这些文件的最新版本。凡是不注日期的引用文件,其最新版本适用于本标准。

GB/T 6730.5 铁矿石 全铁含量的测定 三氯化钛还原法(GB/T 6730.5—2007,ISO 9507:1990,MOD)

GB/T 10322.1 铁矿石 取样和制样方法(GB/T 10322.1—2000,idt ISO 3082:1998)

GB/T 20565 铁矿石和直接还原铁 术语(GB/T 20565—2006,ISO 11323:2002,IDT)

ISO 2597-1:1994 铁矿石 全铁含量的测定 第一部分:二氯化锡还原滴定法

ISO 9035:1989 铁矿石 酸容亚铁含量的测定 滴定法

3 术语和定义

本标准使用 GB/T 20565 中的术语和定义。

4 原理

试验样在固定床内 900 ℃温度下,用 CO 和 N_2 组成的气体还原 180 min,还原度是经过 180 min 还原后按照氧的损失量计算。

5 取样、制样和试验样的制备

5.1 取样和试样的制备

取样和试样的制备按 GB/T 10322.1 规定进行。

球团矿的粒度范围为 10 mm～12.5 mm。

烧结矿和块矿的粒度范围为 18 mm～20 mm。

符合粒度要求的干基试样 2.5 kg。

试样在 105 ℃±5 ℃的干燥箱中干燥到恒重,试验样制备前冷却至室温。

注:若连续两次干燥试样的质量变化不应超过试样原始质量的 0.05%,则认为试样达到恒重状态。

5.2 试验样的制备

收集随机抽取的矿石颗粒组成试验样。

注:手工缩分推荐采用 GB/T 10322.1,例如缩分器可用于缩分试样。

从试样中制备最少 5 份试验样,每份约 500 g(±1 g 的质量),4 份用于试验,1 份用于化学分析。

称量试验样精确至 1 g,并记录每个试验样质量和对应的容器编号。

6 设备

6.1 通则

试验设备组成

a) 试验设备一般包括干燥箱、手工工具、计时器和安全设备；

b) 反应管；

c) 炉子、在试验期间随时可以称量和显示试验样质量的天平；

d) 供气和流量调节系统；

e) 称量装置。

试验设备示意图如图1所示。

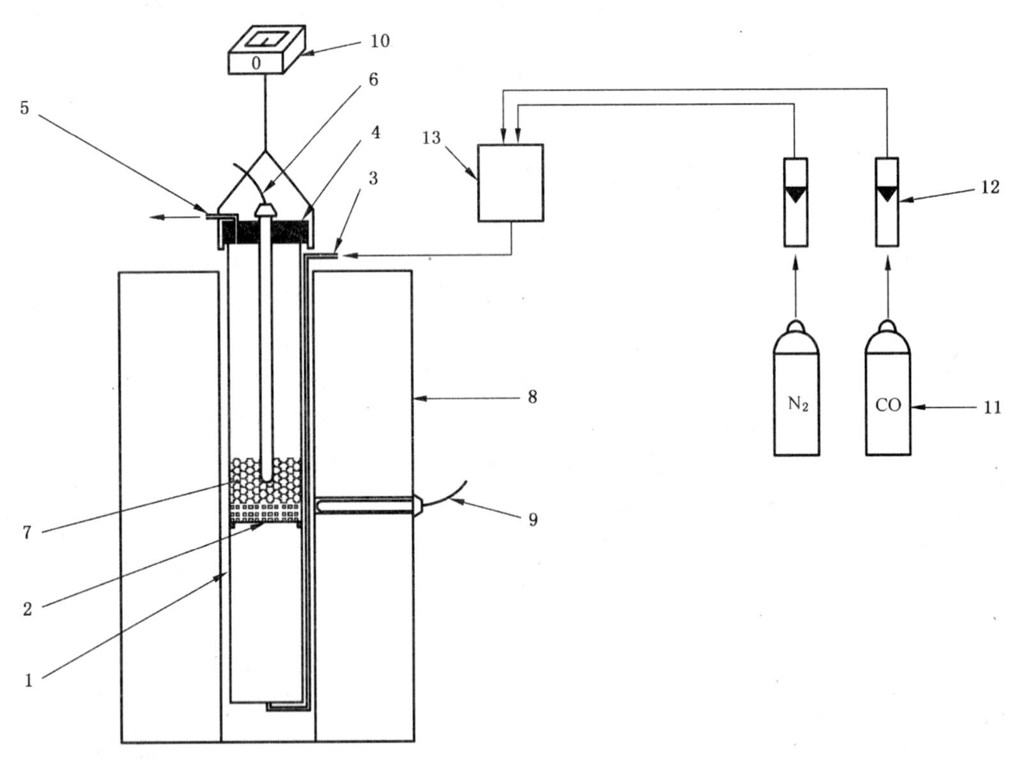

还原反应管：

1——还原反应管壁；

2——孔板；

3——进气口；

4——盖子；

5——出气口；

6——测量还原温度的热电偶；

7——试验样；

试验炉：

8——电加热炉；

9——控制炉温用热电偶；

10——天平；

供气系统：

11——气瓶；

12——气体流量计；

13——混合罐。

图1 试验设备举例（示意图）

6.2 还原反应管

由耐900 ℃高温不变形、抗氧化的金属材料制成，内径75 mm±1 mm，反应管内安装一个可取出、能耐900 ℃高温不变形的金属孔板。孔板支撑试验样并确保气体均匀流过。孔板厚4 mm，直径比反应管的内径小1 mm，孔板上的小孔直径为2 mm～3 mm，孔间距4 mm～5 mm。还原反应管的示意图如图2所示。

6.3 加热炉

加热能力和温度控制能维持整个试验过程，气体进入试验床后须达到900 ℃±10 ℃的温度。

6.4 天平

可称量整套反应管包括试验样精确至 0.5 g。天平应有对应的装置便于悬挂或支撑整套反应管。

6.5 供气系统

能够供给气体和调节气体流量，确保供气系统和还原反应管的连接没有摩擦，不影响还原期间对失重的称量。

6.6 称量装置

能够称量试验样精确至 1 g。

7 试验条件

7.1 一般条件

测量所用气体的体积和流量的温度是 0 ℃，气压是 101.325 kPa(1.013 25 bar)。

单位为毫米

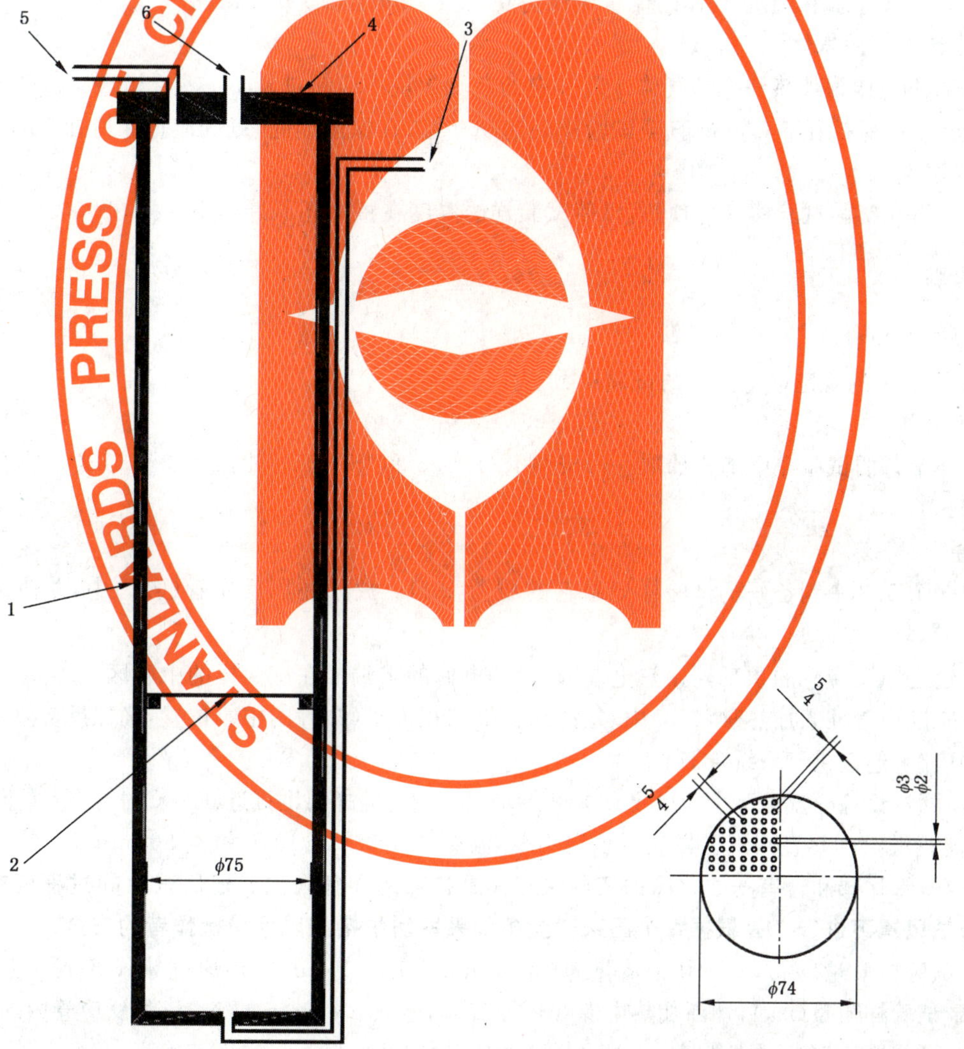

1——还原反应管壁；
2——孔板；
3——进气口；
4——盖子；
5——出气口；
6——热电偶插孔。

注：并没有列出设备的详细尺寸，仅仅标识一些基本信息。

图 2 还原反应管举例(示意图)

7.2 还原气体

7.2.1 组成

还原气体应包括：

CO 30.0%±1.0%(体积分数)；

N_2 70.0%±1.0%(体积分数)。

7.2.2 纯度

还原气体中的杂质不超过：

H_2 0.2%(体积分数)；

CO_2 0.2%(体积分数)；

O_2 0.1%(体积分数)；

H_2O 0.2%(体积分数)。

7.2.3 流量

在整个还原过程中，还原气体的流量应保持在 15 L/min±0.5 L/min。

7.3 加热和冷却用气体

用氮气(N_2)作为加热和冷却气体。氮气中的杂质含量不应超过 0.1%(体积分数)。

氮气流量应保持在 5 L/min 直至试验样到达 900 ℃；在保温期间，氮气流量保持在 15 L/min。

7.4 试验温度

还原气体在接触试验样前应预热，以使试验样的温度在整个还原过程中保持在 900 ℃±10 ℃。

8 试验步骤

8.1 试验测定次数

根据附录 A 的规定进行必要的试验次数。

8.2 化学分析

从 5.2 制备的试验样中随机抽取一份按照 ISO 9035 和 ISO 2597-1 或 GB/T 6730.5 分别测定 FeO (w_1)和 TFe(w_2)。

8.3 还原

任取一个 5.2 中制备好的试验样记录它的质量(m_0)。放入还原反应管(6.2)中，并使试验样表面水平。

在靠近还原反应管的顶部连接热电偶，确保热电偶的末端插在试验样的中心区。

将还原反应管插入加热炉(6.3)中，悬挂或支撑它在天平(6.4)的中心位置，确保反应管不与炉壁和加热元件接触，连接供气系统(6.5)。

使 N_2 通过试验样流量至少 5 L/min，并开始加热。当试验样温度接近 900 ℃时，流量增至 15 L/min。保持 N_2 流量继续加热直到试验样质量恒定不变，温度在 900 ℃±10 ℃恒温 30 min。

警告：一氧化碳和含有一氧化碳的还原性气体是有毒的和危险的。还原试验的过程应在通风良好或在一个抽风罩下进行。应根据每个国家安全条例采取防护措施以保护操作者的安全。

记录试验样质量(m_1)，立即切换流量为 15 L/min±0.5 L/min 的还原气体代替 N_2，还原 180 min 结束，记录试验样质量(m_2)，切断加热电源和还原气体，通入 5 L/min 的 N_2 清除反应管内的还原气体。

注 1：如果需要对应的还原曲线，前 1 h 每 10 min，后 2 h 每 15 min 记录一次试验样质量。

注 2：块矿试验样加热到 900 ℃温度的时间应超过 60 min，以减少受热爆裂。

9 结果表示

9.1 最终还原度的计算($\boldsymbol{R_{180}}$)

最终还原度 R_{180} 以式(1)计算，用质量分数(%)表示。

$$R_{180}=\left[\frac{m_1-m_2}{m_0(0.430w_2-0.111w_1)}\right]\times 10^4 \qquad (1)$$

式中：

m_0——试验样的质量，单位为克(g)；

m_1——还原开始前试验样的质量，单位为克(g)；

m_2——还原 180 min 后试验样的质量，单位为克(g)；

w_1——试验样中 FeO 的质量分数，%；

w_2——在试验前按照 ISO 2597-1 或 GB/T 6730.5 测定的试验样中 TFe 的质量分数，%。

注：式(1)推导见附录 B。

计算结果保留一位小数。

9.2 试验结果的重复性和可接受性

按照附录 A 给出的流程进行操作，试验结果满足表 1 的重复性值，报告结果保留一位小数。

表 1 重复性(r)

铁矿石种类	r/ %，绝对值
球团矿	3.0
烧结矿	5.0
块矿	5.0

10 校验

定期检查设备对保证试验结果的可靠性是非常必要的。检查应定期进行，间隔时间由每个试验室自己决定。

检查的项目应包括：

——称量装置；

——还原反应管；

——温度控制和测量装置；

——天平；

——气体流量计；

——气体纯度；

——记录系统；

——时间控制装置。

推荐使用内部参考物质定期检查试验的重复性或再现性，并保存试验过程的适当记录。

11 试验报告

试验报告应包含下列信息

a) 本标准编号；

b) 区分试样的必要信息；

c) 试验室的名称和地址；

d) 试验日期；

e) 试验报告日期；

f) 试验者签字；

g) 本标准中没有规定的任何操作细节和试验条件，或可能对试验结果有影响的因素；

h) 最终还原度 R_{180}；

i) 还原前试验样的 TFe 和 FeO 含量。

附　录　A
（规范性附录）
试验结果验收流程图

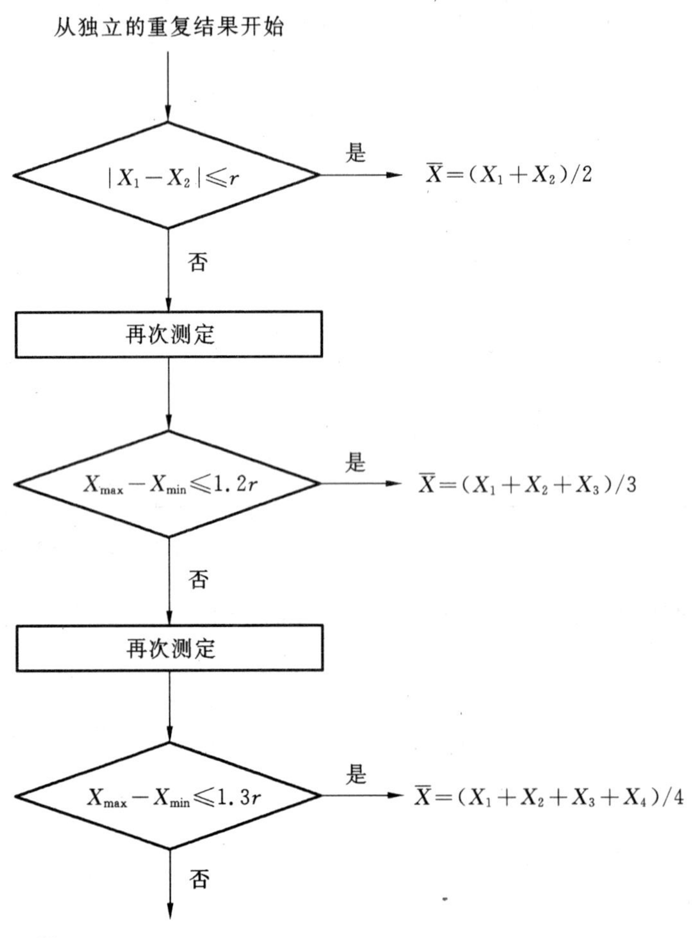

r:见表1。

附 录 B
（资料性附录）
最终还原度计算公式的推导

B.1 基本关系式

第 9.1 条中给出了 R_{180} 式是从下式推导出来的。

$$R_{180}=\frac{m_f}{m_3}\times 100 \qquad \cdots\cdots(B.1)$$

式中：

m_f——180 min 还原期间氧的损失量，单位为克(g)；

m_3——还原前与铁结合的总氧量，单位为克(g)。

B.2 关系式推导

试样中铁的氧化物包括赤铁矿(Fe_2O_3)、磁铁矿(Fe_3O_4)和氧化亚铁(FeO)。式(B.1)中氧的总量 m_3 可以从还原前试样中 Fe_2O_3 和 FeO 量计算得到。因此，按照有关国际标准测定出全铁量 w_2 和氧化亚铁量 w_1 后，由式(B.2)可以得到 m_3。

$$\begin{aligned}m_3&=m_4+m_5\\&=m_0\left(w_3\frac{3A_O}{2A_{Fe}}+w_1\frac{A_O}{M}\right)\times 100\end{aligned} \qquad \cdots\cdots(B.2)$$

式中：

m_4——Fe_2O_3 中的氧量，单位为克(g)；

m_5——FeO 中的氧量，单位为克(g)；

m_0 和 w_1 与 9.1 中含义相同；

w_3——Fe_2O_3 中铁的质量分数，%；

A_O——氧的相对原子量，16.00；

A_{Fe}——铁的相对原子量，55.85；

M——FeO 的相对分子量，71.85。

又因为：

$$\begin{aligned}m_f&=m_1-m_2\\w_3&=w_2-\frac{A_{Fe}}{M}w_1\end{aligned} \qquad \cdots\cdots(B.3)$$

式中 m_1、m_2、w_1 和 w_2 与 9.1 中含义相同，将式(B.2)中得到的 m_3 代入式(B.1)，通过式(B.3)得到最终还原度 R_{180}，用质量分数(%)表示。

$$\begin{aligned}R_{180}&=\frac{(m_1-m_2)\times 100}{m_0\left[\left(w_2-\frac{A_{Fe}}{M}w_1\right)\frac{3A_O}{2A_{Fe}}+\frac{A_O}{M}w_1\right]\times\frac{1}{100}}\\&=\left\{\frac{m_1-m_2}{m_0\left[\left(w_2-\frac{55.85}{71.85}w_1\right)\frac{48.00}{111.70}+\frac{16.00}{71.85}w_1\right]}\right\}\times 10^4\\&=\left[\frac{m_1-m_2}{m_0(0.430w_2-0.111w_1)}\right]\times 10^4\end{aligned}$$

ICS 73.060.10
D 31

中华人民共和国国家标准

GB/T 24190—2009

铁矿石　化合水含量的测定
卡尔费休滴定法

**Iron ores—Determination of combined water—
Karl Fischer method**

（ISO 7335:1987,MOD）

2009-07-08 发布　　2010-04-01 实施

中华人民共和国国家质量监督检验检疫总局
中国国家标准化管理委员会　发布

前　言

本标准修改采用 ISO 7335:1987《铁矿石　化合水含量的测定 Karl Fischer 法》(英文版)。

本标准与 ISO 7335:1987 比较,技术内容上主要有如下修改:

——化合水定义按照《铁矿石和直接还原铁　术语》标准改为“在去除吸湿水后,在 950 ℃温度下加热时才可充分释放出的铁矿石中的那部分水量”。

——增加卡尔费休溶液标定的方法及计算公式。

——增加用标准物质标定卡尔费休溶液的方法和计算公式。

——根据实际市售情况加热管尺寸规格改为 700 mm～800 mm。

——增加磁搅拌器和搅拌子的材料和速率要求。

——根据实际市售情况试样舟的尺寸规格改为 55 mm×20 mm×15 mm。

——增加自动电位滴定仪的使用说明。

——数值修约按 GB/T 8170 数值修约规则进行。

——ISO 7335:1987 的 8.2.2 分析值的验收方法中对铁矿石标准样品要求提供实验室间标准偏差和实验室内标准偏差,由于目前国内供应的标准样品没有标准样品验证的实验室间的标准偏差和验证的实验室内的标准偏差,一般只有标准样品的标准偏差 s 数据,使分析值验收不能执行该方式,因此决定采用标准样品的标准偏差替代标准样品的实验室间和实验室内标准偏差。因 ISO 关于原子吸收光谱法的测定标准,在 1998 年以后出版的标准版本中已采用标准样品的方差 $V_{(Ac)}$,故将 s 更改为 $V_{(Ac)}$。

本标准的附录 A 为规范性附录,附录 B 和附录 C 为资料性附录。

本标准由中国钢铁工业协会提出。

本标准由全国铁矿石与直接还原铁标准化技术委员会归口。

本标准负责起草单位:宝山钢铁股份有限公司。

本标准参加起草单位:嵊泗检验检疫局、冶金工业信息标准研究院。

本标准主要起草人:陈海岚、韩健、陈自斌、胡杰旻、金国宁、王晗、于成峰。

铁矿石　化合水含量的测定
卡尔费休滴定法

警告——使用本标准的人员应有正规实验室工作的实践经验。本标准并未指出所有可能的安全问题。使用者有责任采取适当的安全和健康措施，并保证符合国家有关法规规定的条件。

1　范围

本标准规定用卡尔费休溶液滴定方法测定铁矿石中的化合水的含量。

本方法适用于化合水含量范围为0.05%～10%(质量分数)的天然铁矿石、铁精矿和造块，包括烧结产品。

注：术语“化合水”仅指在去除吸湿水后，在950 ℃温度下加热时才可充分释放出的铁矿石中的那部分水量。

2　规范性引用文件

下列文件中的条款经过本标准的引用而成为本标准的条款。凡是注日期的引用文件，其随后所有的修改单(不包括勘误的内容)或修订版均不适用于本标准，然而，鼓励根据本标准达成协议的各方研究是否可使用这些文件的最新版本。凡是不注日期的引用文件，其最新版本适用于本标准。

GB/T 6682　分析实验室用水规格和试验方法(GB/T 6682—2008,ISO 3696:1987,MOD)

GB/T 6730.1　铁矿石化学分析方法　分析用预干燥试样的制备(GB/T 6730.1—1986,idt ISO 7764:1985)

GB/T 8170　数值修约规则与极限数值的表示和判定

GB/T 10322.1　铁矿石机械取样和制样方法(GB/T 10322.1—2000,idt ISO 3082:1998)

GB/T 12805　实验室玻璃仪器　滴定管(GB/T 12805—1991,neq ISO 385:1984)

3　原理

在105 ℃的加热炉内，在干燥的氮气气氛中加热预干燥试样，使吸湿水释放出来。继续在另一950 ℃的炉内加热，用乙二醇-甲醇混合液收集释放的化合水。

用电位滴定法检测终点，以卡尔费休溶液测定化合水的含量。

4　试剂

分析中除另有说明外，只使用认可的分析纯试剂、去离子水或同等纯度的水，符合GB/T 6682的规定。

4.1　干燥剂：硅胶，颗粒状，自提示蓝色。

4.2　干燥剂：粒度为0.8 mm～1.25 mm的无水高氯酸镁[$Mg(ClO_4)_2$]或其他合适的干燥剂。

注：高氯酸镁是一种强氧化剂，禁止与有机物接触。处理残留物时，需用大流量的水冲入污水槽。

4.3　氮气：经过滤的、预干燥的无油氮气，每升含氧量小于10 μL，压力高于大气压大约35 kPa。

4.4　乙二醇($OHCH_2$-CH_2OH)-甲醇(CH_3OH)混合液(1+1)：每次使用该混合溶液之前，均应测试游离水含量，如游离水分大于0.05%(质量分数)，不宜使用。

注：无水乙二醇可代替该混合溶液使用。但在此情况下，卡尔费休溶液必须含适当量的甲醇。

4.5　卡尔费休溶液(2.5 mg/mL～3.0 mg/mL)：该溶液应在使用的当日用下列物质之一标定：

a)　水-甲醇标准溶液。

b) 用微量注射器加纯水。

c) 一水合柠檬酸[$C(OH)(COOH)(CH_2COOH)_2 \cdot H_2O$]。

d) 酒石酸钠[$(CHOH \cdot COONa)_2 \cdot 2H_2O$]。

e) 相似或相同组分的标准物质/标准样品。

注：卡尔费休溶液(2.5 mg/mL～3.0 mg/mL)(4.5) 需醇专用型，可在市场上买到。

4.5.1 用水-甲醇标准溶液或水标定：将适量的试剂 a)，b)之一移入已被滴定到终点的吸收池内(微量注射器穿过橡胶隔膜加水)，然后遵循 7.4.2 步骤滴定，按式(1)或式(2)计算出卡尔费休溶液的系数(F)，以 mg/mL 表示。

$$F=\frac{m_1}{V_1-V_2} \qquad \cdots\cdots(1)$$

式中：

m_1——水-甲醇标准溶液[4.5a)]中水的质量，单位为毫克(mg)；

V_1——滴定水-甲醇标准溶液[4.5a)]所消耗卡尔费休溶液(4.5)的体积，单位为毫升(mL)；

V_2——滴定甲醇标准溶液所消耗卡尔费休溶液(4.5)的体积，单位为毫升(mL)。

$$F=\frac{m_2}{V_3} \qquad \cdots\cdots(2)$$

式中：

m_2——加入的纯水(4.5.b)的质量，单位为毫克(mg)；

V_3——滴定纯水时所消耗卡尔费休溶液(4.5)的体积，单位为毫升(mL)。

4.5.2 用酒石酸钠[$(CHOH \cdot COONa)_2 \cdot 2H_2O$]标定：在取样器(5.14)中称取 0.1 g 酒石酸钠[4.5d)]，称精确至 0.000 1 g，移去吸收池上的塞子，在几秒内迅速将它加到已被滴定到终点的吸收池中，然后再称量取样器(5.14)，通过减差确定酒石酸钠的质量(m_3)。

用卡尔费休溶液滴定加入的酒石酸钠，然后遵循 7.4.2 步骤滴定，直至终点电位保持 30 s 不变为止，记录卡尔费休溶液消耗的体积(V_4)。按式(3)计算出卡尔费休溶液的系数 (F)，以 mg/mL 表示。

$$F=\frac{m_3\times 0.156\ 6}{V_4} \qquad \cdots\cdots(3)$$

式中：

V_4——标定时，卡尔费休溶液(4.5)消耗的体积，单位为毫升(mL)；

m_3——酒石酸钠[4.5d)]的质量，单位为毫克(mg)；

0.156 6——酒石酸钠[4.5d)]质量换算为水的质量系数。

4.5.3 相对应标准物质/标准样品进行标定

根据待测试样的化合水含量，选取同类型铁矿的标准物质/标准样品[4.5e)]，按表 1 在取样器(5.14)中称取标准物质/标准样品，移入试样舟中，然后再称量取样器(5.14)，通过减差确定标准物质/标准样品的质量(m_4)，然后按照 7.4.2 及以后步骤进行测定，记录在 950 ℃的加热炉加热释放化合水过程中卡尔费休溶液(4.5)所消耗的体积(V_5)。按式(4)计算出卡尔费休溶液的系数 (F)，以 mg/mL 表示。

$$F=\frac{m_4\times A}{V_5} \qquad \cdots\cdots(4)$$

式中：

V_5——标定时，卡尔费休溶液(4.5)消耗的体积，单位为毫升(mL)；

m_4——标准物质/标准样品[4.5e)]的质量，单位为毫克(mg)；

A——标准物质/标准样品中化合水的质量分数，%。

4.5.4 用一水合柠檬酸[$C(OH)(COOH)(CH_2COOH)_2 \cdot H_2O$]标定：在取样器(5.14)中称取 0.1 g

一水合柠檬酸[4.5c)]，称精确至 0.000 1 g，移去吸收池上的塞子，在几秒内迅速将它加到已被滴定到终点的吸收池中，然后再称量取样器(5.14)，通过减差确定柠檬酸的质量(m_5)。

用卡尔费休溶液滴定加入的一水合柠檬酸，然后遵循 7.4.2 步骤滴定，直至终点电位保持 30 s 不变为止，记录卡尔费休溶液消耗的体积(V_6)。按式(5)计算出卡尔费休溶液的系数 (F)，以 mg/mL 表示。

$$F = \frac{m_5 \times 0.0857}{V_6} \qquad \cdots\cdots (5)$$

式中：

V_6——标定时，卡尔费休溶液(4.5)消耗的体积，单位为毫升(mL)；

m_5——一水合柠檬酸[4.5c)]的质量，单位为毫克(mg)；

0.085 7——一水合柠檬酸[4.5c)]质量换算为水的质量系数。

5 仪器

适合的测量装置如图 1 所示(双炉串联型)，或如图 2 所示(互换型)。

5.1 气体流量计：能测定 250 mL/min 的流速。

如果流速测量采用受压后压力下降方法(压降法)，那么压力计的液体应是非挥发性油。

5.2 干燥塔(t_1 和 t_2)：容积 250 mL，分别盛放(4.1)和(4.2)干燥剂，用于干燥通入加热管的氮气。

5.3 加热炉(f_1 和 f_2)：加热炉按图 1 串联放置，或者用可移动炉按图 2 所示放置，它能套入加热管或者从加热管向外抽出。通过控制电流，至少能使炉子中两个 150 mm 的管区温度分别保持在 105 ℃±2 ℃和 950 ℃±20 ℃。炉子温度应在加热管上方用高温计或温度计测量，或设备内置温度计测量并显示。

5.4 加热管：一种石英管按图 1 所示，长度约 700 mm～800 mm，内径约 30 mm，两端开口，内附一根外径约 8 mm 的石英长推杆。另一种按图 2 所示，石英管长约 350 mm，一端封口，并内附一根外径约 8 mm 的细管，气体经由它朝出口方向流动。

5.5 试样舟：由惰性、稳定的材质制成，例如石英、铂、瓷制的。尺寸大约为 55 mm(长)×20 mm(宽)×15 mm(高)。原则上，份样量在 0.2 g～1 g 之间，装样量不超过 1 mg/mm^2；如份样为 3 g，装样量不超过 1.5 mg/mm^2。

试样舟使用前应在 950 ℃灼烧，然后在干燥器中冷却并保存。

5.6 过滤器：将烧结金属、烧结玻璃过滤器，或类似的过滤器盘插入加热管和吸收池入口之间的软连接之处。

5.7 软连接：已经发现某些类型的硅橡胶管透气，不适合使用，可用氯丁合成橡胶管。在干燥塔之后，气流线路应尽量用玻璃管连接，软管只用作玻璃部分之间的对接。

5.8 流速控制阀：针状阀置于流量计的出口端。

5.9 吸收池：图 3 所示的玻璃容器。铂电板，滴定管以及气体的入口均必须是密不透气的，以防止湿气进入吸收池。

5.10 铂电板：或是一对，或为复式铂电极。

5.11 磁力搅拌器和搅拌子，化学惰性材料，可调速率。

5.12 电位滴定仪：适于卡尔费休溶液滴定，并配有微安培计(0 μA～50 μA)，或者能指示电位滴定终点的同等仪器。

5.13 滴定管：容量约 10 mL～25 mL，符合 GB/T 12805 的规定。

5.14 取样器：推荐采用石英材料，内壁光滑，配有同材质的帽。

6 取样和制样

6.1 试验样

用于分析的试样，应按 GB/T 10322.1 取制样，粒度小于 100 μm。如果矿石化合水量高或含易氧化物，其试样粒度应小于 160 μm。

注：化合水量高和易氧化物的取制样见 GB/T 6730.1。

6.2 预干燥试样的制备

试验样充分混合，取多个份样，采用份样缩分法制成具有代表性的试样。并按 GB/T 6730.1 中规定的在 105 ℃±2 ℃下干燥试样(这就是预干燥试样)。

7 步骤

7.1 测定次数

按附录 A，对一个预干燥试样至少独立测定二次。

注："独立"是指再次及后续任何一次测定结果不受前面测定结果的影响。本分析方法中，此条件意味着同一操作者在不同的时间或不同操作者进行重复测定，包括采用适当的再校准。

7.2 试料量

按照表 1 称取相近量的预干燥试样(6.2)，精确至 0.1 mg。

表 1 试料称取量

试料的化合水含量(质量分数)/%	试料的质量/g
0.05～0.5	3.0
>0.5～2	1.0
>2～5	0.5
>5～10	0.2

注：试样应在预干燥当日尽快取样称重，以免重新吸湿。

7.3 空白试验和验证试验

每次分析时，在相同条件下与矿石试样平行分析一个空白试验和一个同类型矿石的标准物质/标准样品。标准物质/标准样品也按 6.2 规定制成的预干燥试样。

注：标准物质/标准样品应和分析样类型相同，为确保在分析步骤中无明显变化，两种材料的性质应足够相似。

当同时分析数个试样时，只要步骤相同，且所用试剂取自同一试剂瓶，空白值可由一个试验代表。

当同时分析数个同类型矿样时，可使用一个标准物质/标准样品的分析值。

7.4 测定

7.4.1 仪器调节

打开加热炉的开关，加热炉 1(f_1)温度设定为 105 ℃，加热炉 2(f_2)温度设定为 950 ℃。加热炉 1(f_1)内的加热管升温至 105 ℃±2 ℃，以及加热炉 2(f_2)内的加热管升温至 950 ℃±20 ℃，并且在 7.4.1～7.4.4 步骤中均保持此温度。

调节氮气(4.3)流速，使通过系统流速大约为 250 mL/min。关闭加热管的出口检查系统的漏气处。将加热管的出口再与吸收池入口相接，必要时重新调节流速。通气 10 min 清洗该系统，并且从 7.4.1～7.4.5 步骤均保持此流速。

取下吸收池塞子，用移液管移入 40 mL 乙二醇-甲醇混合液(4.4)或同等级的市售吸收液，塞紧入口塞。用自动滴定装置时，操作者需确保试剂容量遵循产品说明书。

注：商品卡尔费休试剂包括两组(吸收剂和滴定剂)，作为可选的乙二醇/甲醇吸收剂和滴定剂。

打开滴定仪和磁力搅拌器的开关，调节磁搅拌子速度，以确保充分混合溶液，在滴定过程中保持恒定的搅拌速度。

7.4.2 滴定

用滴定管向吸收池中缓慢加入卡尔费休溶液(4.5)。由于过剩的卡尔费休溶液引起游离碘存在而导致电流迅速增加,指示终点接近状况。在此迅速变化点上选择一电流(30 μA～40 μA)作终点。继续滴定至此电流保持 30 s 为止。每隔 10 min 加一次卡尔费休溶液,直到恢复初测电流值并维持 30 s,它所需的增加量不大于 0.05 mL。

在全部实验和校正开始之前,应先将吸收液测定到此终点。

如果使用自动电位滴定仪、商品设备和商品试剂,滴定过程应遵循产品说明。

7.4.3 吸湿水的释放

将加热管的入口塞取下,把盛有预干燥试料(7.2)的试样舟放在通往加热去入口的加热管中,插入推杆。

立刻按上入口塞,用推杆将试样舟移到低温炉(f_1)加热管加热区的中心,逐出试样的吸湿水和安放样舟时带入的大气中的水分。

30 min 之后,按 7.4.2 所叙进行滴定和重复滴定,间隔时间为 10 min。

注:试样在 950 ℃加热之前,应确定吸湿水已全部释放出来,即使是按 GB/T 6730.1 规定制备的预干燥试样也不例外。

如果使用自动电位滴定仪、商品设备和商品试剂,滴定过程应遵循产品说明书。

7.4.4 化合水的发生和收集

将加热炉(f_2)温度调至 950 ℃±20 ℃,将试样舟移入加热管的加热区中心,或者用另一座炉(f_2)(950 ℃±20 ℃)来替换炉(f_1)(105 ℃),加热试样舟 15 min。另外用小火焰或电干燥器将加热管冷的部分也加热到约 100 ℃,以便全部吸收冷凝水。

按 7.4.2 步骤,用卡尔费休溶液(4.5)滴定至终点。

如果使用自动电位滴定仪、商品设备和商品试剂,滴定过程应遵循产品说明书。

7.4.5 空白试验值

与 7.4.1～7.4.4 所述步骤完全一致,不带试样测定空白试验值。空白试验水的指示值不应大于 1.0 mg/h(0.25 mg/15 min)。

注:为了尽可能减少湿气、油脂等物质的污染,在标定和测定过程中,操作试样舟、取样器和加热管时必须带不掉纤维的棉质手套。

8 结果的表示

8.1 化合水计算

用式(6)计算化合水含量(质量分数)w,数值以%表示,计算到小数第四位。

$$w = \frac{(V - V_0) \times F}{m \times 1\,000} \times 100 = \frac{(V - V_0) \times F}{m \times 10} \quad \cdots\cdots(6)$$

式中:

V——7.4.4 试样所消耗的卡尔费休溶液(4.5)的体积,单位为毫升(mL);

V_0——7.4.5 空白试验所消耗的卡尔费休溶液(4.5)的体积,单位为毫升(mL);

F——卡尔费休溶液(4.5)系数,单位为毫克每毫升(mg/mL);

m——试料(7.2)的质量,单位为克(g)。

8.2 分析结果的一般处理

8.2.1 重复性和允许差

分析方法的精度由下列回归方程式表示:

$$R_d = 0.043\,1X + 0.017\,7 \quad \cdots\cdots(7)$$

$$P = 0.093\ 9X + 0.028\ 7 \tag{8}$$

$$\sigma_d = 0.015\ 2X + 0.006\ 3 \tag{9}$$

$$\sigma_L = 0.031\ 3X + 0.008\ 8 \tag{10}$$

式中：

X——试样中化合水含量，以质量分数(%)表示；

实验室内公式(7)和(9)：重复值的算术平均值；

实验室间公式(8)和(10)两个实验室的最终值(8.2.5)的算术平均值；

R_d——实验室内重复测定的允许差(重复性)；

P——实验室间的允许差；

σ_d——实验室内重复测定的标准偏差；

σ_L——实验室间的标准偏差。

8.2.2 分析结果的确定

按照附录 A 中步骤，根据式(6)计算独立重复测量结果，与重复测定允许差(R_d)进行比较，来确定分析结果。

8.2.3 实验室间精密度

实验室间精密度用以评价两个实验室报告的最终结果之间的一致性。两个实验室按照 8.2.2 中规定的相同步骤报告结果后，按式(11)计算：

$$\mu_{12} = \frac{\mu_1 + \mu_2}{2} \tag{11}$$

式中：

μ_1——实验室 1 报告的最终结果；

μ_2——实验室 2 报告的最终结果；

μ_{12}——最终结果的平均值。

如果 $|\mu_1 - \mu_2| \leqslant P$(见 8.2.1)，最终结果是一致的。

8.2.4 分析值的验收

分析值的验收使用认证标准物质/认证标准样品进行验证。步骤与以上所述相同。确认精密度后，实验室最终结果与标准值 Ac 比较。如：

a) $|\mu_c - Ac| \leqslant C$，测量值与标准值之间无显著差异。

b) $|\mu_c - Ac| > C$，测量值与标准值之间有显著差异。

式中：

μ_c——标准物质/标准样品的测量值；

Ac——标准物质/标准样品的标准值；

C——该值取决于所使用标准物质/标准样品的种类。

对通过实验室间确定的标准物质/标准样品：

$$C = 2\sqrt{\sigma_L^2 + \frac{\sigma_d^2}{n} + V_{(Ac)}} \tag{12}$$

式中：

$V_{(Ac)}$——标准值 Ac 的方差。

对仅有一个实验室确定的标准物质/标准样品：

$$C = 2\sqrt{\sigma_L^2 + \frac{\sigma_d^2}{n}} \tag{13}$$

注：除非已确证该标准值没有偏差，否则不应采用此类标准物质/标准样品。

8.2.5 最终结果的计算

试样的最终结果是可接受分析值的算术平均值，也可按附录 A 中的规定进行操作。平均值按 GB/T 8170 数值修约规则，修约至小数第二位。

9 试验报告

试验报告应包括下列信息：

a） 测试试验室名称和地址；

b） 试验报告发布日期；

c） 本标准的编号；

d） 试样本身必要的详细说明；

e） 分析结果；

f） 标准样品号和结果；

g） 测定过程中存在的任何异常特性和在本标准中没有规定的可能对试样或标准样品的分析结果产生影响的任何操作。

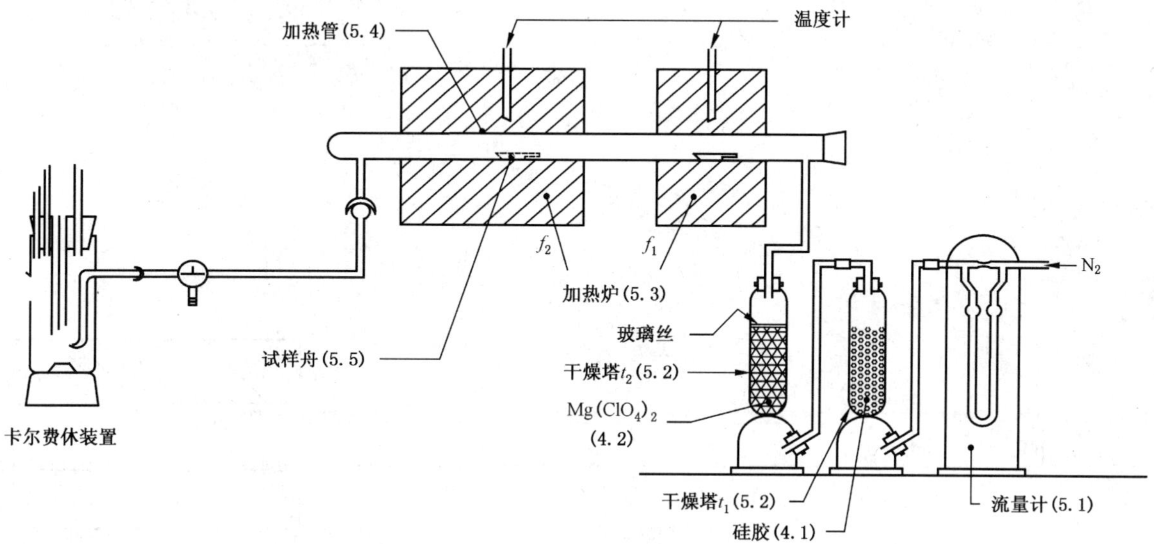

a）总体安装图

单位为毫米

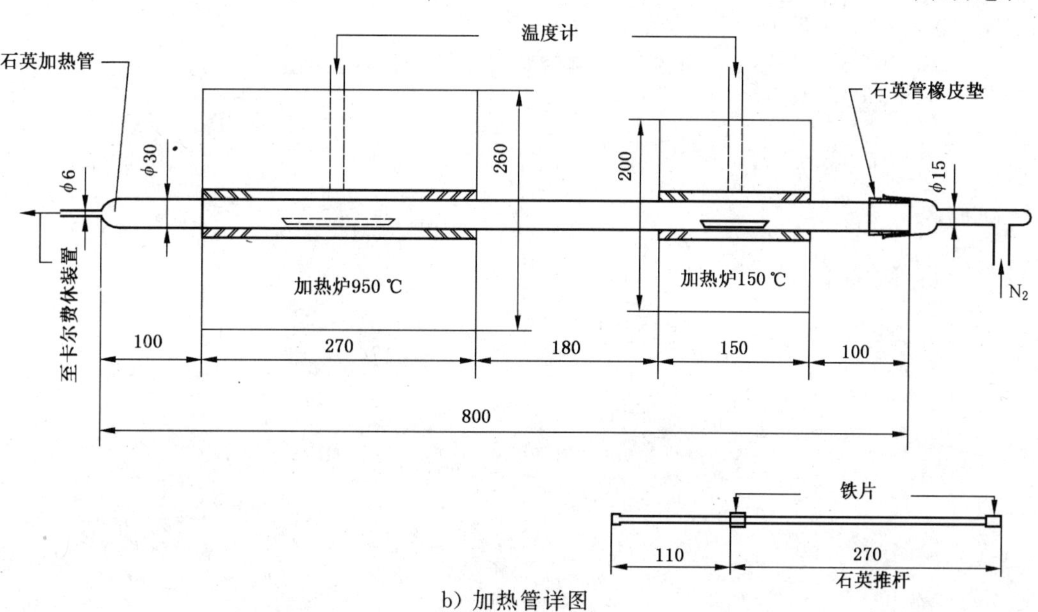

b）加热管详图

注：除第5款中所规定的尺寸外，其余尺寸仅供参考。

图1 卡尔费休测量装置示例（双炉串联型）

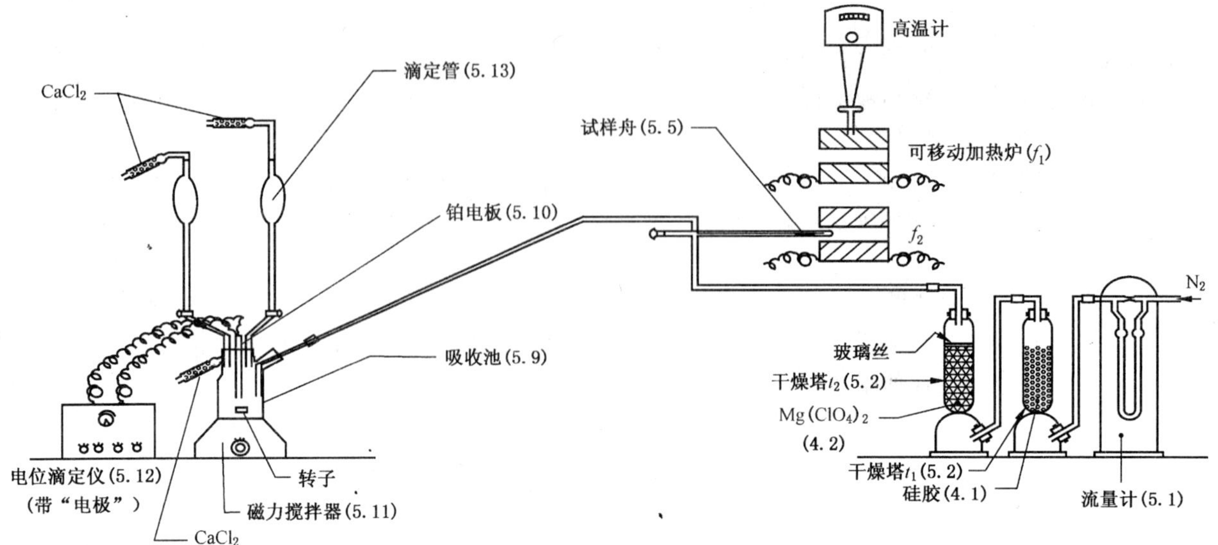

a) 总体安装图

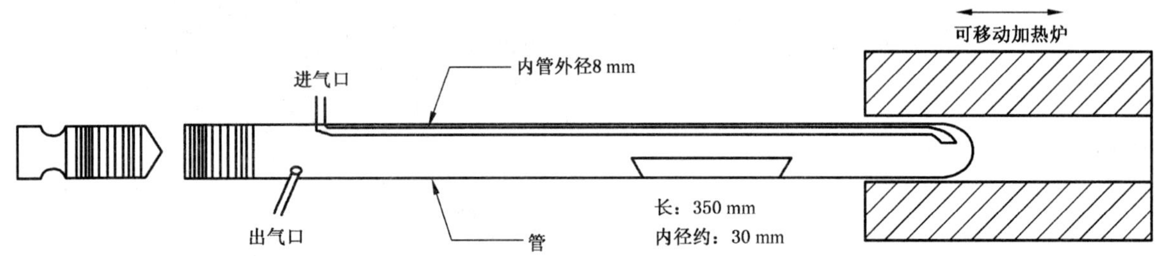

b) 加热管(5.4)详图

注：除第5款中所规定的尺寸外，其余尺寸仅供参考。

图2 卡尔费休测量装置示例(可互换炉型)

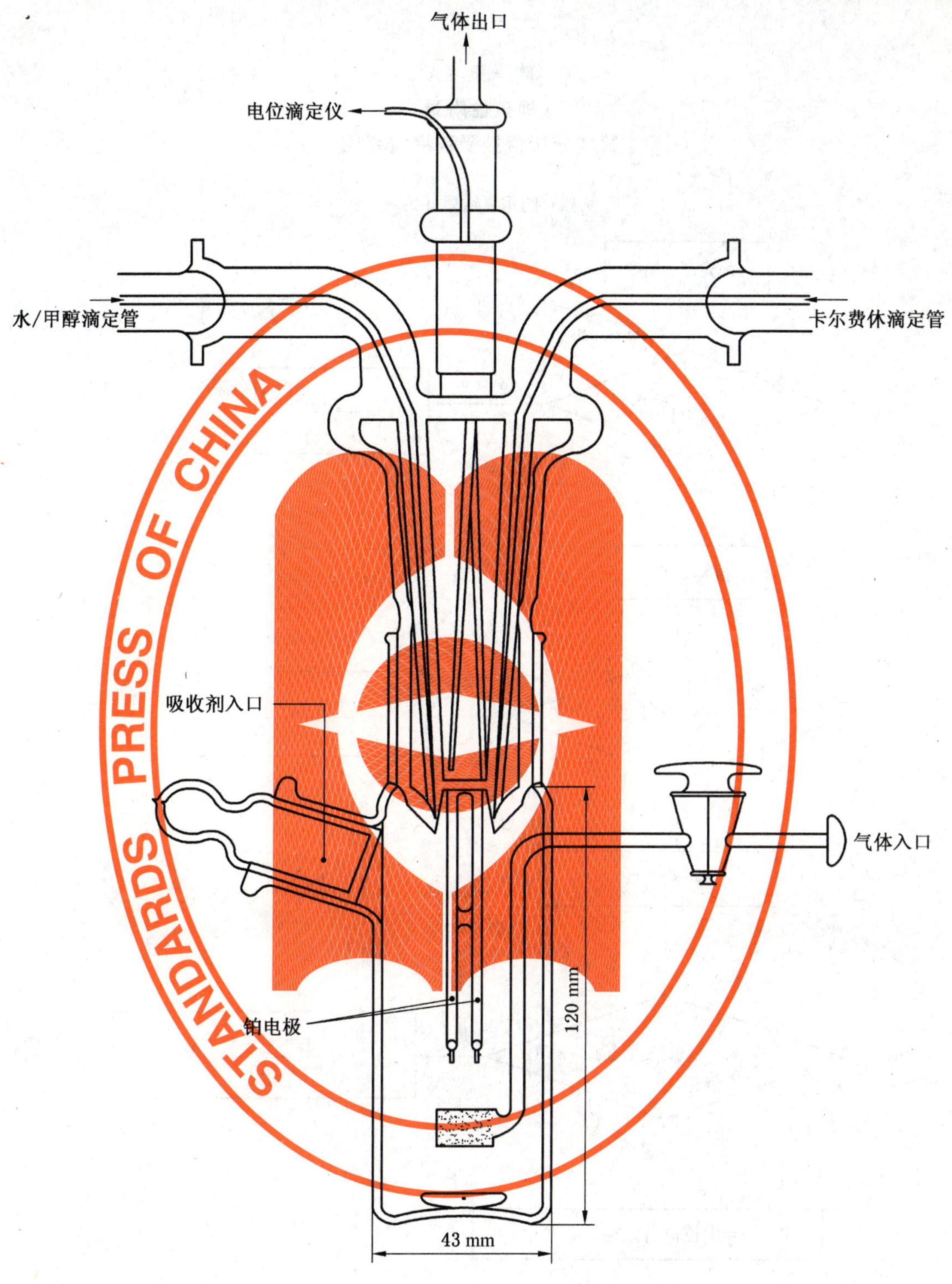

注：所示尺寸仅供参考。

图 3　卡尔费休吸收池示例

附　录　A
（规范性附录）
试样分析值接受程序流程图

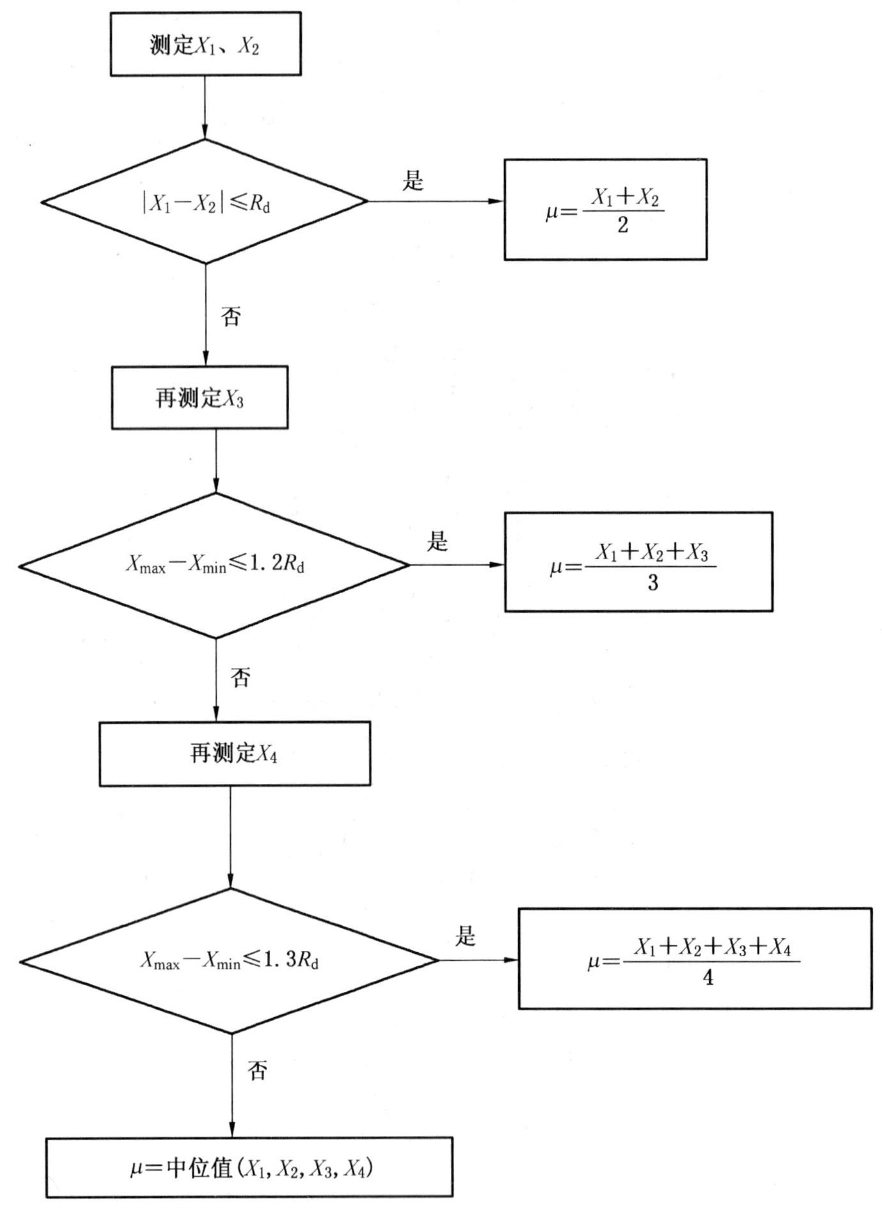

注：R_d 见 8.2.1 中的定义。

附 录 B
（资料性附录）
重复性和允许差公式推导

在 8.2.1 中的回归方程是于 1976 年～1980 年，由 6 个国家 16 个实验室对 6 个铁矿石样品进行国际共同分析试验结果统计得到的。

附录 C 中给出了精密度数据的处理图。

用于试验的试样列于表 B.1 中。

表 B.1 试样化合水含量

样 品	化合水（质量分数）/%
76-4 Marcona 球团矿	0.05
76-3 菲律宾铁砂	0.23
76-5 Algarrobo	1.34
76-19 印度矿	2.29
76-20 Rompin	4.14
76-21 Robe River	7.65

注 1：国际试验报告和结果的分析统计（文献 ISO/TC 102/SC 2 N 601E，1980 年 5 月）可在 ISO/TC 102/SC 2 或 ISO/TC 102 秘书处得到。

注 2：统计分析按照 ISO 5725，精密度测试方法——实验室内重复性和再现性测定标准方法的原理进行。

附 录 C
（资料性附录）
国际共同分析试验得到的精密度数据

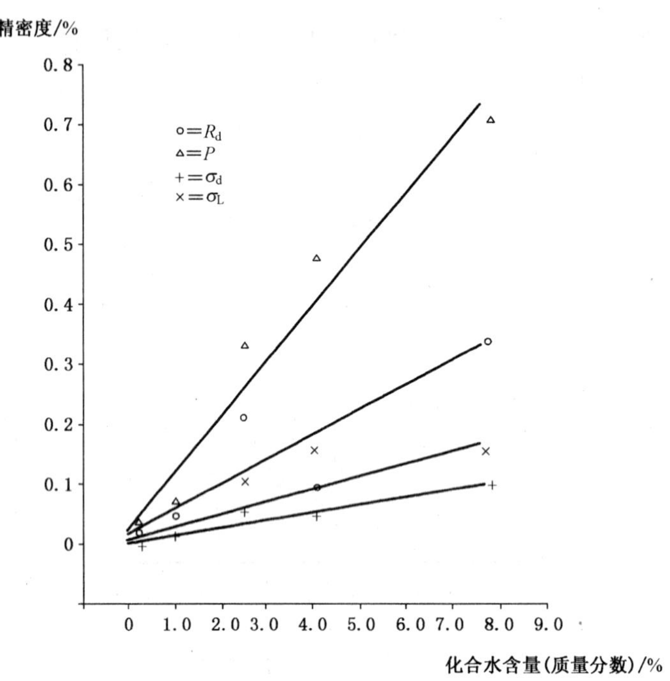

注：本图是8.2.1的方程式图。

图 C.1 精密度对化合水含量 X 的最小二乘法拟合图

ICS 77.040.10
H 23

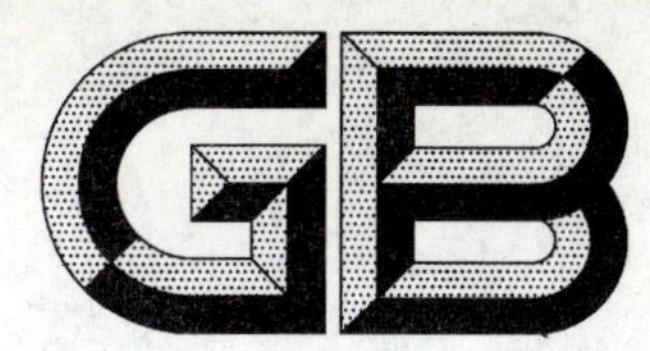

中华人民共和国国家标准

GB/T 24191—2009/ISO 12076:2002

钢丝绳 实际弹性模量测定方法

Steel wire ropes—Determination of the actual modulus of elasticity

(ISO 12076:2002,IDT)

2009-07-08 发布 2010-04-01 实施

中华人民共和国国家质量监督检验检疫总局
中国国家标准化管理委员会 发布

前　言

本标准等同采用 ISO 12076:2002《钢丝绳　实际弹性模量测定方法》(英文版)。

为便于使用,本标准做了下列编辑性修改:

——“本国际标准”一词改为“本标准”;

——用小数点“.”代替作为小数点的逗号“,”;

——删除国际标准的前言。

本标准由中国钢铁工业协会提出。

本标准由全国钢标准化技术委员会归口。

本标准起草单位:国家金属制品质量监督检验中心、贵州钢绳股份有限公司、冶金工业信息标准研究院。

本标准主要起草人:李桂芹、洪涛、杨红英、王玲君、戴石锋。

引　　言

本标准为钢丝绳制造商、供应商和独立检验机构提供了一个统一的钢丝绳实际弹性模量测定的试验方法。

钢丝绳弹性模量取决于钢丝绳所处的状态，因此有必要知道钢丝绳的弹性模量打算或者已经在哪一种实际状态下进行测定。通常的三种状态是：

——初始状态(即制造状态)；

——部分稳定状态；

——最终状态。

钢丝绳是不具有公称弹性模量的，然而在一规定载荷范围内可以测定钢丝绳的“近似的”弹性模量。它称作为钢丝绳的实际弹性模量。

钢丝绳　实际弹性模量测定方法

1　范围

本标准规定了通过试验和计算测定钢丝绳在一规定载荷范围内实际弹性模量的方法。

本标准适用于钢丝绳实际弹性模量的测定。

2　规范性引用文件

下列文件中的条款通过本标准的引用而成为本标准的条款。凡是注日期的引用文件，其随后所有的修改单(不包括勘误的内容)或修订版均不适用于本标准，然而，鼓励根据本标准达成协议的各方研究是否可使用这些文件的最新版本。凡是不注日期的引用文件，其最新版本适用于本标准。

GB/T 8170　数值修约规则与极限数值的表示和判定

GB/T 16825.1　静力单轴试验机的检验　第1部分：拉力和(或)压力试验机测力系统的检验与校准(GB/T 16825.1—2008,ISO 7500-1:2004,IDT)

3　术语和定义

下列术语和定义适用于本标准。

3.1

钢丝绳初始弹性模量　initial rope modulus

E_i

钢丝绳制造完毕后首次承受载荷时测得的应力-应变关系曲线中的常数。

3.2

钢丝绳部分稳定弹性模量　partially-bedded rope modulus

$E_{p\text{-}b}$

钢丝绳处于部分稳定状态时测得的应力-应变关系曲线中的常数。

3.3

钢丝绳最终弹性模量　final rope modulus

E_f

钢丝绳处于稳定状态时测得的应力-应变关系曲线中的常数。

3.4

稳定状态　bedded condition

钢丝绳在两个规定力值范围内反复加载和卸载，其伸长读数保持不变时的状态。

4　试样

钢丝绳试样应足以代表整条钢丝绳的特性，并不应有缺陷。

钢丝绳试样在试验机两夹头或固定端的自由长度至少应为钢丝绳公称直径的30倍。

5　标距

当使用引伸计时，对于直径不大于60 mm的钢丝绳，引伸计的标距至少应为钢丝绳公称直径的15倍；对于直径大于60 mm的钢丝绳，引伸计的标距最少应为钢丝绳的一个捻距，但最小不应小于900 mm。

6 拉伸试验机

拉伸试验机应符合 GB/T 16825.1 的规定。

7 试验方法

当使用引伸计测量试样伸长时，先给试样施加钢丝绳最小破断拉力或公称破断负荷 10%的载荷($F_{10\%}$)，然后装上引伸计并调零，再测量标距长度(l_i)。

当要求测定钢丝绳初始状态的弹性模量时，继续对试样施加载荷至不超过钢丝绳最小破断拉力或公称破断负荷的 30%($F_{30\%}$)，同时记录钢丝绳最小破断拉力或公称破断负荷 $F_{10\%}$ 和 $F_{30\%}$ 时对应的引伸计读数 x_1 和 x_2。

当要求测定钢丝绳部分稳定状态或完全稳定状态的弹性模量时，继续对试样施加载荷至不超过钢丝绳最小破断拉力或公称破断负荷的 50%，然后将载荷降至钢丝绳最小破断拉力或公称破断负荷的 5%。

以反复循环的方式给钢丝绳试样继续施加和卸除载荷，直至试样达到所要求的部分稳定状态或完全稳定状态。

如果在钢丝绳试样达到稳定状态之前停止反复循环，即钢丝绳仅处于部分稳定状态停止反复循环，则反复循环的次数应予记录[见第 9 章 h)]。

如果采用其他的最大和最小载荷，则其差值应不大于钢丝绳最小破断拉力或公称破断负荷的 20%。

注：在对钢丝绳试样加载和卸载期间可以观察到伸长滞后现象。为了避免混淆，用于计算弹性模量的伸长读数应在载荷增加时读取。

然后施加的载荷应等于钢丝绳最小破断拉力或公称破断负荷的 10%，并记录力值($F_{10\%}$)和引伸计读数(x_1)；增加载荷至钢丝绳最小破断拉力或公称破断负荷的 30%，同时记录力值($F_{30\%}$)和引伸计读数(x_2)。经供需双方协商一致，可以采用其他的力值范围(如电梯用钢丝绳)。

数值修约应符合 GB/T 8170 的规定。

8 实际弹性模量的计算

根据第 7 章试验结果(数据)，钢丝绳实际弹性模量 $E_{10\text{-}30}$ 应按式(1)计算：

$$E_{10\text{-}30} = l_i \frac{(F_{30\%} - F_{10\%})}{A_c(x_2 - x_1)} \qquad (1)$$

式中：

$E_{10\text{-}30}$——钢丝绳实际弹性模量，单位为吉帕(GPa)；修约至 3 位有效数字，修约方法按 GB/T 8170 执行；

l_i——引伸计标距长度，单位为毫米(mm)；

$F_{30\%}$——30%钢丝绳最小破断拉力或公称破断负荷，单位为千牛(kN)；

$F_{10\%}$——10%钢丝绳最小破断拉力或公称破断负荷，单位为千牛(kN)；

A_c——计算金属横截面积，单位为平方毫米(mm^2)；

x_2——30%钢丝绳最小破断拉力时对应的引伸计读数，单位为毫米(mm)；

x_1——10%钢丝绳最小破断拉力时对应的引伸计读数，单位为毫米(mm)。

A_c 通常用于确定应力。它是一设计值，由钢丝绳中单根钢丝公称直径计算得出的金属横截面积总和。

其他标准中给出的适合钢丝绳应用和工作状态的力值、重量、公称金属横截面积数值 A 也可以应用，但应在试验报告中注明。

9 试验报告

试验报告至少应包括下列内容：

a) 本标准号；

b) 试验数量；

c) 钢丝绳标记；

d) 最终测得的实际弹性模量值并标明 E_i、$E_{p\text{-}b}$ 或 E_f；

e) 反复循环所施加的力值范围；

f) 最终读数时所对应的力值，如果不同于 10％和 30％；

g) 计算实际弹性模量所用金属横截面积(即 A_c 或替代者 A)；

h) 反复循环次数，如果仅测定部分稳定弹性模量；

i) 标距长度。

ICS 73.060.30
D 33

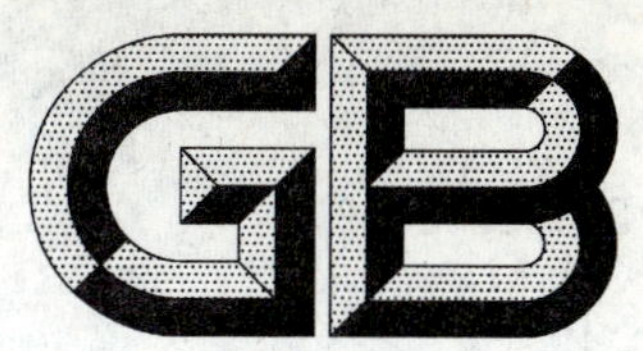

中华人民共和国国家标准

GB/T 24192—2009

铬矿石 粒度的筛分测定

Chromium ores—Determination of particle size by sieving

2009-07-08 发布　　　　2010-04-01 实施

中华人民共和国国家质量监督检验检疫总局
中国国家标准化管理委员会　发布

前　言

本标准由中国钢铁工业协会提出。

本标准由全国生铁及铁合金标准化技术委员会归口。

本标准起草单位：宁波检验检疫科学技术研究院、中华人民共和国天津出入境检验检疫局、冶金工业信息标准研究院。

本标准主要起草人：陈建国、曹国洲、周成东、林力、孙世明、陈自斌、陈少鸿。

铬矿石　粒度的筛分测定

警告——使用本标准的人员应有正规实验室工作的实践经验。本标准并未指出所有可能的安全问题。使用者有责任采取适当的安全和健康措施，并保证符合国家有关法规规定的条件。

1　范围

本标准规定了铬矿石粒度筛分的测定方法。

本标准适用于铬矿石粒度筛分的测定。

2　规范性引用文件

下列文件中的条款通过本标准的引用而成为本标准的条款。凡是注日期的引用文件，其随后所有的修改单(不包括勘误的内容)或修订版均不适用于本标准，然而，鼓励根据本标准达成协议的各方研究是否可使用这些文件的最新版本。凡是不注日期的引用文件，其最新版本适用于本标准。

GB/T 6003.1　金属丝编织网试验筛

GB/T 6005　试验筛　金属丝编织网、穿孔板和电成型薄板筛孔的基本尺寸

3　术语和定义

下列术语和定义适用于本标准。

3.1

粒度　particle size

矿石颗粒的大小，以筛分试验中过筛的最小筛孔尺寸表示。

3.2

筛分　sieving

用一道或多道筛子将颗粒化的矿石分成两组或两组以上粒度的操作。

3.3

手工筛分　hand sieving

手持并摇动一道或一套筛的筛分操作。

3.4

机械筛分　mechanical sieving

由机械支撑并摇动一道或多道筛的间歇或连续筛分的筛分操作。

3.5

筛分终点　sieving end

筛分操作到进一步筛分不会使筛下量明显增加，即一分钟通过该规格筛的样品量不大于装样量的0.1%时的状态。

3.6

装样量　charge quantity

一次筛分操作装入筛上试样的质量。

4　粒度测定

4.1　概述

先用指定筛子对样品进行筛分，再用不同规格的筛子对剩余部分样品进行筛分，分别将通过最小筛

孔的样品称量，获得每个粒度区间的百分含量，进而判定整批货物不同粒度区间的百分含量。

4.2 粒度测量的精密度

按总精密度要求，粒度测定缩分及缩分、测量组合的精密度见表1。

表1 缩分精密度和缩分、测量组合精密度 %（质量分数）

特征量	β_D	β_{DM}
Cr_2O_3	0.5	—
筛下部分（−10 mm）含量	—	3.5
注：β_D 为缩分精密度，β_{DM} 为缩分、测量组合精密度。		

4.3 粒度样品的制备

粒度试样应从每个未经破碎的大样、副样或份样中制备。粒度测定一般在自然态或实际可操作的状态下进行。

注：当样品由于湿度过大而难以进行筛分时，可将样品干燥后进行粒度测定，干燥温度一般不超过110 ℃。

4.4 仪器

4.4.1 筛

4.4.1.1 筛孔形状和尺寸

筛孔为方形，筛孔尺寸及公差应符合GB/T 6003.1和GB/T 6005规定，金属丝筛网的孔径应不大于50 mm。

注：为提高保护筛网和筛分的有效性，筛子一般都有中间筛孔以备用。

4.4.1.2 筛网材料

筛网材料应符合GB/T 6003.1规定，当筛孔尺寸超过200 mm时，应使用碳钢金属丝或碳钢板材料。

4.4.1.3 筛具的维护和检验

定期检查筛孔的大小，确保筛孔的尺寸在规定的允许偏差之内，对于筛孔小于1 mm的金属丝结构筛网，筛网在使用前应进行充分的去除油污，避免矿石粉末的粘附，筛面可使用软黄铜丝刷或相似产品进行清理，小心操作，以防止损坏筛面。

4.4.2 筛分机械

包括连续筛分机械和间歇筛分机械，两者均由单个筛子或套筛组成。

4.4.3 衡器

筛分前称量衡器的量程应接近筛分用样量，最小刻度不大于量程的0.5%，其他天平的感量不大于量程的0.1%。

4.4.4 钟表

用来核查筛分的操作时间。

4.4.5 干燥箱

干燥箱应具备自动控温功能（温度不超过110 ℃），同时应具有足够的容量来装载盛放粒度样品的容器。

4.5 操作

4.5.1 手工筛分

4.5.1.1 一次的装样量一般由筛孔、筛面和样品的最大粒度决定，见表2。

4.5.1.2 手工筛分操作应按以下程序进行：

a) 将样品置于用于测定的最大孔径的筛上。

b) 当采用50 mm或更大孔径的筛子进行筛分时，残留在筛上的矿石颗粒可用手试，使其通过或不能通过。

c) 当筛分 50 mm 以下的颗粒时，按筛孔尺寸大小的顺序从上至下依次使用。

d) 当筛下基本无矿石落下时(1 min 通过量不大于装样量的 0.1%)为筛分终点。

e) 将筛分后各粒度区间样品分别称量。

注：为防止小颗粒样品的散失，筛分时应加筛盖和筛底盘。

表 2 最大装样量

筛网孔径/mm	最大装样量/cm^3		
	直径 200 mm 圆形筛	面积 0.2 m^2 方孔筛	面积 0.4 m^2 方孔筛
50.0		4 500	10 200
31.5		3 250	7 200
22.4		2 600	5 650
11.2		1 250	2 850
5.6	400	600	1 400
2	200		
1	140		

4.5.2 机械筛分

机械筛分分为连续机械筛分和间歇机械筛分。

4.5.2.1 连续机械筛分

装样量由筛网面积、样品通过筛面的速度和矿石性质确定。

4.5.2.2 间歇机械筛分

间歇机械筛分可采用一道或多道筛。

4.5.2.3 机械筛分的注意事项

机械筛分方法应以手工筛分方法校核，根据试验结果确定筛分条件，证明与结果无偏差时方可使用。

4.5.3 筛分终点

当铬矿石在自然态或干态下筛分时，1 min 通过该规格筛的矿石质量不大于装样量的 0.1%时，为筛分终点。

注：当机械筛分难以确定筛分终点时，应预先进行校核试验以确定单位面积的矿石变量和筛分时间。

4.6 计算及结果表示

结果计算应按式(1)进行。

4.6.1 测定大样粒度区间的含量时，按式(1)对每个粒度区间进行计算，结果保留一位小数。

$$r = \frac{m_F}{m_G} \times 100 \quad \cdots\cdots(1)$$

式中：

r——大样粒度百分含量，%；

m_F——粒度区间的样品质量，单位为千克(kg)；

m_G——大样的质量，单位为千克(kg)。

4.6.2 测定每个副样粒度区间的百分含量时，按式(2)对每个粒度区间进行计算，结果保留两位小数；多个份样组成的副样加权平均值按式(3)计算，结果保留一位小数。

$$r_{Si} = \frac{m_{Fi}}{m_{Si}} \times 100 \quad \cdots\cdots(2)$$

$$r=\frac{\sum_{i=1}^{k} r_{Si}\cdot w_i}{\sum_{i=1}^{k} w_i},i=1,2\cdots\cdots,k \qquad \cdots\cdots(3)$$

式中：

r——全部副样的粒度百分含量，%；

k——副样个数；

w_i——第 i 个副样包含的份样数；

m_{Fi}——第 i 个副样粒度区间的样品质量，单位为千克(kg)；

m_{Si}——第 i 个副样的质量，单位为千克(kg)；

r_{Si}——第 i 个副样粒度区间的百分含量，%。

4.6.3　测定每个份样粒度区间的百分含量时，按式(4)对每个粒度区间进行计算，结果保留两位小数，多个份样的算术平均值按式(5)计算，结果保留一位小数。

$$r_{1i}=\frac{m_{Fi}}{m_{1i}}\times 100 \qquad \cdots\cdots(4)$$

$$r=\frac{\sum_{i=1}^{k} r_{1i}}{n},i=1,2\cdots\cdots,k \qquad \cdots\cdots(5)$$

式中：

r——全部份样的粒度百分含量，%；

m_{Fi}——第 i 个份样粒度区间的样品质量，单位为千克(kg)；

m_{1i}——第 i 个份样的质量，单位为千克(kg)；

n——份样个数；

r_{1i}——第 i 个份样粒度区间的百分含量，%。

5　试验报告

试验报告应包括下列信息：

a)　测试实验室名称和地址；

b)　测试报告发布日期；

c)　标准的编号；

d)　试样的详细说明；

e)　分析结果；

f)　测试过程中存在的任何异常情况和本标准中没有规定的可能对试样的分析结果产生影响的任何操作。

ICS 73.060.30
D 33

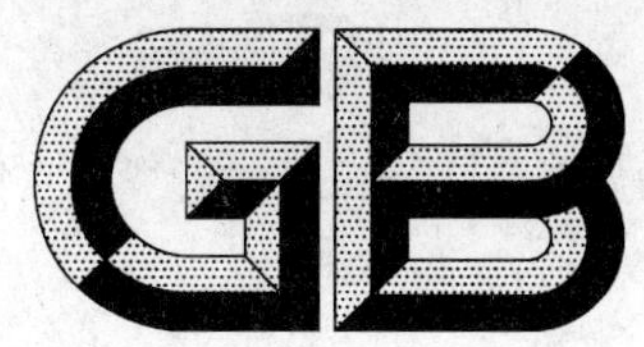

中华人民共和国国家标准

GB/T 24193—2009

铬矿石和铬精矿　铝、铁、镁和硅含量的测定　电感耦合等离子体原子发射光谱法

Chromium ores and concentrates—Determination of aluminium, iron, magnesium and silicon content—Inductively coupled plasma atomic emission spectrometry

2009-07-08 发布　　　　2010-04-01 实施

中华人民共和国国家质量监督检验检疫总局
中国国家标准化管理委员会　发布

前　言

本标准的附录 A 和附录 B 为资料性附录。

本标准由中国钢铁工业协会提出。

本标准由全国生铁及铁合金标准化技术委员会归口。

本标准主要起草单位：宁波检验检疫科学技术研究院、中华人民共和国上海出入境检验检疫局、冶金工业信息标准研究院、中华人民共和国天津出入境检验检疫局。

本标准主要起草人：金献忠、郑琳、应海松、陈建国、梁帆、蒋海宁、陈自斌、谷松海。

铬矿石和铬精矿 铝、铁、镁和硅含量的测定 电感耦合等离子体原子发射光谱法

警告——使用本标准的人员应有正规实验室工作的实践经验。本标准并未指出所有可能的安全问题。使用者有责任采取适当的安全和健康措施，并保证符合国家有关法规规定的条件。

1 范围

本标准规定了电感耦合等离子体原子发射光谱法测定铬矿石和铬精矿中铝、铁、镁、硅含量。

本标准适用于铬矿石和铬精矿中铝、铁、镁、硅含量的测定。测定元素含量范围见表1。

表1 测定元素含量范围

测定元素	含量范围(质量分数)/%
铝	0.2～16.0
铁	1.0～18.0
镁	0.2～16.0
硅	0.5～16.0

2 规范性引用文件

下列文件中的条款通过本标准的引用而成为本标准的条款。凡是注日期的引用文件，其随后所有的修改单(不包括勘误的内容)或修订版均不适用于本标准，然而，鼓励根据本标准达成协议的各方研究是否可使用这些文件的最新版本。凡是不注日期的引用文件，其最新版本适用于本标准。

GB/T 2007.1 散装矿产品取样、制样通则 手工取样方法

GB/T 2007.2 散装矿产品取样、制样通则 手工制样方法

GB/T 6379.2 测量方法与结果的准确度(正确度与精密度) 第2部分：确定标准测量方法重复性与再现性的基本方法(GB/T 6379.2—2004，ISO 5725-2:1994，IDT)

GB/T 6682 分析实验室用水规格和试验方法(GB/T 6682—2008，ISO 3696:1987，MOD)

3 原理

试料用过氧化钠在锆坩埚内熔融，盐酸浸取，并稀释到一定体积。使用耐高盐雾化器和相应的雾室，将试料溶液雾化后引入电感耦合等离子体炬内，测定其中各元素分析线处的净光强，根据建立的校准曲线，计算出试料溶液中各元素的浓度。然后根据浓度、试料质量和试料溶液体积，计算出试料中各元素的含量。

4 试剂

除非另有说明，在分析中仅使用确认为分析纯的试剂和蒸馏水或去离子水或相当纯度的水，符合GB/T 6682二级水规定。

4.1 过氧化钠。

4.2 盐酸，ρ1.19 g/mL。

4.3 硝酸，ρ1.42 g/mL。

4.4 盐酸,1+1。

4.5 盐酸,1+4。

4.6 铬标准溶液,3.0 mg/mL。

称取 8.487 0 g 重铬酸钾(基准试剂,预先在 120 ℃烘箱内烘约 2 h 后置于干燥器中冷却至室温)于 500 mL 烧杯中,加约 50 mL 水和 100 mL 硝酸(4.3),溶解完全后,冷却至室温,转移到 1 000 mL 容量瓶中,用水稀释至刻度,混匀。

4.7 铁标准溶液,2.4 mg/mL。

称取 2.400 0 g 铁粉(质量分数大于 99.98%)于 1 000 mL 烧杯中,加 150 mL 盐酸(4.4)和 25 mL 硝酸(4.3),盖上表面皿,加热至溶解完全后,冷却至室温,转移到 1 000 mL 容量瓶中,用水稀释至刻度,混匀。

4.8 硅、铝、镁标准溶液。

直接使用单元素国家标准溶液,其中硅质量浓度为 0.5 mg/mL,铝、镁的质量浓度均为1.0 mg/mL。

4.9 试剂空白储备溶液。

称取 6.0 g 过氧化钠于 300 mL 聚四氟乙烯烧杯中,加入约 100 mL 水后,沿杯壁缓慢加入 80 mL 盐酸(4.2)和 20 mL 硝酸(4.3),冷却至室温后,转移到 500 mL 塑料容量瓶,用水稀释至刻度,混匀。

5 仪器和设备

5.1 电感耦合等离子体原子发射光谱仪。

5.1.1 需配备耐高盐雾化器和相应的雾室。

5.1.2 各元素的推荐分析线和适用范围参见附录 A。

5.1.3 仪器的实际分辨率

计算每条使用的分析线的带宽,带宽必须小于 0.030 nm。

5.1.4 仪器的短期稳定性

测定 11 次标液 3(见表 2)中各元素的净光强,计算其标准偏差,相对标准偏差应小于 0.6%。

5.1.5 仪器的长期稳定性

将标液 3(见表 2)每隔 10 min 测定 1 次,共计 11 次,计算各元素净光强的标准偏差,其相对标准偏差应小于 1.2%。

5.1.6 仪器的参考工作条件参见附录 B。

5.2 马弗炉,能保持温度(540±5)℃。

5.3 金属锆坩埚(质量分数≥99.5%),容积约 30 mL。

5.4 可控温电热板。

5.5 天平,精确至 0.1 mg。

5.6 烘箱,能保持温度(105±5)℃。

6 试样的制备

按 GB/T 2007.1 和 GB/T 2007.2 规定进行取制样,分析试样应通过孔径为 75 μm 筛网(200 目筛),并在 105 ℃烘箱内烘约 2 h 后置于干燥器中冷却至室温,备用。

7 分析步骤

7.1 试料

称取约 0.15 g 试样,精确至 0.1 mg。同时称取两份试料进行测定。

7.2 空白试验和验证试验

随同试料做空白试验,此溶液供 7.5 步骤使用。同时分析同类型标准物质做验证试验。

7.3 试料溶解

称取 1.5 g 过氧化钠均匀铺在锆坩埚(5.3)底部，然后称取试料平铺其上，再称取 1.5 g 过氧化钠完全覆盖试料，放入马弗炉中，升温至 540 ℃恒温熔融 80 min，关闭电源，微开炉门，待冷却后取出。把锆坩埚横向放入 300 mL 聚四氟乙烯烧杯中，盖上表面皿，微挪表面皿并沿锆坩埚底部侧的杯壁加入 200 mL盐酸(4.5)，然后在可控温电热板上加热至沸 10 min 左右后，洗出锆坩埚，再加 10 mL 硝酸(4.3)并加热至近沸，取下冷却至室温，转移至 500 mL 容量瓶中，用水稀释至刻度，混匀，转移至塑料瓶中储存。

注：过氧化钠具有强烈的氧化性，不能与有机物等还原性物质接触，否则易发生燃烧和爆炸。过氧化钠的废料不得用纸或类似可燃物包裹后丢人废料箱内，应用水冲洗排入下水道内，以免自燃引起火灾。

7.4 校准曲线的绘制

7.4.1 标准溶液系列

分别移取试剂空白储备溶液(4.9)50 mL 和铬标准溶液 2.5 mL 至 5 个 100 mL 容量瓶中，然后移取相应的标准溶液按表 2 配制标准溶液系列，定容混匀后，转移至塑料瓶中储存。

表 2 标准溶液系列

单位为微克每毫升

元素	标液 1	标液 2	标液 3	标液 4	标液 5
Si	50	0	5	10	25
Al	25	50	0	5	10
Mg	10	25	50	0	5
Fe	120	60	24	12	0

7.4.2 校准曲线

把标准溶液系列依次雾化后引入电感耦合等离子体炬内，根据标准溶液系列中各被测元素分析线处的净光强和相应的浓度绘制校准曲线。线性相关系数必须大于 0.999。

7.5 测定

分别测定空白溶液和试料溶液中各被测元素的净光强，根据校准曲线测定各被测元素的浓度，然后计算出试样中相应各元素的含量。两次测定之间用水中冲洗 20 s 左右。

8 结果计算

铬矿石和铬精矿中各元素的含量以质量分数 w 计，数值以%表示，按式(1)计算：

$$w = \frac{(c_x - c_0)V}{m} \times 10^{-4} \qquad (1)$$

式中：

c_x——试料溶液中被测元素的浓度的数值，单位为微克每毫升(μg/mL)；

c_0——空白溶液中被测元素的浓度的数值，单位为微克每毫升(μg/mL)；

V——试料溶液的体积的数值，单位为毫升(mL)；

m——试料的质量的数值，单位为克(g)；

计算结果表示到小数点后两位。

注：各元素氧化物因子分别为：Al 1.8895；Fe 1.4297；Mg 1.6582；Si 2.1392。

9 精密度

本标准的精密度数据是在 2008 年由 8 个实验室对各元素的 4 个水平进行共同试验所确定的。按照 GB/T 6379、GB/T 6379.2 的规定各实验室对每个元素的每个水平测定 5 次完成的。原始数据按照 GB/T 6379、GB/T 6379.2 进行统计分析，精密度见表 3。

表 3 精密度

元素	含量范围/%	重复性限 r	再现性限 R
Al	0.2～16.0	$\lg r=-1.5234+0.818\lg m$	$R=0.0395+0.0554m$
Fe	1.0～18.0	$r=-0.0073+0.0199m$	$R=0.0221+0.0479m$
Mg	0.2～16.0	$\lg r=-1.6552+0.844\lg m$	$\lg R=-1.2641+0.949\lg m$
Si	0.5～16.0	$r=0.0048+0.0176m$	$\lg R=-1.2625+0.882\lg m$
注：m 为两次测定结果的平均值,%。			

重复性限 r、再现性限 R 按表 3 求得。

在重复性条件下，获得的两次独立测试结果的绝对差值不大于重复性限 r，大于重复性限 r 的情况以不超过 5%为前提。

在再现性条件下，获得的两次独立测试结果的绝对差值不大于再现性限 R，大于再现性限 R 的情况以不超过 5%为前提。

10 试验报告

试验报告应包括下列内容：

a) 所有识别样品、实验室及分析数据所需的内容；

b) 引用本标准所用的方法；

c) 结果及表达形式；

d) 测定过程中观察到的异常现象；

e) 任何本标准中未规定的操作或任何可能影响结果的操作；

f) 试验日期。

附 录 A
（资料性附录）
元素的推荐分析线和适用范围

表 A.1 给出了元素的推荐分析线和适用范围。

表 A.1 元素的推荐分析线和适用范围

元素	分析线/nm	适用范围/%	线性拟合的浓度范围/(μg/mL)
Si	251.611	0.5～3.33	0～10
	212.412	3.33～16.0	10～50
Al	394.401	0.2～16.0	0～50
	308.215	0.2～16.0	0～50
Mg	279.553	0.2～3.33	0～10
	279.079	3.33～16.0	10～50
	280.271	3.33～16.0	10～50
Fe	240.489	1.0～36.0	0～120
	239.563	1.0～36.0	0～120
注：同一元素的多条分析线按优先次序排列。			

附 录 B
（资料性附录）
仪器的参考工作条件

表 B.1 给出了赛默飞世尔 6500 ICP-AES 的参考工作条件。

表 B.1 仪器的参考工作条件

工作频率/MHz	27.12
入射功率/kW	1.15
工作气体	氩气(99.996%)
冷却气流量/(L/min)	12
辅助气流量/(L/min)	0.50
载气流量/(L/min)	0.75
样品提升量/(mL/min)	1.6
观察高度/mm	15
短波积分时间/s	15
长波积分时间/s	5
雾化器和雾室	Seaspray 雾化器和配套的旋流雾室
检测器	CID

ICS 77.100
H 11

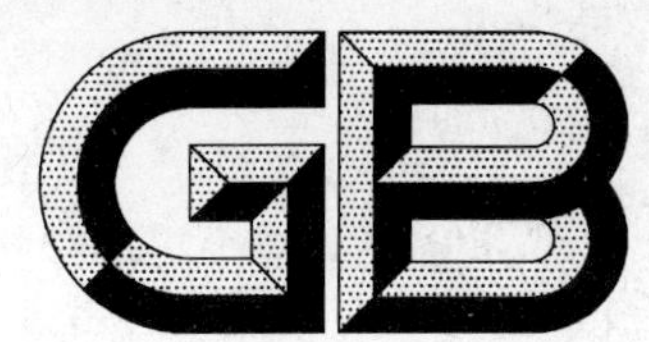

中华人民共和国国家标准

GB/T 24194—2009

硅铁 铝、钙、锰、铬、钛、铜、磷和镍含量的测定 电感耦合等离子体原子发射光谱法

Ferrosilicon—Determination of aluminium, calcium, manganese, chromium, titanium, copper, phosphorus and nickel content—Inductively coupled plasma atomic emission spectrometric method

2009-07-08 发布 2010-04-01 实施

中华人民共和国国家质量监督检验检疫总局
中国国家标准化管理委员会 发布

前　　言

本标准的附录 A 和附录 B 是规范性附录，附录 C 是资料性附录。

本标准由中国钢铁工业协会提出。

本标准由全国生铁及铁合金标准化技术委员会归口。

本标准起草单位：武汉钢铁(集团)公司。

本标准起草人：张穗忠、陈士华、李洁、李杰、曹宏燕、余卫华、于录军、陆珂、卢文琪。

硅铁　铝、钙、锰、铬、钛、铜、磷和镍含量的测定　电感耦合等离子体原子发射光谱法

警告——使用本标准的人员应有正规实验室工作实践经验。本标准未指出所有可能的安全问题。使用者有责任采取适当的安全和健康措施,并保证符合国家有关法规规定的条件。

1　范围

本标准规定了采用电感耦合等离子体原子发射光谱法(ICP-AES)测定铝、钙、锰、铬、钛、铜、磷和镍等元素含量的方法。

本标准适用于硅铁中铝、钙、锰、铬、钛、铜、磷和镍含量的测定,各元素测定范围见表1。

表1　元素及测定范围

分析元素	测定范围(质量分数)/%
Al	0.01~3.00
Ca	0.01~2.50
Mn	0.01~1.00
Cr	0.005~0.50
Ti	0.005~0.10
Cu	0.005~0.10
P	0.005~0.10
Ni	0.005~0.10

2　规范性引用文件

下列文件中的条款通过本标准的引用而成为本标准的条款。凡是注日期的引用文件,其随后所有的修改单(不包括勘误的内容)或修订版均不适用于本标准,然而,鼓励根据本标准达成协议的各方研究是否可使用这些文件的最新版本。凡是不注日期的引用文件,其最新版本适用于本标准。

GB/T 4010　铁合金化学分析用试样的采取和制备

GB/T 6682　分析实验室用水规格和试验方法(GB/T 6682—2008,ISO 3696:1987,MOD)

GB/T 12806　实验室玻璃仪器　单标线容量瓶(GB/T 12806—1991,eqv ISO 1042:1983)

GB/T 12807　实验室玻璃仪器　分度吸量管

GB/T 12808　实验室玻璃仪器　单标线吸量管(GB/T 12808—1991,eqv ISO 648:1977)

3　原理

试料用硝酸、氢氟酸和盐酸分解,高氯酸冒烟驱尽硅和氟,盐酸溶解盐类,试液稀释至规定体积。用电感耦合等离子体发射光谱仪测量溶液中分析元素的发射光谱强度,或对钇的相对强度,根据用标准溶液制作的校准曲线计算出分析元素质量分数。

4　试剂

除另有说明外,在分析过程中只使用优级纯试剂和符合 GB/T 6682 中规定的实验室用水。

4.1　硝酸,ρ 约 1.42 g/mL。

4.2 氢氟酸，ρ约 1.15 g/mL。

4.3 高氯酸，ρ约 1.67 g/mL。

4.4 盐酸，ρ约 1.19 g/mL。

4.5 盐酸，1+3。

4.6 标准贮备溶液

4.6.1 铝标准贮备溶液

4.6.1.1 铝标准贮备溶液，1.00 mg/mL。

称取 1.000 0 g 金属铝(>99.95%)于 250 mL 聚四氟乙烯烧杯中，加 30 mL 盐酸(1+1)，低温加热溶解，冷却至室温，移入 1 000 mL 容量瓶中，用水稀释至刻度，混匀。

注：亦可采用以下方法配制铝标准贮备溶液：称取 1.000 g 金属铝(>99.95%)于聚四氟乙烯烧杯中，加入 30 mL 氢氧化钠溶液(200 g/L)，低温加热溶解，加入 100 mL 水，滴加盐酸(1+1)酸化并过量 10 mL，冷却至室温，移入 1 000 mL 容量瓶中，用水稀释至刻度，混匀。

4.6.1.2 铝标准贮备溶液，50.00 μg/mL。

分取 25.00 mL 铝标准贮备溶液(4.6.1.1)于 500 mL 容量瓶中，加入 20 mL 盐酸(4.4)，用水稀释至刻度，混匀。

4.6.2 钙标准贮备溶液

4.6.2.1 钙标准贮备溶液，1.00 mg/mL。

称取 2.497 3 g 预先于 105 ℃±5 ℃干燥并于干燥器中冷却至室温的碳酸钙(>99.99%)于 250 mL烧杯中，加 20 mL 水，混匀。盖上表皿，小心滴加盐酸(1+1)至碳酸钙溶解，再加 20 mL 盐酸(1+1)，煮沸除去二氧化碳，冷却至室温。移入 1 000 mL 容量瓶中，用水稀释至刻度，混匀。

4.6.2.2 钙标准贮备溶液，50.00 μg/mL。

分取 25.00 mL 钙标准贮备溶液(4.6.2.1)于 500 mL 容量瓶中，加入 20 mL 盐酸(4.4)，用水稀释至刻度，混匀。

4.6.3 锰标准贮备溶液

4.6.3.1 锰标准贮备溶液，1.00 mg/mL。

称取 1.000 0 g 电解锰(>99.95%)于 250 mL 烧杯中，加 30 mL 硝酸(1+1)，加热溶解，煮沸驱尽氮氧化物，冷却至室温，移入 1 000 mL 容量瓶中，用水稀释至刻度，混匀。

注：电解锰预先用硫酸(5+95)处理，溶解表面的氧化物，用水洗净，再以无水乙醇或无水乙醚洗涤，自然干燥后使用。

4.6.3.2 锰标准贮备溶液，50.00 μg/mL。

分取 25.00 mL 锰标准贮备溶液(4.6.3.1)于 500 mL 容量瓶中，加入 20 mL 盐酸(4.4)，用水稀释至刻度，混匀。

4.6.4 铬标准贮备溶液

4.6.4.1 铬标准贮备溶液，1.00 mg/mL。

称取 2.829 0 g 预先经 150 ℃±5 ℃干燥并冷却至室温的重铬酸钾(>99.95%)于 250 mL 烧杯中，加水溶解后移入 1 000 mL 容量瓶中，用水稀释至刻度，混匀。

4.6.4.2 铬标准贮备溶液，50.00 μg/mL。

分取 25.00 mL 铬标准贮备溶液(4.6.4.1)于 500 mL 容量瓶中，加入 20 mL 盐酸(4.4)，用水稀释至刻度，混匀。

4.6.5 钛标准贮备溶液

4.6.5.1 钛标准贮备溶液，0.50 mg/mL。

称取 0.500 0 g 金属钛(或海绵钛，>99.9%)于 100 mL 铂皿中，加 10 mL 氢氟酸和 20 mL 硫酸(1+1)溶解，加热蒸发至冒硫酸烟，用水冲洗铂皿，继续加热至冒硫酸烟使氟驱尽。冷却至室温，加约

50 mL 水溶解盐类，移入 1 000 mL 容量瓶中，用硫酸(1+9)洗净铂皿，洗液合并于容量瓶中，并用硫酸(1+9)稀释至刻度，混匀。

4.6.5.2 钛标准贮备溶液，50.00 μg/mL。

分取 50.00 mL 钛标准贮备溶液(4.6.5.1)于 500 mL 容量瓶中，加入 20 mL 盐酸(4.4)，用水稀释至刻度，混匀。

4.6.6 铜标准贮备溶液

4.6.6.1 铜标准贮备溶液，0.50 mg/mL。

称取 0.500 0 g 金属铜(>99.95%)于 250 mL 烧杯中，加 20 mL 硝酸(1+1)，低温溶解，加热煮沸，除去氮氧化物，冷却至室温。移入 1 000 mL 容量瓶中，用水稀释至刻度，混匀。

注：必要时用硝酸预先除去金属铜表面的氧化物或碱式盐。

4.6.6.2 铜标准贮备溶液，50.00 μg/mL。

分取 50.00 mL 铜标准贮备溶液(4.6.6.1)于 500 mL 容量瓶中，加入 20 mL 盐酸(4.4)，用水稀释至刻度，混匀。

4.6.7 磷标准贮备溶液

4.6.7.1 磷标准贮备溶液，0.50 mg/mL。

称取 2.196 8 g 预先经 105 ℃±5 ℃干燥至恒量并冷却至室温的磷酸二氢钾(>99.95%)，用适量水溶解，移入 1 000 mL 容量瓶中，用水稀释至刻度，混匀。

4.6.7.2 磷标准贮备溶液，50.00 μg/mL。

分取 50.00 mL 磷标准贮备溶液(4.6.7.1)于 500 mL 容量瓶中，加入 20 mL 盐酸(4.4)，用水稀释至刻度，混匀。

4.6.8 镍标准贮备溶液

4.6.8.1 镍标准贮备溶液，0.50 mg/mL。

称取 0.500 0 g 金属镍(>99.95%)于 250 mL 烧杯中，加 20 mL 硝酸(1+1)，加热溶解，煮沸驱尽氮氧化物，冷却至室温，移入 1 000 mL 容量瓶中，用水稀释至刻度，混匀。

4.6.8.2 镍标准贮备溶液，50.00 μg/mL。

分取 50.00 mL 镍标准贮备溶液(4.6.8.1)于 500 mL 容量瓶中，加入 20 mL 盐酸(4.4)，用水稀释至刻度，混匀。

4.6.9 钇标准贮备溶液，200.0 μg/mL。

称取 0.254 0 g 预先于 750 ℃±5 ℃灼烧 30 min 并冷却至室温的氧化钇(>99.95%)于 250 mL 烧杯中，加 30 mL 盐酸(1+1)，加热溶解，冷却至室温。移入 1 000 mL 容量瓶中，用水稀释至刻度，混匀。

4.6.10 钛、铜、磷、镍混合标准贮备溶液，50.00 μg/mL。

分别移取 50.00 mL 钛、铜、磷、镍标准贮备溶液(0.50 mg/mL)于 500 mL 容量瓶中，加入 40 mL 盐酸(4.4)，用水稀释至刻度，混匀。

4.7 纯铁(>99.98%或分析元素含量已知)。

5 仪器

5.1 单标线移液管、分度移液管和单刻度容量瓶，符合 GB/T 12806、GB/T 12807 和 GB/T 12808 的规定。

5.2 电感耦合等离子体(ICP)光谱仪

电感耦合等离子体(ICP)光谱仪应满足表 2 所规定的检测限(DL)、背景等效浓度(BEC)、短期精度(RSD)的性能要求。试样溶液中元素浓度高于 5 000×DL 时，只需要满足 RSD 这一性能参数要求。检测限(DL)、背景等效浓度(BEC)、短期精度(RSD)的性能试验，按照附录 A 的方法进行。

表 3 列出的为推荐的分析谱线，这些谱线不受基体元素明显干扰。本方法不对分析谱线作出限制

性的规定，也可采用其他分析谱线。在采用这些分析谱线(包括推荐分析谱线)之前，必须仔细评价光谱干扰、背景和离子化，如果不能满足建议的性能参数，表明可能有干扰。

表 2 推荐的性能参数

元　素	DL/(μg/mL)	BEC/(μg/mL)	RSD/%
Al	≤0.05	≤0.5	≤1.0
Ca	≤0.05	≤0.5	≤1.0
Mn	≤0.05	≤0.5	≤1.0
Cr	≤0.025	≤0.25	≤1.0
Ti	≤0.025	≤0.25	≤1.0
Cu	≤0.025	≤0.25	≤1.0
P	≤0.025	≤0.25	≤1.0
Ni	≤0.025	≤0.25	≤1.0

表 3 推荐的分析谱线

分析元素	波长/nm	可能的干扰谱线/nm
Al	394.401 396.152	
Ca	393.366 317.933	
Mn	257.610 279.827	
Cr	357.869 283.563	
Ti	334.941 336.121	Cr 334.932 Ni 336.156
Cu	324.754 223.008	 Ti 223.022
P	178.287 213.618	 Cu 213.598
Ni	231.604 221.647	
Y	224.306 324.228 371.030	

6 试样

用于分析的实验室试样，按照 GB/T 4010 的要求制备成粒度小于 125 μm 的样品。

7 分析步骤

7.1 测定次数

每个试样至少进行 2 次独立分析。

7.2 试料量

称取 0.500 0 g(精确至 0.000 2 g)试样。

7.3 空白试验

随同试料平行分析一个空白试验。

注：空白试验应使用适量纯铁(4.7)代替试样。试样中铁量在±5%范围内变化，对待测元素的光谱强度无显著影响。称取0.12 g纯铁，相当于试样含24%的铁(硅量约70%～75%左右)。根据试样的含铁量(或含硅量)，可调整纯铁的称取量。例如，当硅量为65%，可称取0.15 g纯铁(硅量约65%～70%)。

7.4 测定

7.4.1 试料溶液的制备

将试料置于200 mL聚四氟乙烯烧杯中，用少量水湿润，加10 mL硝酸(4.1)，用塑料管小心滴加约5 mL氢氟酸(4.2)，至激烈反应停止，加入5 mL盐酸(4.4)，缓慢加热至试料溶解完全。加约8 mL高氯酸(4.3)，低温加热至冒高氯酸烟，用水冲洗杯壁，继续低温加热冒烟至剩约2 mL～3 mL溶液。稍冷，加20 mL盐酸(4.5)，加热溶解盐类，冷却至室温。将试液移入100 mL容量瓶中，用水稀释至刻度，混匀。如用内标法测量，在稀释之前，加入5.00 mL钇标准溶液(4.6.9)。

注：高氯酸冒烟时应保持较低的温度(参考的温度为控制电炉表面温度200 ℃左右)，不能冒浓白烟，否则会造成铬的损失。

7.4.2 校准溶液的制备

用相当于试料中铁量的纯铁(4.7)代替试料，按照7.4.1操作，在最终稀释到100 mL以前，加入各分析元素的标准溶液(4.6)。

注1：铁含量在20%～30%硅铁的分析，可采用0.12 g纯铁代替试料(相当于试样含24%的铁量，约75%左右的硅量)。

注2：应考虑校准溶液所带入的其他元素或物质(如钾、硫酸等)对测量元素和内标元素的测量是否有影响，如果有影响，应在试样溶液和校准溶液中加入这些元素或物质至与这些元素或物质浓度最高的一个标准溶液相一致。

校准溶液为绘制分析元素校准曲线所需要的标准溶液，其浓度范围要覆盖所分析元素的浓度范围，每一校准曲线需要由5点(含5点)以上校准溶液组成，并成合适梯次。

为使校准溶液的离子浓度基本一致，某一校准溶液中各分析元素不应都是最高或最低的。

如果由于浓度过高使得校准曲线呈非线性，使用次灵敏线或者适当稀释试样溶液和校准溶液。

附录C为建议的校准曲线的溶液浓度。

注3：虽然ICP光谱测量线性范围较宽，当分析元素含量跨度较大时，仍建议高含量范围和低含量范围分段绘制校准曲线，这样有利于低含量元素的测量。

注4：如果只需要测量铝、钙、锰、铬、钛、铜、磷和镍等元素中的某一个或几个元素，可只配制需要测量的元素的混合校准溶液。

7.4.3 光谱仪的调节

开启ICP光谱仪，预热1 h以上。

按照仪器操作说明对仪器工作条件进行优化，选择合适的分析条件。

准备工作曲线绘制、测量及统计计算等软件。

开启点火键，点火后确认仪器运行参数在确认范围内，雾化系统及等离子火焰工作正常，稳定数分钟。

7.4.4 测量

7.4.4.1 校准溶液

先使用零校准溶液，并按顺序吸入校准溶液，在每次吸入溶液之间吸入去离子水。至少重复测量2次，取两个读数的平均值。

注：最初校准建立后，再次分析时，可使用两点再校正程序进行常规分析，校正溶液应和试验溶液同时制备。此种情况下的结果计算，按附录B规定进行。

7.4.4.2 试验溶液

校准溶液测量后，立即测量试验溶液，每次测量之间吸入去离子水。试验溶液至少应重复进行2次。

8 结果计算

8.1 校准曲线法

从校准溶液测出的光谱强度值对其元素的相应浓度绘制校准曲线。

根据试验溶液的光谱强度值从校准曲线中分别计算各自的浓度值。按式(1)计算分析元素含量 w_{Me}。

$$w_{Me} = \frac{(\rho_1 - \rho_0) \times V}{m \times 10^6} \times 100 \quad \cdots\cdots(1)$$

式中：

m——试料质量，单位为克(g)；

ρ_1——试样溶液中分析元素的浓度，单位为微克每毫升(μg/mL)；

ρ_0——空白试验溶液中分析元素的浓度，单位为微克每毫升(μg/mL)；

V——校正和试验溶液的最终体积，单位为毫升(mL)。

注1：如果发现存在光谱干扰，应按8.2规定进行修正。

注2：使用统计程序(例如，最小二乘法)得出校准曲线，计算机控制的光谱仪一般都有此程序，相关系数大于0.999。

注3：如果使用校准曲线漂移校正程序后立即进行试样的分析，可以按附录B的规定操作。

8.2 光谱干扰的修正

建议使用合成标准溶液作为对光谱干扰的修正方法，程序如下：

采用铁和分析元素"i"配制系列溶液对分析元素"i"绘制校准曲线。

采用分析元素"i"的校准曲线，用铁加干扰元素"j"配制系列溶液，采用分析元素"i"的校准曲线来测定干扰元素"j"对分析元素"i"的表观含量。

干扰元素"j"的实际含量(w_j)和干扰元素"j"对分析元素"i"的表观含量(w_{ij})两者之间的关系用最小二乘法计算。

$$w_{ij} = I_{ij} \cdot w_j + b \quad \cdots\cdots(2)$$

式中：

I_{ij}——元素"j"对分析元素"i"中的光谱干扰系数；

b——常数。

进行干扰元素修正时，每一元素含量，按式(3)计算，用质量分数表示。

$$w_i = \frac{(\rho_1 - \rho_0)V}{m \times 10^6} \times 100 - \sum w_j I_{ij} \quad \cdots\cdots(3)$$

式中：

m——试料质量，单位为克(g)；

ρ_1——试样溶液中分析元素的浓度，单位为微克每毫升(μg/mL)；

ρ_0——空白试验溶液中分析的浓度，单位为微克每毫升(μg/mL)；

w_j——试样中干扰元素的质量分数，%；

I_{ij}——干扰元素"j"对分析元素"i"的光谱干扰系数，相当于干扰元素1%时分析元素的质量分数，%；

V——校正和试验溶液的最终体积，单位为毫升(mL)。

注：光谱干扰的过度修正是不可取的。允许最大的修正值大约为分析元素分析值标准偏差的10倍。如果修正值大于此数，该修正不适用于电感耦合等离子体原子发射光谱分析。

9 允许差

实验室内2次独立分析的结果应不大于表4所示允许差。

表 4 允许差

%(质量分数)

元素	范围	允许差	元素	范围	允许差
Al	0.01～0.025	0.003 0	Ca	0.01～0.025	0.003 0
	>0.025～0.05	0.005 0		>0.025～0.05	0.005 0
	>0.05～0.10	0.008 0		>0.05～0.10	0.008 0
	>0.10～0.25	0.010		>0.10～0.25	0.010
	>0.25～0.50	0.020		>0.25～0.50	0.020
	>0.50～1.00	0.030		>0.50～1.00	0.030
	>1.00～2.00	0.060		>1.00～1.50	0.045
	>2.00～3.00	0.15		>1.50～2.50	0.060
Mn	0.005～0.025	0.002 0	Cr	0.005～0.01	0.0020
	>0.025～0.05	0.004 0		>0.01～0.025	0.0030
	>0.05～0.10	0.008 0		>0.025～0.050	0.0040
	>0.10～0.25	0.010		>0.050～0.10	0.010
	>0.25～0.50	0.020		>0.10～0.25	0.015
	>0.50～1.00	0.030		>0.25～0.50	0.020
P	0.005～0.01	0.001 5	Cu	0.005～0.01	0.001 5
	>0.01～0.03	0.002 5		>0.01～0.03	0.002 5
	>0.03～0.05	0.003 0		>0.03～0.05	0.003 0
	>0.05～0.10	0.005 0		>0.05～0.10	0.005 0
Ni	0.005～0.01	0.001 5	Ti	0.005～0.01	0.001 5
	>0.01～0.03	0.002 5		>0.01～0.03	0.002 5
	>0.03～0.05	0.003 0		>0.03～0.05	0.003 0
	>0.05～0.10	0.005 0		>0.05～0.10	0.005 0

10 分析结果的表示

分析结果为 2 次独立分析结果的平均值，分析结果保留小数点后 2 位有效数字。

11 试验报告

试验报告应包括下列内容：

a) 实验室的名称和地址；

b) 试验报告的签发日期；

c) 本标准的标准号；

d) 识别试样必要的细节；

e) 分析结果；

f) 结果的编号；

g) 在测定过程中注意到的任何特性和本标准中没有规定的可能对试样和认证标准物质的结果产生影响的任何操作。

附 录 A
（规范性附录）
电感耦合等离子体光谱仪性能试验

A.1 目的

本附录中给出的性能试验目的在于使用不同类型的仪器对等离子体光谱仪的性能进行适当的测定，允许不同的仪器使用不同的操作条件，但等离子体光谱仪最终能产生一致的结果。

整个性能试验步骤用三个基本参数考核：检测限(DL)，背景等效浓度(BEC)和短期精密度(RSDN)。

注：对于试样溶液中元素浓度高于5 000×DL，RSDN是唯一的需要评价的性能参数。

需要试验的元素列入表A.1。

表 A.1 建议的检测限

元素	DL/(μg/mL)
Al	0.05
Ca	0.05
Mn	0.05
Cr	0.025
Ti	0.025
Cu	0.025
P	0.025
Ni	0.025

A.2 定义

本标准应用以下定义。

A.2.1 检测限(DL)：当元素产生最小浓度信号时，可以认为超出了任何带有一定规定等级的伪背景信号；另一方面，元素浓度产生信号是背景水平值标准偏差的三倍。

A.2.2 背景等效浓度(BEC)：是产生与背景强度值相等的净强度相当于分析元素的浓度；是对给定波长灵敏度的度量。

A.2.3 短期精密度(RSD)：在测定条件下所得仪器的一系列读数的相对标准偏差。

A.3 校准溶液

应制备三个铁(1 200 μg/mL)，盐酸(5+95)和所有需要试验的元素浓度等级为0×DL(空白)，10×DL和1 000×DL的校准溶液。

制备校准溶液的DL值可以是实验室值或是表A.1中给出的估计值。

A.4 程序

该程序用于每一试验元素的操作。

应按制造商的建议和实验室的定量分析的实践经验对等离子体光谱仪进行最初的调节。吸入空白液并取10次强度读数。对另外两种参比溶液重复此操作。

使用式(A.1)计算分析曲线的斜率：

$$M = C_2/(I_2 - I_b) \tag{A.1}$$

式中：

M——分析曲线的斜率；

C_2——第二个参比溶液的浓度，比检测限高一级；

I_2——第二个参比溶液 10 次原始强度读数的平均值；

I_b——空白溶液 10 次强度读数的平均值。

使用式(A.2)计算 DL：

$$\mathrm{DL} = 3S_b M \tag{A.2}$$

式中：

DL——检测限，单位为微克每毫升(μg/mL)；

S_b——是 10 次空白强度读数的标准偏差。

使用式(A.3)计算 BEC：

$$\mathrm{BEC} = M \times I_b \tag{A.3}$$

式中：

BEC——背景等效浓度，单位为微克每毫升(μg/mL)。

从原始平均强度(I_3)与空白平均强度 I_b 的差值按式(A.4)计算参比溶液 3 的净平均强度(IN_3)。

$$IN_3 = I_3 - I_b \tag{A.4}$$

式中 IN_3 是溶液 3(DL 的 1 000 倍)的净平均强度。

RSD 是元素浓度为 1 000×DL 参比溶液 3 的估计值。

按式(A.5)计算参比溶液 3(1 000×DL)的净强度相对标准偏差。

$$\mathrm{RSD} = \frac{\sqrt{(S_3{}^2 + S_b{}^2)}}{IN_3} \times 100 \tag{A.5}$$

式中 S_3 是参比溶液 3 的 10 次强度读数的标准偏差。

附 录 B
（规范性附录）
校准曲线的标准化（漂移校正）

校准曲线的定期检查和校正，按如下操作进行：

取两份校准溶液，各分析元素的含量分别是最低和最高的。

在绘制的校准曲线中，测定这两种校准溶液的光谱强度，按式（B.1）和式（B.2）计算校正系数α和β。

$$\alpha=\frac{I_{H0}-I_{L0}}{I_H-I_L} \quad \cdots\cdots\text{(B.1)}$$

$$\beta=I_{L0}-\alpha I_L \quad \cdots\cdots\text{(B.2)}$$

式中：

I_{H0}——高含量校准溶液的初始测量强度；

I_{L0}——低含量校准溶液的初始测量强度；

I_H——高含量校准溶液在一定时间间隔后的测量强度；

I_L——低含量校准溶液在一定时间间隔后的测量强度。

测定的试样溶液光谱强度应使用校正系数α和β校正，按式（B.3）计算如下：

$$I_C=\alpha\cdot I+\beta \quad \cdots\cdots\text{(B.3)}$$

式中：

I_C——经校正后的强度值；

I——测定强度值。

在下次校正前，同一批分析中应使用相同的α和β值。

注1：标准化频率取决于仪器的特性。一般，30 min或每隔10～20个试样，用相同的校准溶液校正校准曲线。

注2：校正后的强度值（I_C）用来计算分析元素含量，该计算通常由计算机来完成。

附 录 C
（资料性附录）
建议的校准曲线的溶液浓度

表 C.1 建议的校准曲线的溶液浓度

元素	1		2		3		4	
	浓度/(μg/mL)	含量/%	浓度/(μg/mL)	含量/%	浓度/(μg/mL)	含量/%	浓度/(μg/mL)	含量/%
Al	200.00	4.00	150.00	3.00	100.00	2.00	75.00	1.50
Ca	0.25	0.005 0	3.75	0.075	15.00	0.300	25.00	0.50
Mn	0.00	0	0.25	0.005	0.50	0.010	1.25	0.025
Cr	0.00	0	0.25	0.005	0.50	0.010	1.25	0.025
Ti	0.00	0	0.25	0.005	0.50	0.010	1.25	0.025
Cu	0.00	0	0.25	0.005	0.50	0.010	1.25	0.025
P	0.00	0	0.25	0.005	0.50	0.010	1.25	0.025
Ni	0.00	0	0.25	0.005	0.50	0.010	1.25	0.025
	5		6		7		8	
Al	50.00	1.00	37.50	0.750	25.00	0.50	15.00	0.30
Ca	35.00	0.70	50.00	1.00	5.00	0.10	0.50	0.010
Mn	2.50	0.050	3.75	0.075	5.00	0.10	15.00	0.30
Cr	2.50	0.050	3.75	0.075	5.00	0.10	15.00	0.30
Ti	2.50	0.050	3.75	0.075	5.00	0.10	7.50	0.15
Cu	2.50	0.050	3.75	0.075	5.00	0.10	7.50	0.15
P	2.50	0.050	3.75	0.075	5.00	0.10	7.50	0.15
Ni	2.50	0.050	3.75	0.075	5.00	0.10	7.50	0.15
	9		10		11		12	
Al	5.00	0.10	3.75	0.075	2.50	0.050	1.25	0.025
Ca	1.50	0.030	2.50	0.050	75.00	1.50	100.00	2.00
Mn	25.00	0.50	35.00	0.70	50.00	1.00	75.00	1.50
Cr	25.00	0.50	35.00	0.70	0	0	0	0
Ti	0	0	0	0	0	0	0	0
Cu	0	0	0	0	0	0	0	0
P	0	0	0	0	0	0	0	0
Ni	0	0	0	0	0	0	0	0
	13							
Al	0.50	0.010						
Ca	150.00	3.00						
Mn	0	0						
Cr	0	0						
Ti	0	0						
Cu	0	0						
P	0	0						
Ni	0	0						

ICS 77.060
H 25

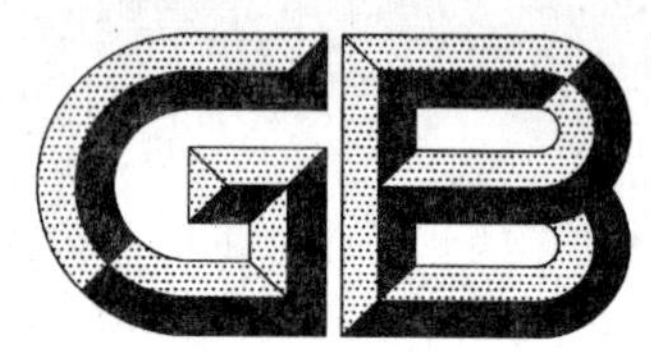

中华人民共和国国家标准

GB/T 24195—2009/ISO 16151:2005

金属和合金的腐蚀 酸性盐雾、“干燥”和“湿润”条件下的循环加速腐蚀试验

Corrosion of metals and alloys—Accelerated cyclic tests with exposure to acidified salt spray, "dry" and "wet" conditions

(ISO 16151:2005, IDT)

2009-07-08 发布 2010-04-01 实施

中华人民共和国国家质量监督检验检疫总局
中国国家标准化管理委员会 发布

前　言

本标准等同采用 ISO 16151:2005《金属和合金的腐蚀　酸性盐雾、“干燥”和“湿润”条件下的循环加速腐蚀试验》(英文版)。

为便于使用,本标准做了下列编辑性修改:

——用小数点“.”代替作为小数点的逗号“,”;

——删除了国际标准的前言;

——规范性引用文件按对应的国家标准作了变更;

——删除第 11 章的注;

——删除参考文献。

本标准的附录 A、附录 B 和附录 C 为资料性附录。

本标准由中国钢铁工业协会提出。

本标准由全国钢标准化技术委员会归口。

本标准起草单位:宝山钢铁股份有限公司、冶金工业信息标准研究院。

本标准主要起草人:祁庆琚、陈红星、胡凡、冯超、王印旭、任翠英。

引　言

金属材料的腐蚀，不管有无防腐保护，都会受到许多环境因素的影响，其影响程度取决于金属材料的种类以及环境的类型。由于在实验室不可能设计出包含所有影响耐蚀性的环境因素的加速腐蚀试验，所以，实验室试验是用来模拟几个主要环境因素对金属材料腐蚀的影响。

金属材料暴露于酸雨和盐污染的户外气候条件下可能会促进腐蚀，在本标准中提及的加速腐蚀试验方法就是模拟和加速这种环境对金属材料腐蚀的影响。本标准的制定以一些技术论文和报告做参考（见参考文献）。

试验方法包括试样循环暴露于酸性盐雾、干燥条件和湿润条件。试验方法主要用于对比试验，试验结果并不代表此种金属在整个实际工作环境下的最终耐蚀性，但是，对于材料暴露于类似试验条件的盐污染/酸雨环境的相对耐蚀性能，此种试验方法可以提供很有价值的信息。

金属和合金的腐蚀 酸性盐雾、"干燥"和"湿润"条件下的循环加速腐蚀试验

1 范围

本标准规定了两种加速腐蚀试验方法:方法A和方法B,以对比评价户外盐污染/酸雨环境下带有或没有永久性或临时性腐蚀防护的金属材料的耐蚀性能。标准同时规定了试验设备。这两种试验方法包括试样循环暴露于酸性盐雾、"干燥"和"湿润"试验条件。

本试验与传统的加速腐蚀试验,如GB/T 10125—1997规定的中性盐雾试验(NSS)相比,其最大的优点在于它能更好地模拟发生在户外盐污染/酸雨环境下的腐蚀。这两种方法对评价外观腐蚀也非常有用。

方法A适用于:

——金属及其合金;

——金属涂层(阴极涂层);

——阳极氧化涂层;

——金属材料上的有机涂层。

方法B适用于:

——钢板上的阳极涂层;

——钢板上带有转换涂层的阳极涂层。

2 规范性引用文件

下列文件中的条款通过本标准的引用而成为本标准的条款。凡是注日期的引用文件,其随后所有的修改单(不包括勘误的内容)或修订版均不适用于本标准,然而,鼓励根据本标准达成协议的各方研究是否可使用这些文件的最新版本。凡是不注日期的引用文件,其最新版本适用于本标准。

GB/T 6461 金属基体上金属和其他无机覆盖层 经腐蚀试验后的试样和试件的评级(GB/T 6461—2002,ISO 10289:1999,IDT)

GB/T 10125—1997 人造气氛腐蚀试验 盐雾试验(eqv ISO 9227:1990)

GB/T 16545 金属和合金的腐蚀 腐蚀试样上腐蚀产物的清除(GB/T 16545—1996,ISO 8407:1991,IDT)

GB/T 19746—2005 金属和合金的腐蚀 盐溶液周浸试验(ISO 11130:1999,IDT)

ISO 3574 商品级和冲压级冷轧碳素钢薄板

ISO 4628-1 色料和清漆 色漆涂层剥蚀的评定 一般性缺陷程度、数量和大小的规定 第1部分:一般原则和等级表

ISO 4628-2 色料和清漆 色漆涂层剥蚀的评定 一般性缺陷程度、数量和大小的规定 第2部分:起泡程度的规定

ISO 4628-3 色料和清漆 色漆涂层剥蚀的评定 一般性缺陷程度、数量和大小的规定 第3部分:生锈程度的规定

ISO 4628-4 色漆和清漆 色漆涂层剥蚀的评定 一般性缺陷程度、数量和大小的规定 第4部分:裂纹程度的规定

ISO 4628-5　色漆和清漆　色漆涂层剥蚀的评定　一般性缺陷程度、数量和大小的规定　第5部分:剥落程度的规定

ISO 8993　阳极氧化铝和铝合金　点腐蚀法评定铝及铝合金阳极氧化膜　图表法

3　试验溶液

方法A和方法B中所用溶液的制备和使用方法如下所述。

3.1　方法A

3.1.1　5%酸性氯化钠溶液的制备

3.1.1.1　5%中性氯化钠溶液

在温度为25 ℃±2 ℃时电导率不高于20 μS/cm的蒸馏水或去离子水中溶解的氯化钠,配制成浓度为50 g/L±5 g/L的溶液。25 ℃时,氯化钠溶液密度范围为1.029～1.036。

氯化钠中含有少于0.001%(质量分数)的铜和镍。铜和镍的含量由原子吸收光谱或其他具有相同灵敏度的分析方法测定。氯化钠中不应含有超过0.1%(质量分数)的碘化钠或超过相对于干盐计算的0.5%(质量分数)的总杂质量。

如果制备溶液在25 ℃±2 ℃的pH值超出6.0～7.0的范围,应检测盐中或水中杂质的含量。

3.1.1.2　酸化

在25 ℃±2 ℃,溶液pH值应调整至3.5±0.1。向10 L 5%中性氯化钠溶液中添加下列试剂:

——12 mL硝酸溶液(HNO_3,ρ=1.42 g/mL);

——17.3 mL硫酸溶液(H_2SO_4,ρ=1.84 g/mL);

——添加质量百分比为10%的氢氧化钠溶液(NaOH),调整溶液的pH值至3.5±0.1(大约需要300 mL NaOH溶液)。

3.2　方法B

3.2.1　混合盐溶液的制备

在温度为25 ℃±2 ℃时电导率不高于20 μS/cm的蒸馏水或去离子水中溶解不同质量的试剂(如表1所示),制备浓度为36 g/L±3.6 g/L的备用溶液,然后按1∶6稀释成浓度为6.0 g/L±0.6 g/L的混合盐溶液。

备用溶液的成分与GB/T 19746—2005,附录A.3模拟海水腐蚀效应的试验溶液中所规定的典型合成海水溶液相同。

表1　制备混合盐溶液所用备用溶液的成分与浓度

试　剂	浓度/(g/L)
NaCl	24.53
$MgCl_2$	5.20
Na_2SO_4	4.09
$CaCl_2$	1.16
KCl	0.695
$NaHCO_3$	0.201
KBr	0.101
H_3BO_3	0.027
$SrCl_2$	0.025
NaF	0.003
警告:$SrCl_2$和NaF是危险化学品,应限于熟练的技师或者在其指导下进行处理。	

3.2.2　酸液的制备

为制备酸性溶液,将16.2 g浓硝酸(HNO_3,ρ=1.40 g/mL,质量分数为65%)和42.5 g硫酸

(H_2SO_4，ρ=1.84 g/mL，质量分数为96%)溶解在水中，然后稀释到1 L制成1 N酸溶液，即硝酸和硫酸比([NO_3^-]/[SO_4^{2-}])为0.4。

3.2.3 酸化盐溶液的制备

将3.2.2制备的酸液添加到3.2.1制备的混合溶液中，在25 ℃±2 ℃时调整pH值至2.5±0.1。

注：3.2.2制备的混合酸液的添加量与酸化盐溶液的pH值的对应关系参见附录A所示。pH值接近2.5的溶液无缓冲作用，无相应的指示剂。

4 设备

所有与盐雾或试验溶液接触的设备零部件必须能够耐试验溶液腐蚀并且不影响试验溶液的腐蚀速率。试验设备包括下面几个部分。

4.1 暴露箱

暴露箱的容积不小于0.4 m^3。对于大容积箱体，需要确保在酸性盐雾试验期间，满足酸性盐雾的均匀分布。箱体的顶部要避免试验时在其表面上凝结的液滴滴落到试样表面。

箱体的尺寸和形状应当保证在盐雾试验期间，箱体中溶液的沉降率应满足7.2的规定。

注：附录B中给出暴露箱的示意图以及进行酸性盐雾、"干燥"和"湿润"条件下的加速循环腐蚀试验的相关设备图。

4.2 湿度和温度控制

此控制系统保证暴露箱内温度和湿度保持在规定的范围内(见7.1)。温度测量应在距离箱体内壁至少100 mm处进行。

4.3 喷雾装置

喷雾装置由一个可控压力和湿度的清洁空气供应装备、一个盐水槽和一个或多个喷雾器组成。

供给到喷雾器的压缩空气应先经过过滤器，去除油质及固体物质。雾化压力应控制在70 kPa～170 kPa，最好恒定在98 kPa。

4.4 空气饱和器

为防止雾滴中水分的蒸发，空气在进入喷雾器之前应先经过水温高于箱体内几摄氏度的饱和塔进行湿化。

在酸性盐雾试验期间，根据所用压力和喷雾器喷嘴类型确定合适温度，并调整温度确保箱体盐雾沉降率以及沉降液浓度在规定范围内(见7.2)。水位应自动调节，以确保足够的湿度。

喷雾器应由惰性材料制成，例如玻璃或塑料材料。折流板用来防止喷雾直接冲击在试样上。使用雾气分散塔更有助于箱体内获得稳定的盐雾分布。给液槽中酸性盐溶液的液位应自动维持一定水平，确保在试验中能稳定输送盐雾。

4.5 盐雾收集装置

暴露箱内至少放两个盐雾收集器。由玻璃或其他化学惰性材料制成清洁漏斗形状，收集面积约为80 cm^2，插在量筒或其他类似容器中。安装盐雾收集器的目的是为了确认盐雾沉降量是否在规定范围内(见7.2)，它们应放置在箱内试样放置区域，至少一个靠近喷嘴，一个远离喷嘴，以确保收集到的只有盐雾而不是试样或其他部位滴下的液体。

4.6 空气干燥器

由加热装置和风扇组成，用于供给试验"干燥"阶段规定湿度的干燥空气(见表2和表3)。

4.7 排气系统

通过排气系统将气体从暴露箱中排出。要保证当通过建筑物的某个出口向户外排放气体时不会受到大气反压的影响。在排放气体之前设备最好有合适的废气处理方式(参见附录B)。

4.8 排水系统

试验设备要有相应的排水体系，确保溶液不会直接排放到正常民用排水系统中(参见附录B)。

5 试样

5.1 试样数量和种类可根据试验材料或产品有关规定选择。若无具体规定，应由相关双方协商确定。

5.2 试验前应仔细清洗试样，去除可能会影响试验结果的污物(灰尘、油质或其他杂质)。清洗方法取决于试样材质、试样表面和污物，不应使用可能侵蚀试样表面的研磨剂或溶剂。

对于无有机涂层的金属或合金以及无机涂层材料，可采用适当的有机溶剂(沸点在 60 ℃到 120 ℃之间的碳氢化合物)和干净的软毛刷或超声波清洗设备彻底清洗试样。清洗后用新溶剂冲洗试样，然后干燥。

除非有特殊规定，否则涂有有机保护膜的试样在试验前不宜清洗，试验前试样应保持清洁。如果必须清洗，应用蘸满酒精的纱布擦拭试样并注意不要损坏试样表面。

试样清洗后应注意避免再次污染。

5.3 如果试样是从较大的带有涂层的工件上切割下来的，要注意避免切割时损坏切口区域附近的涂层。除非有特殊规定，否则应当采用性能稳定的材料，如油漆、石蜡或胶带等，对切口进行保护。

6 试样的放置

6.1 试样不应放在盐雾直接喷射的位置。

6.2 暴露箱没有装满试样时，建议空置部分放置同样尺寸惰性平板模拟试样，以确保喷雾的均匀性。模拟试样材料应为塑料、玻璃或其他惰性绝缘材料，才不会影响被测试样的腐蚀速率。

6.3 试样表面在试验箱中的放置角度是非常重要的。原则上，试样应为平板，试验表面朝上并尽可能与垂直方向成 20°±5°。对于表面不规则的试样，例如整个工件，也应尽可能遵守上述规定。

6.4 试样放置时不能接触箱体，以保证盐雾自由降落在试样表面上。试样可以摆放在不同水平面上，前提是试样或其支架上的溶液不会滴落在下面的试样上。对于新试验或试验期间超过 96 h 的试验，试样位置可以改变。试样移动次数和频率，须在试验报告中注明。

6.5 试样支架应由惰性非金属材料制成，例如玻璃、塑料或其他带有适当涂层的木制品。如果需要悬挂试样，悬挂试样所用材料不应使用金属，而应使用合成纤维、棉线或其他惰性绝缘材料。

7 试验条件

7.1 方法 A 和方法 B 的试验条件分别见表 2 和表 3。

表 2 方法 A 的试验条件

1 酸性盐雾条件 1) 温度 2) 酸性盐溶液	 35 ℃±1 ℃ pH 值为 3.5±0.1，盐浓度 50 g/L±5 g/L(如 3.1 所述)
2 “干燥”条件 1) 温度 2) 相对湿度	 60 ℃±1 ℃ <30%RH
3 “湿润”条件 1) 温度 2) 相对湿度	 50 ℃±1 ℃ >95%RH
4 单循环时间和具体内容	总试验时间 8 h： 酸性盐雾 2 h “干燥”条件 4 h “湿润”条件 2 h (每个试验条件下的时间包括达到规定温度的时间)

表 2（续）

5　试验条件转换时间 （即试验条件改变后温度和湿度达到规定值所需时间）	“盐雾”到“干燥”<30 min “干燥”到“湿润”<15 min “湿润”到“盐雾”<30 min （当转变为“盐雾”条件时，应立即进行“盐雾”。）
6　试样摆放角度	与垂直方向成 20°±5°

表 3　方法 B 的试验条件

1　酸性盐雾条件 1）温度 2）酸性盐溶液	 35 ℃±1 ℃ pH 值为 2.5±0.1，盐浓度 6.0 g/L±0.6 g/L（如 3.2 所述）
2　“干燥”条件 1）温度 2）相对湿度	 60 ℃±1 ℃ <30%RH
3　“湿润”条件 1）温度 2）相对湿度	 40 ℃±1 ℃ (85±5)%RH
4　单循环的时间和具体内容	总试验时间 8 h： 酸性盐雾 1 h “干燥”条件 4 h “湿润”条件 3 h （每个试验条件下的时间包括达到规定温度的时间）
5　试验条件转换时间 （即试验条件改变后温度和湿度达到规定值所需时间）	“盐雾”到“干燥”<30 min “干燥”到“湿润”<15 min “湿润”到“盐雾”<30 min （当转变为“盐雾”条件时，应立即进行“盐雾”。）
6　试样摆放角度	与垂直方向成 20°±5°

7.2　在方法 A 中，只有暴露箱中已经放好平板惰性模拟试样，并确认盐雾沉降率和其他条件在规定范围内后，才能开始试验。盐雾收集面积为 80 cm^2，连续喷雾 24 h 后，盐雾沉降率应在 1.5 mL/h±0.5 mL/h 范围内。沉降液的氯化钠浓度应为 50 g/L±5 g/L，pH 值在 3.4～3.6 范围内。

在方法 B 中，暴露箱中已经放好平板惰性模拟试样，并确认盐雾沉降率和其他条件在规定范围内后，才能开始试验。盐雾收集面积为 80 cm^2，连续喷雾 24 h 后，盐雾沉降率应在 1.5 mL/h±0.2 mL/h 范围内。沉降液的氯化钠浓度应为 6.0 g/L±0.6 g/L，pH 值在 2.4～2.6 范围内。

注：在方法 B 中，如果加速循环盐雾腐蚀试验时间仅为 1 h，由于钢的耐蚀性对盐浓度非常敏感，因此需要更加严格控制盐雾沉降率。

7.3　使用过的盐雾溶液不应重复使用。

7.4　试验期间要避免改变盐雾箱压力。

7.5　为检测试验结果的重现性，应定期校验酸性盐雾试验箱的腐蚀性。附录 C 给出使用参比试样评估试验箱腐蚀性的方法。

8 试验的连续性

在整个试验期间，试验最好不要中断。如果需要中断试验进程进行取样检查，中断时间要尽可能短。

如果试验过程需要中断较长时间，试样应进行如下处理。

——在方法 A 中，从试验箱中取出试样，并按 GB/T 10125—1997 中第 10 章规定方式处理，然后保存在干燥器中直至试验重新开始。

——在方法 B 中，从试验箱中取出试样，进行干燥处理，然后保存在干燥器中直至试验重新开始。在保存期间，注意不要去除试样表面的沉积物和腐蚀产物。盐的积聚会影响耐蚀性，不要清洗试样。

9 试验周期

试验周期应根据被测材料或产品的相关标准来确定。若无规定时，试验周期可由相关双方协商确定。

推荐试验周期如下：

a) 方法 A：3 个循环（24 h），6 个循环（48 h），12 个循环（96 h），30 个循环（240 h），45 个循环（360 h），60 个循环（480 h），90 个循环（720 h），180 个循环（1 440 h）。

b) 方法 B：12 个循环（96 h），24 个循环（192 h），36 个循环（288 h），60 个循环（480 h），96 个循环（768 h），192 个循环（1 536 h）。

10 试验完成后试样的处理

试验结束后，将试样从盐雾箱中取出，为了减少腐蚀产物脱落，试样在冲洗前应先自然干燥 0.5 h～1 h。然后在温度不高于 40 ℃的干净流水中轻轻浸泡试样，去除试样表面残留的盐溶液，接着在距离试样约 300 mm 处用压强不超过 200 kPa 的空气立即吹干。

注：如果需要去除试样表面腐蚀产物来评估试样质量变化，可采用 GB/T 16545 中所述方法。

如果去除 55%Al-Zn 镀层表面的腐蚀产物，建议采用 GB/T 16545 中规定的适用于锌的方法，而不采用同一标准中规定的适用于铝的方法。

11 试验结果评定

试验结果的评价项目取决于被测材料或产品的不同评价标准，例如：

a) 试验后的外观；

b) 去除表面腐蚀产物后的外观；

c) 腐蚀缺陷的数量及分布（即：蚀坑、裂纹、鼓泡、锈蚀或有机涂层划线处的扩蚀等）；根据试验材料的类型及试验的目的，可参照 ISO 8993 或 GB/T 6461 所述评价方法以及 ISO 4628-1、ISO 4628-2、ISO 4628-3、ISO 4628-4 和 ISO 4628-5 中所述的适用于有机涂层的评价方法；

d) 开始出现腐蚀需要的时间；

e) 质量变化；

f) 显微镜观察；

g) 机械性能或电学性能的变化。

12 试验报告

试验报告应包含以下内容：

a) 本标准号；

b) 试验设备的说明；

c) 试验材料的说明；

d) 试样的尺寸、形状、表面状态以及试验面积；

e) 试样的制备，包括试验前试样的清洁处理以及对试样边部的保护措施；

f) 试验期间酸性盐雾、“干燥”和“湿润”每一状态下的温度和相对湿度；

g) 试验期间从盐雾到“干燥”、“干燥”到“湿润”、“湿润”到盐雾条件每一转变过程所用时间；

h) 试验进行前所测的盐雾沉降率以及沉降溶液的盐浓度和 pH 值；

i) 试验中断的频次和时间；

j) 试验循环次数或试验进行时间；

k) 试验后试样的清洗方法和清洗导致的质量损失以及用于校正质量损失所用的方法；

l) 试验结果，例如无涂层试样质量和厚度损失；带有涂层试样鼓泡宽度、涂层剥落宽度；

m) 如有必要，提供试样外观照片和/或描述试样外观。

附　录　A
（资料性附录）
酸性盐溶液的 pH 值随酸性备用溶液向混合盐溶液中添加量的变化关系曲线

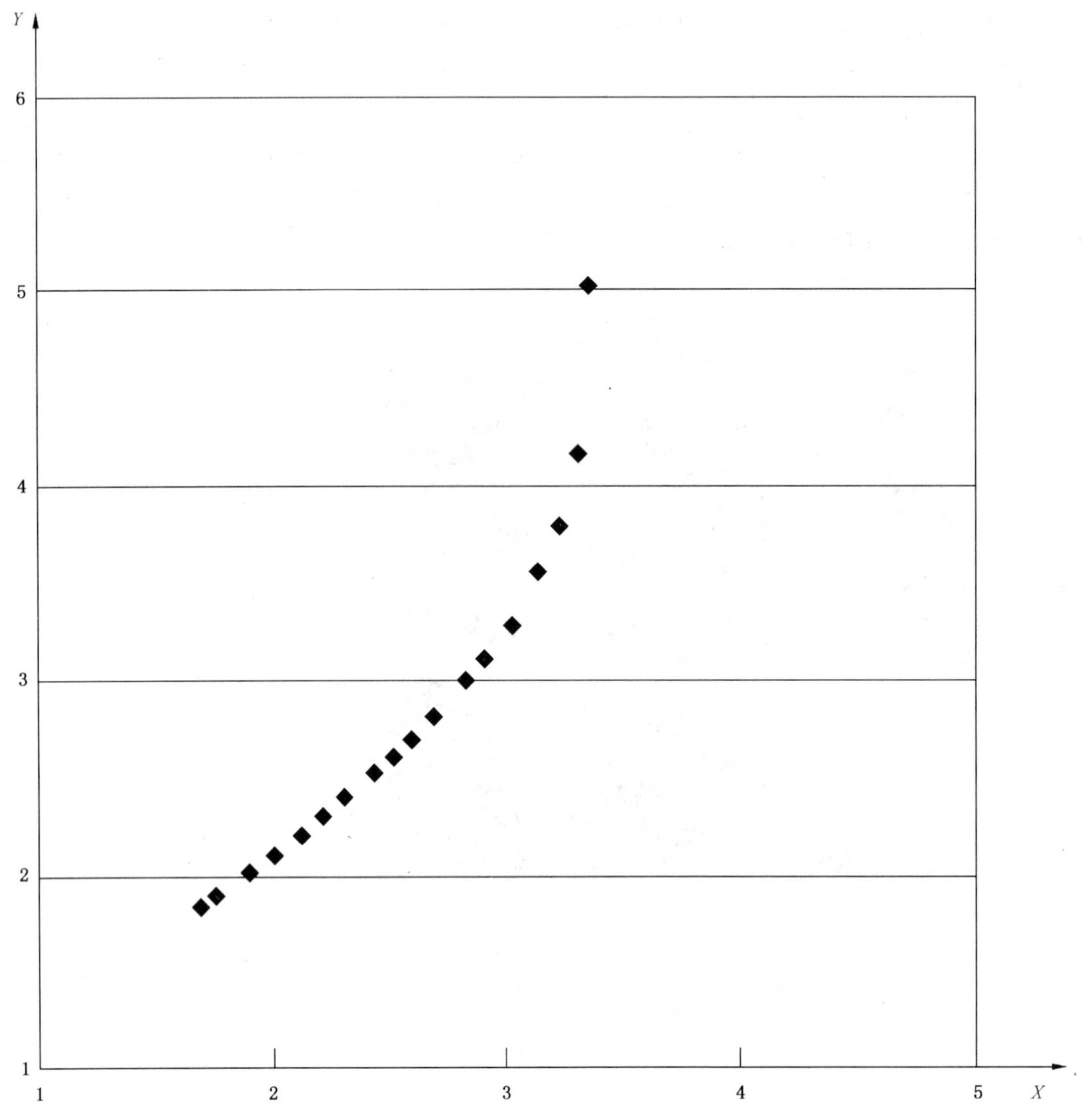

X 轴——酸性备用溶液向混合盐溶液中的添加量，表示为 log[3.2.2 中制备溶液的添加体积/3.2.1 中制备溶液的体积]；

Y 轴——混合盐溶液的 pH 值。

图 A.1

附 录 B
（资料性附录）
酸性盐雾、“干燥”和“湿润”条件下循环加速腐蚀试验设备示意图

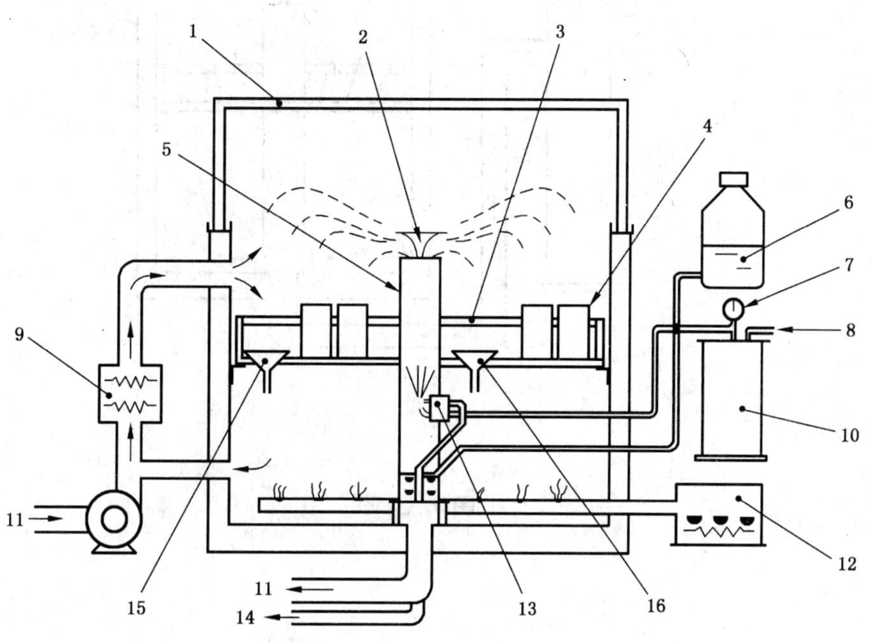

1——试验箱盖；
2——可调折流板；
3——试样支架；
4——试样；
5——盐雾分散塔；
6——溶液；
7——压力表；
8——压缩空气；
9——空气干燥器；
10——空气饱和器；
11——空气；
12——湿润器；
13——喷雾器；
14——水；
15——盐雾收集器(远离喷嘴)；
16——盐雾收集器(靠近喷嘴)。

图 B.1

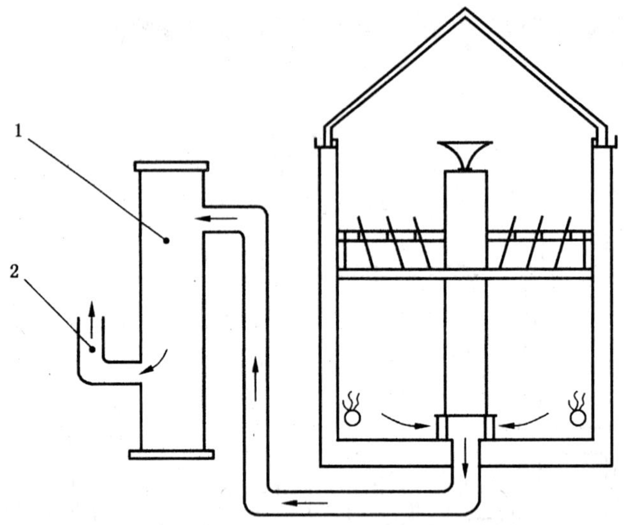

1——废气处理装置；
2——排气口。

图 B.2

附 录 C
（资料性附录）
试验箱腐蚀性的评估方法

C.1 参比试样

为校验设备腐蚀速率，采用下列材质的4个试样作为参比试样：

根据ISO 3574采用CR 4级别钢，表面无孔洞、划痕，经过毛化处理（中心线平均粗糙度 $Ra=0.8\ \mu m \pm 0.3\ \mu m$）。

高纯度锌，杂质质量百分比低于0.1%。

参比试样尺寸为150 mm×70 mm×1 mm。

参比试样在试验前要认真清洗，除去所有可能影响试验结果的杂质（灰尘、油质或其他杂质）。

干燥后测量参比试样质量，精确到±1 mg。

参比试样试验面的反面应用可剥离的耐水涂层材料（例如胶带）加以保护。如有必要，试验面距离端部5 mm～10 mm处也要进行保护，以覆盖试样边部。

C.2 参比试样的放置

4个参比试样放置在试验箱内四个角，未加保护面朝上，与垂直方向成20°±5°。

如果试验箱没有装满试样，建议空置部分放置同样尺寸惰性平板模拟试样，以确保喷雾的均匀性。模拟试样材料应为塑料、玻璃或其他惰性绝缘材料，不会影响被测试样的腐蚀速率。

参比试样支架应由惰性材料制成，例如塑料，或表面涂覆类似材料。

参比试样的下边部应与盐雾收集器的顶部持平。

C.3 试验时间

试验时间对于方法A应为48 h（6个循环），方法B应为96 h（12个循环）。

C.4 质量损失的测定

试验结束后应立即从试验箱中取出参比试样，除掉保护试样用涂层，然后按照GB/T 16545规定反复清洗，去除腐蚀产物。

化学清洗方法如下：

——对于钢，在23 ℃下于20%（体积百分比）分析纯级别的柠檬酸氢二铵[$(NH_4)_2HC_6H_5O_7$]水溶液中浸泡10 min。每次清洗后，在室温下用流水轻轻刷洗试样，然后干燥。

——对于锌，在23 ℃下于分析纯级别的氨基乙酸（$C_2H_5NO_2$）去离子水饱和溶液（250 g/L±5 g/L）中浸泡5 min。每次清洗后，在室温下用流水轻轻刷洗试样，然后干燥。

参比试样质量测量应精确到±1 mg。

按照GB/T 16545标准规定，从质量随清洗次数变化曲线上可以得到去除腐蚀产物后试样的真实质量。用参比试样试验前质量减去试验后去除腐蚀产物后试样质量，再除以参比试样有效试验面积，计算出参比试样每平方米的质量损失。

C.5 设备运行情况检测

每个参比试样的质量损失若在规定范围内（见表C.1），则认为试验设备运行良好。

表 C.1

试验方法	试验时间/h	钢/(g/m²)	锌/(g/m²)
方法 A	48	110±35	32±9
方法 B	96	180±54	9±5

ICS 77.060
H 25

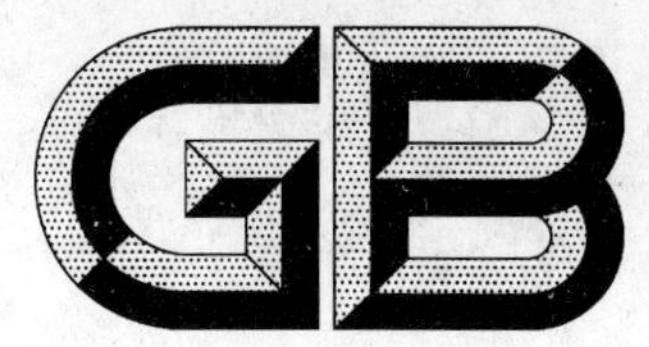

中华人民共和国国家标准

GB/T 24196—2009/ISO 17475:2005

金属和合金的腐蚀　电化学试验方法
恒电位和动电位极化测量导则

Corrosion of metals and alloys—Electrochemical test methods—Guidelines for conducting potentiostatic and potentiodynamic polarization measurements

(ISO 17475:2005,IDT)

2009-07-08 发布　　2010-04-01 实施

中华人民共和国国家质量监督检验检疫总局
中国国家标准化管理委员会　发布

前　言

本标准等同采用 ISO 17475:2005《金属和合金的腐蚀　电化学试验方法　恒电位和动电位极化测量导则》(英文版)。

为便于使用,本标准做了下列编辑性修改:

——“本国际标准”一词改为“本标准”;

——用小数点“.”代替作为小数点的逗号“,”;

——删除了国际标准的前言和参考文献;

——规范性引用文件按对应的国家标准作了变更;

——重新编排图片的位置。

本标准的附录 A 和附录 B 为资料性附录。

本标准由中国钢铁工业协会提出。

本标准由全国钢标准化技术委员会归口。

本标准起草单位:宝山钢铁股份有限公司、冶金工业信息标准研究院。

本标准主要起草人:胡凡、陈红星、祁庆琚、冯超、王印旭、任翠英。

引　　言

在水溶液中金属和合金的腐蚀通常由电化学机制所引发。因此人们能使用各种电化学技术测量或分析腐蚀现象。本国家标准定义了恒电位、动电位极化测量的基本导则，以表征阳极和阴极反应的电化学动力学特征。

金属和合金的腐蚀　电化学试验方法 恒电位和动电位极化测量导则

1　范围

本标准规定了金属和合金的腐蚀，实施恒电位和动电位极化测量方法。

本标准适用于表征阳极和阴极反应的电化学动力学特征，局部腐蚀开始和金属再钝化行为。

2　规范性引用文件

下列文件中的条款通过本标准的引用而成为本标准的条款。凡是注日期的引用文件，其随后所有的修改单(不包括勘误的内容)或修订版均不适用于本标准，然而，鼓励根据本标准达成协议的各方研究是否可使用这些文件的最新版本。凡是不注日期的引用文件，其最新版本适用于本标准。

GB/T 10123　金属和合金的腐蚀　基本术语和定义(GB/T 10123—2001，eqv ISO 8044:1999)

GB/T 15260　镍基合金晶间腐蚀试验方法(GB/T 15260—1994，eqv ISO 9400:1990)

GB/T 16545　金属和合金的腐蚀　腐蚀试样上腐蚀产物的清除(GB/T 16545—1996，ISO 8407:1991，IDT)

GB/T 18590　金属和合金的腐蚀　点蚀评定方法(GB/T 18590—2001，ISO 11463:1995，IDT)

ISO 11846　金属与合金的腐蚀　溶解热处理铝合金的耐晶间腐蚀性的测定

3　原理

3.1　将金属浸渍在溶液中，阳极反应速度和阴极反应速度会在开路电位处平衡(自腐蚀电位，E_{cor})。若电极电位偏离开路电位值，测量的实际电流表示阳极反应电流和阴极反应电流之间的差值。如果电位偏移足够大，静电流基本上等于阳极或阴极反应动力学电流，这取决于分别施加的电位是否比开路电位值更正或更负，如图1所示，图1a)在酸性溶液中金属处于活化状态，或图1b)在暴露于空气的中性溶液中。

3.2　在某些金属与环境相接触的状态中，金属可能处于钝化状态(图2)。如果存在某些侵入性阴离子，同时相对于开路电位施加正向电位(变为更正)至钝化膜局部击穿(如点蚀，缝隙腐蚀或晶间腐蚀)，会导致电流随之增加(图2)，该电流相对应的电位可作为一种金属对局部腐蚀阻力的衡量尺度。

3.3　若在局部腐蚀发生后施加反向电位(变为更负)，则当实际电流回到接近于钝化电流值时，与其相对应的电位为再钝化电位，该电位可用来表示金属对局部腐蚀发展的阻力；电位越正，阻力越大。

3.4　根据试验的应用和目的在一个所选择的特殊电位上，电位的位移可以是阶梯形的，并具有电位步长的数量和时间大小。这种类型的试验被称为恒电位法。

3.5　若在扫描(偏移)速度的控制下以连续方式移动电位，这种试验称为动电位法。

3.6　发生在表面的电化学动力学过程可能依赖于时间，例如由于在表面形成薄膜，因此在恒电位试验或在动电位试验的电位扫描速度中，电位保持在某一特殊电位值时的时间可能是临界时间。例如，电位改变速度太快可能会导致对局部腐蚀的击穿电位评估过高。因此，应该仔细考虑极化数据的解释，特别是应用于服役条件时。

3.7　测量的电极电位可能会受到溶液欧姆降的影响。对电导率低的溶液应该进行修正。

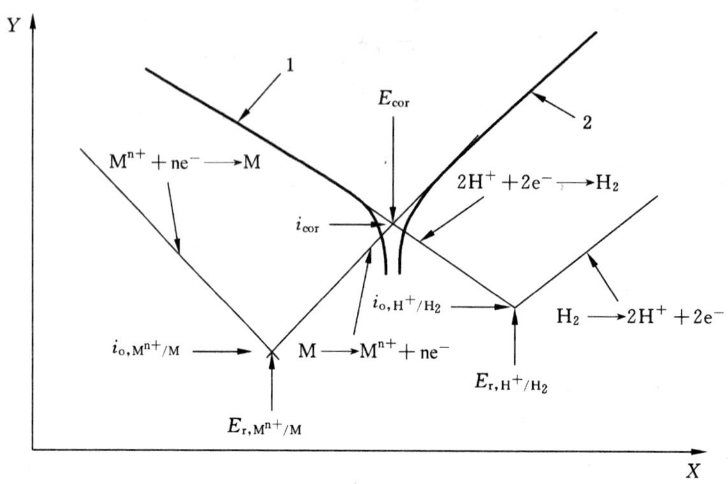

a）扩散控制下的腐蚀速度

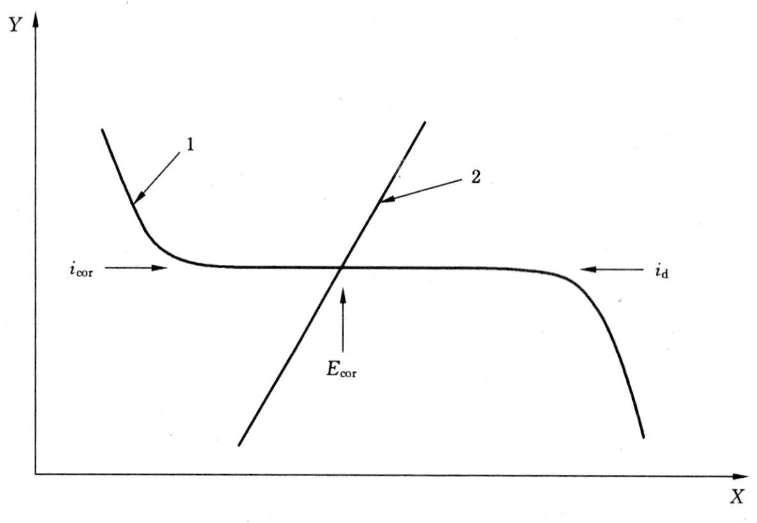

b）氧在水中扩散的实例

X 轴——电位；

Y 轴——电流密度的对数；

1——阴极；

2——阳极；

E_{cor}——腐蚀电位；

i_{cor}——腐蚀电流密度；

E_r——可逆电极电位；

i_o——交换电流密度；

i_d——与氧在溶液中最大扩散速度相对应的极限扩散电流密度。

图 1　在一个阴极反应是质子还原体系中金属腐蚀的阴极和阳极极化曲线示意图

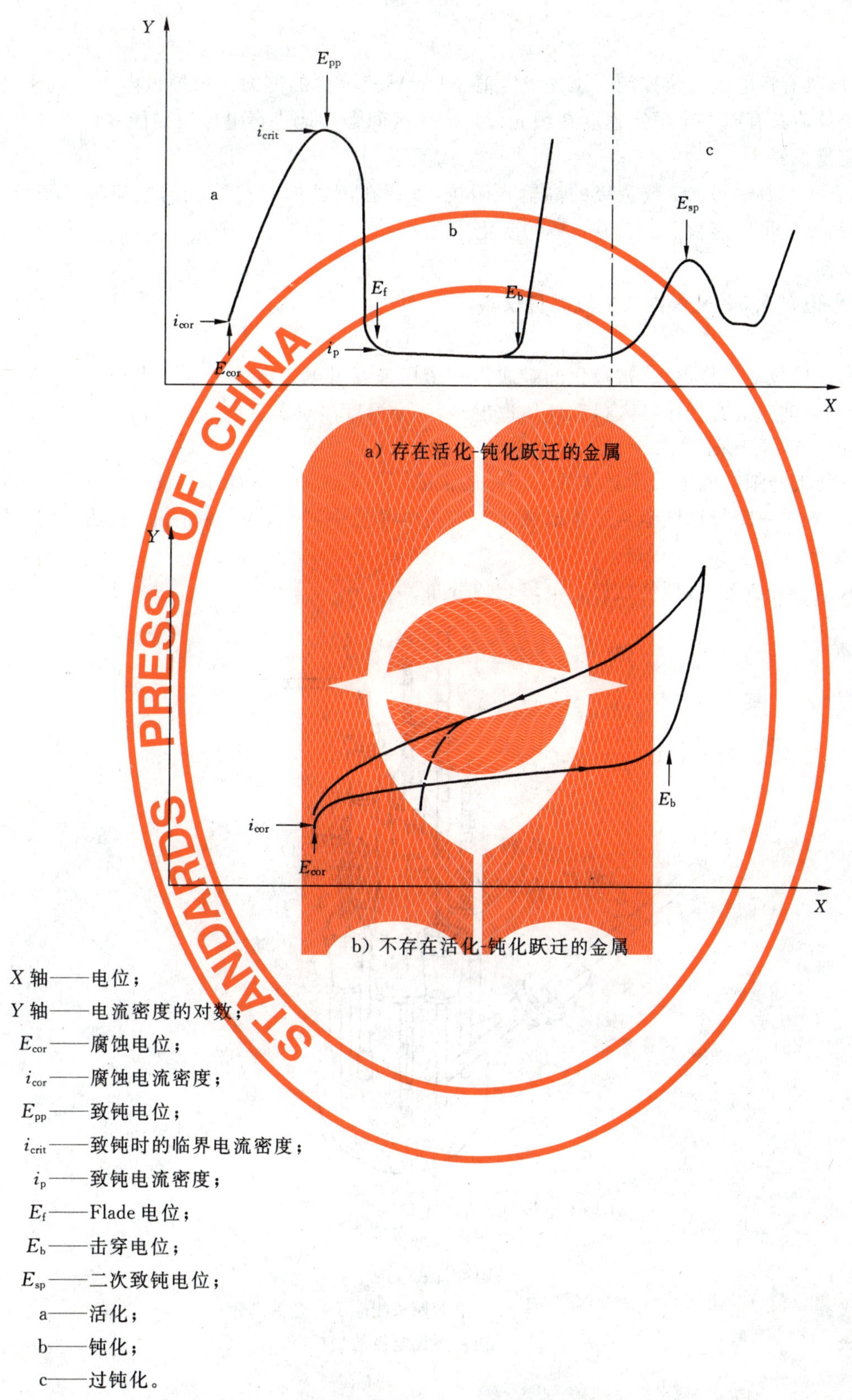

X 轴——电位；

Y 轴——电流密度的对数；

E_{cor}——腐蚀电位；

i_{cor}——腐蚀电流密度；

E_{pp}——致钝电位；

i_{crit}——致钝时的临界电流密度；

i_p——致钝电流密度；

E_f——Flade 电位；

E_b——击穿电位；

E_{sp}——二次致钝电位；

a——活化；

b——钝化；

c——过钝化。

图 2　阳极极化曲线示意图

4 装置

4.1 恒电位仪

恒电位仪应该具有将电极电位控制在预先设定值±1 mV范围内的能力。扫描恒电位仪用于动电位测量时，恒电位仪应具有以一个恒定速度在预先设定电位区间自动地进行电位扫描能力。

4.2 电极电位测量仪器

仪器应该具有 10^{11} Ω～10^{14} Ω数量级的高输入阻抗，以便在测量期间使系统的电流降减至最小。仪器的灵敏度和精度应足以能检测出1.0 mV的变化。

4.3 电流测量仪器

使用最大误差值在0.5%范围内的电流测量仪器。

4.4 试验电解池

4.4.1 试验电解池应包含工作电极(被极化的金属)，一个用来测量电极电位的参比电极，一个或二个辅助电极。试验电解池应具有气体导入口和气体逸出口，一个温度测量装置插入口。

注：术语辅助电极与对电极是同义语。

4.4.2 试验电解池的详细结构取决于具体的应用。通常使用的实例如图3所示。图3b)与图3a)的重要区别是其辅助电极被一个烧结圆盘从工作电极所在的主电解池中隔开，为限制在辅助电极产生的反应产物污染主电解池。

4.4.3 辅助电极应合理放置，以便使试样上电流均匀分布。

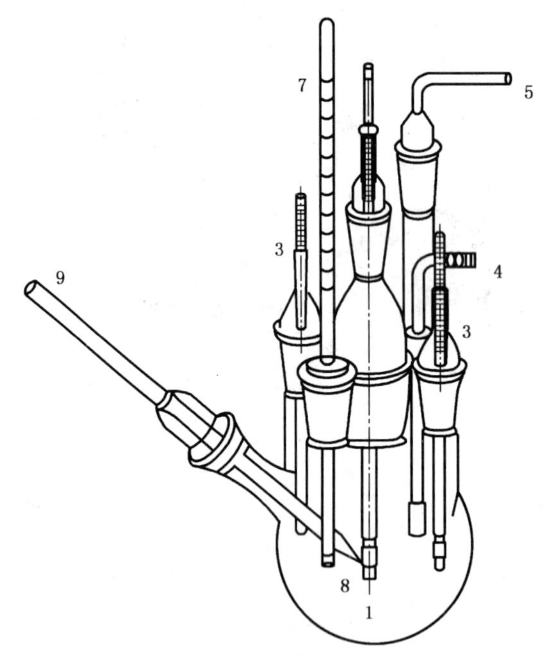

a) 辅助电极包含在主电解池中

1——试样；
2——参比电极；
3——辅助电极；
4——参比电极；
5——气体导入；
6——烧结圆盘；
7——温度计；
8——这里的探头相应于鲁金毛细管；
9——连接参比电极的盐桥(没有显示)。

图3 带有辅助电极的电化学极化电解池示意图

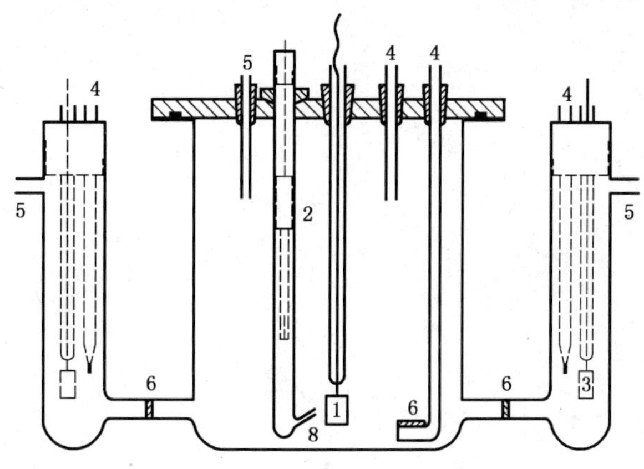

b）辅助电极从主电解池中隔开

图 3（续）

4.4.4　参比电极可以直接插入主电解池。应采用预防措施确保其维持在合适的条件下。为避免相互污染，可使用十字管接头参比电极或用盐桥将在一个分离容器内的参比电极连接到主电解池中。为使参比电极和工作电极之间的电压降减到最小，应如图 3a）和图 3b）那样使用鲁金毛细管。毛细管探针的前端应放置在距工作电极约 2 倍毛细管直径的位置，但不要比 2 倍毛细管直径的位置更近。

4.4.5　试验电解池应该用一种在试验温度环境下是惰性的材料制作。

4.4.6　试验电解池中溶液体积应足够多，以致于可以忽略反应过程中溶液化学成分的变化。

注：在大多数情况下，溶液体积与试样表面积的比值应大于 100 mL/cm^2。

4.4.7　为评定流动对电极动力学的影响，可以使用磁搅拌器，但当需要更精确的控制时，建议使用旋转圆盘或旋转圆柱体组件。

4.5　电极架

辅助电极，工作电极和安装材料应以对测量没有影响的方式安装。图 4 显示了一种电极安装组件的示例。对有氧化物保护膜的钢，试验试样在试样架上的密封有时可能在界面上引起不期望的缝隙腐蚀。在附录 A 中描述了防止缝隙腐蚀的某些应用方法，该方法使用一个冲洗式电解池或冲洗式试样架，尽管这一方法不适合旋转电极研究。

4.6　电极材料

使用的试验材料制备工作电极，通常采用棒状或平板。辅助电极一般由高纯铂制成。可以使用其他惰性材料。辅助电极可以制成平板或棒状，或以薄纱形状支撑在玻璃框上，并放置于试验试样的中央。辅助电极的面积至少应等于工作电极的面积。

石墨可被用作辅助电极，但必须注意避免污染；必须先对石墨上的残留物进行去吸附后，才能使用。

4.7　参比电极

使用的参比电极类型取决于具体应用，即温度和环境。一般常用的参比电极包括饱和甘汞电极和银/氯化银电极。这些电极在 25 ℃时相对于标准氢电极 25 ℃时的电位参见附录 B。

4.8　试样制备

4.8.1　根据具体应用制备试样，试样应该具有良好的抛光表面。在大多数情况下，为限制研磨沟槽引起的增强反应，所要求的 Ra 值应该小于 1 μm。

4.8.2　试样在研磨和浸渍之间放置的时间长短会影响试样的极化行为。放置时间的选择将取决于试验目的，但对一组独特的试验应规定放置时间。24 h 后，试样表面膜厚度变化很小，因此通常使用的最少放置时间是 1 d。试样应进行清洗和脱脂（即使用酒精或丙酮）并存放在一个干燥的容器内。

4.9　辅助电极准备

辅助电极不应该接触所有会污染溶液的物品。

注：通常将铂电极浸渍在浓 HCl 中，然后用高纯水（电导率小于 1 μS·cm）彻底漂洗就可以了。

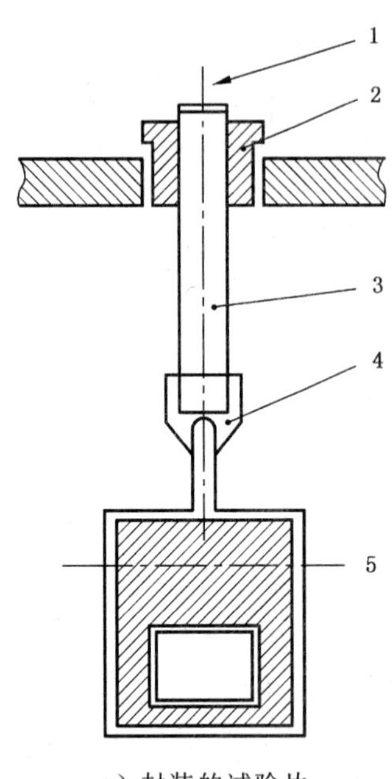

a）封装的试验片

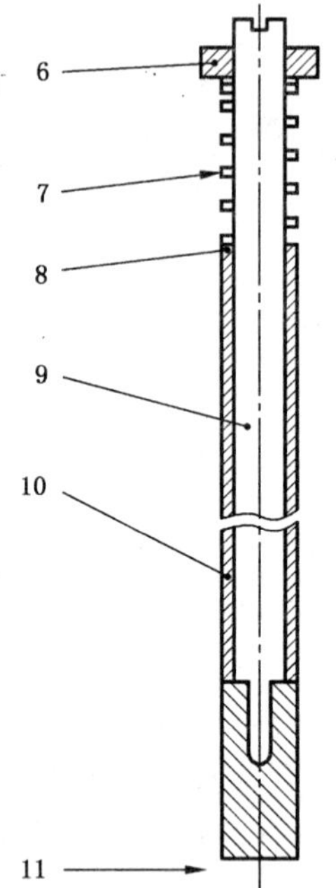

b）棒圆状试验块

1——导线；
2——橡皮帽；
3——树脂管；
4——树脂密封；
5——浸渍线；
6——螺母；
7——弹簧；
8——垫圈；
9——不锈钢杆；
10——聚四氟乙烯；
11——试验块。

图4　电极架例子

4.10　溶液准备

应使用分析纯化学试剂和高纯水（电导率小于 1 μS·cm）制备溶液，除非试验在实际工作的液体中进行。

5　试验步骤

采用的试验步骤，取决于所使用的电解池类型。即试样是否是在加入溶液之后再安装到电解池上，还是如冲洗式电解池那样，将试样先装在电解池上，然后再加溶液。

5.1　测量参比电极和其他 2 个标定电极之间的电位差。这些标定电极的电位应可被追溯到标准氢电极，并且仅用于维持电极有效性的目的。若电位差大于 3 mV，这个参比电极应被抛弃。

5.2　标定电极应储存在最适宜的条件下，并有规律地进行比较。若标定电极之间的电位差变化大于 1 mV，应被替换。

5.3　测量试样的表面暴露面积。测量面积的精度取决于试验目的。

5.4　装配电解池的辅助电极，要监测探头和鲁金毛细管位置。

5.5　在溶液预处理后再安装试样。

5.5.1　在电解池中加入试验溶液。

5.5.2 当试验在充气的溶液中进行时，可用气泵或圆筒压缩空气确认试验条件的持久性。在使用净化气体时，应使用合适的气体净化溶液，并维持足够的时间以达到平衡。

注：净化电解池中溶液的时间取决于试验体系对微量氧的敏感性。在无酸环境，室温条件下去除溶液中空气的程度可在最初暴露于空气的溶液中使用极化铂金丝的方法来评估。在氧还原的极限传输体系电位（室温下约为−0.4 V饱和甘汞电极），监视电流随时间的衰减。因为水的还原电流非常小，电流减少反映了溶液净化的程度。

当试验在 H_2S 溶液中进行时，在注入 H_2S 前必须先净化溶液。

警告：H_2S 气体有毒性。应采取适当的预防措施。

5.5.3 把试验电解池浸在一个控制温度的水浴中，或用其他便利的方法（如有温度控制储水池的循环液体双壁容器）将温度控制在±1 ℃范围内。

5.5.4 将试样安装到电极架上。

5.5.5 将试样放置到试验电解池中，调整鲁金毛细管前端，使其与工作电极的距离约为毛细管前端直径的2倍，但不能小于2倍。

5.6 按照5.5.2和5.5.3步骤将溶液加入到电解池中。

5.7 在试样浸入溶液后，记录试样开路电位随时间的变化，既自腐蚀电位。极化前在开路电位下的浸泡时间取决于试验的目的。在某些应用中，允许开路电位达到一个稳定值。否则应浸泡1 h。

注：当试样浸入溶液中，随浸泡时间的增加，在空气中形成的反映其特点的初始表面膜可能会分解或发生特性改变，由此导致电位的改变。

5.8 从某一初始电位开始电位扫描或电位步进，并记录电流随时间的变化。该初始电位的确定，以及电位移动方向取决于试验的目的。

注1：在某些应用中，金属表面在空气中形成的薄膜很容易被还原，在阴极电位保持一段时间后开始阳极极化。

注2：扫描速度或电位步进速度的选择取决于试验目的（见3.6）。对测定一般趋势或进行不同材料之间的比较采用0.17 mV/s的扫描速度。对电位步进，则采用每步0.05 V，300 s的驻留时间。然而在准稳态条件下，为在每一电位都获得一个稳定的电流值需要有足够的驻留时间。同样，在以低扫描速度进行扫描试验时，直到观察不到极化行为区别的驻留时间值。

5.9 对点腐蚀和再钝化研究，通常采用扫描电位或步进电位方式，直到电位超过击穿电位，随后再逐渐地将电位降低至开路电位值。

5.10 对持续时间长的试验，在试验后作为一个溶液化学性质的恒定测量值，应该测量溶液的pH值。

6 试验报告

试验报告应包含以下信息：

a) 本标准号；
b) 试验材料的完整描述，包括试样来源、成分、热处理、以及产品类型；
c) 试样加工方法和表面处理细节；
d) 溶液组成，pH值，体积和温度，以及所有随时间变化的值；
e) 试样接触试验溶液的面积；
f) 所用电解池和电极的描述；
g) 极化前浸入溶液时间；
h) 开路电位，该电位是否稳定，以及最终电位；
i) 电位应该引用标准氢电极电位；
j) 电位步长高度和停留时间或者扫描速度；
k) 绘制电流密度对电位图，包括标明对溶液电压降的修正和所用的评估方法。

附 录 A
（资料性附录）
在某些具体应用中防止缝隙腐蚀的方法

A.1 冲洗式电解池

A.1.1 冲洗式电解池(如图 A.1a))，由一个便于通过外部热循环池加热的圆形双层玻璃试样室，和用于连接测温部件，电极以及气体吹洗的各种入口所组成。

A.1.2 电解池底部与试样架合并在一起。试样被固定在电解池外面。通过不断地向试样与电解池端口的接触区域送入少量高纯水的方法达到消除试样与电解池接触点缝隙腐蚀。

A.1.3 试样与电解池端口被一层或多层滤纸环隔开，由此产生一个纯水，试样和试验溶液之间的扩散屏障。送入这个区域的高纯水取代了原本在缝隙区域的所有电解质溶液。对于 1 cm^2 的开口，水流量通常在 4 mL/h 到 5 mL/h 范围内。电解池必须足够大以保证有充足的试验溶液，可以将测试时间范围内试验溶液被高纯水的稀释作用减至最小。如果有必要，试验溶液的稀释应该通过以相同流速加入适当浓度的试验溶液来补偿。

A.1.4 高纯水并没有把暴露在电解质中的测试区域与电解质溶液隔开，因为高纯水与试验溶液的密度差异使高纯水向上流正好是在端口边上。此外，搅拌溶液会促成有效的混合。

A.1.5 因为试样固定在电解池的外部，在升温条件下做试验时电解质和试样之间可能会存在温度差。用搅拌，结合绝缘和最小化金属体积以减小其热水池效应的方法可以将这种温度差异减到最小。

A.2 冲洗式电极架(图 A.1b))

A.2.1 通过一根底部用 O 型圈密封在聚四氟乙烯塑料架上的玻璃管注入高纯水。水沿着试样上的滤纸分布。用涂有油漆的不锈钢连接杆固定试样以避免与高纯水的电接触。对一个 10 mm 直径的圆柱形试样来说，通常流速约为 1.5 mL/h。

A.2.2 见 A.1.4。

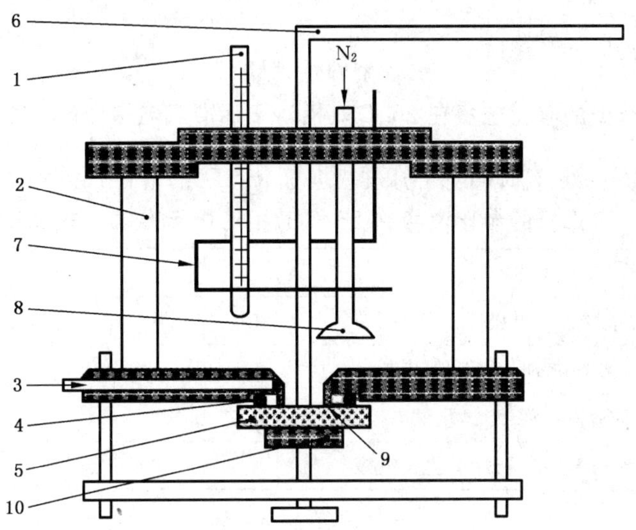

a）冲洗式电解池设计原理

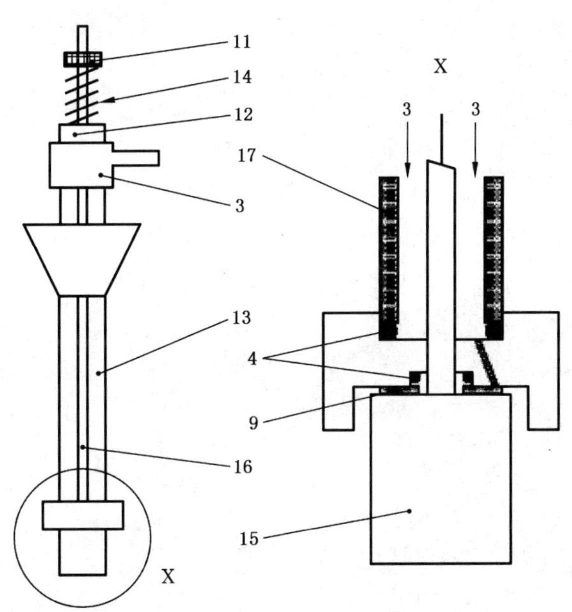

b）使用冲洗式电解池原理的改进型圆柱试样架

1——温度计；

2——双壁玻璃试样室；

3——纯水；

4——O 型圈；

5——试样；

6——鲁金毛细管；

7——辅助电极；

8——气体入口；

9——过滤纸；

10——安装螺丝；

11——螺丝；

12——聚四氟乙烯塑料盘和 O 型圈；

13——玻璃管；

14——弹簧；

15——圆柱试样；

16——涂有油漆的连接杆；

17——玻璃管。

图 A.1　冲洗式电解池和电极架草图

附 录 B
（资料性附录）
可选择的参比电极在25 ℃时相对于标准氢电极(SHE)的电位

B.1 可选择的参比电极在25 ℃时相对于标准氢电极(SHE)的电位，见表B.1。

表 B.1 可选择的参比电极在25 ℃时相对于标准氢电极(SHE)的电位

参比电极	相对于SHE的电位/V
饱和甘汞电极	+0.244
在饱和KCl溶液中的银/氯化银电极	+0.196
在1 mol KCl溶液中的银/氯化银电极	+0.222
在0.1 mol KCl溶液中的银/氯化银电极	+0.288

ICS 73.060.20
D 32

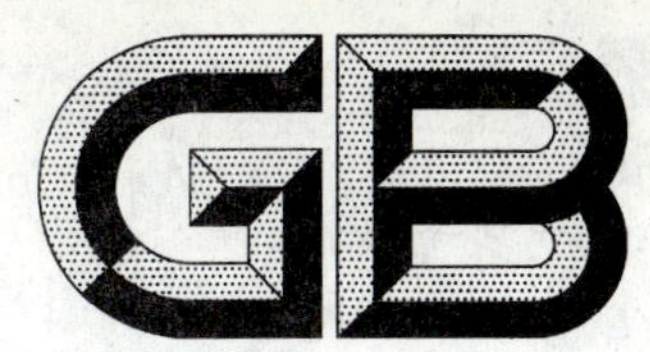

中华人民共和国国家标准

GB/T 24197—2009

锰矿石　铁、硅、铝、钙、钡、镁、钾、铜、镍、锌、磷、钴、铬、钒、砷、铅和钛含量的测定　电感耦合等离子体原子发射光谱法

Manganese ores—Determination of iron, silicon, aluminium, calcium, barium, magnesium, potassium, copper, nickel, zinc, phosphorus, cobalt, chromium, vanadium, arsenic, lead, titanium and vanadium—Inductively coupled plasma atomic emission spectrometry

2009-07-08 发布　　　　2010-04-01 实施

中华人民共和国国家质量监督检验检疫总局
中国国家标准化管理委员会　发布

前　言

本标准的附录 A 和附录 B 为资料性附录,附录 C 为规范性附录。

本标准由中国钢铁工业协会提出。

本标准由生铁及铁合金标准化技术委员会归口。

本标准主要起草单位:宁波检验检疫科学技术研究院、冶金工业信息标准研究院、中华人民共和国天津出入境检验检疫局。

本标准主要起草人:金献忠、陈建国、应海松、朱丽辉、梁帆、朱晓艳、陈自斌、谷松海。

锰矿石　铁、硅、铝、钙、钡、镁、钾、铜、镍、锌、磷、钴、铬、钒、砷、铅和钛含量的测定　电感耦合等离子体原子发射光谱法

警告：使用本标准的人员应有正规实验室工作的实践经验。本标准并未指出所有可能的安全问题。使用者有责任采取适当的安全和健康措施，并保证符合国家有关法规规定的条件。

1　范围

本标准规定了用电感耦合等离子体原子发射光谱法测定锰矿石中铁、硅、铝、钙、钡、镁、钾、铜、镍、锌、磷、钴、铬、钒、砷、铅和钛含量。

本标准适用于锰矿石中铁、硅、铝、钙、钡、镁、钾、铜、镍、锌、磷、钴、铬、钒、砷、铅和钛等十七种元素的同时测定，也适用于其中几种元素的测定。测定元素含量范围见表1。

表1　测定元素含量范围

测定元素	含量范围(质量分数)/%
铁	0.50～20.00
硅	0.10～22.00
铝	0.10～20.00
钙	0.10～20.00
钡	0.005～12.00
镁	0.10～6.00
钾	0.20～6.00
铜	0.006～1.80
镍	0.006～1.80
锌	0.002～1.80
磷	0.036～1.80
钴	0.002～1.80
铬	0.004～1.80
钒	0.003～1.80
砷	0.096～1.80
铅	0.026～1.80
钛	0.002～1.80

2　规范性引用文件

下列文件中的条款通过本标准的引用而成为本标准的条款。凡是注日期的引用文件，其随后所有的修改单(不包括勘误的内容)或修订版均不适用于本标准，然而，鼓励根据本标准达成协议的各方研究是否可使用这些文件的最新版本。凡是不注日期的引用文件，其最新版本适用于本标准。

GB/T 602　化学试剂　杂质测定用标准溶液的制备

GB/T 2011 散装锰矿石取样、制样方法

GB/T 6379.1 测量方法与结果的准确度(正确度与精密度) 第1部分:总则与定义(GB/T 6379.1—2004,ISO 5725-1:1994,IDT)

GB/T 6379.2 测量方法与结果的准确度(正确度与精密度) 第2部分:确定标准测量方法重复性与再现性的基本方法(GB/T 6379.2—2004,ISO 5725-2:1994,IDT)

GB/T 6682 分析实验室用水规格和试验方法(GB/T 6682—2008,ISO 3696:1987,MOD)

GB/T 14949.8 锰矿石化学分析方法 湿存水量的测定(GB/T 14949.8—1994,eqv ISO 310:1981)

3 原理

试料用过氧化钠在锆坩埚内熔融,盐酸浸取,并稀释到一定体积。使用耐高盐雾化器和相应的雾室,将试料溶液雾化后引入电感耦合等离子体炬内,测定其中各元素分析线处的净光强,根据建立的校准曲线,计算出试料溶液中各元素的浓度。然后根据浓度、扣除湿存水后的试料质量和试料溶液体积,计算出试料中各元素的含量。

4 试剂

除非另有说明,在分析中仅使用确认为分析纯的试剂。

4.1 水,符合 GB/T 6682 中规定的二级。

4.2 过氧化钠。

4.3 无水碳酸钠,优级纯。

4.4 盐酸,ρ1.19 g/mL,优级纯。

4.5 硝酸,ρ1.42 g/mL,优级纯。

4.6 盐酸,1+1。

4.7 盐酸,1+4。

4.8 硝酸,1+9。

4.9 锰标准溶液,4.0 mg/mL。

称取 4.000 0 g 锰片(光谱纯,预先用硝酸(4.8)洗净表面氧化膜,再放入无水乙醇中浸洗 3 次～4 次,取出,待无水乙醇挥发干后在干燥器中储存 12 h 以上)于 1 000 mL 烧杯中,加 400 mL 硝酸(4.8),盖上表面皿,微热溶解后,冷却至室温,转移到 1 000 mL 容量瓶中,用水稀释至刻度,混匀。

4.10 铁标准溶液,1.6 mg/mL。

称取 1.600 0 g 铁粉(质量分数大于 99.98%)于 1 000 mL 烧杯中,加 150 mL 盐酸(4.6)和 25 mL 硝酸(4.5),盖上表面皿,加热至溶解完全后,冷却至室温,转移到 1 000 mL 容量瓶中,用水稀释至刻度,混匀。

4.11 硅标准溶液,0.8 mg/mL。

称取 5.0 g 无水碳酸钠均匀铺在铂坩埚底部,再称取 1.711 4 g 二氧化硅(质量分数大于 99.98%,预先经 1 000 ℃灼烧 1 h 后,置于干燥器中,冷却至室温)平铺其上,然后称取 5.0 g 无水碳酸钠均匀覆盖,在 1 000 ℃的马弗炉中熔融 30 min 后,取出冷却至室温,加入适量水加热溶出,冷却至室温,转移到 1 000 mL容量瓶中,用水稀释至刻度,混匀,再转移至塑料瓶中储存。

4.12 铝标准溶液,1.6 mg/mL。

称取 1.600 0 g 金属铝(质量分数大于 99.98%,预先用盐酸(4.6)洗净表面氧化膜,再放入无水乙醇中浸洗 3 次～4 次,取出,待无水乙醇挥发干后在干燥器中储存 12 h 以上)于 1 000 mL 烧杯中,加 100 mL 盐酸(4.4)和 100 mL 硝酸(4.8),盖上表面皿,加热溶解,至反应缓慢时,加 20 mL 盐酸(4.4)继续溶解,直至溶解完全后,冷却至室温,转移到 100 mL 容量瓶中,用水稀释至刻度,混匀。

4.13 钙标准溶液,1.6 mg/mL。

称取 3.996 0 g 碳酸钙(质量分数大于 99.98%,预先经 105 ℃烘 1 h,置于干燥器中,冷却至室温)于 1 000 mL 烧杯中,加 100 mL 盐酸(4.6)和 50 mL 硝酸(4.5)溶解,冷却至室温,转移到 1 000 mL 容量瓶中,用水稀释至刻度,混匀。

4.14 钡标准溶液,0.8 mg/mL。

称取 1.523 8 g 硝酸钡(光谱纯,预先经 105 ℃烘 1 h,置于干燥器中,冷却至室温)于 1 000 mL 烧杯中,加 100 mL 左右水和 100 mL 硝酸(4.5),加热溶解,冷却至室温,转移到 1 000 mL 容量瓶中,用水稀释至刻度,混匀。

4.15 镁和钾混合标准溶液,其中镁 0.4 mg/mL 和钾 0.4 mg/mL。

称取 0.663 2 g 氧化镁(光谱纯,预先经 1 000 ℃灼烧 1 h 后,置于干燥器中,冷却至室温)和 0.762 6 g氯化钾(光谱纯,预先经 105 ℃烘 1 h,置于干燥器中,冷却至室温)于 1 000 mL 烧杯中,加 100 mL硝酸(4.5),微热溶解,冷却至室温,转移到 1 000 mL 容量瓶中,用水稀释至刻度,混匀。

4.16 单元素标准储备溶液

铜、镍、锌、磷、钴、铬、钒、砷、铅和钛的标准储备溶液按 GB/T 602 方法配制,或直接使用单元素国家标准溶液,其质量浓度均为 1.0 mg/mL,其中钛的标准储备溶液可以为体积分数 10%的硫酸介质,其他的均采用非硫酸介质。

4.17 铜、镍、锌、磷、钴、铬、钒、砷、铅混合标准溶液,每个元素的质量浓度均为 100 μg/mL。

分别移取 10 mL 铜、镍、锌、磷、钴、铬、钒、砷、铅单元素标准储备溶液(4.16)于 100 mL 容量瓶中,用水稀释至刻度,混匀。

4.18 钛标准溶液,100 μg/mL。

移取 10 mL 钛单元素标准储备溶液(4.16)于 100 mL 容量瓶中,用水稀释至刻度,混匀。现用现配。

4.19 试剂空白储备溶液。

称取 6.0 g 过氧化钠于 300 mL 聚四氟乙烯烧杯中,加入约 100 mL 水后,沿杯壁缓慢加入 80 mL 盐酸(4.4)和 20 mL 硝酸(4.5),冷却至室温后,转移到 500 mL 塑料容量瓶,用水稀释至刻度,混匀。

5 仪器和设备

5.1 电感耦合等离子体原子发射光谱仪。

5.1.1 需配备耐高盐雾化器和相应的雾室。

5.1.2 各元素的推荐分析线和适用范围参见附录 A。

5.1.3 仪器的实际分辨率

计算每条使用的分析线的带宽,带宽必须小于 0.030 nm。

5.1.4 仪器的短期稳定性

测定 11 次标液 1(见表 2)中各元素的净光强,计算其标准偏差,相对标准偏差应小于 0.6%。

5.1.5 仪器的长期稳定性

将标液 1(见表 2)每隔 10 min 测定 1 次,共计 11 次,计算各元素净光强的标准偏差,其相对标准偏差应小于 1.2%。

5.1.6 仪器的参考工作条件参见附录 B。

5.2 马弗炉,能保持温度 600 ℃±5 ℃。

5.3 金属锆坩埚(质量分数≥99.5%),容积约 30 mL。

5.4 可控温电热板。

5.5 天平,精确至 0.1 mg。

5.6 烘箱,能保持温度 105 ℃±5 ℃。

6 试样的制备

按照 GB/T 2011 规定进行取制样，试样应通过 0.100 mm 筛网。

7 分析步骤

7.1 试料

称取约 0.14 g 试样，精确至 0.1 mg。同时称取两份试料进行测定。

注：分析时一律称取空气风干的试样，同时进行试样湿存水量的测定。

7.2 湿存水量的测定

按照 GB/T 14949.8 进行湿存水量的测定，具体步骤按照附录 C 规定。

7.3 空白试验和验证试验

随同试料做空白试验，此溶液供 7.6 步骤使用。同时分析同类型标准物质做验证试验。

7.4 试料溶解

称取 1.5 g 过氧化钠均匀铺在锆坩埚(5.3)底部，然后称取试料平铺其上，再称取 1.5 g 过氧化钠完全覆盖试料。放入马弗炉中，升温至 540 ℃恒温熔融 80 min，关闭电源，微开炉门，待冷却后取出。把锆坩埚横向放入 300 mL 聚四氟乙烯烧杯中，盖上表面皿，微挪表面皿并沿锆坩埚底部侧的杯壁加入 200 mL盐酸(4.7)，然后在可控温电热板上加热至沸 10 min 左右后，洗出锆坩埚，再加 10 mL 硝酸(4.5)并加热至近沸，取下冷却至室温，转移至 500 mL 容量瓶中，用水稀释至刻度，混匀，转移至塑料瓶中储存。

注：过氧化钠具有强烈的氧化性，不能与有机物等还原性物质接触，否则易发生燃烧和爆炸。过氧化钠的废料不得用纸或类似可燃物包裹后丢入废料箱内，应用水冲洗排入下水道内，以免自燃引起火灾。

7.5 校准曲线的绘制

7.5.1 标准溶液系列

分别移取试剂空白储备溶液(4.19)50 mL 和锰标准溶液 2.5 mL 至 5 个 100 mL 容量瓶中，然后移取相应的标准溶液按表 2 配制标准溶液系列，定容混匀后，转移至塑料瓶中储存。

表 2 标准溶液系列 单位为微克每毫升(μg/mL)

元素	标液 1	标液 2	标液 3	标液 4	标液 5
Fe	80	0	8	16	40
Si	40	80	0	8	16
Al	16	40	80	0	8
Ca	8	16	40	80	0
Ba	0	4	8	20	40
Mg	20	10	4	2	0
K	20	10	4	2	0
Cu	5	2.5	1	0.5	0
Ni	5	2.5	1	0.5	0
Zn	5	2.5	1	0.5	0
P	5	2.5	1	0.5	0
Co	5	2.5	1	0.5	0
Cr	5	2.5	1	0.5	0

表 2（续） 单位为微克每毫升（μg/mL）

元素	标液 1	标液 2	标液 3	标液 4	标液 5
V	5	2.5	1	0.5	0
As	5	2.5	1	0.5	0
Pb	5	2.5	1	0.5	0
Ti	5	0.5	—	—	0

7.5.2 校准曲线

把标准溶液系列依次雾化后引入电感耦合等离子体炬内，根据标准溶液系列中各被测元素分析线处的净光强和相应的浓度绘制校准曲线。各元素的线性相关系数必须大于 0.999。

7.6 测定

分别测定空白溶液和试料溶液中各被测元素的净光强，根据校准曲线计算各被测元素的浓度，然后计算出试样中相应各元素的含量。两次测定之间用水中冲洗 20 s 左右。

8 结果计算

锰矿石中各元素的含量以质量分数 w 计，数值以%表示，按式(1)计算：

$$w = \frac{(c_x - c_0)V}{(100 - A)m} \times 10^{-2} \qquad \cdots\cdots(1)$$

式中：

c_x——试料溶液中被测元素的浓度的数值，单位为微克每毫升（μg/mL）；

c_0——空白溶液中被测元素的浓度的数值，单位为微克每毫升（μg/mL）；

V——试料溶液的体积的数值，单位为毫升（mL）；

m——试料的质量的数值，单位为克（g）；

A——试料的湿存水量的数值。

计算结果表示到小数点后两位。若含量小于 0.1%，表示到小数点后三位；小于 0.01%，表示到小数点后至四位。

注 1：c_0 要根据样品溶解的方法，采用相应的空白溶液进行扣除。采用方法一进行样品溶解，对应空白溶液一；采用方法二进行样品溶解，对应空白溶液二。

注 2：各元素氧化物因子为：Si 2.139 2；Al 1.889 5；Ca 1.399 2；Ba 1.116 5；Mg 1.658 2；K 1.204 6；Ti 1.668 3。

9 精密度

本标准的精密度数据是在 2008 年由 8 个实验室对各元素的 4 个水平进行共同试验所确定的。按照 GB/T 6379.1 和 GB/T 6379.2 的规定各实验室对每个元素的每个水平测定 5 次完成的。原始数据按照 GB/T 6379.1 和 GB/T 6379.2 进行统计分析，精密度见表 3。

表 3 精密度

元素	含量范围（质量分数）/%	重复性限，r	再现性限，R
Fe	0.50～20.00	$r=0.0160+0.009\ 5m$	$R=-0.0017+0.046\ 5m$
Si	0.10～22.00	$r=0.0238+0.011\ 8m$	$R=0.115\ 1+0.034\ 2m$
Al	0.10～20.00	$\lg r=-1.710\ 3+0.87\ 0\lg m$	$R=0.126\ 0+0.045\ 6m$
Ca	0.10～20.00	$r=0.002\ 2+0.016\ 8m$	$R=0.021\ 6+0.065\ 2m$
Ba	0.005～12.00	$\lg r=-1.7540+0.917\lg m$	$\lg R=-1.122\ 0+0.827\lg m$

表 3（续）

元素	含量范围(质量分数)/%	重复性限，r	再现性限，R
Mg	0.10～6.00	$r=0.0252m$	$R=0.006\ 2+0.050\ 1m$
K	0.20～6.00	$r=0.050\ 1+0.0143m$	$R=0.082\ 9+0.037\ 5m$
Cu	0.006～1.80	$r=0.000\ 6+0.014\ 3m$	$R=0.002\ 2+0.136\ 4m$
Ni	0.006～1.80	$r=0.001\ 12+0.013\ 4m$	$R=0.008\ 7+0.042\ 0m$
Zn	0.002～1.80	$r=0.000\ 08+0.011\ 2m$	$R=0.003\ 6+0.040\ 0m$
P	0.036～1.80	$\lg r=-1.379\ 5+0.488\lg m$	$R=0.014\ 0+0.089\ 0m$
Co	0.002～1.80	$r=0.000\ 56+0.015\ 7\ m$	$R=0.000\ 8+0.0669m$
Cr	0.004～1.80	$\lg r=-1.970\ 1+0.66\lg m$	$R=0.0011\ 2+0.0610\ 4m$
V	0.003～1.80	$r=0.000\ 3+0.015\ 7m$	$R=0.000\ 3+0.063\ 3m$
As	0.096～1.80	$r=0.004\ 8+0.023\ 0m$	$R=0.010\ 9+0.080\ 6m$
Pb	0.026～1.80	$\lg r=-1.715+0.681\lg m$	$\lg R=-0.976\ 0+1.074\lg m$
Ti	0.002～1.80	$\lg r=-1.970\ 1+0.661\lg m$	$R=0.001\ 1+0.061\ 0m$
注：m 为两次测定结果的平均值，用质量分数表示。			

重复性限 r、再现性限 R 按表 3 求得。

在重复性条件下，获得的两次独立测试结果的绝对差值不大于重复性限 r，大于重复性限 r 的情况以不超过 5%为前提。

在再现性条件下，获得的两次独立测试结果的绝对差值不大于再现性限 R，大于再现性限 R 的情况以不超过 5%为前提。

10 试验报告

试验报告应包括下列内容：

a) 所有识别样品、实验室及分析数据所需的内容；

b) 引用本标准所用的方法；

c) 结果及表达形式；

d) 测定过程中观察到的异常现象；

e) 任何本标准中未规定的操作或任何可能影响结果的操作；

f) 试验日期。

附　录　A
（资料性附录）
元素的推荐分析线和适用范围

表 A.1 给出了元素的推荐分析线和适用范围。

表 A.1　元素的推荐分析线和适用范围

元素	分析线/nm	适用范围/%	线性拟合的浓度范围/(μg/mL)	元素	分析线/nm	适用范围/%	线性拟合的浓度范围/(μg/mL)
Fe	240.489	0.50～25.00	0～80	Ni	231.604	0.006～1.80	0～5
	239.563	0.50～25.00	0～80		341.476	0.021～1.80	0～5
Si	250.690	0.10～5.71	0～16	Zn	213.856	0.002～1.80	0～5
	212.412	5.71～23.00	16～80		202.548	0.003～1.80	0～5
Al	394.401	0.10～25.00	0～80	P	213.618	0.036～1.80	0～5
	308.215	0.10～25.00	0～80		185.941	0.16～1.80	0～5
Ca	396.847	0.10～5.71	0～16		185.887	0.17～1.80	0～5
	422.673	5.71～25.00	16～80	Co	228.615	0.002～1.80	0～5
Ba	455.403	0.005～5.71	0～8	Cr	205.552	0.004～1.80	0～5
	233.527	5.71～12.00	8～40	V	292.401	0.003～1.80	0～5
Mg	279.553	0.10～1.43	0～4	As	189.042	0.096～1.80	0～5
	280.271	1.43～7.00	4～20		197.262	0.069～1.80	0～5
K	769.897	0.20～7.00	0～20	Pb	220.353	0.026～1.80	0～5
	766.491	0.10～7.00	0～20	Ti	336.122	0.002～1.80	0～5
Cu	324.754	0.006～1.80	0～5		337.280	0.001～1.80	0～5

注：同一元素的多条分析线按优先次序排列。

附　录　B
（资料性附录）
仪器的参考工作条件

表 B.1 给出了赛默飞世尔 6500ICP-AES 的参考工作条件。

表 B.1　仪器的参考工作条件

工作频率/MHz	27.12
入射功率/kW	1.15
工作气体	氩气(99.996%)
冷却气流量/(L/min)	12
辅助气流量/(L/min)	0.50
载气流量/(L/min)	0.75
样品提升量/(mL/min)	1.6
观察高度/mm	15
短波积分时间/s	15
长波积分时间/s	5
点火前大气流(约 10 L/min)吹扫光室时间/min	20
雾化器和雾室	Seaspray 雾化器和配套的旋流雾室
检测器	CID

附 录 C
（规范性附录）
湿存水量的测定

称取约 2 g 风干试料，精确至 0.1 mg，置于预先在(105～110)℃烘箱中干燥并已称至恒重的带盖的称量瓶(ϕ30 mm)中。把装有试料的敞口称量瓶及瓶盖放入控制在(105～110)℃的烘箱中，2 h 后，将称量瓶盖好，取出，放入干燥器中，冷却(20～30)min，从干燥器中取出称量瓶，稍开瓶盖，再迅速盖好，称重。重复干燥(每次约 30 min)，冷却，称重。直至两次连续称重的差不超过 0.5 mg。如果重复干燥后的试料质量增加，则将增加之前的质量作为最后质量。应采用一个试样的 3 份平行测定结果的算术平均值作为试样的湿存水量。

湿存水量以 A 计，数值以%表示，按式(C.1)计算：

$$A = \frac{(m_1 - m_2)}{m} \times 100 \qquad \cdots\cdots(\text{C.1})$$

式中：

m_1——试料、称量瓶和瓶盖在烘干前的质量的数值，单位为克(g)；

m_2——试料、称量瓶和瓶盖在烘干后的质量的数值，单位为克(g)；

m——试料的质量的数值，单位为克(g)。

计算结果表示到小数点后两位。

ICS 77.100
H 11

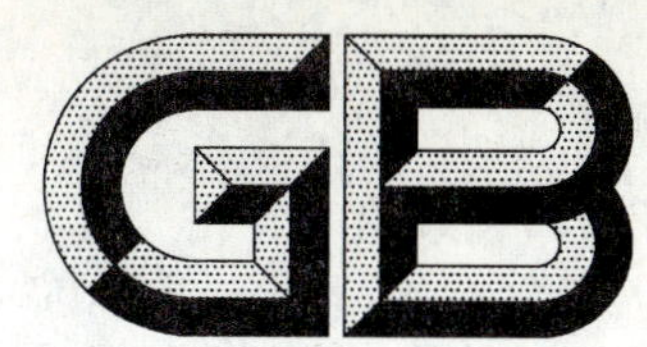

中华人民共和国国家标准

GB/T 24198—2009

镍铁 镍、硅、磷、锰、钴、铬和铜含量的测定 波长色散X-射线荧光光谱法（常规法）

Ferronickel—Determination of nickel, silicon, phosphorus, manganese, cobalt, chromium, and copper contents—Wavelength dispersive X-ray fluorescence spectrometry (Routine method)

2009-07-08 发布 2010-04-01 实施

中华人民共和国国家质量监督检验检疫总局
中国国家标准化管理委员会 发布

前　言

本标准的附录A和附录B为规范性附录。

本标准由中国钢铁工业协会提出。

本标准由全国生铁及铁合金标准化技术委员会归口。

本标准主要起草单位:酒泉钢铁(集团)有限责任公司。

本标准主要起草人:朱卫华、孙宇光、王昊、付宝荣。

镍铁　镍、硅、磷、锰、钴、铬和铜含量的测定　波长色散X-射线荧光光谱法（常规法）

警告：使用本标准的人员应有正规实验室工作实践经验。本标准未指出所有可能的安全问题。使用者有责任采取适当的安全和健康措施，并保证符合国家有关法规规定的条件。

1　范围

本标准规定了用波长色散X-射线荧光光谱法测定镍、硅、磷、锰、钴、铬和铜的含量。

本方法适用于电炉、感应炉、转炉等铸态或锻轧镍铁的测定。各元素测定范围如表1。

表1　元素及测定范围

分析元素	测定范围（质量分数）/%
Ni	12.0～60.0
Si	0.10～2.0
P	0.01～0.15
Mn	0.05～0.50
Co	0.30～1.00
Cr	0.05～1.00
Cu	0.05～1.5

2　规范性引用文件

下列文件中的条款通过本标准的引用而成为本标准的条款。凡是注日期的引用标准，其随后所有的修改单（不包括勘误的内容）或修改版均不适用于本标准，然而，鼓励根据本标准达成协议的各方研究是否可使用这些标准的最新版本。凡是不注日期的引用标准，其最新版本适用于本标准。

GB/T 4010　铁合金化学分析用试样的采取和制备

GB/T 6379.1　测量方法与结果的准确度（正确度与精密度）　第1部分：总则与定义（GB/T 6379.1—2004，ISO 5725-1：1994，IDT）

GB/T 6379.2　测量方法与结果的准确度（正确度与精密度）　第2部分：确定标准测量方法重复性和再现性的基本方法（GB/T 6379.2—2004，ISO 5725-2：1994，IDT）

GB/T 16597　冶金产品分析方法　X射线荧光光谱法通则

GB/T 20066　钢和铁　化学成分测定用试样的取样和制样方法（GB/T 20066—2006，ISO 14284：1996，IDT）

3　原理

X射线管产生的初级X射线照射到平整、光洁的样品表面上时，产生的特征X射线经晶体分光后，探测器在选择的特征波长相对应的2θ角处测量X射线荧光强度。根据校准曲线和测量的X射线荧光强度，计算出样品中镍、硅、磷、锰、钴、铬和铜的质量分数。

4　试剂与材料

4.1　P10气体（90%的氩和10%的甲烷的混合气体）用于流气正比计数器。

4.2 有证标准物质或标准物质

有证标准物质(CRM)或标准物质(RM)。用于日常分析绘制校准曲线时,所选系列有证标准物质或标准物质中各分析元素含量应覆盖分析范围且有适当的梯度;用于对仪器进行漂移校正时,所选有证标准物质或标准物质应有良好的均匀性,且接近校准曲线的上限和下限。

5 仪器与设备

5.1 制样设备

试样切割设备和试样表面的抛光设备。

5.2 X射线荧光光谱仪

同时或顺序式波长色散光谱仪的分析精度和稳定性应达到附录A要求。

5.2.1 X射线管

高纯元素靶的X射线管,推荐使用铑靶。

5.2.2 分析晶体

能覆盖方法中的所有元素和可能干扰元素,可使用平面或弯曲面的晶体。

5.2.3 准直器

对于顺序型仪器,应选择合适的准直系统。

5.2.4 探测器

闪烁计数器,用于重元素分析;流气正比计数器,用于轻元素分析。

也可以使用密封正比计数器。

5.2.5 真空系统

测量过程中,真空系统压强一般在30 Pa以下并保持恒定,对于轻元素应低于20 Pa。

5.2.6 测量系统

计算机系统有合适的软件,能够根据测量强度计算出各元素的含量。

6 取制样

参照GB/T 20066和GB/T 4010的规定进行。

试样的大小取决于试样盒的几何尺寸,分析表面应能全部遮盖试样盒面罩,同时保证样品厚度至少5 mm。

试样表面需研磨成平整、光洁的分析面。当用砂带或砂轮磨样时,应选择合适磨料,防止磨料沾污,磨料粒度至少为60#。

如果试样暴露于空气中一天以上,测量前必须重新研磨表面。

7 仪器的准备

7.1 仪器工作环境

仪器的工作环境应满足GB/T 16597。

7.2 仪器工作条件

X射线光谱仪在测量之前应按仪器制造商的要求使工作条件得到最优化,并在测量前至少预热1h或直到仪器稳定。

8 分析步骤

8.1 测量条件

根据所使用仪器的类型、试样的种类、分析元素、共存元素及其含量变化范围,选择适合的测量条件。

（1） 分析元素的计数时间取决于定量元素的含量及所要达到的分析精密度，一般为 5 s～60 s。

（2） 计数率一般不超过所用计数器的最大计数。

（3） 光管电压、电流的选择应考虑测定谱线最低激发电压和光管的额定功率。

（4） 使用多个试样盒时，样盒面罩不应对分析结果构成明显的影响，样盒面罩直径一般为 20 mm～35 mm。

（5） 推荐使用样品盒旋转工作方式。

（6） 推荐使用的元素分析线、分光晶体、2θ 角、光管电压电流和可能干扰元素列入表 2。

表 2 推荐使用的元素分析线、分光晶体、2θ 角、光管电压电流和可能干扰元素

元素	分析谱线	晶体	2θ 角	管流/mA	管压/kV	可能的干扰元素
Ni	NiKβ1,2	LiF200	43.7494	50	50	Co、Cu、Nb、Mo
Si	Si Kα1,2	PE002-C	109.074 0	25	100	W、Sn
P	P Kα1,2	Ge 111-C	141.001 0	25	100	Mo、Cu、W
Mn	Mn Kα1,2	LiF200	62.980 4	50	50	Cr、Fe、Mo
Co	Co Kβ1,2	LiF200	52.760 8	50	50	Fe、Ni、W、Zn
Cr	Cr Kα1,2	LiF200	69.364 8	50	50	V、Sn
Cu	Cu Kα1,2	LiF200	45.022 4	50	50	Ni、Ta、W
Fe	FeKβ1,2	LiF200	51.753 2	50	50	Co、Mn、W、Zn、Sn

8.2 校准曲线的绘制与确认

8.2.1 校准曲线的绘制

在选定的工作条件下，用 X 射线荧光光谱仪测量一系列的与试样冶炼过程相似且化学成分相近的有证标准物质(CRM)或标准物质(RM)，每个样品应至少测量 2 次。用仪器所配的软件，以有证标准物质(CRM)或标准物质(RM)中该元素的含量值和测量的荧光强度平均值计算出校准曲线参数、综合吸收校正系数(或 α 系数)和谱线重叠干扰校正系数，分别得到综合吸收校正模式和理论 α 系数校正模式式(1)和式(2)的计算公式：

$$w_i = (\mathrm{a}I_i^2 + \mathrm{b}I_i + \mathrm{c}) \times (1 + \sum d_j w_j) - \sum l_j w_j \quad (i \neq j) \qquad \cdots\cdots(1)$$

$$w_i = (\mathrm{b}I_i + \mathrm{c}) \times (1 + \sum \alpha_j w_j) - \sum l_j w_j \quad (i \neq j) \qquad \cdots\cdots(2)$$

式中：

w_i——有证标准物质(CRM)或标准物质(RM)中分析元素 i 的参考值，用质量分数计，以%表示；

d_j——综合吸收校正系数；

α_j——理论 α 系数；

l_j——光谱重叠校正系数；

w_j——有证标准物质(CRM)或标准物质(RM)中共存元素的含量，用质量分数计，以%表示；

I_i——分析元素 i 的 X 射线荧光强度；

a、b、c——校准曲线常数。

8.2.2 校准曲线准确度的确认

按照选定的分析条件，用 X 射线荧光仪测量与试样冶炼过程相似和化学成分相近的有证标准物质(CRM)或标准物质(RM)，所得分析元素分析值与认证值或标准值 A_c 之间在统计上应无显著差异，按式(3)判断是否存在显著性差异：

$$|\mu_c - A_c| \leqslant 2 \times \sqrt{\sigma_L^2 + \frac{\sigma_d^2}{n} + \frac{S^2}{N}} \qquad \cdots\cdots(3)$$

对于仅有一个实验室定值的标准物质(RM),则按下式判断是否存在显著性差异:

$$|\mu_c - A_c| \leqslant 2 \times \sqrt{2\sigma_L^2 + \frac{\sigma_d^2}{n}} \quad \cdots\cdots(4)$$

式中:

μ_c——有证标准物质(CRM)或标准物质(RM)中待测元素的最终分析结果;

σ_L——共同试验所确定的实验室间的标准偏差;

σ_d——共同试验所确定的实验室内的标准偏差;

A_c——有证标准物质(CRM)或标准物质(RM)中分析元素的标准值(质量分数),%;

N——有证标准物质(CRM)或标准物质(RM)定值实验室个数;

n——有证标准物质(CRM)或标准物质(RM)的重复测定次数;

S——有证标准物质(CRM)或标准物质(RM)中分析元素定值的标准偏差。

如果式(3)或式(4)成立,则$|\mu_c - A_c|$在统计上无显著差异(95%置信水平),有证标准物质(CRM)或标准物质(RM)中待测元素的分析结果通过准确度确认;反之有显著性差异,应查找原因,重新校准并确认。

8.3 未知试样的分析

8.3.1 仪器的标准化

定期进行标准化样品的确认分析,当仪器出现漂移时,通过测量标准化样品的X射线荧光强度对仪器进行漂移校正。

按公式(5)~式(7)计算:

$$I_i = \alpha \times I_i' + \beta \quad \cdots\cdots(5)$$

$$\alpha = \frac{I_h - I_l}{I_h' - I_l'} \quad \cdots\cdots(6)$$

$$\beta = I_h - \alpha \times I_h' \quad \cdots\cdots(7)$$

式中:

I_i——分析元素i的校正强度;

I_i'——分析元素i的测量强度;

I_h'——高含量标准化样品的测量强度;

I_l'——低含量标准化样品的测量强度;

I_h——高含量标准化样品的初始强度;

I_l——低含量标准化样品的初始强度;

α、β——漂移校正系数。

8.3.2 标准化的确认

漂移校正后分析标准物质(CRM或RM),确认分析值应符合8.2.2的规定或在实验室的认可范围内。

8.3.3 未知试样的测量

按照8.1选定的工作条件,用X射线荧光光谱仪测量未知试样中分析元素的荧光强度,每个样品应至少测量2次。

9 结果计算

根据未知试样的荧光强度测量值,从校准曲线计算出分析元素的含量,按式(8)或式(9)计算:

$$w_i = (aI_i^2 + bI_i + c) \times (1 + \sum d_j w_j) - \sum l_j w_j \quad \cdots\cdots(8)$$

$$w_i = (bI_i + c) \times (1 + \sum \alpha_j w_j) - \sum l_j w_j \quad \cdots\cdots(9)$$

式中：

w_i——未知样品中分析元素 i 的含量，用质量分数计，数值以%表示；

w_j——未知样品中共存元素 j 的含量，用质量分数计，数值以%表示；

I_i——分析元素 i 的 X 射线荧光强度；

l_j——光谱重叠校正系数；

α_j——理论 α 系数；

d_j——综合吸收校正系数；

a、b、c——分析元素校准曲线常数。

当未知试样的二次分析值之差未超过表 3 所列重复性 r 时，取二者平均值为最终分析结果，若超过 r 值，则应按附录 B 中的流程来处理。

一般情况下，计算结果中分析含量高于 1%时，保留小数点后 2 位数字。低于 1%时保留小数点后 3 位数字。

10 精密度

本标准的精密度是在 12 个实验室进行共同试验并按 GB/T 6379.1 和 GB/T 6379.2 所确定的结果，精密度见表 3。

表 3 精密度

元素	水平范围/%	重复性 r	再现性 R	实验室内标准偏差 σ_d	实验室间标准偏差 σ_L
Ni	12.0～57.50	$r=0.0029m+0.0542$	$\lg R=0.6307\lg m-1.4946$	$\lg\sigma_d=0.6469\lg m-1.7027$	$\sigma_L=0.0028m+0.0351$
Si	0.20～1.50	$\lg r=0.6347\lg m-1.7471$	$\lg R=0.5979\lg m-1.3259$	$\lg\sigma_d=0.6057\lg m-1.4975$	$\lg\sigma_L=0.6207\lg m-1.6729$
P	0.008～0.097	$r=0.0208m+0.0009$	$R=0.0731m+0.0037$	$\sigma_d=0.0508m+0.0026$	$\sigma_L=0.0352m+0.0018$
Mn	0.045～0.34	$\lg r=0.4391\lg m-2.0671$	$R=0.025m+0.0098$	$\sigma_d=0.0163m+0.0069$	$\sigma_L=0.0105m+0.0049$
Co	0.20～0.80	$r=0.0301m+0.0072$	$R=0.0267m+0.0369$	$\sigma_d=0.0151m+0.0254$	$\sigma_L=0.0076m+0.0173$
Cr	0.03～0.300 0.301～0.70	$\lg r=0.7077\lg m-1.8625$ $r=0.0225m-0.0017$	$R=0.0286m+0.0097$	$\sigma_d=0.0176m+0.0073$	$\sigma_L=0.0105m+0.0055$
Cu	0.05～1.5	$r=0.0095m+0.0022$	$R=0.038m+0.0162$	$\sigma_d=0.0088m+0.0114$	$\sigma_L=0.0056m+0.008$
式中：m 是分析元素的含量，用质量分数计，以%表示。					

重复性限(r)、再现性限(R)按以上表 3 给出的方程求得。

在重复性条件下，获得的两次独立测试结果的绝对差值不大于重复性限(r)，大于重复性限(r)的情况以不超过 5%为前提；

在再现性条件下，获得的两次独立测试结果的绝对差值不大于再现性限(R)，大于再现性限(R)的情况以不超过 5%为前提。

11 试验报告

试验报告应包括下列内容：

a) 识别样品、实验室和试验日期所需的全部资料；

b) 引用标准；

c) 结果与其表示；

d) 测定中发现的异常现象；

e) 在测定过程中注意到的任何特性和本标准中没有规定的可能对试样和认证标准物质的结果产生影响的任何操作。

附 录 A
(规范性附录)
仪器精度试验

精密度测量以测量的标准偏差 RSD 表示,计算见式(A.1)~式(A.4)。每次测量都应改变机械设置条件,包括晶体、计数器、准直器、2θ 角度、滤波片、衰减器和样品转台位置等。

$$RSD = \frac{s}{\overline{N}}100\% \qquad \text{(A.1)}$$

$$\overline{N} = \sum_{i=1}^{n} \frac{N_i}{n} \qquad \text{(A.2)}$$

$$N_i = I_i \times T \qquad \text{(A.3)}$$

$$s = \sqrt{\frac{\sum (N_i - \overline{N})^2}{n-1}} \qquad \text{(A.4)}$$

式中:

s——20 次测量的标准偏差;

$\overline{N}$——连续 20 次测量的平均计数值;

I_i——i 次测量的计数率;

T——测量时间;

n——测量次数。

仪器分析精度不应超过式(A.5)的规定:

$$RSD(\%) \leqslant 2.0 \times \frac{1}{\sqrt{\overline{N}}} \times 100 \qquad \text{(A.5)}$$

附 录 B
（规范性附录）
试样分析值验收流程图

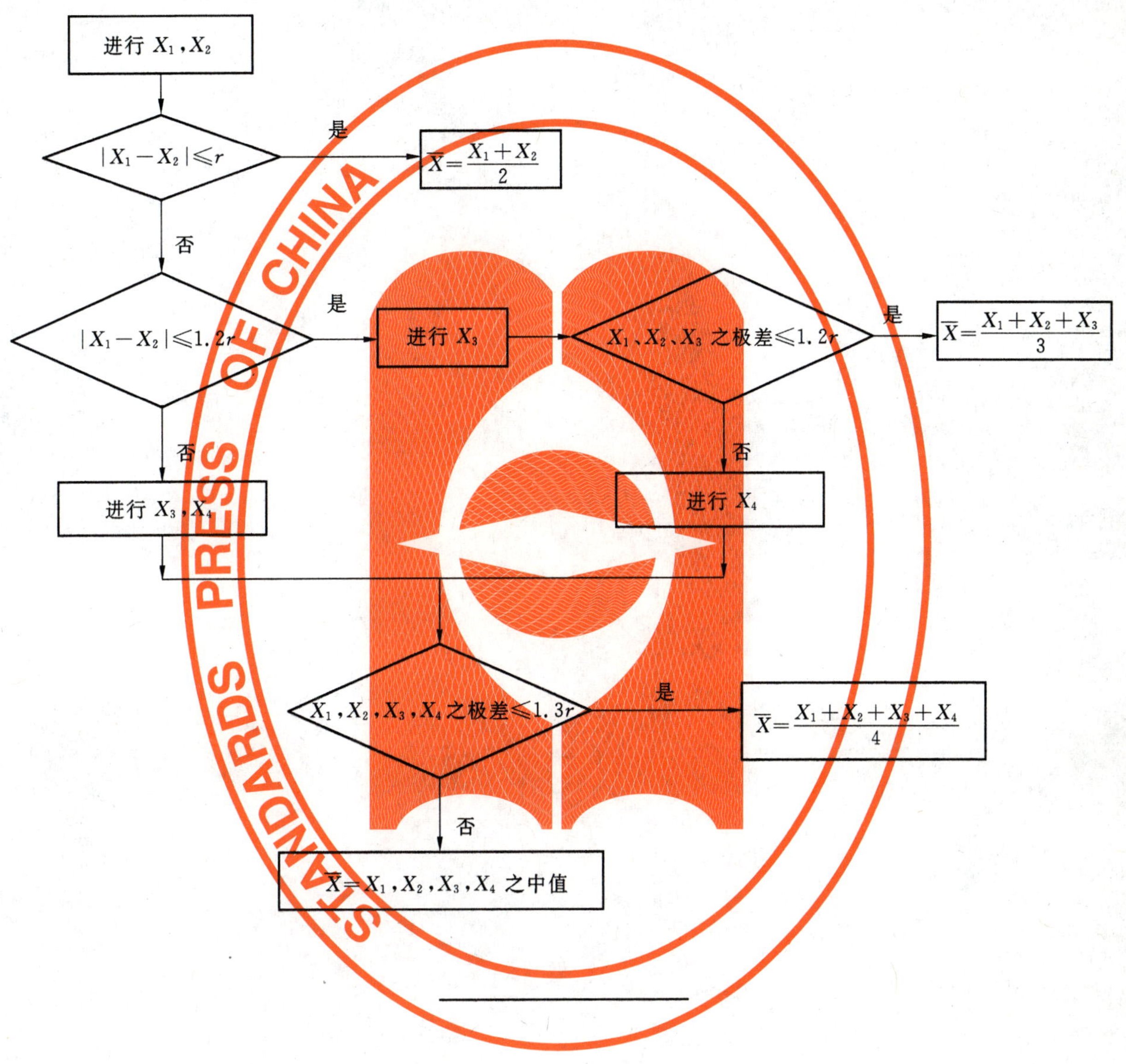

ICS 71.080.15
G 18

中华人民共和国国家标准

GB/T 24199—2009

纯吡啶中吡啶含量的气相色谱测定方法

Refined pyridine—Determination of pyridine content—Gas chromatographic method

2009-07-08 发布　　　　2010-04-01 实施

中华人民共和国国家质量监督检验检疫总局
中国国家标准化管理委员会　发布

前　言

本标准由中国钢铁工业协会提出。

本标准由全国钢标准化技术委员会归口。

本标准起草单位：上海宝钢化工有限公司、冶金工业信息标准研究院。

本标准主要起草人：陆惠萍、唐政、施淡淡、陈国敏、宋美香、孙伟。

纯吡啶中吡啶含量的气相色谱测定方法

警告:使用本标准的人员应有正规实验室工作的实践经验,由于不可能对所有安全使用方法作出具体规定,使用者有责任采用适当的安全和健康措施,并保证符合国家有关法规规定的要求。

1 范围

本标准规定了纯吡啶中吡啶含量气相色谱法测定的原理、试剂和材料、仪器、试样的采取和制备、试验步骤、结果计算和精密度。

本标准适用于从煤焦油、剩余氨水、硫铵母液制取的粗轻吡啶,经精馏制得的纯吡啶中吡啶含量的测定。测定范围:≥99.0%的纯吡啶产品。

2 规范性引用文件

下列文件中的条款通过本标准的引用而成为本标准的条款。凡是注日期的引用文件,其随后所有的修改单(不包括勘误的内容)或修订版均不适用于本标准,然而,鼓励根据本标准达成协议的各方研究是否可使用这些文件的最新版本。凡是不注日期的引用文件,其最新版本适用于本标准。

GB/T 1999 焦化油类产品取样方法

GB/T 8170 数值修约规则与极限数值的表示和判定

3 原理

用弹性石英毛细管色谱柱将纯吡啶中的吡啶和其他杂质组分分离,按带校正因子的面积归一化法进行定量,计算纯吡啶中吡啶的质量分数。

4 试样的采取和制备

按 GB/T 1999 规定进行。

5 试剂和材料

5.1 甲苯、吡啶、2-甲基吡啶(α-甲基吡啶)、2,6-二甲基吡啶:色谱纯。

5.2 氢气:纯度大于 99.9%。

5.3 氮气:纯度大于 99.9%。

5.4 净化空气。

6 仪器

6.1 气相色谱仪:配有氢火焰检测器,FID 检测限$<5\times10^{-10}$ g/s(苯或正十六烷)。

6.2 色谱工作站或数据处理器。

6.3 色谱柱:PEG-20M 石英毛细管色谱柱,ϕ0.25 mm×30 m×0.25 μm,或能达到分离要求的同类型毛细管色谱柱。

6.4 分析天平:感量 0.1 mg。

6.5 微量注射器:10 μL。

6.6 容量瓶。

6.7 移液管。

7 试验步骤

7.1 操作条件的调节

表 1 中所列为典型的操作条件，允许根据实际情况作适当的调节，但需符合下列要求：

（1）吡啶和 2-甲基吡啶的分离度 $R \geqslant 2.0$；

（2）进样量和仪器的灵敏度应控制在吡啶、2-甲基吡啶组分的线性响应范围内。

表 1 典型操作条件

检测器	氢火焰检测器		
色谱柱	0.25 mm×30 m×0.25 μm	线速度	30.6 cm/s
柱温	110 ℃	尾吹流量	30 mL/min
气化室温度	220 ℃	检测限	$<5\times10^{-10}$ g/s(苯或正十六烷)
检测器温度	250 ℃	最小峰面积	300 μV·s
氢气流量	30 mL/min	半峰宽	2 s
空气流量	400 mL/min	进样量	1.0 μL
载气	N_2	溶剂切割时间	2.1 min
柱流量	1.1 mL/min	分流比	100∶1

在上述操作条件下，吡啶产品的典型色谱图如图 1 所示，各组分的相对保留值见表 2。

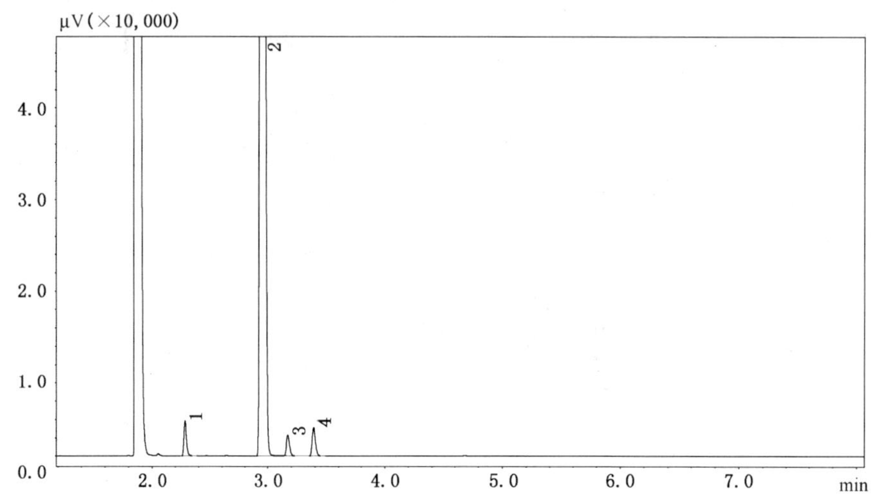

1——甲苯；

2——吡啶；

3——2-甲基吡啶；

4——2,6 二甲基吡啶。

图 1 吡啶产品的典型色谱图

表 2 各组分相对保留值

序　号	组分名称	相对保留值
1	甲苯	0.77
2	吡啶	1.00(2.95 min)
3	2-甲基吡啶	1.07
4	2,6-二甲基吡啶	1.15

7.2 校正因子的测定

7.2.1 标准样品的配制

配制与被测试样各组分含量相接近的标准样品。准确称量甲苯、吡啶、2-甲基吡啶、2,6-二甲基吡啶等标样共 6 g～7 g(称准至 0.000 1 g)于容量瓶中，均匀混合，再在混合均匀的标准样品中取出 1.0 mL 至 10 mL 容量瓶中，用丙酮稀释至刻度，均匀混合后作为标准样备用(标准样品中各组分的含量按各标样的实际组成含量进行换算)。

7.2.2 标样的色谱分析

按 7.1 调整好色谱仪，用微量注射器注入 1.0 μL 标准样，使总的峰面积在 100 万～300 万(μV·s)范围内。平行测定 3 次～6 次，通过色谱工作站(或色谱数据处理器)测量峰面积。并确保每次对吡啶、甲苯和 2-甲基吡啶等组分的切割方式一致(当峰型拖尾时，推荐采用斜切方式)。

7.2.3 校正因子的计算

以吡啶为相对参照物，按式(1)计算各组分相对校正因子：

$$f_i = \frac{A_{吡啶} \times m_i}{A_i \times m_{吡啶}} \qquad \cdots\cdots(1)$$

式中：

f_i——i 组分的相对校正因子；

A_i——i 组分的峰面积，单位为微伏秒(μV·s)；

$A_{吡啶}$——吡啶的峰面积，单位为微伏秒(μV·s)；

m_i——i 组分的质量的数值，单位为克(g)；

$m_{吡啶}$——吡啶的质量数值，单位为克(g)。

7.2.4 在正常条件下，校正因子每隔三个月验证一次，以保证定量的准确性。但如果色谱条件改变，则必须重新验证校正因子。

7.2.5 试样的测定

按 7.1 调整好色谱仪，用微量注射器注入 1.0 μL 稀释试样(同标样稀释比)，使总的峰面积在 100 万～300 万 (μV·s)范围内，通过色谱工作站(或色谱数据处理器)测量各组分的峰面积，并确保对吡啶、甲苯和 2-甲基吡啶等组分的切割方式与测定校正因子时的方式相一致，每个样品重复测定两次。

8 结果计算

8.1 按式(2)计算纯吡啶中吡啶的质量分数：

$$X_{吡啶} = \frac{A_{吡啶} \times f_{吡啶}}{\sum_{i=1}^{n}(A_i \times f_i)} \times 100 \qquad \cdots\cdots(2)$$

式中：

$X_{吡啶}$——吡啶的质量分数，%；

$A_{吡啶}$——吡啶的峰面积，单位为微伏秒(μV·s)；

A_i——i 组分的峰面积，单位为微伏秒(μV·s)；

$f_{吡啶}$——吡啶的相对校正因子；

f_i——i 组分的相对校正因子；

n——试样中所检出组分总数。

其他不明物的校正因子以 1.000 计算。

8.2 取二次平行测定结果的算术平均值为测定结果。

8.3 数值的修约按 GB/T 8170 规定进行。

9 允许差

同一化验室两次重复试验结果：不大于 0.30%。

ICS 71.080.90
G 17

中华人民共和国国家标准

GB/T 24200—2009

粗酚中酚及同系物含量的测定方法

Determination of phenol and homologues contents of crude phenol

2009-07-08 发布　　　　2010-04-01 实施

中华人民共和国国家质量监督检验检疫总局
中国国家标准化管理委员会　发布

前　言

本标准由中国钢铁工业协会提出。

本标准由全国钢标准化技术委员会归口。

本标准起草单位:内蒙古包钢钢联股份有限公司、冶金工业信息标准研究院。

本标准主要起草人:赵永红、张彤山、江鑫、张炳玉、段素兰、孙伟。

粗酚中酚及同系物含量的测定方法

警告：甲苯、二甲苯等对皮肤和眼睛有刺激，有吸入毒气或侵入皮肤的危险，要戴防毒口罩、防护眼镜和防护手套，试验操作要在强制通风橱中进行，与火源保持距离。

1 范围

本标准规定了粗酚中酚及同系物含量测定的原理、试剂和仪器、试验步骤、结果计算、精密度。

本标准适用于分馏高温煤焦油所得的粗酚中酚及其同系物含量的测定。

2 规范性引用文件

下列文件所包含的条款，通过在本标准中引用而成为本标准的条款。凡是注日期的引用文件，其随后所有的修改单（不包括勘误的内容）或修订版均不适用于本标准，然而，鼓励根据本标准达成协议的各方研究是否可使用这些文件的最新版本。凡是不注日期的引用文件，其最新版本适用于本标准。

GB/T 8170 数值修约规则与极限数值的表示和判定

YB/T 2305 焦化产品试验用玻璃温度计

3 试验原理

取一定量试样，以煤油-二甲苯混合液为底液，经过蒸馏，蒸干后将全部馏出液与碱作用生成酚钠，以其碱液增量毫升数乘以平均密度，换算为酚及同系物的质量分数。其反应式如下：

$C_6H_5OH + NaOH \rightarrow C_6H_5ONa + H_2O$

4 试剂和仪器

4.1 煤油-二甲苯：5 份煤油与 3 份二甲苯混合（煤油需先经 30% 的硫酸洗涤，比例按 1∶1，分离后与 10% 的氢氧化钠中和，比例按 1∶1，分离后再蒸馏切取 200 ℃～300 ℃的馏出物）。

4.2 甲苯：分析纯。

4.3 氯化钠：分析纯，400 ℃灼烧脱水 1 h。

4.4 氢氧化钠溶液：10%（质量分数）溶液，以氯化钠饱和，使用时过滤。

4.5 蒸馏瓶：铜质，容积 150 mL，壁厚不大于 2 mm，见图 1。

注：允许使用苯类蒸馏瓶。

单位为毫米

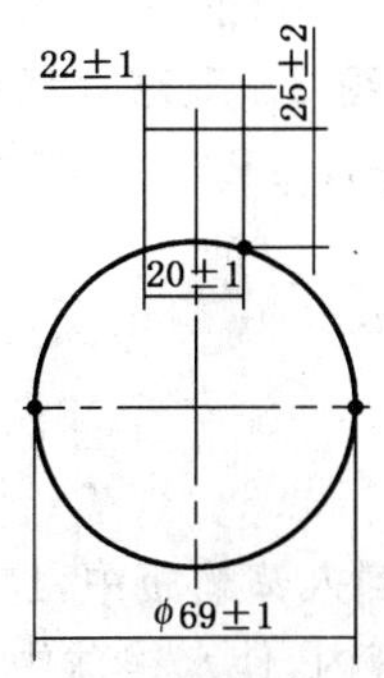

图 1 蒸馏瓶

4.6 单球分馏管:见图 2。

单位为毫米

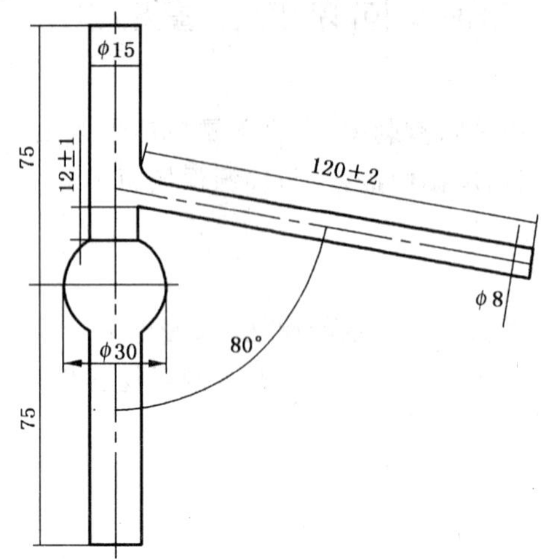

图 2 单球分馏管

4.7 空气冷却管:长 800 mm,直径 16 mm~18 mm。

4.8 双球计量管:刻度部分 50 mL,分刻度 0.1 mL,上球容积 300 mL,下球容积 120 mL,具活塞出口,见图 3。

单位为毫米

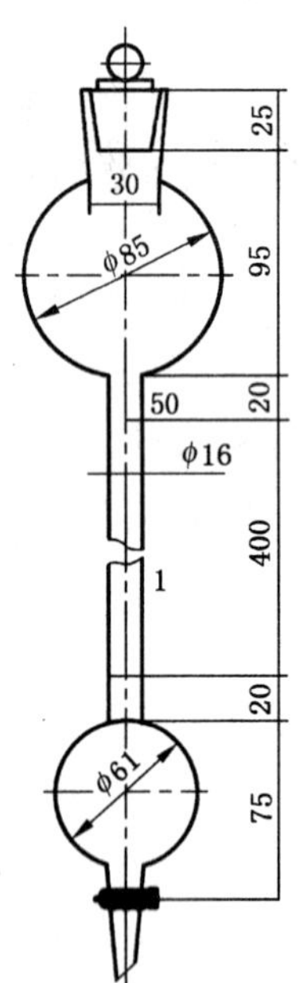

图 3 双球计量管

4.9 温度计:温度范围 100 ℃~360 ℃,符合 YB/T 2305 中 COK25C 温度计。

4.10 玻璃烧杯:容积 300 mL。

4.11 工业天平:感量 0.1 g。

5 试验步骤

5.1 称取混匀试样 25 g(称准至 0.1 g),倒入蒸馏瓶中,加入 25 mL 煤油-二甲苯混合液。装上单球分馏管,并用软木塞将温度计插入单球分馏管内,使水银球中心与分馏管球的中心相重合,连接空气冷却管,以 300 mL 烧杯作为接受器进行蒸馏。

5.2 以每分钟 2 mL~3 mL 的馏速蒸馏,蒸馏至单球分馏管内出现黄烟和温度下降时,撤离热源。冷却后，用 20 mL 甲苯冲洗空气冷却管内壁的馏出液，并收集到 300 mL 烧杯中。

5.3 将馏出液用氯化钠脱水。试样中水的质量分数不大于 5%馏出液用约 10 g 氯化钠脱水，试样中水的质量分数不大于 10%馏出液用约 20 g 氯化钠脱水，试样中水的质量分数大于 10%馏出液用约 30 g 氯化钠脱水。

5.4 双球计量管下球内装氢氧化钠溶液至零点刻度以上，静置 30 min，读记液面刻度。将脱水后的馏出液移入双球计量管中，烧杯用甲苯洗涤 5 次，每次约 20 mL 甲苯，洗液并入计量管内(注意勿使氯化钠倒入管内)，塞上塞子振荡 5 min，静置 1 h，在静置时，应经常转动双球计量管，使其易于分层，读记碱层增量。

6 结果计算

粗酚(无水基)的酚及同系物含量 X^g 以质量分数计，数值以%表示，按式(1)计算：

$$X^g = \frac{V \times 1.04}{M} \times \frac{100}{100 - W^f} \times 100 \qquad (1)$$

式中：

V——碱层增量，单位为毫升(mL)；

1.04——酚及同系物的平均密度，单位为克每立方厘米(g/cm³)；

W^f——分析试样中水的质量分数，%；

M——试样质量，单位为克(g)。

结果取小数点后 1 位，数字修约按 GB/T 8170 规定进行。

7 精密度

重复性 r：不大于 1.5%；再现性 R：不大于 2.0%。

ICS 29.050
Q 52

中华人民共和国国家标准

GB/T 24201—2009

高炉炭块抗铁水熔蚀性试验方法

Test method for corrosion resistance
of blast furnace brick to pig iron

2009-07-08 发布 2010-04-01 实施

中华人民共和国国家质量监督检验检疫总局
中国国家标准化管理委员会 发布

前　言

本标准由中国钢铁工业协会提出。

本标准由全国钢标准化技术委员会归口。

本标准起草单位:武汉钢铁(集团)公司、冶金工业信息标准研究院。

本标准起草人:邹祖桥、邹明金、宋木森、孙伟。

高炉炭块抗铁水熔蚀性试验方法

1 范围

本标准规定了高炉炭块抗铁水熔蚀性试验方法的原理、仪器和设备、试验步骤、结果计算和试验报告。

本标准适用于高温下测定高炉炭块抗铁水熔蚀性，也可以测定其他高炉耐火材料的抗铁水熔蚀性。

2 规范性引用标准

下列文件中的条款通过本标准的引用而成为本标准的条款。凡是注日期的引用文件，其随后所有的修改单(不包括勘误的内容)或修订版均不适用于本标准，然而，鼓励根据本标准达成协议的各方研究是否可使用这些文件的最新版本。凡是不注日期的引用文件，其最新版本适用于本标准。

GB/T 8170 数值修约规则与极限数值的表示和判定

3 原理

一定形状的试样，在 1 425 ℃的铁水中，在氮气搅拌下，经 40 min 作用被铁水熔蚀的质量分数。

4 仪器和设备

4.1 炭块抗铁水熔蚀性试验装置，如图 1 所示。

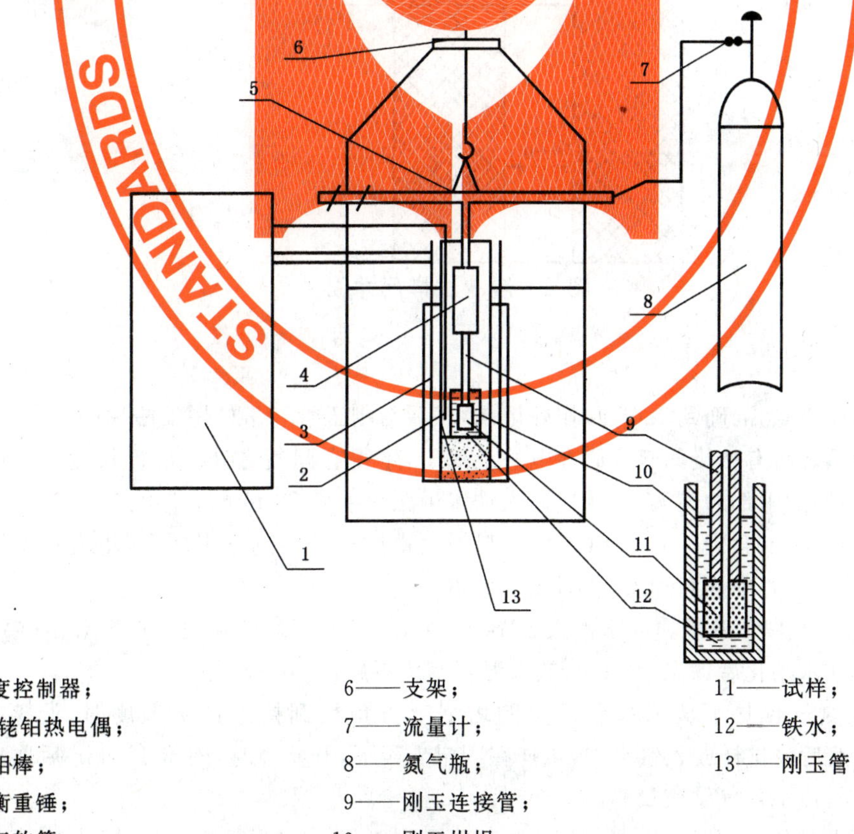

1——温度控制器；
2——铂-铑铂热电偶；
3——硅钼棒；
4——平衡重锤；
5——通气软管；
6——支架；
7——流量计；
8——氮气瓶；
9——刚玉连接管；
10——刚玉坩埚；
11——试样；
12——铁水；
13——刚玉管。

图 1 炭块铁水熔蚀指数试验装置示意图

4.2 高温炉，工作温度不低于 1 500 ℃。

4.3 自动恒温控制器，功率 15 kW。

4.4 电子天平，最大称量 800 g，精度 0.05 g。

4.5 转子流量记：0 L/min～10 L/min。

4.6 游标卡尺：测量范围：0 mm～200 mm，精度 0.02 mm。

4.7 鼓风干燥箱：温度范围：0 ℃～300 ℃。

5 试剂

氮气：瓶装工业纯氮气，纯度 99.95%。

6 试样制备

从炭块上取 ϕ30 mm±0.5 mm 的圆柱体试样两个，试样侧面与两端面的垂直偏差不大于 0.5 mm，并在中心钻孔，如图 2 所示，在 120 ℃下烘干备用。

单位为毫米

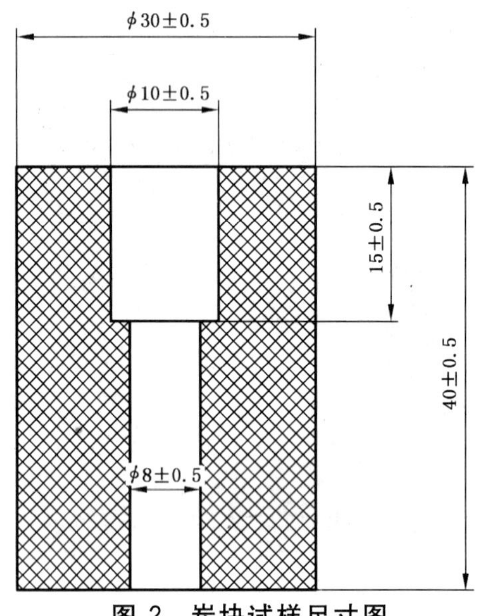

图 2 炭块试样尺寸图

7 试验步骤

7.1 准确称量试样质量，准确到 0.05 g，作好记录，然后与刚玉管和吊杆用酚醛树脂结合的炭质泥浆粘接牢固，如图 3 所示。将有粘接的部位放在电炉上烤干，不得有漏气之处。吊杆长度需测量准确，总长度应使试样挂在高温炉上部的支架上，试样插入铁水中距坩埚底 20 mm。

7.2 称取 1 550 g±20 g 含碳 3.0%～4.0%的制钢生铁试样放入刚玉坩埚中，坩埚置于炉膛高温区，未加完的生铁在熔化过程中逐渐加入，然后盖上炉盖。

7.3 送电升温，300 ℃以下升温速度不得大于 10 ℃/min，以后逐渐升温到 1 425 ℃，升温时间约 4 h，自动恒温，待全部铁水熔化后保温 10 min，铁水温度变化不超过 10 ℃。

7.4 先将试样在氮气保护下放入高温炉中的坩埚上方预热到接近铁水温度时，调整氮气流量到 0.5 L/min 左右，然后将试样放入铁水中，悬挂在固定支架下，开始计时，试验 40 min 后取出试样，在水中冷却后取下试样，停电停气结束试验。

7.5 冷却后的干燥试样，将其表面粘结的铁珠清除干净，准确称量试验后的质量，准确到 0.05 g，作好记录。

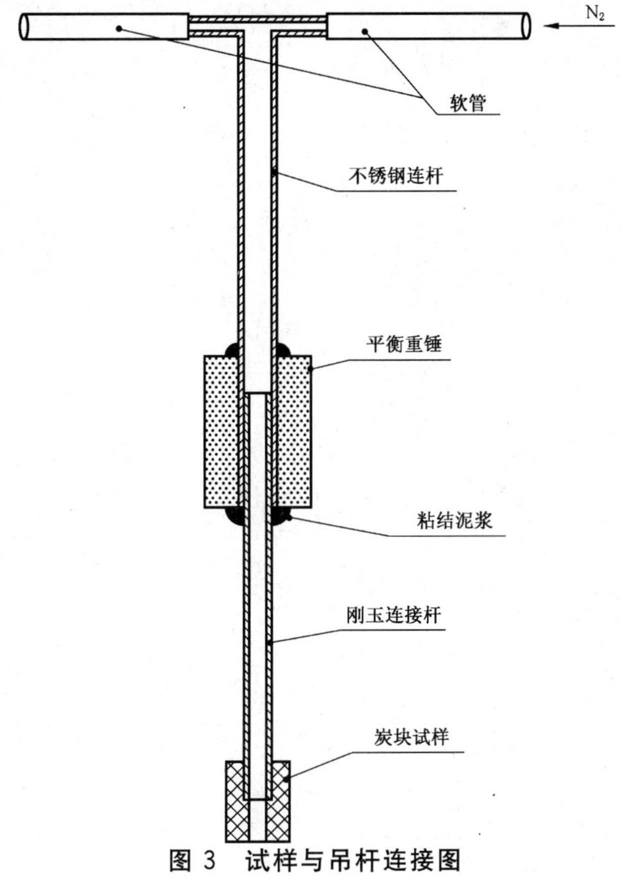

图 3　试样与吊杆连接图

8　结果计算

铁水熔蚀率按式(1)计算：

$$\eta = (m_1 - m_2)/m_1 \quad \cdots\cdots(1)$$

式中：

m_1——试样试验前的质量，单位为克(g)；

m_2——试样试验后的质量，单位为克(g)；

η——铁水熔蚀率，%。

两次试验以平均值作为试验结果，保留小数点后一位，数值修约按 GB/T 8170 的规定进行。

9　精密度

重复性限 r，不大于 5.5%。

10　试验报告

试验报告应包括：

a）委托单位；

b）试样名称及编号；

c）试验条件；

d）试验结果；

e）试验单位；

f）试验人员、审核及签发人；

g）试验日期。

ICS 77.140.65
H 49

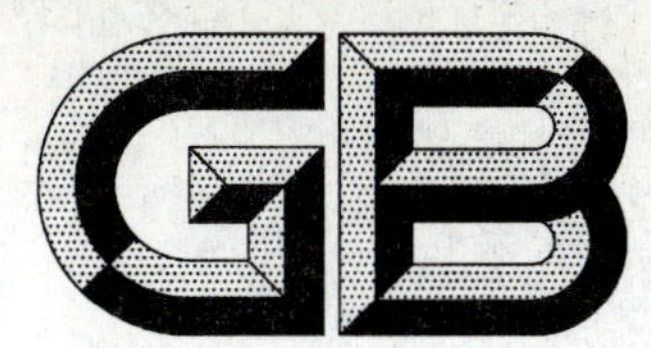

中华人民共和国国家标准

GB/T 24202—2009

光缆增强用碳素钢丝

Carbon steel wire for optical fiber cable tension members

2009-07-08 发布 2010-04-01 实施

中华人民共和国国家质量监督检验检疫总局
中国国家标准化管理委员会 发布

前　言

本标准的附录A为资料性附录。

本标准由中国钢铁工业协会提出。

本标准由全国钢标准化技术委员会归口。

本标准主要起草单位:法尔胜集团公司、江苏狼山钢绳股份有限公司、南通帅龙钢绳有限公司、冶金工业信息标准研究院。

本标准主要起草人:董东、陆建丰、邓海燕、杨伟、张春雷、冯平、虞建宏、施忠、戴石锋、王玲君。

光缆增强用碳素钢丝

1 范围

本标准规定了光缆增强用碳素钢丝的尺寸、外形及允许偏差、技术要求、试验方法、检验规则和包装、标志及质量证明书。

本标准适用于光纤光缆用加强件等类似用途的镀锌和磷化圆形碳素钢丝(以下简称钢丝)。

2 规范性引用文件

下列文件中的条款通过本标准的引用而成为本标准的条款。凡是注日期的引用文件,其随后所有的修改单(不包括勘误的内容)或修订版均不适用于本标准,然而,鼓励根据本标准达成协议的各方研究是否可使用这些文件最新版本的。凡是不注日期的引用文件,其最新版本适用于本标准。

GB/T 228 金属材料 室温拉伸试验方法

GB/T 238 金属材料 线材 反复弯曲试验方法

GB/T 239 金属线材扭转试验方法

GB/T 1839 钢产品镀锌层质量试验方法

GB/T 2103 钢丝验收、包装、标志及质量证明书的一般规定

GB/T 2976 金属材料 线材 缠绕试验方法

GB/T 4354 优质碳素钢热轧盘条

GB/T 8653 金属杨氏模量、弦线模量、切线模量和泊松比试验方法(静态法)

GB/T 9792 金属材料上的转化膜 单位面积膜质量的测定 重量法

3 术语和定义

GB/T 228 确定的以及下列术语和定义适用于本标准。

磷化钢丝 phosphated steel wire

经磷化处理且表面带有磷化膜的成品钢丝。

4 钢丝订货内容

按本标准订货的合同应包括以下内容:

a) 本标准号;

b) 产品名称;

c) 公称直径;

d) 数量(长度);

e) 表面状态;

f) 公称抗拉强度级;

g) 包装方式;

h) 其他要求。

5 尺寸、外形及允许偏差

5.1 尺寸

5.1.1 公称直径

钢丝公称直径应符合表 1 的规定,验收钢丝时确定各项检验结果都应以公称直径为基础。

经供需双方协商,可选用其他规格的钢丝。

5.1.2 直径及允许偏差

钢丝直径是指在同一横截面互相垂直的方向上,两次测量所得直径的算术平均值。其允许偏差应符合表1的规定。

表1 钢丝公称直径及允许偏差

单位为毫米

钢丝公称直径,d	允许偏差
0.50≤d<0.80	±0.01
0.80≤d<1.60	±0.02
1.60≤d<3.00	±0.03

5.1.3 不圆度

钢丝的不圆度应不大于钢丝直径公差之半。

5.2 平直度

钢丝应平整。从交货工字轮上任意剪取一圈钢丝,平放在平面上时,钢丝自由圈径应不小于工字轮外径,并且钢丝翘高应不大于50 mm。

5.3 长度

钢丝的长度应按需方要求定尺或倍尺生产,交货长度偏差为(0~+1)%。

6 技术要求

6.1 材料

钢丝应用符合GB/T 4354规定的盘条制造,钢的牌号由制造厂选择,但其硫、磷含量应不大于0.030%。

6.2 抗拉强度

钢丝的公称抗拉强度分为1 370、1 570、1 770、1 960、2 160、2 350这6个等级,各强度级适用直径范围应符合表2的要求。

表2 钢丝各抗拉强度级的适用直径范围

公称抗拉强度级	适用钢丝公称直径/mm
1 370	0.50~3.00
1 570	0.50~3.00
1 770	0.50~3.00
1 960	0.50~2.50
2 160	0.50~2.10
2 350	0.50~1.90

公称抗拉强度级是钢丝抗拉强度的下限值,钢丝抗拉强度的上限值等于公称抗拉强度级加上表3中相应数值,单位为N/mm^2。

表 3 钢丝强度波动范围

公称直径范围/mm	强度波动范围/(N/mm²)
0.50≤d<1.00	350
1.00≤d<1.50	320
1.50≤d<2.00	290
2.00≤d≤3.00	260

6.3 扭转

钢丝应进行扭转试验。其最小扭转次数应符合表 4 的规定。

表 4 最小扭转次数

钢丝公称直径,d mm	试验长度(钳口距离) mm	公称抗拉强度级					
		1 370	1 570	1 770	1 960	2 160	2 350
0.50≤d<1.00	100×d	33	30	28	25	23	20
1.00≤d<1.30		31	29	26	23	21	18
1.30≤d<1.80		30	28	25	22	20	17
1.80≤d<2.30		28	26	24	21	19	16
2.30≤d≤3.00		26	24	22	19	—	—

6.4 反复弯曲

钢丝应进行反复弯曲试验。最小反复弯曲次数应符合表 5 的规定。

表 5 最小反复弯曲次数

钢丝公称直径,d mm	圆柱支座半径/mm	公称抗拉强度级					
		1 370	1 570	1 770	1 960	2 160	2 350
0.50≤d<0.55	1.75	18	16	15	14	12	11
0.55≤d<0.60		17	15	14	13	11	10
0.60≤d<0.65		15	13	12	11	9	8
0.65≤d<0.70		14	12	11	10	8	7
0.70≤d<0.75	2.50	18	16	15	14	12	11
0.75≤d<0.80		17	15	14	13	11	10
0.80≤d<0.85		16	14	13	12	10	9
0.85≤d<0.90		14	12	11	10	9	8
0.90≤d<0.95		13	11	10	9	8	7
0.95≤d<1.00		13	11	10	9	8	7
1.00≤d<1.10	3.75	18	16	15	14	12	11
1.10≤d<1.20		16	14	13	12	10	9
1.20≤d<1.30		15	13	12	11	9	8
1.30≤d<1.40		12	11	10	9	8	7
1.40≤d<1.50		11	10	9	8	7	7

表 5（续）

钢丝公称直径，d mm	圆柱支座 半径/mm	公称抗拉强度级					
		1 370	1 570	1 770	1 960	2 160	2 350
1.50≤d<1.60	5.00	15	13	12	11	10	9
1.60≤d<1.70		14	12	11	10	9	8
1.70≤d<1.80		13	11	10	9	8	7
1.80≤d<1.90		12	10	9	8	7	6
1.90≤d<2.00		11	9	8	7	6	5
2.00≤d<2.10	7.50	17	14	13	12	11	—
2.10≤d<2.20		15	13	12	11	10	—
2.20≤d<2.30		14	12	11	10	—	—
2.30≤d<2.40		14	12	11	10	—	—
2.40≤d<2.50		13	11	10	9	—	—
2.50≤d<2.60		12	10	9	8	—	—
2.60≤d<2.70		11	9	8	—	—	—
2.70≤d≤2.80		10	8	7	—	—	—
2.80≤d<2.90		10	8	7	—	—	—
2.90≤d≤3.00		10	8	7	—	—	—

6.5 弹性模量

钢丝的弹性模量不小于 1.90×10^5 N/mm²。

6.6 残余延伸率

钢丝的残余延伸率应不大于 0.1%。

6.7 镀锌层

6.7.1 锌层重量

镀锌钢丝的锌层重量为(10～60)g/m²。

6.7.2 锌层附着性

镀锌钢丝的锌层应牢固。钢丝以均匀的速度在钢丝公称直径 3 倍的芯棒上紧密缠绕 6 圈，锌层不应开裂，也不应起层到用光裸手指能够擦掉的程度。

6.8 磷化膜重量

磷化钢丝的表面磷化膜质量应符合表 6 的要求。

表 6 磷化钢丝磷化膜质量

公称直径/mm	最小磷化膜质量(g/m²)
0.50≤d<1.00	0.6
1.00≤d<2.00	1.0
2.00≤d<3.00	1.5

6.9 表面质量

钢丝表面应无油、无水、无污，并不应有裂纹、竹节、起刺、锈蚀、折弯和伤痕等影响使用的缺陷。镀锌钢丝的锌层应连续、均匀，但锌层表面允许有少量闪光点和色差。磷化钢丝表面允许存在少量防腐、减磨的乳化剂。

6.10 接头

成品钢丝不允许有任何形式的接头。

7 试验方法

7.1 表面质量的检查

钢丝的表面质量采用目测方法检查。

7.2 尺寸的测量

钢丝的直径应用最小分度值为 0.01 mm 的量具进行测量。测量不圆度，取钢丝同一横截面上最大直径与最小直径之差。

7.3 平直度的测量

钢丝的自由圈径和翘高应用最小分度值为 1 mm 的量具进行测量。

7.4 残余延伸率的测量

把钢丝试样夹紧在合适的拉力试验机上，施加最小破断拉力 2%的初负荷，标定好 250 mm 以上的距离 L_1 为标记长度，然后以不大于 50 mm/min 的拉伸速度加载到最小破断拉力的 60%，再卸载到初负荷，接着测出标记长度 L_2。按式(1)计算残余延伸率(%)的值：

$$残余延伸率 = \frac{L_2 - L_1}{L_1} \times 100 \qquad \cdots\cdots(1)$$

7.5 其他各项性能的试验

钢丝其他各项性能试验方法应符合表 7 的规定。

表 7 试验方法

序号	检验项目	试验方法	试验要求
1	抗拉强度	GB/T 228	钢丝截面积按钢丝公称直径计算
2	反复弯曲	GB/T 238	—
3	扭转性能	GB/T 239	试验长度 100 d，单向扭转，扭速 60 r/min
4	锌层重量	GB/T 1839	—
5	锌层附着力	GB/T 2976	—
6	弹性模量	GB/T 8653	也可采用其他测试方法(仲裁试验按 GB/T 8653)
7	磷化膜重量	GB/T 9792	也可采用其他测试方法(仲裁试验按 GB/T 9792)

8 检验规则

8.1 检查和验收

钢丝的检查和验收应由供方技术监督部门进行。需方有权按本标准进行检验。

8.2 组批规则

钢丝应按批验收。每批应由同一表面状态、同一公称抗拉强度级、同一直径的钢丝组成。

8.3 取样数量

8.3.1 尺寸、平直度和表面质量

尺寸、平直度和表面质量应逐盘检查。

8.3.2 残余延伸率和弹性模量

每批钢丝应任取 1 根试样进行残余延伸率和弹性模量的试验。

8.3.3 其他项目

每批应从 8.3.1 检查合格的钢丝盘中任取 10%，但不应少于 5 盘。在每盘的一端应先剪去头部 1 圈～2 圈后再做抗拉强度、弯曲、扭转等力学性能试验，锌层附着力检测、锌层质量和磷化膜质量测定。

8.4 复验与判定规则

复验与判定规则符合 GB/T 2103 中的相关规定。

9 包装、标志、运输、贮存及质量证明书

9.1 包装

钢丝应缠绕在工字轮上交货，工字轮的尺寸可参考附录 A。工字轮上的钢丝应排线平整。每只工字轮只允许缠绕一根定尺或倍尺长度的钢丝。工字轮卷满钢丝后，钢丝表面用防潮纸、塑料膜和麻塑布包扎好，并用钢带或塑料带扎紧。

对于磷化钢丝，为提高防腐效果，应再放入密封的、装有干燥剂的口袋内打托运输。

9.2 标志

每个工字轮上应标明制造厂的名称和毛重。每个工字轮上应附有一块标牌，其上注明生产日期、公称直径、公称抗拉强度级、定尺长度、净重和工字轮序列号等。

9.3 运输

在运输过程中应防止工字轮损坏和钢丝表面生锈，因此，各种运输工具装运的工字轮都应盖上防雨油布、扎紧运输。

9.4 贮存

钢丝应贮存在干燥的室内。

9.5 钢丝质量保证期

在外包装完好的情况下，自出厂日算起，钢丝的质量保证期为 6 个月。

9.6 质量证明书

每批钢丝应附一份质量证明书，其格式和内容应符合 GB/T 2103 中的规定。

附 录 A
（资料性附录）
工字轮的外形和尺寸

A.1 工字轮

A.1.1 工字轮示意图见图 A.1。

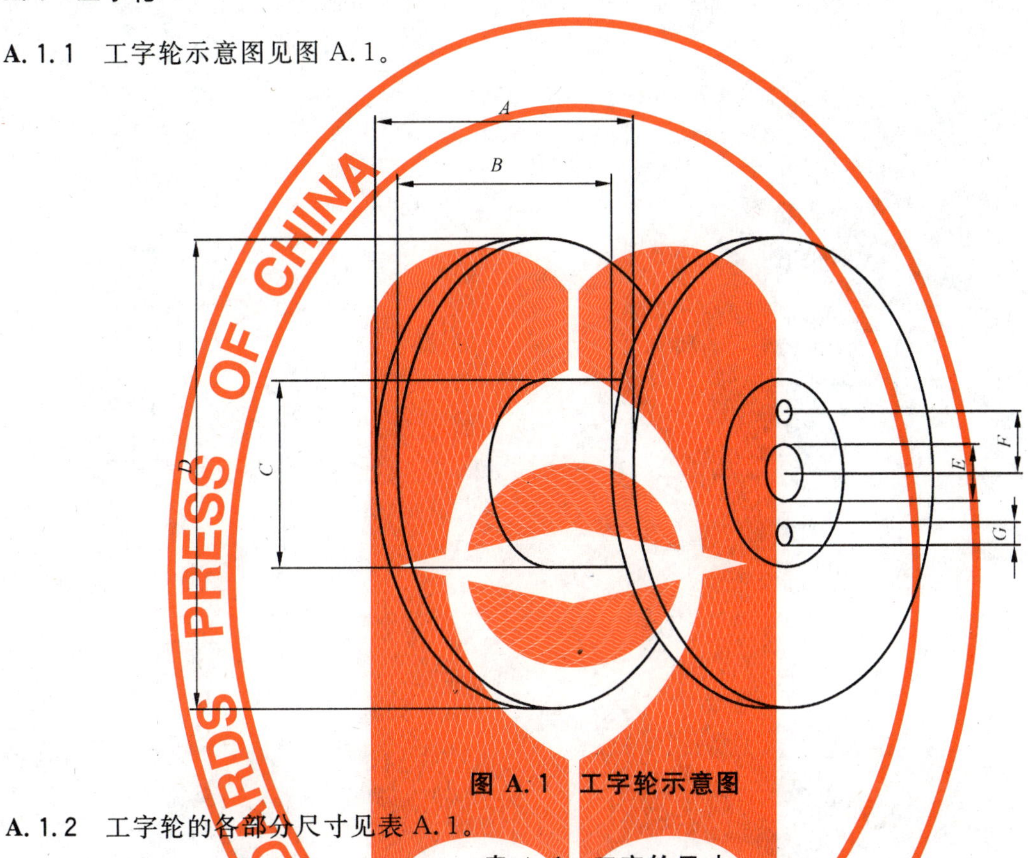

图 A.1 工字轮示意图

A.1.2 工字轮的各部分尺寸见表 A.1。

表 A.1 工字轮尺寸

代号	各部分名称	工字轮各部分尺寸/mm			
		550 型	760 型	800 型	860 型
A	工字轮外宽	320	350	350	420
B	工字轮内宽	250	280	280	350
C	工字轮内径	350	370	550	450
D	工字轮外径	550	760	800	860
E	工字轮中心孔径	80	80	80	80
F	驱动孔离中心距离	120	140	140	140
G	驱动孔直径×个数	20×4 个	40×4 个	40×4 个	40×4 个
参考容量/kg		200	450	350	750

ICS 29.050
Q 52

中华人民共和国国家标准

GB/T 24203—2009

炭素材料真密度、真气孔率测定方法 煮沸法

Carbon materials—Determination of the true density or true poroous—Boiling method

2009-07-08 发布 2010-04-01 实施

中华人民共和国国家质量监督检验检疫总局
中国国家标准化管理委员会 发布

前　言

本标准由中国钢铁工业协会提出。

本标准由全国钢标准化技术委员会归口。

本标准起草单位:中钢集团吉林炭素股份有限公司、冶金工业信息标准研究院。

本标准主要起草人:王晶、赫晶远、康健。

炭素材料真密度、真气孔率测定方法 煮沸法

警告：本方法所使用的无水乙醇为易燃物，在电炉上加热时必须使用石棉网，并控制加热温度。

1 范围

本标准规定了炭素材料真密度测定方法的术语和定义、原理、试剂、仪器和设备试样制备、试验步骤及结果计算。

本标准适用于炭素材料真密度、真气孔率的测定及煅后焦、煅后无烟煤真密度的测定。

2 规范性引用文件

下列文件中的条款通过本标准的引用而成为本标准的条款。凡是注日期的引用文件，其随后所有的修改单(不包括勘误的内容)或修订版均不适用于本标准。然而，鼓励根据本标准达成协议的各方研究是否可使用这些文件的最新版本。凡是不注日期的引用文件，其最新版本适用于本标准。

GB/T 1427　炭素材料取样方法

GB/T 1997　焦炭试样的采取和制备

GB/T 8170　数值修约规则与极限数值的表示和判定

3 术语和定义

下列术语和定义适用于本标准。

3.1

真密度　true density

是炭素材料质量与真体积(不包含气孔在内)的比值，以百分数来表示。

3.2

真气孔率　true porous

是真密度同体积密度之差与真密度的比值，以百分数来表示。

4 原理

试样置于蒸馏水或无水乙醇中煮沸排气后，用密度瓶测其 25 ℃时的密度。

5 试剂

5.1　无水乙醇：99.7%，分析纯。

5.2　硫酸：密度 1.84 g/cm³，分析纯。

5.3　丙酮：分析纯。

5.4　重铬酸钾：分析纯。

6 仪器和设备

6.1　长颈密度瓶：25 ℃时容积为 25 mL，瓶颈内径(3.5～4.5)mm，或使用 25 ℃时容积为 25 mL 的毛细管密度瓶。

6.2　滴瓶：容积(50～125)mL。

6.3 恒温水浴:能控温在 25 ℃±0.2 ℃。

6.4 分析天平:感量 0.1 mg。

6.5 鼓风干燥箱:具有自动调温装置,可加热到 300 ℃。

6.6 干燥器:内装干燥剂。

6.7 定性滤纸。

6.8 电热板或可调温电炉。

6.9 温度计:(0~50)℃,分度值 0.1 ℃。

6.10 烧杯:300 mL。

7 试样制备

7.1 炭素材料按 GB/T 1427 取样,将试样破碎到 1 mm 以下(若试样潮湿应先在鼓风干燥箱内 150 ℃±10 ℃干燥 20 min),缩分出(50~60)g,全部细碎通过 0.15 mm 的方孔标准筛。

7.2 煅后焦和煅后无烟煤按 GB/T 1997 中工业分析样的份样数和份样质量,采取足够数量的试样,将其中 1 kg 小于 3 mm 的试样置于带鼓风的干燥箱中,在 150 ℃±10 ℃干燥 20 min。再破碎至小于 1 mm,缩分出(50~60)g,全部细碎通过 0.15 mm 的方孔标准筛。

8 试验步骤

8.1 密度瓶的标定:在 25 ℃±0.2 ℃下进行。

8.1.1 密度瓶质量的测定:

首先将密度瓶浸泡在浓硫酸重铬酸钾饱和溶液中,浸泡(1~2)h 取出,用水冲洗,再分别用无水乙醇、丙酮洗涤,最后用蒸馏水清洗,放入干燥箱中,在 120 ℃±5 ℃下烘干 2 h,取出放到干燥器中,冷却至室温称其质量,精确至 0.000 1 g。反复几次测定,至少有三次以上称量误差在 0.000 4 g 以内,取平均值为密度瓶质量。

8.1.2 密度瓶水值(密度瓶加蒸馏水的质量)的测定:

将 8.1.1 中密度瓶注入无气泡的蒸馏水和滴瓶一同置于恒温水浴中,水浴水面应稍高于密度瓶的刻度线。在 25 ℃±0.2 ℃下恒温 20 min,在密度瓶不拿出水浴的情况下,用滤纸卷或滴瓶吸出或补充密度瓶内蒸馏水,使其液面准确至刻度线处,并将液面以上的内壁擦净(如用毛细管密度瓶应立即盖好瓶塞)。取出密度瓶,用洁净毛巾仔细擦干密度瓶的外部,迅速称其质量,精确至 0.000 1 g。反复测定几次,至少有三次以上密度瓶水值称量误差不大于 0.002 4 g,取其平均值,为密度瓶水值。

8.1.3 密度瓶水值每三月标定一次。

8.2 试样真密度的测定

8.2.1 蒸馏水能浸润的试样真密度测定

称取试样 3 g,称准至 0.000 2 g,置于清洁的密度瓶中,注入无气泡的蒸馏水至瓶 2/3 处,煮沸 3 min,此时不允许试样溅出,取下瓶后,注入无气泡蒸馏水稍高于刻线处,同注入蒸馏水的滴瓶一同放入恒温水浴中,在 25 ℃±0.2 ℃下保持 30 min 以上,用滤纸卷或滴瓶调整蒸馏水液面至刻线处并将液面以上的内壁擦净(如用毛细管密度瓶,应立即盖好瓶塞),取出后用洁净毛巾仔细擦干瓶外部,迅速称其质量。

8.2.2 无水乙醇能够浸润的试样真密度测定

称取试样 3 g,称准至 0.000 2 g,置于干燥的密度瓶中。将烧杯中的无水乙醇煮沸后分别注入密度瓶和一个空白密度瓶约 2/3 处,同时煮沸 3 min,此时不允许试样溅出。取下瓶后,注入无水乙醇高于刻线处同时盖上胶塞,同注入无水乙醇的滴瓶一同放入恒温水浴中,在 25 ℃±0.2 ℃下保持 30 min 以上,用滤纸卷或滴瓶调整无水乙醇液面至刻线处并将液面以上的内壁擦净,取出后用洁净毛巾仔细擦干瓶外部,迅速称其质量。

9 结果计算

9.1 真密度的计算

9.1.1 密度瓶容积(V)按式(1)计算：

$$V = \frac{m_1 - m_0}{\rho} \quad \cdots\cdots (1)$$

式中：

V——密度瓶的容积，单位为毫升(mL)；

m_0——密度瓶的质量，单位为克(g)；

m_1——密度瓶的水值，单位为克(g)；

ρ——25 ℃水的密度(为 0.997 05 g/cm^3)，单位为克每立方厘米。

9.1.2 蒸馏水能浸润的试样真密度(D_{t1})按式(2)计算：

$$D_{t1} = \frac{m_2}{V - \left[\frac{m_3 - (m_0 + m_2)}{\rho}\right]} = \frac{m_2}{\left[\frac{(m_1 + m_2) - m_3}{\rho}\right]} \quad \cdots\cdots (2)$$

式中：

D_{t1}——试样真密度，单位为克每立方厘米(g/cm^3)；

m_0——密度瓶的质量，单位为克(g)；

m_1——密度瓶的水值，单位为克(g)；

m_2——试样的质量，单位为克(g)；

m_3——装有试样和蒸馏水的密度瓶的总质量，单位为克(g)；

ρ——25 ℃水的密度(为 0.997 05 g/cm^3)，单位为克每立方厘米；

V——密度瓶的容积，单位为毫升(mL)。

9.1.3 无水乙醇能浸润的试样真密度(D_t)的计算

9.1.3.1 无水乙醇密度(ρ_1)按式(3)计算：

$$\rho_1 = \frac{m_4 - m_0}{V} \quad \cdots\cdots (3)$$

式中：

ρ_1——25 ℃无水乙醇的密度，单位为克每立方厘米(g/cm^3)；

m_0——空白密度瓶的质量，单位为克(g)；

m_4——空白密度瓶的乙醇值(密度瓶加无水乙醇的质量)，单位为克(g)；

V——空白密度瓶的容积，单位为毫升(mL)。

9.1.3.2 无水乙醇能浸润的试样真密度(D_{t2})按式(4)计算：

$$D_{t2} = \frac{m_2}{\frac{V\rho_1 - [m_5 - (m_0 + m_2)]}{\rho_1}} = \frac{m_2\rho_1}{V\rho_1 - [m_5 - (m_0 + m_2)]} \quad \cdots\cdots (4)$$

式中：

D_{t2}——试样真密度，单位为克每立方厘米(g/cm^3)；

m_0——密度瓶的质量，单位为克(g)；

m_2——试样的质量，单位为克(g)；

m_5——装有试样和无水乙醇的密度瓶的总质量，单位为克(g)；

ρ_1——25 ℃无水乙醇的密度，单位为克每立方厘米(g/cm^3)；

V——密度瓶的容积，单位为毫升(mL)。

9.1.4 试验误差

同一化验室误差不超过 0.01 g/cm^3，不同化验室误差不超过 0.02 g/cm^3。

9.2 真气孔率的计算

真气孔率按式(5)计算：

$$P_t = \frac{D_t - D_b}{D_t} \times 100 \quad \cdots\cdots(5)$$

式中：

P_t——材料的真气孔率，%；

D_t——材料的真密度，单位为克每立方厘米(g/cm^3)；

D_b——材料的体积密度，单位为克每立方厘米(g/cm^3)。

结果取小数点后两位，数值的修约按 GB/T 8170 规定进行。

10 试验报告

试验报告应包括下列内容：

a) 委托单位；

b) 试样名称及编号；

c) 试验结果；

d) 试验单位；

e) 审核人员；

f) 试验日期。

ICS 73.060.10
D 31

中华人民共和国国家标准

GB/T 24204—2009/ISO 13930:2007

高炉炉料用铁矿石低温还原粉化率的测定动态试验法

Iron ores for blast furnace feedstocks—Determination of low-temperature reduction-disintegration indices by dynamic method

(ISO 13930:2007,IDT)

2009-07-08 发布 2010-04-01 实施

中华人民共和国国家质量监督检验检疫总局
中国国家标准化管理委员会 发布

前　言

本标准等同采用国际标准ISO 13930:2007《高炉炉料用铁矿石低温还原粉化率的测定　动态试验法》(英文版)。

为了便于使用,本标准做了下列编辑性和非技术差异性的修改:

——“本国际标准”改为“本标准”;

——用小数点“.”代替作为小数点的逗号“,”;

——删除国际标准的前言;

——引用文件修改为对应的国家标准。

本标准的附录A为规范性附录。

本标准由中国钢铁工业协会提出。

本标准由全国铁矿石与直接还原铁标准化技术委员会归口。

本标准负责起草单位:宝山钢铁股份有限公司。

本标准参加起草单位:冶金工业信息标准研究院、上虞市宏兴机械仪器制造有限公司。

本标准主要起草人:于成峰、李玉光、王晗、徐宏伟、周星、涂树林、陈自斌、陈良、张关来。

高炉炉料用铁矿石
低温还原粉化率的测定
动态试验法

警告：使用本标准的人员应有正规实验室工作的实践经验。本标准并未指出所有可能的安全问题。使用者有责任采取适当的安全和健康措施，并保证符合国家有关法规规定的条件。

1 范围

本标准规定了评估铁矿石在高炉低温还原区还原时的还原粉化指数相对测量的动态试验方法。

本方法适用于块矿和热粘球团矿。

2 规范性引用文件

下列文件中的条款通过本标准的引用而成为本标准的条款。凡是注日期的引用文件，其随后所有的修改单(不包括勘误的内容)或修订版均不适用于本标准，然而，鼓励根据本标准达成协议的各方研究是否可使用这些文件的最新版本。凡是不注日期的引用文件，其最新版本适用于本标准。

GB/T 6003.1 金属丝编织网试验筛(GB/T 6003.1—1997,eqv ISO 3310-1:1990)

GB/T 6003.2 金属穿孔板试验筛(GB/T 6003.2—1997,eqv ISO 3310-2:1990)

GB/T 10322.1 铁矿石 取样和制样方法(GB/T 10322.1—2000,idt ISO 3082:1998)

GB/T 10322.7 铁矿石 粒度分布的筛分测定(GB/T 10322.7—2004,ISO 4701:1999,IDT)

GB/T 20565 铁矿石和直接还原铁 术语(GB/T 20565—2006,ISO 11323:2002,IDT)

3 原理

一定粒度范围的试验样在温度 500 ℃的旋转反应管内，用氢气、一氧化碳、二氧化碳和氮气组成的还原气体进行等温还原 60 min。还原后的试样用 6.3 mm、3.15 mm 和 0.5 mm 的方孔筛进行筛分。分别用大于 6.3 mm、小于 3.15 mm 和小于 0.5 mm 的矿石质量与还原后试验样的总质量之百分比表示三个低温粉化指数(LTD)之值。

4 取样、试样和试验样的制备

4.1 取样和试样的制备

取样和试样的制备应根据 GB/T 10322.1 进行。

球团矿的尺寸范围应是 10.0 mm～12.5 mm 或 12.5 mm～16.0 mm。

块矿的尺寸范围应是 10.0 mm～12.5 mm。

至少 2.0 kg 的干基筛检试样量。

在制备试验样前，试样应在 105 ℃±5 ℃的炉温下烘干至恒重，并冷却至室温。

注：若连续两次干燥试样的质量变化不超过试样原始质量的 0.05%，则认为试样达到恒重状态。

4.2 试验样的制备

随机取铁矿石颗粒制备每份试验样。

至少应制备 4 份试验样，每份约重 500 g(±1 个颗粒的质量)。

试验样称重精确至 1 g，并记录每份试验样的质量。

5 设备

5.1 通则

试验设备应包括如下部分：

a) 一般实验室设备，如烘箱、手动工具、时间控制器及安全设备等；

b) 还原反应管装配；

c) 具有旋转还原反应管系统的加热炉；

d) 供气和控制气体流速系统；

e) 试验筛；

f) 称量设备。

图 1 是试验设备示意图(流程图)。

5.2 还原反应管

由抗变形耐 500 ℃高温的无氧化层金属制成。还原反应管内径约 150 mm，其内部长度 540 mm。管内纵向焊接安装长×宽×厚为 540 mm×20 mm×4 mm 的四个等间距钢角提料板，以阻止试料在提料板和反应管之间聚集。还原反应管应连接粉尘捕集器，以捕集试验过程中反应管气体流所带出的任何微小颗粒。在还原反应管任意部分的壁厚低于 3 mm，提料板的宽度低于 18 mm 的情况下，应更换反应管。

图 2 是还原反应管的示意图。

5.3 加热炉

气体进入还原反应管的温度能够在 45 min 内使试验样温度达到并保持整个试验过程中为 500 ℃±5 ℃。

5.4 旋转装置

能够使还原反应管按 10 r/min±0.2 r/min 的固定速度旋转。

5.5 供气系统

能够供应气体并调节气体的流量。

5.6 试验筛

符合 GB/T 6003.1 或 GB/T 6003.2 标准，并有下列尺寸的方孔筛：

16 mm、12.5 mm、10 mm、11.2 mm、6.30 mm、3.15 mm 和 0.5 mm。

5.7 称量设备

能够称量试验样和还原后的试料，精确到 0.1 g。

6 试验条件

6.1 一般条件

测量所用气体的体积和流量的条件是温度为 0 ℃，气压为 101.325 kPa(1.013 25 bar)。

6.2 还原气体

6.2.1 组成

还原气体应包括：

CO	20.0%±0.5%(体积分数)
CO_2	20.0%±0.5%(体积分数)
H_2	2.0%±0.2%(体积分数)
N_2	58.0%±1.0%(体积分数)

6.2.2 纯度

还原气体中的杂质应不超过：

O_2　　　0.1%(体积分数)

H_2O　　　0.2%(体积分数)

6.2.3 流速

在整个还原过程中,还原气体的流速应保持在 20 L/min±1 L/min。

6.3 加热和冷却用气体

氮气(N_2)应作为加热和冷却气体。氮气中的杂质不应超过 0.1%(体积分数)。

氮气流速应保持在 20 L/min 直至试验样温度达到 500 ℃;在温度平衡和冷却期间,氮气流速仍应保持在 20 L/min。

6.4 试验温度

还原气体在进入还原试管前应预热,以使还原试管内部和试验样的温度在整个还原阶段保持在 500 ℃±5 ℃。

7 试验步骤

7.1 试验测定次数

根据附录 A 的规定进行足够次数的试验。

7.2 还原

任取一个 4.2 中制备好的试验样放入还原反应管(5.2)中。将还原反应管插入加热炉(5.3)中,并封闭反应管。连接热电偶,并确保其末端位于还原反应管的中部,并连接供气系统。

通过旋转装置(5.4)使还原反应管开始转动,转速为 10 r/min±0.2 r/min。

使氮气通过还原反应管,流量 20 L/min。并立即开始加热。加热的速度是在 45 min 内使试验样达到 500 ℃,并且在接下来的 15 min 内使温度稳定。如果不能达到该要求,应终止本次试验并开始新的试验。

警告:一氧化碳、氢气和含有氢气和一氧化碳的还原性气体是有毒和易爆气体,因此是危险的。还原试验的过程应在通风良好或在一个抽风罩下进行。应根据地方或国家安全条例采取防护措施以保护操作者的安全。

用流量为 20 L/min±1 L/min 的还原气体替代氮气,进行 60 min 还原。

当 60 min 还原结束时,停止旋转及还原气体流通。用流量为 20 L/min 的氮气代替还原气体,冷却还原后的试验样至 350 ℃以下。然后从加热炉中抬起还原反应管,并仍用惰性气体冷却至 100 ℃以下。

7.3 筛分

从还原反应管中小心地取出试验样,刮掉粘着在试管壁上的所有物质,分离出还原过程中沉淀下的游离碳(可用磁铁)。

测定并记录还原后试验样的质量(m_0),并根据 GB/T 10322.7,在筛孔为 6.30 mm、3.15 mm 和 0.5 mm 的筛子上机械筛分,测定并记录下在 6.3 mm、3.15 mm 和 0.5 mm 的筛子上留下的各部分的质量 m_1、m_2 和 m_3。吸尘器中收集的灰尘和筛分过程中损失的矿石应认为是小于 0.5 mm。

8 结果表示

8.1 低温还原粉化率($LTD_{+6.3}$,$LTD_{-3.15}$,$LTD_{-0.5}$)的计算

以质量分数表示的低温还原粉化率 $LTD_{+6.3}$,$LTD_{-3.15}$,$LTD_{-0.5}$ 用式(1)~式(3)计算:

$$LTD_{+6.3}=\frac{m_1}{m_0}\times 100 \qquad \cdots\cdots(1)$$

$$LTD_{-3.15}=\frac{m_0-(m_1+m_2)}{m_0}\times 100 \qquad \cdots\cdots(2)$$

$$LTD_{-0.5}=\frac{m_0-(m_1+m_2+m_3)}{m_0}\times 100 \qquad \cdots\cdots(3)$$

式中：

m_0——还原后包括从吸尘器中收集的试验样筛分之前的质量，单位为克(g)；

m_1——6.3 mm 筛上余量，单位为克(g)；

m_2——3.15 mm 筛上余量，单位为克(g)；

m_3——0.5 mm 筛上余量，单位为克(g)。

计算结果保留一位小数。

8.2 试验结果的重复性

每项 LTD 指数的可接受性应符合附录 A 给出的流程图，重复性用表 1 中的公式计算。结果应保留一位小数。

表 1 重复性(r)

LTD 的平均值/%		r/%，绝对值
大于	小于或等于	
98		—
93	98	2.0
88	93	2.5
12	88	3.0
7	12	2.5
2	7	2.0
0	2	—

9 试验报告

a) 本标准编号；

b) 试样鉴别的所有必要细节；

c) 实验室的名称和地址；

d) 试验日期；

e) 试验报告日期；

f) 试验责任者签字；

g) 本标准中没有规定的任何操作细节和试验条件，或认为可能对试验结果有影响的任何因素；

h) 低温还原粉化指数率 $LTD_{+6.3}$，$LTD_{-3.15}$，$LTD_{-0.5}$ 和各个测定结果；

i) 还原反应前后试验样的质量；

j) 筛分条件。即机械器械的种类，运动机构的种类和筛分时间；

k) 所用筛子的种类。

10 校验

定期检查设备对保证试验结果的可靠性是非常必要的。检查应是定期的，间隔时间由每个试验室自己决定。

检查的项目应包括：

a) 筛子；

b) 称量装置；

c) 还原反应管；

d) 反应管旋转装置；

e） 温度控制和监测装置；

f） 气体流量计；

g） 气体纯度；

h） 时间控制装置。

建议制备内部标样，并定期检验试验的可重复性。应保留检验记录。

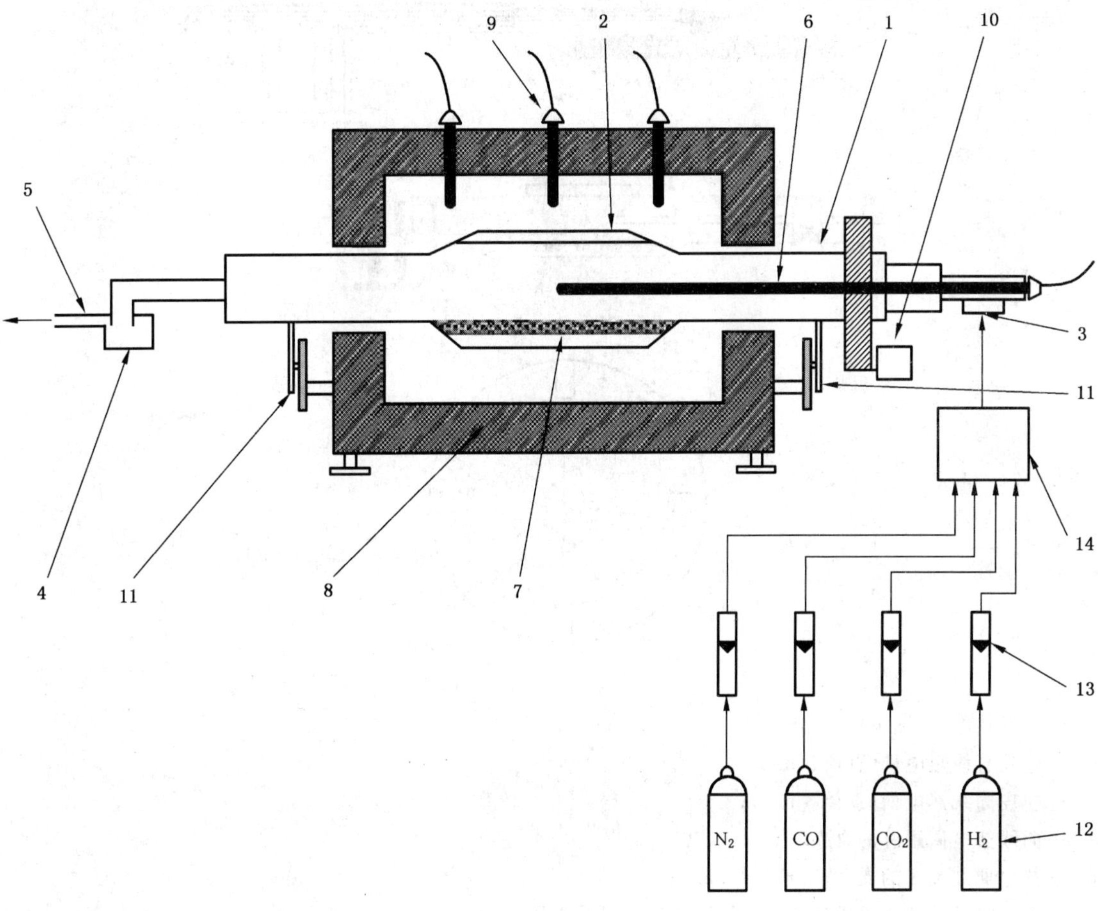

1——还原反应管；
2——提料板(4个)；
3——入气口；
4——灰尘收集器；
5——出气口；
6——测量还原温度用热电偶；
7——试验样；
反应炉
8——电炉；
9——测量电炉温度的热电偶；
10——旋转装置(电动马达)；
11——反应管支撑轮；
供气系统
12——气瓶；
13——气体流量计；
14——混气箱。

图 1 试验设备示意图(流程图)

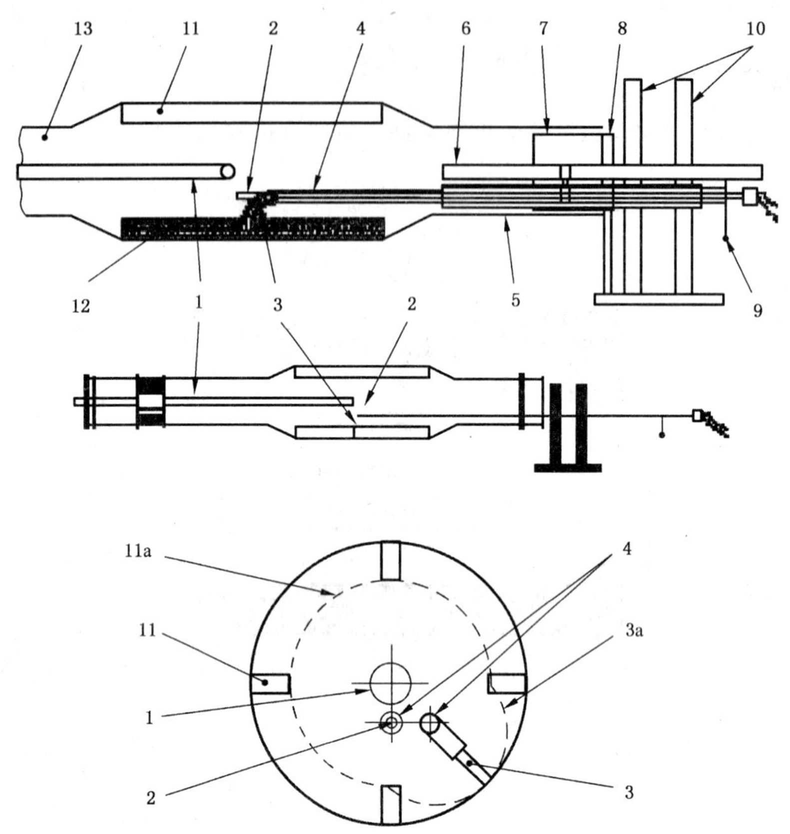

1——标准热电偶(图1中的热电偶6);

2——包皮直线热电偶(直径3 mm);

3——包皮曲线热电偶(直径3 mm);

3a——曲线热电偶跟踪的轨迹;

4——热电偶2和3的支撑管(直径6 mm);

5——每个支撑管4所用滑动框架(直径10 mm,可沿着还原管移动);

6——框架5的支撑管(直径15 mm,有刻度);

7——固定环;

8——绝热层(陶瓷棉1);

9——悬臂平衡块补偿热电偶3;

10——调节高度的支架;

11——提料架(4个);

11a——提料架运行轨迹;

12——试验样;

13——入气口。

图2 可用于测量气流和还原管中试验样温度及温度分布的装置示意图

附 录 A
（规范性附录）
试验结果验收流程图

注：r 见表 1。

ICS 73.060.10
D 31

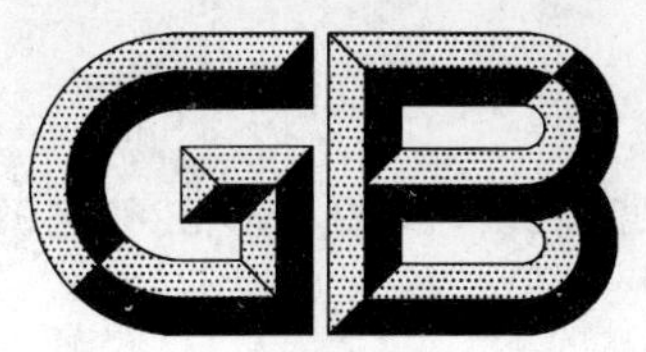

中华人民共和国国家标准

GB/T 24205—2009/ISO 8263:1992

铁矿粉 烧结试验结果表示方法

Iron ores fines—Method for presentation the results of sintering test

(ISO 8263:1992,IDT)

2009-07-08 发布 2010-04-01 实施

中华人民共和国国家质量监督检验检疫总局
中国国家标准化管理委员会 发布

前　言

本标准等同采用国际标准 ISO 8263:1992《铁矿粉　烧结试验结果表示方法》(英文版)。

为了便于使用,本标准做了下列编辑性和非技术差异性的修改:

——“本国际标准”改为“本标准”;

——用小数点“.”代替作为小数点的逗号“,”;

——删除国际标准的前言。

本标准的附录 A 为资料性附录。

本标准由中国钢铁工业协会提出。

本标准由全国铁矿石与直接还原铁标准化技术委员会归口。

本标准负责起草单位:宝山钢铁股份有限公司。

本标准参加起草单位:冶金工业信息标准研究院。

本标准主要起草人:王晗、虞必双、金建华、陈自斌、周星、施鸿雁、韩浩、于成峰。

铁矿粉　烧结试验结果表示方法

1　范围

本标准规定了烧结试验结果的表示方法。

本标准适用于所有经过烧结过程成块的烧结试验。

2　术语和定义

下列术语和定义适用于本标准。

2.1

矿石混合料　ore mix

用于烧结试验的混合铁矿石和其他含铁原料，例如轧钢皮、碱性钢渣、灰等。但不包括烧结返矿、熔剂、焦炭或其他固体燃料。

2.2

烧结混合料　sinter mix

加到烧结试验设备上的原料混合物，包括矿石混合料、熔剂、焦炭或其他燃料以及烧结返矿。

2.3

混料时间　mixing times

烧结混合料各组分进行混合和制粒的时间，以 min 表示。

2.4

烧结混合料水含量　moisture content of sinter mix

加到烧结试验设备上制粒的烧结混合料在 105 ℃±5 ℃的温度下烘干时所测定的水含量，以质量分数(%)表示。

2.5

最大渗透水含量　moisture content of sinter mix

制粒的烧结混合料获得的最大渗透的水含量。

2.6

烧结混合料体积密度　bulk density of sinter rnix

单位体积装入的烧结混合料的质量。

2.7

铺底料层　hearth layer

在烧结混合料加入之前，预先在炉箅上铺好的块状烧结矿或其他铁矿石原料。

2.8

炉箅面积　grate area

烧结试验设备炉箅的面积。

2.9

料层高度　net bed height

在点火前铺底料层上面烧结混合料层的高度。

2.10

负压　suction

在烧结试验设备风箱处或鼓风机主机进口处测量的空气负压。

2.11

点火强度　ignition intensity

单位时间内单位炉箅面积上所供应的点火热量。

2.12

点火温度　ignition intensity

点火过程中烧结料层表面或紧贴表面处达到的最高温度。

2.13

烧结时间　sintering time

从开始点火到排出的烟气温度达到最高值所需的时间。

2.14

烧结饼　sinter cake

试验的烧结总质量,包括铺底料和从风箱底部所收集的物料。

2.15

烧结处理　sinter handing treatment

模拟烧结饼在运输中滚动和/或落下产生的处理效果。

2.16

烧结返矿　return sintered fines

烧结饼经烧结处理后筛下的细粉。

2.17

成品烧结矿　sinter product

具有合格粒度的成品烧结矿。

2.18

生产率　productivity

单位时间内单位炉箅面积上生产的烧结成品矿的质量(见 3.1.1)。

2.19

燃料消耗　fuel consumption

扣除铺底料以后单位质量烧结成品矿消耗的固体燃料的干重(见 3.1.2)。

2.20

成品率　yield

去除铺底料的成品烧结矿占烧结饼的比例(见 3.1.3)。

2.21

烧结返矿比例　return sintered fines balance

加入的烧结返矿质量与试验产生的筛下烧结细粉质量之比(见 3.1.4)。

3　烧结试验

烧结试验设备示例见图 1,典型的烧结试验流程图如图 2 所示。

关于测定化学分析、筛分分析和烧结质量指数方法的国际标准见规范性附件 A。

注:如果这些国际标准不适用,应该采用各自的国家或地区标准。

3.1　计算结果

3.1.1　生产率

生产率 P,以每小时每平方米烧结成品矿的吨数表示,用式(1)计算:

$$P=\frac{m_1-m_2}{1\ 000}\times\frac{1}{A}\times\frac{60}{t} \qquad \cdots\cdots(1)$$

式中：

m_1——生产的符合粒度要求的烧结成品矿总质量（包括铺底料），单位为千克（kg）；

m_2——铺底料的质量，单位为千克（kg）；

A——炉箅面积，单位为平方米（m^2）；

t——烧结时间，单位为分钟（min）。

注：生产率也可用每小时每平方米符合粒度的烧结成品矿中铁的吨数来表示，以反映烧结成品矿的等级。

以每小时每平方米铁的吨数表示的生产率 P_{Fe} 的计算公式如式（2）：

$$P_{Fe}=\frac{P\times w_{Fe}}{100} \qquad \cdots\cdots(2)$$

式中：

w_{Fe}——是烧结成品矿中铁的质量分数。

3.1.2 燃料消耗

燃料消耗 C，用式（3）计算：

$$C=\frac{m_3}{m_1-m_2}\times 1\ 000 \qquad \cdots\cdots(3)$$

式中：

m_1——生产的符合粒度要求的烧结成品矿的总质量（包括铺底料），单位为千克（kg）；

m_2——铺底料的质量，单位为千克（kg）；

m_3——烧结料中消耗的固体燃料的干重，单位为千克（kg）。

3.1.3 成品率

成品率 Y，以质量分数表示，用式（4）计算：

$$Y=\frac{m_1-m_2}{m_4-m_2}\times 100 \qquad \cdots\cdots(4)$$

式中：

m_1——生产的符合粒度要求的烧结成品矿的总质量，单位为千克（kg）；

m_2——铺底料的质量，单位为千克（kg）；

m_4——烧结饼总质量，单位为千克（kg）。

3.1.4 烧结返矿比例

烧结返矿比例 B，用式（5）计算：

$$B=\frac{m_5}{m_6} \qquad \cdots\cdots(5)$$

式中：

m_5——加入的烧结返矿的质量，单位为千克（kg）；

m_6——生产的烧结筛下细粉的质量，单位为千克（kg）。

注：烧结锅试验中，有代表性的实际结果一般保持 1 ± 0.05 范围内。

也可记录烧结返矿的百分比 F，用式（6）计算：

$$F=\frac{m_4-m_1}{m_4-m_2}\times 100 \qquad \cdots\cdots(6)$$

4 结果报告的方法

烧结试验结果应包括 4.1～4.6 的内容。

注：以下为烧结试验结果报告的推荐内容。

4.1 矿石混合料中各种矿石的化学分析(干基)和粒度分布

按表1列出试验中使用的矿石混合料所含每种铁矿石的化学分析和粒度分布。

矿石混合料中每种矿石或含铁原料占一栏。无须列出每种矿源的真实名称,可以用A、B、C、D等表示。

4.2 矿石混合料的组成

按表2列出每个试验用的矿石混合料中每种铁矿石或含铁原料的百分比,这些百分比是以干基计算的。

4.3 熔剂、燃料和烧结返矿的化学分析(干基)和粒度分布

按表3,类似表1,列出烧结混合料中所有的其他原料的化学分析和粒度分布,例如使用的焦炭或其他燃料,每种使用的熔剂和烧结返矿。焦炭或其他燃料分析报告应给出灰分以及固定炭和挥发分的质量分数。

如果不使用块状烧结料作为铺底料,那么表3中应该列出所使用的材料种类和成分。

4.4 烧结混合料的成分

按表4示出烧结混合料的每种组分的质量分数,包括矿石混合料、熔剂、焦炭或其他燃料以及烧结返矿。

注:从表1和表3可以计算出所有矿石混合料的成分,作为计算熔剂量的依据。

4.5 烧结试验结果

按表5示出烧结试验条件以及试验结果。

4.6 烧结成品矿质量报告

表6为烧结成品矿化学和物理试验结果质量记录。

表1 矿石混合料中各种矿石化学分析(干基)、水含量和粒度分布

项目	矿石A %	矿石B %	矿石C %	矿石D %	轧钢皮和(或)其他	试验矿石 %
化学分析						
Fe(全)						
FeO						
SiO_2						
Al_2O_3						
CaO						
MgO						
MnO						
S						
P						
Na_2O						
K_2O						
C						
TiO_2						
灼烧减量						
化合水						
水含量						

表 1(续)

项目	矿石 A %	矿石 B %	矿石 C %	矿石 D %	轧钢皮和(或)其他	试验矿石 %
粒度分布 +8.0 mm −8.0 mm+5.6 mm −5.6 mm+4.0 mm −4.0 mm+2.0 mm −2.0 mm+1.0 mm −1.0 mm+500 μm −500 μm+250 μm −250 μm+125 μm −125 μm+63 μm −63 μm						
粒度分析方法 湿/干筛						

表 2 矿石混合料的组成 %(质量分数)(干基)

矿石混合料	试验 1	试验 2	试验 3	试验 4	试验 5	试验 6
矿石 A 矿石 B 矿石 C 矿石 D 轧钢皮和(或)其他 试验矿石						

表 3 熔剂、燃料和烧结返矿化学分析(干基)、水含量和粒度分布

项目	焦炭或其他燃料 %	熔剂				烧结返矿 %
		石灰石 %	白云石 %	硅石 %	其他 %	
化学分析 Fe(全) FeO SiO_2 Al_2O_3 CaO MgO MnO S P Na_2O K_2O C TiO_2 C(固定) 灰分 挥发分(VM) 化合水						

表 3(续)

项目	焦炭或其他燃料 %	熔剂				烧结返矿 %
		石灰石 %	白云石 %	硅石 %	其他 %	
水含量						
粒度分布 +8.0 mm −8.0 mm+5.6 mm −5.6 mm+4.0 mm −4.0 mm+2.0 mm −2.0 mm+1.0 mm −1.0 mm+500 μm −500 μm+250 μm −250 μm+125 μm −125 μm+63 μm −63 μm						
粒度分析方法 湿/干筛						

表 4 烧结混合料组成

%(质量分数)(干基)

烧结投料组分	试验 1	试验 2	试验 3	试验 4	试验 5
矿石混合料 烧结返矿 硅石材料 石灰石 白云石 其他熔剂(如果有) 焦炭 其他燃料(如果有)					

表 5 烧结试验结果

项目	试验 1	试验 2	试验 3	试验 4	试验 5
烧结混合料 铺底料质量 m_2/kg 铺底料粒度范围/mm 加入的湿烧结混合料的质量/kg 加入的水含量/% 最大渗透水含量/% 湿烧结混合料体积密度/(t/m³)					

表 5（续）

项目	试验 1	试验 2	试验 3	试验 4	试验 5
烧结试验条件 混合时间： 一次混合/min 二次混合/min 炉箅面积/m^2 铺底料高度/mm 料层净高/mm 负压： 点火时/kPa 烧结层/kPa 冷却层/kPa 点火燃料的种类 点火强度/(MJ/(m^2·min)) 点火温度(℃) 点火时间(min) 冷却： 烧结锅内 锅外部冷却					
烧结处理 转鼓 转动次数 转鼓尺寸，长度(mm)×直径(mm) 落下 落下次数 落下高度(m) 烧结返矿粉筛下粒度(mm)					
烧结试验结果 烧结饼质量 m_4/kg 生产烧结返矿的质量/kg 符合粒度烧结成品矿的质量 m_1/kg 烧结时间 t/min 生产率/(t/(m^2·h))： 烧结成品矿 铁含量 燃料消耗： kg/t 烧结成品矿 kg/t 烧结成品矿中铁量 总输入热量(MJ/t) 烧结返矿(%)： $\frac{m_4-m_1}{m_4-m_2}\times 100$ 成品率(%) $\frac{m_1-m_2}{m_4-m_2}\times 100$ 烧结返矿比例					

表 6　烧结成品矿质保报告

项目	试验 1	试验 2	试验 3	试验 4	试验 5
烧结成品矿化学分析【%(质量分数)】 Fe(全) FeO SiO_2 Al_2O_3 CaO MgO MnO S P Na_2O K_2O 灼烧减量					
碱度 CaO/SiO_2 或 $\frac{CaO+MgO}{SiO_2+Al_2O_3}$					
烧结成品矿物理试验结果 ISO 3271 转鼓强度 %+6.3 mm %−0.50 mm ISO 4696 还原粉化指数 %+6.3 mm %+3.15 mm %−0.50 mm ISO 7215 相对还原性 ISO 4695 还原性 其他试验					
烧结成品矿粒度分布(%) +63 mm −63 mm+40 mm −45 mm+25 mm −31.5 mm+16 mm −22.4 mm+10 mm −16 mm+6.5(5)mm −5 mm					

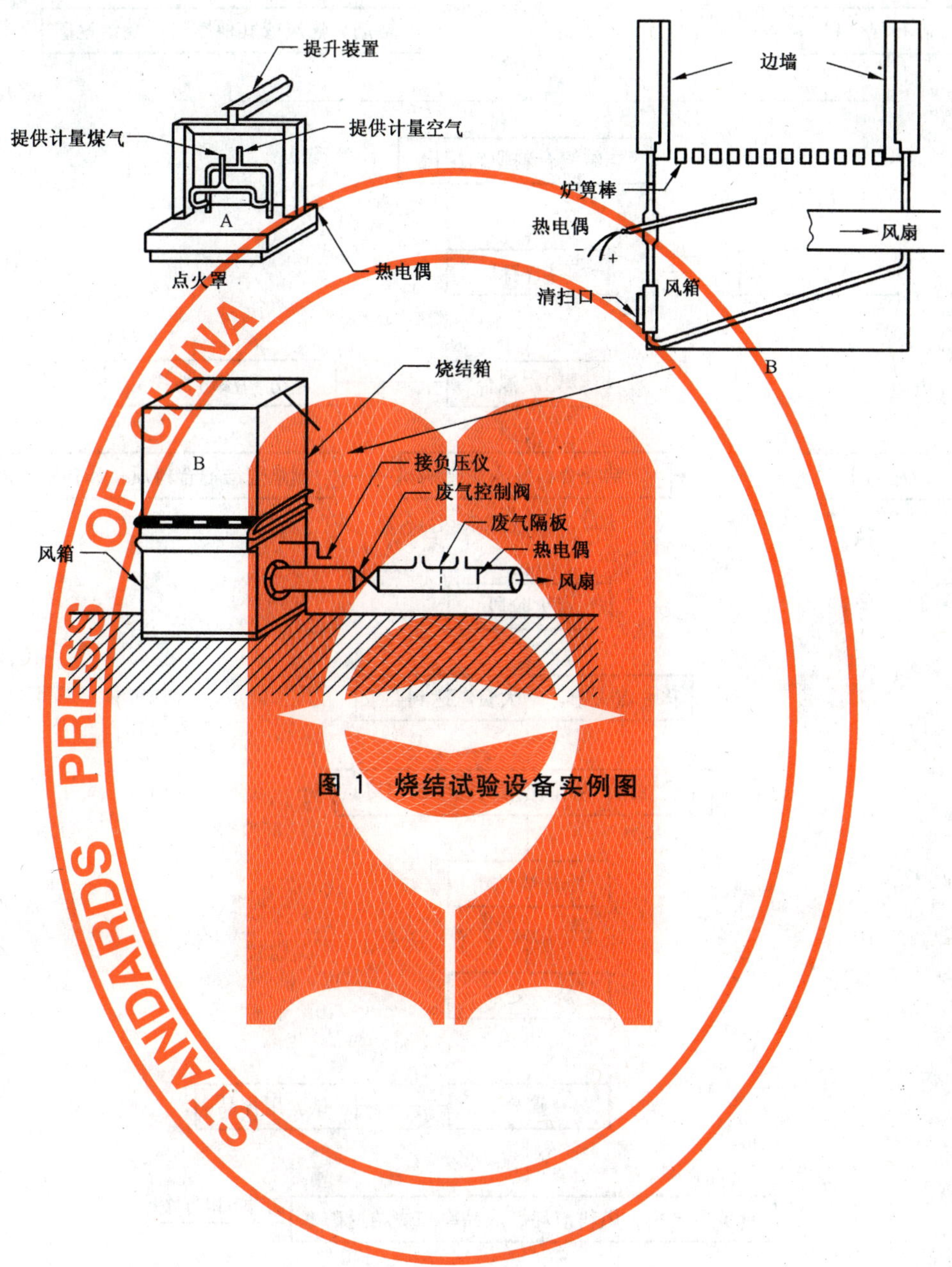

图 1　烧结试验设备实例图

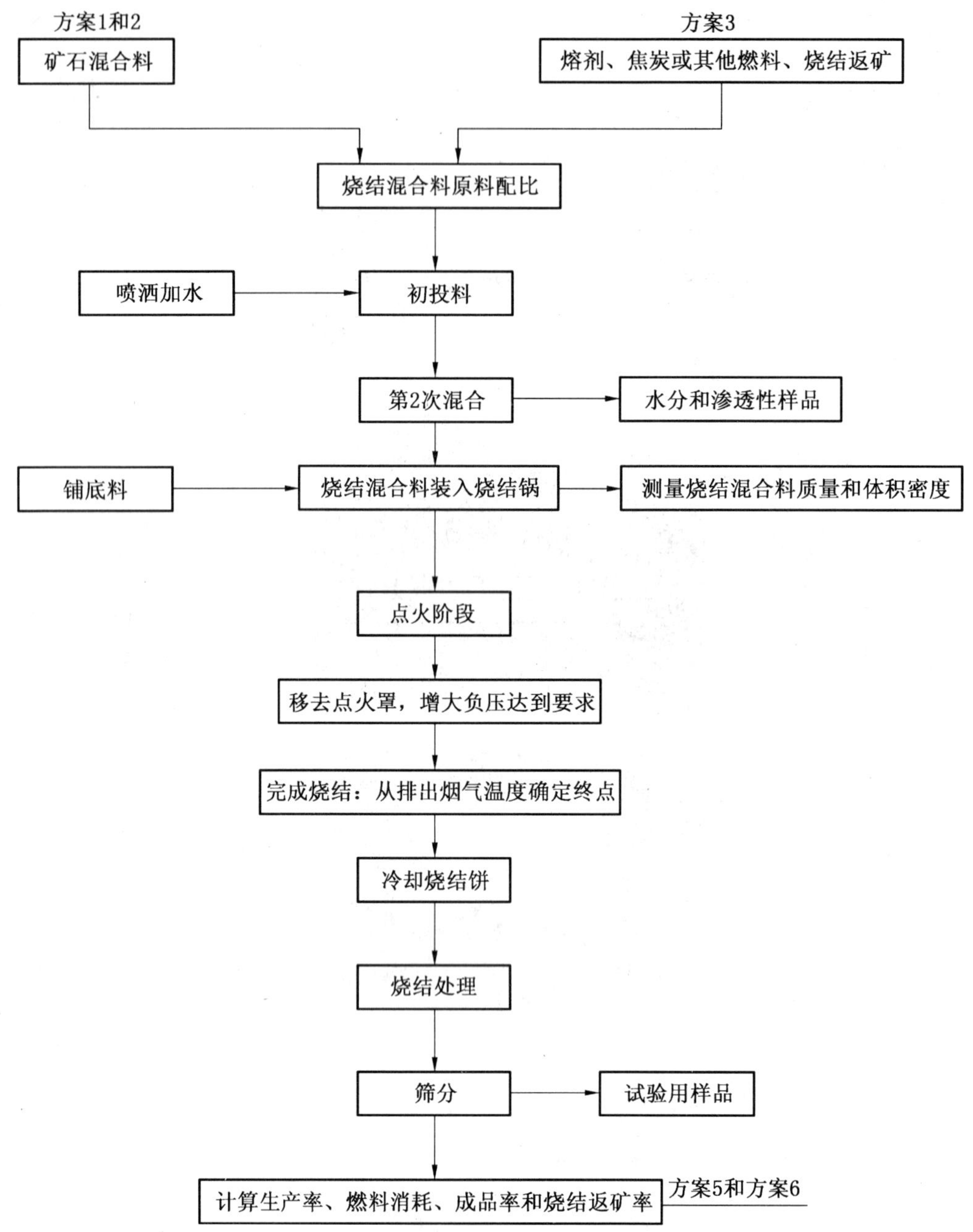

图2　典型烧结试验流程示意图

附 录 A
（资料性附录）
相关的试验方法

[1] ISO 562:1998 硬煤和焦炭 挥发分含量的测定
[2] ISO 625:1996 煤和焦 炭和氢的测定 Liebig 方法
[3] ISO 1171:1997 固体矿物燃料 灰分的测定
[4] ISO 2598-1:1992 铁矿石 硅含量的测定 重量法
[5] ISO 2599:2003 铁矿石 磷含量的测定 滴定法
[6] GB/T 10322.5—2000 铁矿石 交货批水分含量的测定
[7] ISO 3271:2007 铁矿石 转鼓强度的测定
[8] ISO 3852:2007 铁矿石 体积密度的测定
[9] ISO 4687-1:1992 铁矿石 磷含量的测定 钼兰分光光度法
[10] GB/T 6730.56—2004 铁矿石 铝含量的测定 原子吸收光谱法
[11] ISO 4689-1:1986 铁矿石 硫含量的测定 硫酸钡重量法
[12] ISO 4689-2:2004 铁矿石 硫含量的测定 燃烧方法
[13] GB/T 6730.61—2005 铁矿石 碳和硫含量的测定 高频燃烧红外吸收法
[14] ISO 4695:2007 铁矿石 还原性的测定
[15] ISO 4696-1:2007 铁矿石 低温还原 粉化静态试验 第一部分:用 CO、CO_2 和 H_2 还原
[16] ISO 4696-2:2007 铁矿石 低温还原 粉化静态试验 第二部分:用 CO 还原
[17] GB/T 10322.7—2004 铁矿石 筛分粒度分布测定
[18] ISO 6830:1986 铁矿石 铝含量的测定 EDTA 滴定法
[19] GB/T 6730.49—1986 铁矿石化学分析方法 原子吸收分光光度法测定钠和钾量
[20] GB/T 6730.14—1986 铁矿石化学分析方法 原子吸收分光光度法测定钙和镁量
[21] ISO 7215:2007 铁矿石 相当还原性的测定
[22] ISO 7335:1987 铁矿石 化合水的测定 Karl Fischer 滴定法
[23] ISO 9035:1989 铁矿石 酸溶性二价铁含量的测定—滴定法
[24] ISO 9507:1990 铁矿石 全铁含量的测定 三氯化钛还原法

ICS 71.080.90
G 18

中华人民共和国国家标准

GB/T 24206—2009

洗油 15 ℃结晶物的测定方法

Determination of crystallized matter at 15 ℃ of washing oil

2009-07-08 发布 2010-04-01 实施

中华人民共和国国家质量监督检验检疫总局
中国国家标准化管理委员会 发布

前　言

本标准由中国钢铁工业协会提出。

本标准由全国钢标准化技术委员会归口。

本标准起草单位:本溪钢铁(集团)有限责任公司、冶金工业信息标准研究院。

本标准主要起草人:李静怡、孙海英、王殿甦、秦宝武、贾宏欣。

洗油 15 ℃结晶物的测定方法

警告:使用本标准的人员应有正规实验室工作的实践经验。本标准并未指出所有可能的安全问题。使用者有责任采用适当的安全和健康措施,并保证符合国家有关法规规定的条件。

1 范围

本标准规定了洗油 15 ℃结晶物的测定原理、仪器、采样、分析步骤、结果报告。

本标准适用于分馏高温煤焦油所得洗油 15 ℃结晶物的测定。

2 规范性引用文件

下列文件中的条款通过本标准的引用而成为本标准的条款。凡是注日期的引用文件,其随后所有的修改单(不包括勘误的内容)或修订版均不适用于本标准,然而,鼓励根据本标准达成协议的各方研究是否可使用这些文件的最新版本。凡是不注日期的引用文件,其最新版本适用于本标准。

GB/T 1999 焦化油类产品取样方法

3 原理

将洗油于 15 ℃下保持 30 min,观察有无结晶现象。

4 仪器

烧杯:容量 500 mL。

温度计:温度范围 0 ℃～100 ℃,分格值 1 ℃。

水浴:能保持温度 15 ℃±1 ℃。

5 采样

按 GB/T 1999 的规定采取试样。

6 分析步骤

量取均匀的试样约 300 mL 于烧杯中,放入 15 ℃±1 ℃水浴内,用温度计搅拌,并在 15 ℃±1 ℃下保持 30 min,最后 10 min 内可停止搅拌。然后将试样缓缓倾入另一烧杯中,在倒试样时,仔细观察原杯底和杯壁有无结晶物出现。

7 结果报告

根据在倒试样时观察到的原杯底或杯壁有无结晶物情况,报告有或无结晶物。

ICS 71.080.90
G 18

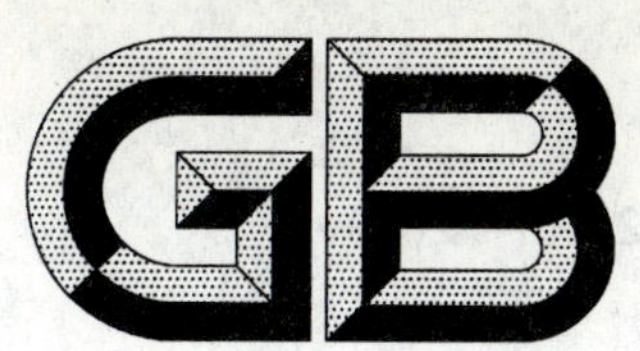

中华人民共和国国家标准

GB/T 24207—2009

洗油酚含量的测定方法

Determination of the phenol content of washing oil

2009-07-08 发布　　2010-04-01 实施

中华人民共和国国家质量监督检验检疫总局
中国国家标准化管理委员会　发布

前　　言

本标准由中国钢铁工业协会提出。

本标准由全国钢标准化技术委员会归口。

本标准起草单位:本溪钢铁(集团)有限责任公司、冶金工业信息标准研究院。

本标准主要起草人:李静怡、孙海英、秦宝武、王殿甦、吴俊、孙伟。

洗油酚含量的测定方法

警告:使用本标准的人员应有正规实验室工作的实践经验。本标准并未指出所有可能的安全问题。使用者有责任采用适当的安全和健康措施,并保证符合国家有关法规规定的条件。

1 范围

本标准规定了洗油酚含量的测定原理、仪器、采样、分析步骤、结果计算、精密度。

本标准适用于分馏高温煤焦油所得洗油酚含量的测定。

2 规范性引用文件

下列文件中的条款通过本标准的引用而成为本标准的条款。凡是注日期的引用文件,其随后所有修改单(不包括勘误的内容)或修订版均不适用于本标准,然而,鼓励根据本标准达成协议的各方研究是否可使用这些文件的最新版本。凡是不注日期的引用文件,其最新版本适用于本标准。

GB/T 1999　焦化油类产品取样方法

GB/T 2288　焦化产品水分测定方法

3 原理

酚及酚的同系物与氢氧化钠作用生成酚钠,酚钠溶于碱液,不溶于油,可根据碱液的增量计算酚含量。

4 试剂

4.1　氯化钠(或无水硫酸钠):分析纯。氯化钠需在 400 ℃,灼烧 1 h 脱水。

4.2　氢氧化钠:10%溶液,并以氯化钠饱和。

4.3　甲苯:分析纯。

5 仪器

5.1　双球计量管:刻度部分 50 mL,分格值 0.1 mL,上球容量 300 mL,下球容量 120 mL。如图 1 所示。

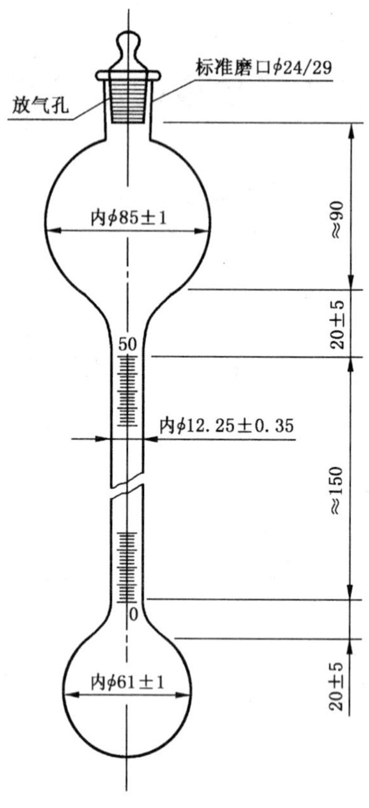

图 1 双球计量管

5.2 烧杯：容量 500 mL。

5.3 量筒：容量 50 mL。

6 采样

试样的采取按 GB/T 1999 规定进行。

7 分析步骤

将馏程试验所得 300 ℃前的馏分全部倒入烧杯内，加入甲苯 50 mL 及氯化钠(或无水硫酸钠)2 g～3 g 搅拌脱水，静置。待氯化钠(或无水硫酸钠)沉降后，将溶液倒入已盛有氢氧化钠溶液并已读记好液面刻度的双球计量管内。用 30 mL～40 mL 甲苯冲洗量筒及烧杯 2 次～3 次，洗液并入双球计量管中，塞上塞子后于大球内振荡 5 min，静置 1 h，读计碱层增量毫升数。如管壁有小水珠及球部有悬浮物或管内有乳化现象时，应间断地转动计量管，用螺旋形的小铁丝环上下搅动，使小水珠、悬浮物、乳化层下降或缩小后读数。乳化层超过 0.5 mL，则此次试验作废。乳化层在 0.5 mL 以内，读计乳化层二分之一处的毫升数。

同时按 GB/T 2288 方法测定洗油的水分含量。

8 结果计算

洗油酚含量的体积分数以 X 计，数值以%表示，按式(1)计算：

$$X = \frac{V}{100 - X_1} \times 100 \qquad \cdots\cdots(1)$$

式中：

V——碱液层增量，单位为毫升(mL)；

X_1——洗油水分含量，以 100 g 试样的水分毫升数记，单位为毫升(mL)。

9 精密度

重复性和再现性：均不大于0.2%。

ICS 71.080.90
G 18

中华人民共和国国家标准

GB/T 24208—2009

洗油萘含量的测定方法

Determination of the naphthalene content of washing oil

2009-07-08 发布　　2010-04-01 实施

中华人民共和国国家质量监督检验检疫总局
中国国家标准化管理委员会　发布

前　言

本标准由中国钢铁工业协会提出。

本标准由全国钢标准化技术委员会归口。

本标准起草单位：本溪钢铁(集团)有限责任公司、冶金工业信息标准研究院。

本标准主要起草人：李静怡、孙海英、秦宝武、王殿甦、吴俊、孙伟。

洗油萘含量的测定方法

警告：使用本标准的人员应有正规实验室工作的实践经验。本标准并未指出所有可能的安全问题。使用者有责任采用适当的安全和健康措施，并保证符合国家有关法规规定的条件。

1 范围

本标准规定了洗油萘含量的测定原理、仪器、采样、分析步骤、结果计算、精密度。

本标准适用于分馏高温煤焦油所得洗油萘含量的测定。

2 规范性引用文件

下列文件中的条款通过本标准的引用而成为本标准的条款。凡是注日期的引用文件，其随后所有的修改单(不包括勘误的内容)或修订版均不适用于本标准，然而，鼓励根据本标准达成协议的各方研究是否可使用这些文件的最新版本。凡是不注日期的引用文件，其最新版本适用于本标准。

GB/T 1999 焦化油类产品取样方法

3 原理

在色谱柱上，洗油中的萘与其他组分分离，以单点校正法定量，测定萘的质量分数。

4 试剂和材料

4.1 固定液：阿皮松 L。

4.2 载体：6201 红色硅藻土载体，0.20 mm～0.15 mm。

4.3 苯：分析纯。

4.4 二甲苯：分析纯。

4.5 萘：分析纯。

4.6 无水硫酸钠或无水硫酸钙：分析纯。

4.7 氢气：纯度 99.9%以上。

4.8 净化空气。

5 仪器

5.1 气相色谱仪：配有氢火焰离子化检测器，检测限不大于 1×10^{-11} g/s(正十六烷)。

5.2 色谱工作站或数据处理机。

5.3 色谱柱：不锈钢管柱，长 2 m，内径 4 mm。

5.4 微量注射器：10 μL，1 μL。

5.5 分析天平：分度值 0.1 mg。

5.6 试验筛：孔径 0.20 mm，0.15 mm。

5.7 真空泵：真空度不小于 6×10^{-2} Pa。

5.8 容量瓶：容量 50 mL。

5.9 容量瓶：容量 10 mL。

5.10 烧杯：容量 250 mL。

5.11 吸量管：容量 1 mL，分刻度值 0.1 mL。

6 采样

试样的采取按 GB/T 1999 规定进行。

7 分析步骤

7.1 色谱柱的制备

固定液阿皮松 L 与 6201 载体的配比为 10∶100。将称好的固定液置于烧杯内，加适量的苯溶解后，再缓慢地加入载体，轻轻搅动使其混合均匀，置于通风橱中，待大部分苯挥发后，在红外灯下干燥至无苯味，用真空泵抽吸装入色谱柱内，在 200 ℃老化 2 h 以上。

也可采用具有同等分离度的其他类型色谱柱。

7.2 仪器条件

表 1 中所列为典型的仪器条件，允许根据实际情况作适当的调节，但须符合下列要求：

(1) 分离度 R 不小于 1.5；

(2) 进样量和仪器的灵敏度应控制在萘的线性响应范围内；

(3) 灵敏度：对萘含量 6%的萘标样，萘峰高在 110 mm～130 mm。

表 1

柱温/℃	160
气化温度和检测温度/℃	250
载气流量：氢气/(mL/min)	100
助燃气流量：空气/(mL/min)	200

7.3 标样的配制

称取一定量的萘，称准至 0.000 2 g，用二甲苯溶于 50 mL 容量瓶中，加二甲苯至刻线，摇匀。要求配制的标样中的萘含量与测定样品中萘含量尽量接近。

7.4 线性范围的测定

7.4.1 调整色谱仪达到仪器条件(7.2)且仪器稳定后，用微量注射器分别注入萘标样 0.2 μL、0.4 μL、0.6 μL、0.8 μL……，分别测定萘峰面积。

7.4.2 以萘峰面积为纵坐标，进样量为横坐标，绘制关系曲线，找出浓度与峰面积成直线关系的范围。

7.4.3 每换一次色谱柱或改变仪器条件都要做一次线性范围的测定。

7.5 试样的测定

7.5.1 试样经脱水静置后，用 1 mL 吸量管量取 1 mL 试样置于已知质量的 10 mL 容量瓶中，称其质量，称准至 0.000 2 g，加二甲苯至刻线，摇匀备用。

7.5.2 在相同仪器条件下，用 10 μL 注射器注入 1 μL 标样，平行两针；再注入试样 1 μL，平行两针(平行两针的测定结果应不超过重复性的规定)。

7.5.3 分别取其萘峰面积的平均值，作为标样和试样的峰面积，供计算用。

7.5.4 试样的稀释倍数和进样量，必须控制在(7.4)中规定的线性范围内。

8 结果计算

洗油萘含量的质量分数以 X 计，数值以%表示，按式(1)计算：

$$X = \frac{C_s}{C_i} \times \frac{A_i}{A_s} \times n \times 100 \qquad (1)$$

式中：

C_s——萘标样的浓度，单位为克每毫升(g/mL)；

C_i——试样的质量,单位为克每毫升(g/mL);

A_s——标样的萘峰面积平均值;

A_i——试样的萘峰面积平均值;

n——稀释倍数。

9 精密度

重复性和再现性见表2。

表2

精密度		萘含量≤3%	萘含量>3%
重复性/%	不大于	0.3	0.8
再现性/%	不大于	0.5	1.5

ICS 71.080.90
G 18

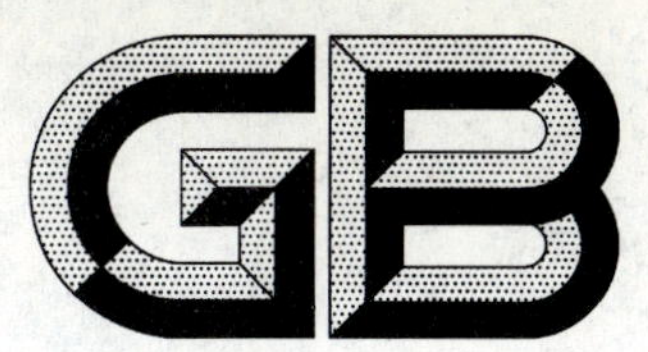

中华人民共和国国家标准

GB/T 24209—2009

洗油黏度的测定方法

Determination of the viscosity of washing oil

2009-07-08 发布　　2010-04-01 实施

中华人民共和国国家质量监督检验检疫总局
中国国家标准化管理委员会　发布

前　言

本标准由中国钢铁工业协会提出。

本标准由全国钢标准化技术委员会归口。

本标准起草单位：本溪钢铁(集团)有限责任公司、冶金工业信息标准研究院。

本标准主要起草人：李静怡、孙海英、秦宝武、王殿甦、郭万行、孙伟。

洗油黏度的测定方法

警告:使用本标准的人员应有正规实验室工作的实践经验。本标准并未指出所有可能的安全问题。使用者有责任采用适当的安全和健康措施,并保证符合国家有关法规规定的条件。

1 范围

本标准规定了洗油黏度的测定原理、仪器、采样、分析步骤、结果计算、精密度。

本标准适用于分馏高温煤焦油所得洗油恩氏黏度的测定。

2 规范性引用文件

下列文件中的条款通过本标准的引用而成为本标准的条款。凡是注日期的引用文件,其随后所有修改单(不包括勘误的内容)或修订版均不适用于本标准,然而,鼓励根据本标准达成协议的各方研究是否可使用这些文件的最新版本。凡是不注日期的引用文件,其最新版本适用于本标准。

GB/T 1999 焦化油类产品取样方法

GB/T 6682 分析实验室用水规格和试验方法

3 原理

液体受外力作用时,在液体分子间发生的阻力称为黏度。恩氏黏度是试油在某温度从恩氏黏度计流出 200 mL 所需的时间与水在 20 ℃流出相同体积所需的时间(即黏度计的水值)之比。

4 仪器

4.1 恩氏黏度计:如图 1 所示。

4.2 接受瓶:容量 200 mL。

4.3 秒表。

4.4 水浴。

4.5 筛网:0.45 μm(40 目)铜网。

5 采样

试样的采取按 GB/T 1999 规定进行。

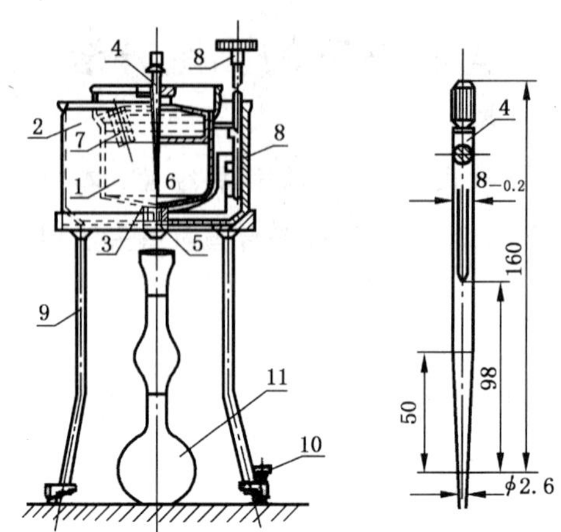

1——内容器；
2——外容器；
3——球面形底；
4——木塞；
5——流出孔；
6——小尖钉；
7——温度计插孔；
8——搅拌器；
9——三角支架；
10——水平调节螺钉；
11——接受瓶。

图 1 恩氏黏度计

6 分析步骤

6.1 黏度计水值的测定

6.1.1 黏度计的水值是指在 20 ℃下，200 mL 纯水(符合 GB/T 6682 规定的三级水)从黏度计流出的时间。符合标准的黏度计，其水值应在 51 s±1 s。

6.1.2 测定前用甲苯、乙醇和纯水顺次将黏度计的内容器洗净，流出孔用木塞塞紧，然后加入纯水直至三个尖钉的尖端刚刚露出水面为止。调节黏度计水平螺丝使其液面水平，盖上盖子插好温度计，在出口管下放置干净的接受瓶。

6.1.3 在黏度计的外容器中装入水，调整内容器水温至 20 ℃±0.2 ℃，保持 10 min。10 min 后，小心迅速地提起木塞(不允许拔出木塞，木塞应能自动卡住并保持提起状态)，同时开始计时，当水量达到接受器标线时停止计时。测定至少进行三次，每次之间的差数应不大于 0.5 s，取其平均值作为水值。

6.1.4 水值应每三个月测定一次，如果黏度计的水值不在 51 s±1 s 范围内，不允许使用该仪器测定黏度。

6.2 洗油黏度的测定

6.2.1 测定前，黏度计的内容器用甲苯或汽油洗净并使其干燥，流出孔用木塞塞紧。将采取的试样置于 50 ℃的水浴中加热，混匀后加入到内容器中至三个尖钉的尖端刚刚露出液面为止。调节黏度计水平螺丝使其液面水平，盖上盖子插好温度计，在出口管下放置干净的接受瓶。

6.2.2 外容器注水加热，在升温过程中，小心转动外容器的搅拌器和内容器的筒盖以调匀内外容器的油温和水温。

6.2.3 当内容器中的油温达到 50 ℃后停止搅拌，保持油温在 50 ℃±1 ℃ 5 min，小心迅速地提起木塞（不允许拔出木塞，木塞应能自动卡住并保持提起状态），同时开始计时，至油量达到接受器标线时（泡沫不计）停止计时，读取试油的流出时间。

6.2.4 在测定过程中，油流必须呈线状流出。

6.2.5 若发现试样中有机械杂质，应将试样用 0.45 μm 的筛网过滤后测定。

7 结果计算

洗油 50 ℃时的黏度以 E_{50} 计，数值以条件度表示，按下式计算：

$$E_{50} = \frac{\tau_{50}}{T_{20}}$$

式中：

τ_{50}——50 ℃时洗油流出 200 mL 的时间，单位为秒(s)；

T_{20}——20 ℃时黏度计的水值，单位为秒(s)。

8 精密度

重复性：不大于 0.04；

再现性：不大于 0.08。

ICS 29.050
Q 51

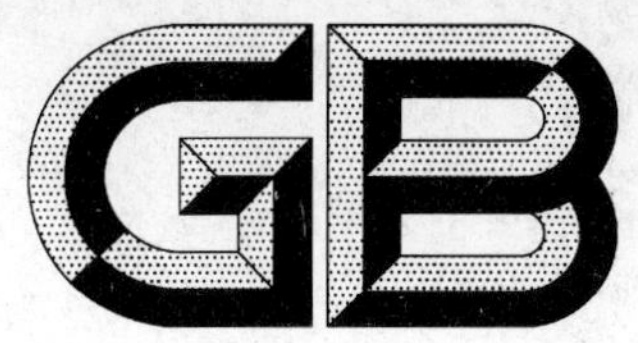

中华人民共和国国家标准

GB/T 24210—2009

整体石墨电极弹性模量试验　声速法

Test method for the elastis modulus of whole graphite electrodes—Velocity of sound

2009-07-08 发布　　2010-04-01 实施

中华人民共和国国家质量监督检验检疫总局
中国国家标准化管理委员会　发布

前　言

本标准由中国钢铁工业协会提出。

本标准由全国钢标准化技术委员会归口。

本标准起草单位:冶金工业信息标准研究院。

本标准主要起草人:孙伟、张进莺。

整体石墨电极弹性模量试验　声速法

1　范围

本标准规定了石墨电极弹性模量的定义、石墨电极整体弹性模量测定用仪器设备、试样及试验步骤、结果计算、试验报告。

本标准适用于石墨电极弹性模量的测定。

2　原理

弹性模量是材料在外力作用下，应力与伸长或压缩弹性形变之间关系的量度，其数值为试样横截面所受应力与应变之比。

3　仪器和设备

3.1　驱动电路：有一个能产生 20 kHz～2.5 MHz 的超声波脉冲发生器。

3.2　输入传感器。

3.3　输出传感器。

3.4　超声波传输时间自动显示器或双踪示波器。

4　试样

4.1　试样为加工后的成品石墨电极，截面均匀无附加液体。试样端面对石墨电极轴线的垂直度偏差不大于 0.125 mm。

4.2　重量的称量和尺寸的测量应准确至±0.5％以内。

5　试验步骤

5.1　按图 1 连接装置，将仪器预热 15 min。

5.2　在输入、输出传感器上涂抹适宜的耦合剂。

5.3　将输入、输出传感器对接，测定仪器和传感器的固有传播时间。

5.4　将输入、输出传感器分别压在石墨电极两端接头孔底的中心部位，测定超声波的传播时间。

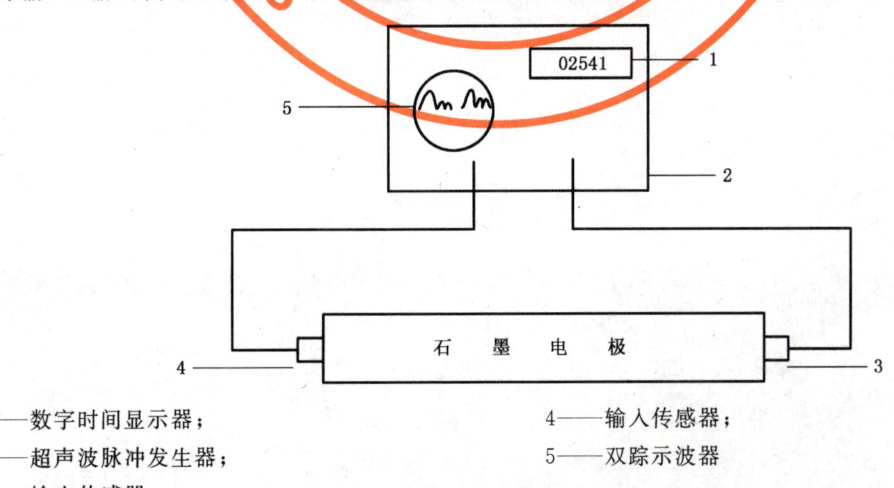

1——数字时间显示器；
2——超声波脉冲发生器；
3——输出传感器；
4——输入传感器；
5——双踪示波器

图 1　声速法测定石墨电极弹性模量装置

6 结果计算

6.1 声速 v 按公式(1)计算：

$$v = \frac{L}{t_t - t_0} \qquad \cdots\cdots(1)$$

式中：

v——声速，单位为米每秒(m/s)；

L——试样长度，单位为米(m)；

t_t——超声波的传播时间，单位为秒(s)；

t_0——仪器和传感器的固有传播时间，单位为秒(s)。

6.2 弹性模量 E 按公式(2)计算：

$$E = Cd_k v^2 \qquad \cdots\cdots(2)$$

式中：

E——弹性模量，单位为帕(Pa)；

C——校正系数(对于石墨其值为 0.933)；

d_k——试样的体积密度，单位为千克每立方米(kg/m^3)。

7 试验报告

试验报告应包括下列内容：

a) 委托单位；

b) 试样的规格、炉号；

c) 试验结果值；

d) 试验单位；

e) 试验人员；

f) 试验日期。

ICS 71.080.99
G 18

中华人民共和国国家标准

GB/T 24211—2009

蒽　　油

Anthracene oil

2009-07-08 发布　　2010-04-01 实施

中华人民共和国国家质量监督检验检疫总局
中国国家标准化管理委员会　发布

前　言

本标准由中国钢铁工业协会提出。

本标准由全国钢标准化技术委员会归口。

本标准起草单位：山西焦化股份有限公司、冶金工业信息标准研究院。

本标准主要起草人：鲁庆、张建忠、王月英、朱林才、郭春玲、孙伟、杜海燕。

蒽　　　油

1　范围

本标准规定了蒽油的技术要求、试验方法、检验规则以及包装、标志、运输、贮存、安全要求等内容。

本标准适用于高温煤焦油蒸馏所制得的蒽油馏分。

2　规范性引用文件

下列文件中的条款通过本标准的引用而成为本标准的条款。凡是注日期的引用文件，其随后所有的修改单(不包括勘误的内容)或修订版均不适用于本标准，然而，鼓励根据本标准达成协议的各方研究是否可使用这些文件的最新版本。凡是不注日期的引用文件，其最新版本适用于本标准。

GB 190　危险货物包装标志

GB/T 1999　焦化油类产品取样方法

GB/T 2281　焦化油类产品密度试验方法

GB/T 2288　焦化产品水分测定方法

GB/T 8170　数值修约规则与极限数值的表示和判定

GB/T 9977　焦化产品术语

GB/T 18255　焦化粘油类产品馏程的测定

GB/T 18589　焦化产品蒸馏试验的气压补正方法

GB/T 24209　洗油黏度的测定方法

3　术语和定义

GB/T 9977 确立的术语和定义适用于本标准。

4　技术要求

4.1　蒽油的技术指标应符合表1的规定。

表1　蒽油的技术指标

项　　目		要　　求
密度(20 ℃)/(g/cm³)		1.080～1.180
馏程(101.325 kPa)		
300 ℃前馏出量(质量分数)/%	≤	10.0
360 ℃前馏出量(质量分数)/%	≥	50.0
黏度(E_{80})	≤	2.0
水分(质量分数)/%	≤	1.5

4.2　表1中所规定的水分指标，不作为质量指标，仅作为贸易结算时的计价因素。

4.3　需方对表1中的产品质量指标另有要求时，由供需双方协商确定。

5　试验方法

5.1　密度的测定

按照GB/T 2281规定进行。

5.2 馏程的测定

按照 GB/T 18255 规定进行,气压补正按照 GB/T 18589 规定进行。

5.3 黏度的测定

按照 GB/T 24209 规定进行,测定温度为 80 ℃。

5.4 水分的测定

按照 GB/T 2288 规定进行。

6 检验规则

6.1 蒽油的质量检验由供方的质量监督检验部门进行,需方有权按本标准对收到的蒽油进行质量验收。

6.2 试样的采取按 GB/T 1999 中的规定进行。

6.3 产品以批为单位进行检验,以每次的产品发运量确定为一个检验批。

6.4 检验结果中如果有一项指标(除水分外)不符合本标准的要求,应重新采取试样对该不符合项进行复验,复验结果仍然不符合本标准的指标要求时,则整批产品判为不合格。

6.5 数值修约按照 GB/T 8170 规定进行。

6.6 若发生质量争议时,应在收到货物 30 日内由供需双方协商解决或通过仲裁解决。

7 包装、标志、运输、贮存和质量证明书

7.1 产品应装入洁净、干燥的罐车中,由供方将罐车口严加密封后发给需方。每批出厂的产品须附有产品合格证。

7.2 产品属“有毒品”,包装容器上须有危险化学品标志,标志须符合 GB 190 的有关规定。包装容器上的标识应明显、牢固。

7.3 产品属于“有毒品”,在运输和贮存过程中要防止泄漏,远离火种、热源。

7.4 每批出厂产品应附有一定格式的质量证明书,其内容包括:生产厂名称、厂址、产品名称、总质量、净质量、车号、批号或生产日期、商标、本标准编号等。

7.5 生产企业须提供本产品的危险化学品安全技术说明书(MSDS)和安全标签。

8 安全注意事项

8.1 本品属“有毒品”,作业人员在操作时必须穿戴防护用品。

8.2 本品失火需用沙土、泡沫、二氧化碳灭火。

8.3 本品一旦泄露会对环境造成影响,应识别其环境影响,并加以控制。

8.4 泄漏至环境中的本品要采取适当措施加以回收利用,无法回收时须进行无害化处理。

ICS 71.080.99
G 18

中华人民共和国国家标准

GB/T 24212—2009

甲基萘油

Methylnaphthalene oil

2009-07-08 发布 2010-04-01 实施

中华人民共和国国家质量监督检验检疫总局
中国国家标准化管理委员会 发布

前　言

本标准由中国钢铁工业协会提出。

本标准由全国钢标准化技术委员会归口。

本标准起草单位:山西焦化股份有限公司、冶金工业信息标准研究院。

本标准主要起草人:鲁庆、张建忠、王月英、朱林才、孙伟、张艳、杜海燕。

甲 基 萘 油

1 范围

本标准规定了甲基萘油的技术要求、试验方法、检验规则、包装、标志、运输、贮存和质量证明书、安全要求等内容。

本标准适用于以高温煤焦油蒸馏所制得的甲基萘油馏分。

2 规范性引用文件

下列文件中的条款通过本标准的引用而成为本标准的条款。凡是注日期的引用文件,其随后所有的修改单(不包括勘误的内容)或修订版均不适用于本标准,然而,鼓励根据本标准达成协议的各方研究是否可使用这些文件的最新版本。凡是不注日期的引用文件,其最新版本适用于本标准。

GB 190 危险货物包装标志

GB/T 1999 焦化油类产品取样方法

GB/T 2281 焦化油类产品密度试验方法

GB/T 2288 焦化产品水分测定方法

GB/T 8170 数值修约规则与极限数值的表示和判定

GB/T 9977 焦化产品术语

YB/T 5154 工业甲基萘中甲基萘、萘含量的气相色谱测定方法

3 术语和定义

GB/T 9977 中的术语和定义适用于本标准。

4 技术要求

4.1 甲基萘油的技术指标应符合表 1 的规定。

表 1 甲基萘油的技术指标

项 目		要 求
密度(20 ℃)/(g/cm³)		1.020～1.050
甲基萘(α+β)含量(质量分数)/%	≥	50.0
萘含量(质量分数)/%	≤	12.0
水分(质量分数)/%	≤	2.0

4.2 表 1 中所规定的水分指标,不作为考核指标,仅作为贸易结算时的计价因素。

4.3 需方对产品质量另有要求时,由供需双方协商。

5 试验方法

5.1 密度的测定

按照 GB/T 2281 规定进行。

5.2 甲基萘含量的测定

按照 YB/T 5154 规定进行。

5.3 萘含量的测定

按照 YB/T 5154 规定进行。

5.4 水分含量的测定

按照 GB/T 2288 规定进行。

6 检验规则

6.1 甲基萘油的质量检验由供方质量监督检验部门进行,需方有权按本标准对收到的甲基萘油产品质量进行验收。

6.2 试样的采取按照 GB/T 1999 的规定进行。

6.3 产品以批为单位进行检验,以每次产品的发运量确定为一个检验批。

6.4 检验结果中如果有一项指标(除水分外)不符合本标准的要求,应重新采取试样对该不符合项进行复验,复验结果仍然不符合本标准的指标要求时,则整批产品判为不合格。

6.5 数值修约按照 GB/T 8170 标准中的规定进行。

6.6 若发生质量争议,应在收到货物 30 d 内由供需双方协商解决或通过仲裁解决。

7 包装、标志、运输、贮存和质量证明书

7.1 产品应装入洁净、干燥的罐车中,由供方将罐车口铅封(严加密封)后发给需方。每批出厂的产品须附有产品合格证。

7.2 产品属"易燃液体",包装容器上须有危险化学品标志,标志须符合 GB 190 的有关规定。包装容器上的标识应明显、牢固。

7.3 产品属于"易燃液体",在运输和贮存过程中要防止泄漏,远离火种、热源。

7.4 每批出厂产品应附有一定格式的质量证明书,其内容包括:生产厂名称、厂址、产品名称、总质量、净质量、车号、批号或生产日期、商标、本标准编号等。

7.5 生产企业须提供本产品的危险化学品安全技术说明书(MSDS)和安全标签。

8 安全注意事项

8.1 本产品属"易燃液体",作业人员在操作时必须穿戴防护用品。

8.2 本产品失火需用沙土、泡沫、干粉灭火。

8.3 本产品一旦泄露会对环境造成影响,应识别其环境影响,并加以控制。

8.4 泄漏至环境中的本品要采取适当措施加以回收利用,无法回收时须进行无害化处理。

ICS 77.040.30
H 11

中华人民共和国国家标准

GB/T 24213—2009

金属原位统计分布分析方法通则

General rules for original position statistic distribution analysis method

2009-07-08 发布　　　　2010-04-01 实施

中华人民共和国国家质量监督检验检疫总局
中国国家标准化管理委员会　发布

前　言

本标准由中国钢铁工业协会提出。

本标准由全国钢标准化技术委员会归口。

本标准起草单位：钢铁研究总院、宝钢股份公司、唐山钢铁股份有限公司、马鞍山钢铁股份有限公司、首钢总公司、济南钢铁股份有限公司、天津大无缝钢管厂、天津天铁冶金集团有限公司、湖南华菱湘潭钢铁有限公司、武汉钢铁股份有限公司、湖南华菱涟源钢铁有限公司。

本标准主要起草人：王海舟、张秀鑫、陈吉文、贾云海、杨新生、高宏斌、袁良经、李美玲、王辉、周伟。

金属原位统计分布分析方法通则

1 范围

本标准规定了金属原位统计分布分析方法的术语、基本原理以及对仪器设备、样品、分析步骤等的一般要求。

本标准适用于制(修)订金属原位统计分布分析方法的国家标准。其他相关标准亦可参照使用。

2 规范性引用文件

下列文件中的条款通过本标准的引用而成为本标准的条款,凡是注日期的引用文件,其随后所有的修改单(不包括勘误的内容)或修订版均不适用于本标准。然而,鼓励根据本标准达成协议的各方研究是否可使用这些文件的最新版本。凡是不注日期的引用文件,其最新版本适用于本标准。

GB/T 14666—2003 分析化学术语

3 术语和定义

GB/T 14666—2003 确立的以及下列术语和定义适用于本标准。

3.1

原位统计分布分析 original position statistic distribution analysis

在确定的分析面内对样品进行扫描连续激发,同步采集与分析位置相对应的火花或其他激发信号,并采用数理统计方法进行解析,实现对金属材料分析面内元素的成分及状态的分布分析。

3.2

单次火花放电分析 single discharge analysis (SDA)

一个脉冲包含多个单次放电,通过对单次放电信号的提取,得到微米尺度内元素含量信息。

3.3

脉冲频率 pulse frequency

一秒钟内的脉冲放电次数。

3.4

线扫描速度 line scanning speed

夹持样品沿 X 轴方向的运动速度。

3.5

行距 row space

夹持样品沿 Y 轴方向的平移距离。

3.6

单次火花放电斑点 single discharge spot

单次火花放电后形成的激发斑点。

3.7

激发区域 spark area

经连续扫描激发后,样品表面形成的激发区。

3.8

特定位置含量 specific position content

在样品表面分析区域内,与每一单次火花放电位置所对应的某特定元素的含量。

3.9

含量置信区间　content confidence interval

含量置信区间是一个随机的含量区间，即某一置信度下以含量中位值为中心所覆盖的含量范围。

3.10

含量二维等高图　content two-dimension contour map

显示特定元素在扫描区域内不同坐标(X,Y)所对应的元素含量分布，并采用不同颜色或灰度表征其含量与位置对应关系的一种图谱(见图1)。

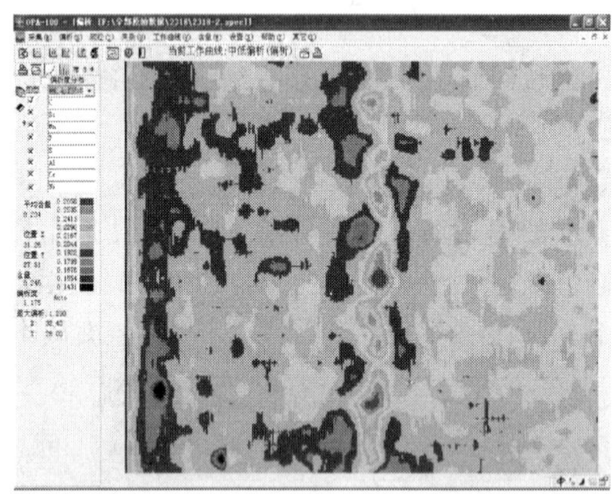

图1　含量二维等高图

3.11

含量三维视图　content three-dimension view map

在含量二维等高图基础上，同时以Z轴方向的高低来表征元素含量高低的图谱(见图2)。

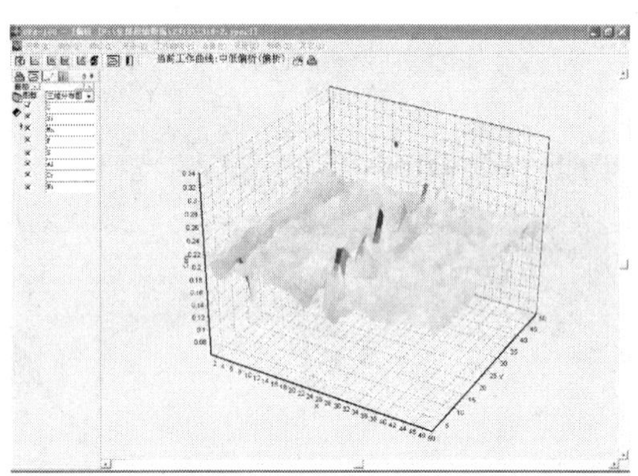

图2　含量三维视图

3.12

含量线分布图　content line distribution map

当Y(或X)值固定时，某特定元素的位置含量沿X(或Y)方向的变化曲线(见图3)。

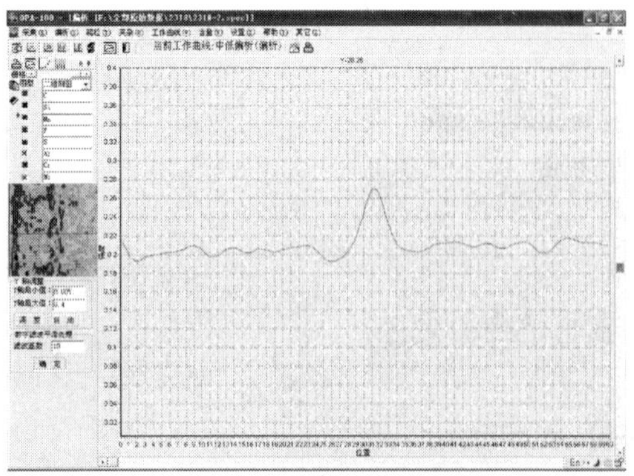

图3　含量线分布图

3.13

含量-频度分布图　content-frequency distribution

在分析区域内，以特定位置含量为横坐标，以特定位置含量相对全部位置含量数据的权重比率为纵坐标的图谱(见图4)。

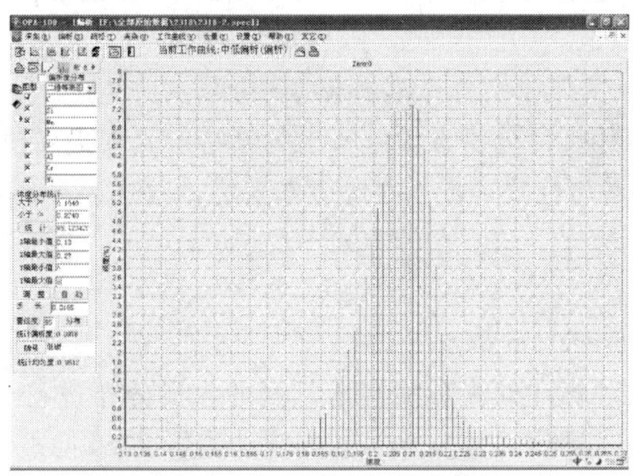

图4　含量-频度分布图

3.14

含量分段区间统计结果　statistic results in different content range

以某一规定含量段为基准，整个扫描区域中不同含量段内的位置含量数据相对于整个扫描区域所有位置含量数据的权重比率(见图5)。含量分段区间统计结果同时显示中位值和95%置信度下的置信区间。

分段区间统计结果

统计区间	统计值(%)
[0.1300,0.1465)	0.04
[0.1465,0.1630)	0.07
[0.1630,0.1795)	0.33
[0.1795,0.1960)	10.54
[0.1960,0.2125)	64.26
[0.2125,0.2290)	22.39
[0.2290,0.2455)	1.78

置信区间计算结果

置信度：95%　　置信区间：[0.1848，0.2252]

中位值：0.2066

图5　含量分段区间统计结果

3.15

区域含量-频度分布图　regional content-frequency distribution

在扫描范围内任一给定的区域(如图A.6方框内区域)，也可进行含量-频度统计计算。即以位置含量为横坐标，以该区域内特定位置含量相对该区域内全部位置含量数据的权重比率为纵坐标的含量-频度分布图(见图6)。

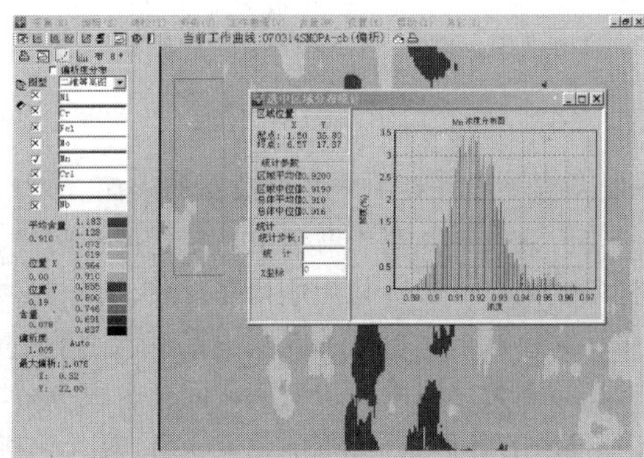

图6　区域含量-频度分布图

3.16

最大偏析度　maximum segregation degree

在样品分析面内，某元素的最大偏析度有两种计算方式：点最大偏析度 $M(x,y)$ 与微区最大偏析度 $M(\mathrm{s})$。

点最大偏析度 $M(x,y)$ 以用统计分析方法解析出的某特定元素最高位置含量 c_m 与总体平均位置含量 $\bar{c}$ 的比值来表示，见式(1)：

$$M(x,y)=c_m/\bar{c} \quad \cdots\cdots(1)$$

微区最大偏析度 $M(\mathrm{s})$ 以用统计分析方法解析出的某特定元素最高位置含量为中心的 1 mm² 面积内的平均位置含量 c_s 与总体平均位置含量 $\bar{c}$ 的比值来表示，见式(2)：

$$M(\mathrm{s})=c_s/\bar{c} \quad \cdots\cdots(2)$$

3.17

统计偏析度　statistic segregation degree（*S*）

在样品扫描范围内，以数理统计方法对某特定元素的含量分布进行解析，求得该元素 95% 置信度下，以含量中位值为中心的含量置信区间为 $[c_1, c_2]$ 的统计偏析度 S，见式(3)：

$$S=\frac{c_2-c_1}{2c_0} \quad \cdots\cdots(3)$$

式中：

c_0——含量中位值；

c_1、c_2——含量置信区间的上、下限。

统计偏析度数值越大，偏析越严重；无偏析时，统计偏析度为 0。

3.18

统计符合度　statistic fitting degree

在分析区域内，某元素所有位置含量与所规定的含量(或含量范围)一致性的百分比。

3.19

夹杂物状态分析　inclusion state analysis

当待测金属样品中存在夹杂物时，会产生异常单次火花放电，其信号强度的高低以及其频度能够表征夹杂物的粒度及含量。通过不同元素异常信号的合成，可进行不同种类夹杂物的定量分析。

3.20

表观致密度　apparent density（D_j）

在扫描区域内，单次放电位置处各元素含量 c_i 之和。

$$D_j=\sum c_i$$

3.21

平均表观致密度　average apparent density（*D*）

在扫描区域内，N 个位置的表观致密度平均值。

$$D=\sum D_j/N$$

4　原理

块状样品经铣床或磨样机制备出平整且具一定清晰纹路的表面。采用金属放电电极对相对运动的样品实施连续的火花激发放电，将所激发的火花光谱色散成特定波长的线状光谱。高速、实时记录单次火花放电的位置和光谱信号，将单次火花信号转化为电信号，输入信号存储器。对选用的参比线和分析线的发射谱线强度进行测量，用计算机对上述单次火花放电的线状光谱进行统计分布分析。根据标准样品制作的校准曲线，求出分析样品测量区域内各待测元素的化学成分分布。经过含量统计分布分析，得到用于评价各元素含量分布和偏析的各种指标：特定位置含量、最大偏析度、含量二维等高图、含量三维视图、含量频度分布图、含量线分布图、统计符合度及统计偏析度等。

5 仪器

金属原位分析仪主要由以下单元组成。

5.1 激发光源

激发光源是能提供一个能量可控、并能长时间连续放电的光源装置。

5.2 连续激发台

能够放置和激发大样品，并能支持其连续移动的激发平台。该装置可使用高纯氩气进行气氛保护。

5.3 对电极

采用45°顶角纯钨电极，直径为3 mm。每个实验室根据分析样品数量的具体情况确定更换对电极的时间。

5.4 分光计

分光计的一级光谱色散的倒数应小于0.6 nm/mm，焦距为0.75 m～1.0 m，波长范围为170.0 nm～400.0 nm。分光计的真空度应在3 Pa以下。

5.5 分光单元

由准直透镜、入射狭缝、凹面光栅以及出射狭缝组成，光经过准直透镜进入入射狭缝、凹面光栅分光，由出射狭缝系统选择各自元素的特征谱线，整套光路系统均在真空系统下运行。

5.6 信号高速采集系统

信号高速采集系统由光电倍增管、高压板、放大板和高速采集板(A/D板)组成，此系统可以高速采集放电区域内的所有单次火花的激发信号。该系统高速连续采集由连续激发光源对待测样品放电所产生的大量单次火花信号强度，并加以存储。

5.7 扫描系统

试样扫描方式为线性面扫描，沿 X 轴方向连续扫描，扫描速度为1 mm/s；Y 轴方向为平移方式，间隔为2 mm。

5.8 数据处理系统

由于一个火花脉冲包含多个单次放电，每个单次放电信号与放电位置的状态相关。该系统将由高速采集系统采集存储的大量单次火花信号强度进行数理统计分析，即可得到与原始位置相对应的元素成分位置含量分布及相关缺陷状态分布的信息。

该统计分析方法处理系统以含量二维等高图、含量三维视图、含量线分布图、含量-频度分布图、致密度分布图以及夹杂物分布图来直观表征待测元素在样品中的分布规律，并以平均含量、最大偏析度、统计偏析度、统计符合度、平均表观致密度以及夹杂物含量来表征元素的分布规律。

6 取制样

6.1 取样

按分析要求，从试样待分析部位截取形状规整以方便夹持的样品，分析面通常包含某些特征区域如板坯的中心、方坯的中心等。

6.2 制样

样品的切割和表面处理：采用线切割或锯床对样品进行切割，制备出尺寸合适的样品。然后用铣床对样品表面进行加工。铣完后的样品表面应平整、纹路清晰，并保持洁净。没有铣床时，按分析样品的要求配置磨样设备，磨样材料为氧化铝或氧化锆，粒度为0.25 mm～0.40 mm。

7 标准样品、标准化样品和控制样品

7.1 标准样品

标准样品用于在原位统计分布分析中绘制校准曲线。标准样品中各分析元素含量应有适当的梯

度，且化学定值准确，无物理缺陷。所选择的标准样品应尽可能与被测样品的类型接近。标准样品的扫描面积一般为 20 mm×20 mm。

7.2 标准化样品

标准化样品用于校正仪器的漂移。标准化样品应非常均匀，并要有适当的含量。当使用两点标准化时，其含量分别取每个元素校准曲线上限和下限附近的含量。

7.3 控制样品

控制样品是与分析样品有相似的冶金加工过程和化学成分且成分分布均匀的样品。必要时，可用于对分析样品测定结果进行校正，以控制测定结果的准确性。

8 分析测量

8.1 环境要求

放置金属原位分析仪的实验室应防震、洁净，一般室内温度应保持在 25 ℃左右，在同一个标准化周期内室内温度变化不超过 3 ℃，相对湿度应在 40%～70%。

8.2 电极的更换和调整

电极应定期清理、更换，并用定距规调整其间隙的距离，使其保持正常工作状态。

8.3 光学系统的检查

聚光镜应定期清理，光路应定期校准。

8.4 仪器的稳定

为使仪器工作稳定，开始工作前应使激发光源有适当的通电时间，使光室和激发平台加热至恒温，分光计的真空度达 3 Pa 以下。

长时间停机后重新开机，一般应保证通电时间不少于 8 h。

分析工作前先激发一块样品，确保仪器稳定后开始分析。

8.5 标准样品及工作条件的选择

根据样品的种类、化学成分，选择标准样品、标准化样品。

根据样品的种类、化学成分，选择参比线、分析线、激发参数等工作条件。

8.6 校准曲线的绘制

在选定的工作条件下，扫描激发一系列标准样品。以每个待测元素的绝对强度或相对强度与标准样品中该元素的含量绘制校准曲线。

8.7 校准曲线的标准化

应定期采用标准化样品对校准曲线进行标准化，标准化的间隔时间取决于仪器的稳定性。必要时，可进一步使用与待测样品成分、冶炼工艺类似的控制样品。

8.8 测定结果的控制

对标准样品进行扫描测定，确定分析结果的准确性和可靠性。

8.9 样品分析

根据需要确定分析样品的取样区和扫描区。采用与绘制校准曲线相同的工作条件对样品进行激发并保存数据。

9 结果的表述

根据各元素的绝对强度或相对强度，从校准曲线上计算出扫描区域内各元素含量。通过成分统计分布分析，得到扫描分析范围内用于评价各元素分布的各种指标：特定位置含量、最大偏析度、含量二维等高图、含量三维视图、含量-频度分布图、含量线分布曲线、统计符合度及统计偏析度等。

参 考 文 献

GB/T 14203—1993 钢铁及合金光电发射光谱分析法通则

ICS 71.080
G 18

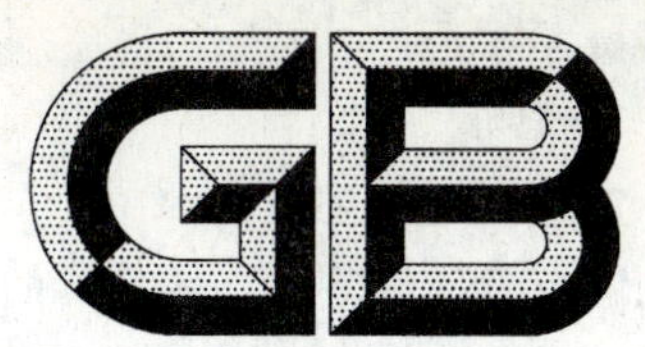

中华人民共和国国家标准

GB/T 24214—2009

煤焦油水分快速测定方法

Quick determination method of water content in coal tar

2009-07-08 发布　　2010-04-01 实施

中华人民共和国国家质量监督检验检疫总局
中国国家标准化管理委员会　发布

前　言

本标准由中国钢铁工业协会提出。

本标准由全国钢标准化技术委员会归口。

本标准起草单位:山西焦化股份有限公司、冶金工业信息标准研究院。

本标准主要起草人:鲁庆、张建忠、朱林才、王月英、孙伟、赵发宝、许红萍。

煤焦油水分快速测定方法

警告:本品为易燃有毒品,试验操作过程中应做好相应的防护。试验方法中使用的试剂具有毒性,操作者必须小心谨慎。

1 范围

本标准规定了煤焦油中水分测定的原理、试样的采取、仪器和试剂、试验步骤、试验结果计算及试验误差。

本标准适用于高温煤焦油中水分的测定。

2 规范性引用文件

下列文件中的条款通过本标准的引用而成为本标准的条款。凡是注日期的引用文件,其随后所有的修改单(不包括勘误的内容)或修订版均不适用于本标准,然而,鼓励根据本标准达成协议的各方研究是否可使用这些文件的最新版本。凡是不注日期的引用文件,其最新版本适用于本标准。

GB/T 1999 焦化油类产品取样方法

GB/T 8170 数值修约规则与极限数值的表示和判定

3 方法原理

煤焦油试样与电石按一定比例混合,在不断搅拌的条件下,其中的水分与电石反应生成乙炔,用量气管收集,根据产生的气体体积计算水分含量。

化学反应方程式:$CaC_2+2H_2O=Ca(OH)_2+C_2H_2\uparrow$

4 仪器、试剂和材料

4.1 仪器

4.1.1 气体发生瓶:由硬质玻璃制成,平底,磨口,容积 250 mL,配 9 号胶塞。

4.1.2 量气管:500 mL、分度值 5 mL。

4.1.3 电石称量管:容积约 5 mL。

4.1.4 普通玻璃温度计:0 ℃~100 ℃,分度值 1 ℃。

4.1.5 缓冲瓶:500 mL。

4.1.6 水准瓶:500 mL。

4.1.7 天平:分度值 0.01 g。

4.1.8 磁力搅拌器:具有加热功能,搅拌速度可控。

4.2 试剂和材料

所用试剂,在没有注明其他要求时,均指分析纯试剂。

4.2.1 电石:发气量(L/kg)≥300,粒度<0.2 mm。

4.2.2 甲苯:分析纯。

4.2.3 医用药棉。

4.2.4 玻璃管(连接用)。

4.2.5 乳胶管(连接用)。

5 试样的采取

试样的采取按 GB/T 1999 规定进行。

6 试验步骤

水分测定装置连接如图1所示：

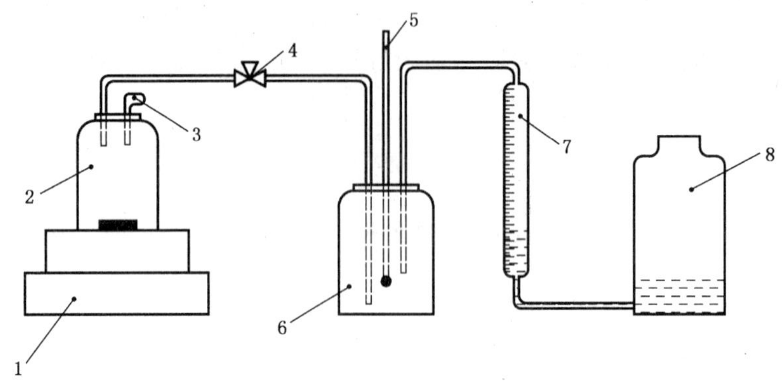

1——磁力搅拌器；
2——气体发生瓶；
3——电石称量管；
4——三通阀；
5——温度计；
6——缓冲瓶；
7——量气管；
8——水准瓶。

图1 水分测定装置示意图

6.1 用气体发生瓶称取5 g煤焦油试样(称准至0.01 g)，并将磁棒放入气体发生瓶中。

6.2 在电石称量管中称约3 g电石。

6.3 把三通阀置于与大气连通部位，用水准瓶调整量气管液面至零位后关闭三通阀。

6.4 将气体发生瓶瓶塞自由落下后盖严，迅速把三通阀转至与气体发生瓶和量气管的连通部位。

6.5 开启磁力搅拌器，使煤焦油中的水分与电石充分反应，待量气管液面不再变化时，读取产生的气体体积。

6.6 读取大气压和温度。

6.7 用棉花、甲苯把气体发生瓶清洗干净、备用。

注：当煤焦油黏度较大时，开启磁力搅拌器的加热装置，适当加热(约50 ℃)，待气体逸尽后，用冷水冷却气体发生瓶至室温，使其产生的气体温度与室温一致。

7 结果计算

水分的质量分数M，以%表示，按式(1)计算：

$$M=\frac{\frac{(P-P_{w})V}{1\,013.25RT}\times 2M_{H_2O}}{m}\times 100 \quad \cdots\cdots(1)$$

式中：

V——操作条件下所测的气体体积，单位为升(L)；

P——操作条件下所测的大气压力，单位为百帕(hPa)；

P_w——操作条件下水的饱和蒸气压，单位为百帕(hPa)；

M_{H_2O}——水的摩尔质量，单位为克每摩尔(g/mol)；

R——常数0.082 L/(K·mol)；

T——操作条件下的气体温度,单位为开尔文(K);

m——试样质量,单位为克(g)。

报告取两次平行测定结果的算术平均值,修约到小数点后一位。数值修约按 GB/T 8170 规定进行。

8 试验误差

8.1 水分小于5%时,同一化验室误差不超过0.2%。

8.2 水分大于5%时,同一化验室误差不超过0.5%。

ICS 77.140.65
H 49

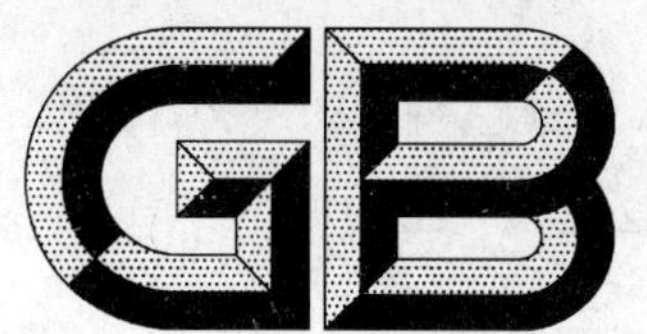

中华人民共和国国家标准

GB/T 24215—2009

桥梁主缆缠绕用低碳热镀锌圆钢丝

Hot-dip galvanized steel wires for bridge cables wrap

2009-07-08 发布　　　　2010-04-01 实施

中华人民共和国国家质量监督检验检疫总局
中国国家标准化管理委员会　发布

前　　言

本标准由中国钢铁工业协会提出。

本标准由全国钢标准化技术委员会归口。

本标准主要起草单位：贵州钢绳股份有限公司、法尔胜集团公司、中交公路规划设计院有限公司、冶金工业信息标准研究院。

本标准主要起草人：黄忠渠、林德均、董东、孟凡超、彭运动、王玲君、戴石锋。

桥梁主缆缠绕用低碳热镀锌圆钢丝

1 范围

本标准规定了桥梁主缆缠绕用低碳热镀锌圆钢丝的尺寸、外形及允许偏差、技术要求、试验方法、验收规则、包装、标志及质量证明书、储存和运输。

本标准适用于悬索桥、斜拉桥的主缆缠绕用低碳热镀锌圆钢丝(以下简称钢丝)。

2 规范性引用文件

下列文件中的条款通过本标准的引用而成为本标准的条款。凡是注日期的引用文件,其随后所有的修改单(不包括勘误的内容)或修订版均不适用于本标准。然而,鼓励根据本标准达成协议的各方研究是否可使用这些文件的最新版本。凡是不注日期的引用文件,其最新版本适用于本标准。

GB/T 228　金属材料　室温拉伸试验方法

GB/T 238　金属材料　线材　反复弯曲试验方法

GB/T 239　金属线材扭转试验方法

GB/T 470—2008　锌锭

GB/T 701　低碳钢热轧圆盘条

GB/T 1839　钢产品镀锌层质量试验方法

GB/T 2103—2008　钢丝验收、包装、标志及质量证明书的一般规定

GB/T 2976　金属材料　线材　缠绕试验方法

GB/T 4354　优质碳素钢热轧盘条

GB/T 8653　金属杨氏模量、弦线模量、切线模量和泊松比试验方法(静态法)

3 订货内容

按本标准订货的合同应包含下列内容:

1) 本标准号;

2) 产品名称;

3) 产品规格;

4) 数量(重量);

5) 抗拉强度;

6) 其他要求。

4 尺寸、外形、重量及允许偏差

4.1 尺寸

钢丝的公称直径、允许偏差及不圆度应符合表1的规定。

表1　钢丝直径和不圆度

单位为毫米

公称直径,d	允许偏差	不圆度
$3.2 \leqslant d \leqslant 4.5$	±0.10	≤0.10

4.2 外形

4.2.1 每盘应由一根钢丝组成,线盘中应用明显的标志标出钢丝头的位置。

4.2.2 钢丝盘应规整，不应有影响使用的扭曲。

4.3 重量

钢丝每盘重量一般不小于 120 kg。经供需双方协议，也可供应其他重量。

5 技术要求

5.1 原料

5.1.1 钢丝应用符合 GB/T 4354 或 GB/T 701 或其他相应牌号的盘条制造，牌号由供方选择，但其硫、磷含量各不大于 0.025%。

5.1.2 镀锌用锌锭应符合 GB/T 470—2008 中 Zn99.995 或 Zn99.99 牌号的规定。

5.2 力学性能和工艺性能

5.2.1 钢丝力学性能和工艺性能应符合表 2 的规定。

表 2 力学性能和工艺性能

公称直径，d/mm	抗拉强度/(N/mm^2) 不小于	弯曲次数		扭转次数/(次/360°) 不小于	断后伸长率/% L=100 mm 不小于	弹性模量/GPa 不小于	屈服强度/(N/mm^2) 不小于
		次数/180° 不小于	弯曲半径/mm				
$3.2 \leqslant d < 3.8$	520	10	10	28	12	145	350
$3.8 \leqslant d \leqslant 4.5$	500		15				

5.2.2 经双方协议，可供其他抗拉强度的钢丝。

5.3 锌层质量

5.3.1 锌层重量

钢丝的锌层重量应不小于 300 g/m^2。

5.3.2 锌层牢固性

镀锌钢丝的锌层应牢固。钢丝在 3 倍于钢丝公称直径的芯棒上紧密缠绕 8 圈，镀锌层不应开裂。

5.4 表面质量

钢丝表面的镀锌层应光滑、连续、均匀。不得有油渍或其他残留物。

5.5 接头

每盘钢丝中允许有一个电焊接头，电接头应磨光，电接处的抗拉强度应大于 350 N/mm^2，有这种电接头的钢丝盘，应不超过交货量的 5%。

6 试验方法

6.1 表面质量的检查

钢丝的表面质量采用目测方法检查。

6.2 尺寸的测量

钢丝的直径应用测量最小分度值为 0.01 mm 的量具进行测量。钢丝直径是指在同一横截面互相垂直的方向上，两次测量所得直径的算术平均值。测量不圆度，取钢丝同一横截面上最大直径与最小直径之差。

6.3 其他项目的试验

钢丝其他项目的试验方法应符合表 3 规定。

表 3 检验项目和取样数量

序号	试验项目	取样数量	取样部位	试验方法
1	抗拉强度	100%	钢丝盘的一端	GB/T 228
2	弯曲性能	100%		GB/T 238
3	扭转试验	100%		GB/T 239
4	屈服强度	每批任取 5%,但不少于 3 盘		GB/T 228
5	断后伸长率	每批任取 10%,但不少于 5 盘		GB/T 228
6	弹性模量	每批任取 5%,但不少于 3 盘		GB/T 8653
7	镀锌重量	每批任取 10%,但不少于 5 盘		GB/T 1839
8	锌层附着力	每批任取 5%,但不少于 3 盘		GB/T 2976

7 检验规则

7.1 检查和验收

钢丝的检查和验收由供方技术监督部门进行;需方有权按本标准进行验收。

7.2 组批规则

钢丝应成批验收。每批由同一牌号、同一尺寸、同一强度级别的钢丝组成。

7.3 取样数量和取样部位

试验的取样数量和取样部位应符合表 3 规定。

7.4 复验与判定

复验与判定规则应符合 GB/T 2103—2008 中的规定。

8 包装、标志及质量证明书

8.1 钢丝应成批交货。包装方法应符合 GB/T 2103—2008 中 B 类型的规定,或根据供需双方协议,采用其他的包装方法。

8.2 标志及质量证明书应符合 GB/T 2103—2008 的规定。

9 储存和运输

9.1 钢丝应在清洁、干燥、并在防雨防潮湿条件下储存。

9.2 钢丝应用良好平稳的机械或人工装卸,整齐堆垛。

9.3 钢丝在中途转运过程中应放在干燥地,底层用干燥垫木垫好,上面用雨布封严,防止受潮。

ICS 71.080.99
G 18

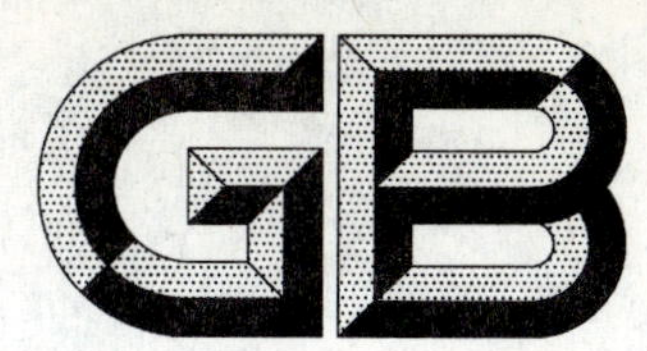

中华人民共和国国家标准

GB/T 24216—2009

2009-07-08 发布　　2010-04-01 实施

中华人民共和国国家质量监督检验检疫总局
中国国家标准化管理委员会　发布

前　　言

本标准由中国钢铁工业协会提出。

本标准由全国钢标准化技术委员会归口。

本标准起草单位:山西焦化股份有限公司、冶金工业信息标准研究院。

本标准主要起草人:鲁庆、张建忠、王月英、朱林才、孙伟、郭爱宏、许红萍。

轻　　油

1　范围

本标准规定了轻油的技术要求、试验方法、检验规则、包装、标志、运输、贮存和质量证明书、安全要求等内容。

本标准适用于高温煤焦油蒸馏所制得的轻油馏分。

2　规范性引用文件

下列文件中的条款通过本标准的引用而成为本标准的条款。凡是注日期的引用文件，其随后所有的修改单(不包括勘误的内容)或修订版均不适用于本标准，然而，鼓励根据本标准达成协议的各方研究是否可使用这些文件的最新版本。凡是不注日期的引用文件，其最新版本适用于本标准。

GB 190　危险货物包装标志

GB/T 1999　焦化油类产品取样方法

GB/T 2281　焦化油类产品密度试验方法

GB/T 2282　焦化轻油类产品馏程的测定

GB/T 8170　数值修约规则与极限数值的表示和判定

GB/T 9977　焦化产品术语

GB/T 18589　焦化产品蒸馏试验的气压补正方法

GB/T 24207　洗油酚含量的测定方法

3　术语和定义

GB/T 9977 中的术语和定义适用于本标准。

4　技术要求

4.1　轻油的技术指标应符合表1的规定。

表1　轻油的技术指标

项　　目		要　求
外观		无色、淡黄色或褐色液体
密度(20 ℃)/(g/cm³)		0.865～0.900
馏程(101.325 kPa)		
初馏点/℃	≤	95
180 ℃前馏出量(体积分数)/%	≥	90.0
酚含量(体积分数)/%	≤	4.0
水分		室温(18 ℃～25 ℃)下目测无可见的不溶解的水

4.2 需方对产品质量另有要求时，由供需双方协商。

5 试验方法

5.1 密度的测定

按照 GB/T 2281 规定进行。

5.2 馏程的测定

按照 GB/T 2282 规定进行，气压补正按照 GB/T 18589 规定进行。

5.3 酚含量的测定

按照 GB/T 24207 规定进行。

5.4 水分的测定

5.4.1 将试样在室温(18 ℃～25℃)下放置 1 h，目测有无不溶解的水。

5.4.2 罐车中水层高度的测定：将牙膏涂于铜管管端，伸管于罐车的底部，并保持垂直位置 2 min～3 min 后取出，测定管端牙膏被水溶解的高度，即为水层高度。

5.5 外观的测定

采用目测方法。将试样置于内径 22 mm 的无色透明玻璃试管中，观测其颜色。

6 检验规则

6.1 轻油的质量检验由供方质量监督检验部门进行，需方有权按本标准对收到的轻油产品进行质量验收。

6.2 试样的采取按 GB/T 1999 规定进行。

6.3 产品以批为单位进行检验，以每次产品的发运量确定为一个检验批。

6.4 检验结果中如果有一项指标不符合本标准的要求，应重新采取试样对该不符合项进行复验，复验结果仍然不符合本标准的指标要求时，则整批产品判为不合格。

6.5 罐车中轻油的水层高度超过 5 mm，不得发货。当产品运至需方时，如超过上述规定，由供需双方协商解决。

6.6 数值修约按照 GB/T 8170 规定进行。

6.7 若发生质量争议时，应在收到货物 30 d 内由供需双方协商解决或通过仲裁解决。

7 包装、标志、运输、贮存和质量证明书

7.1 产品应装入洁净、干燥的罐车中，由供方将罐车口严加密封后发给需方。每批出厂的产品须附有产品合格证。

7.2 产品属“易燃液体”，包装容器上须有危险化学品标志，标志须符合 GB 190 的有关规定。包装容器上应有明显、牢固的标识。

7.3 产品属于“易燃液体”，在运输和贮存过程中要远离火种、热源，注意通风，防止泄漏。

7.4 每批出厂产品应附有一定格式的质量证明书，其内容包括：生产厂名称、厂址、产品名称、总质量、净质量、车号、批号或生产日期、商标、本标准编号等。

7.5 生产企业须提供本产品的危险化学品安全技术说明书(MSDS)和安全标签。

8 安全注意事项

8.1 本产品属“易燃液体”，作业人员在操作时必须穿戴防护用品。

8.2 本产品失火需用沙土、泡沫、干粉、二氧化碳灭火。

8.3 本产品一旦泄露会对环境造成影响，应识别其环境影响，并加以控制。

8.4 泄漏至环境中的本品要采取适当措施加以回收利用，无法回收时须进行无害化处理。

ICS 71.080.90
G 18

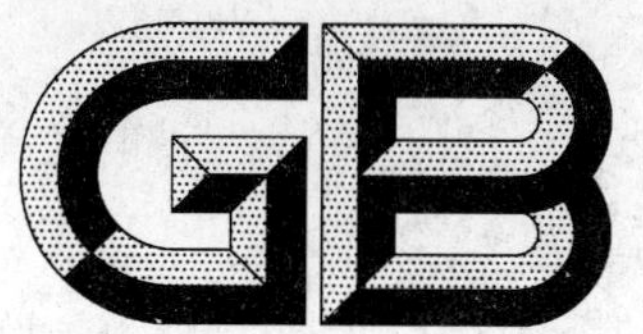

中华人民共和国国家标准

GB/T 24217—2009

洗　　油

Washing oil

2009-07-08 发布　　　　2010-04-01 实施

中华人民共和国国家质量监督检验检疫总局
中国国家标准化管理委员会　发布

前　言

本标准由中国钢铁工业协会提出。

本标准由全国钢标准化技术委员会归口。

本标准起草单位:本溪钢铁(集团)有限责任公司、冶金工业信息标准研究院。

本标准主要起草人:李静怡、王立敏、张险峰、王玉杰、孙伟。

洗　　油

1　范围

本标准规定了洗油的技术要求、检验规则、试验方法、运输、贮存和质量证明书。

本标准适用于分馏高温煤焦油所得，用于吸收焦炉煤气中苯及其同系物的洗油。

2　规范性引用文件

下列文件中的条款通过本标准的引用而成为本标准的条款。凡是注日期的引用文件，其随后所有的修改单（不包括勘误的内容）或修订版均不适用于本标准，然而，鼓励根据本标准达成协议的各方研究是否可使用这些文件的最新版本。凡是不注日期的引用文件，其最新版本适用于本标准。

GB/T 2281　焦化油类产品密度测定方法

GB/T 2288　焦化产品水分测定方法

GB/T 1999　焦化油类产品取样方法

GB/T 8170　数值修约规则与极限数值的表示和判定

GB/T 9977　焦化产品术语

GB/T 18255　焦化粘油类产品馏程的测定

GB/T 18589　焦化产品蒸馏试验的气压补正方法

GB/T 24207　洗油酚含量的测定方法

GB/T 24208　洗油萘含量的测定方法

GB/T 24209　洗油黏度的测定方法

GB/T 24206　洗油 15 ℃结晶物的测定方法

3　术语和定义

GB/T 9977 确定的术语和定义适用于本标准。

4　技术要求

4.1　洗油的技术要求应符合表 1 的规定：

表 1

项　　目		要　　求	
		一等品	合格品
密度(20 ℃)/(g/cm³)		1.03～1.06	1.03～1.06
馏程(大气压 101.3 kPa)			
230 ℃前馏出量(体积分数)/%	不大于	3	3
270 ℃前馏出量(体积分数)/%	不小于	70	—
300 ℃前馏出量(体积分数)/%	不小于	90	90
酚含量(体积分数)/%	不大于	0.5	0.5
萘含量(质量分数)/%	不大于	10	15
水分含量(质量分数)/%	不大于	1.0	1.0
黏度 E_{50}	不大于	1.5	—
15 ℃结晶物		无	无

4.2 需方对质量指标另有要求时，由供需双方协商解决。

5 检验规则

5.1 洗油的质量检验由供方质量监督部门进行，需方有权按本标准对收到的洗油进行质量验收。

5.2 试样的采取按 GB/T 1999 规定进行。

5.3 数值修约按 GB/T 8170 规定进行。

6 试验方法

6.1 密度的测定按 GB/T 2281 规定进行。

6.2 水分的测定按 GB/T 2288 规定进行。

6.3 馏程的测定按 GB/T 18255 规定进行。气压补正按 GB/T 18589 规定进行。

6.4 酚含量的测定按 GB/T 24207 规定进行。

6.5 萘含量的测定按 GB/T 24208 规定进行。

6.6 黏度的测定按 GB/T 24209 规定进行。

6.7 15 ℃结晶物的测定按 GB/T 24206 规定进行。

7 运输、贮存和质量证明书

7.1 产品装入洁净的槽车或铁桶中发给需方。

7.2 每批出厂的产品都应附有质量证明书。证明书内容应包括：产品名称、产品标准编号、供方名称、地址、批号、车号、发货日期和本标准规定的各项检验结果。

7.3 本产品是可燃性液体遇火能燃烧，在贮存和运输过程中应远离火源和火种。

ICS 59.080.30
W 04

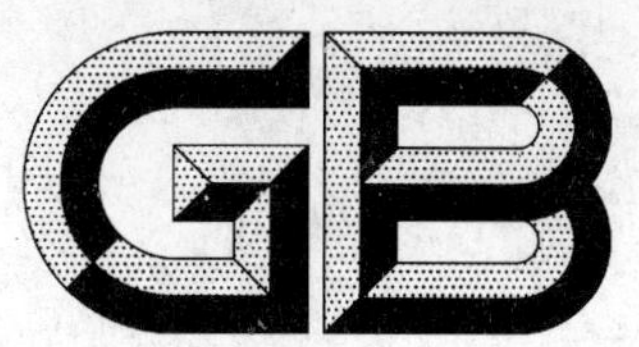

中华人民共和国国家标准

GB/T 24218.1—2009

纺织品　非织造布试验方法
第1部分：单位面积质量的测定

Textiles—Test methods for nonwovens—
Part 1：Determination of mass per unit area

(ISO 9073-1：1989，MOD)

2009-06-19 发布　　2010-02-01 实施

中华人民共和国国家质量监督检验检疫总局
中国国家标准化管理委员会　发布

前　言

GB/T 24218《纺织品　非织造布试验方法》分为以下部分：

——第1部分：单位面积质量的测定；

——第2部分：厚度的测定；

——第3部分：断裂强力和断裂伸长率的测定(条样法)；

——第5部分：耐机械穿透性的测定(钢球顶破法)；

——第6部分：吸收性的测定；

——第8部分：液体穿透时间的测定(模拟尿液)；

——第10部分：落絮的测定；

——第11部分：溢流量的测定；

——第12部分：受压吸收性的测定；

——第13部分：液体多次穿透时间的测定；

——第14部分：包覆材料返湿量的测定；

——第15部分：透气性的测定；

——第16部分：抗渗水性的测定(静水压法)；

——第17部分：渗水性的测定(喷淋冲击法)；

——第18部分：断裂强力和断裂伸长率的测定(抓样法)；

——第101部分：抗生理盐水性能的测定(梅森瓶法)。

本部分为GB/T 24218的第1部分。

GB/T 24218《纺织品　非织造布试验方法》的上述部分(第101部分除外)与ISO 9073系列标准的相应部分对应。

与ISO 9073的第4部分、第7部分和第9部分相对应的国家标准情况如下：

——GB/T 3917.3《纺织品　织物撕破性能　第3部分：梯形试样撕破强力的测定》(GB/T 3917.3—1997，eqv ISO 9073-4:1989)；

——GB/T 18318.1《纺织品　弯曲性能的测定　第1部分：斜面法》(ISO 9073-7:1995，MOD)；

——GB/T 23329《纺织品　织物悬垂性的测定》(GB/T 23329—2009，ISO 9073-9:2008，MOD)。

本部分修改采用ISO 9073-1:1989《纺织品　非织造布试验方法　第1部分：单位面积质量的测定》。

本部分根据ISO 9073-1:1989重新起草，与ISO 9073-1:1989的主要差异如下：

——规范性引用文件中的国际标准替换为相应的国家标准，取消了对ISO 186的引用；

——修改了取样方法；

——删除了第9章试验报告中的f)“所用的调湿标准大气”。

本部分由中国纺织工业协会提出。

本部分由全国纺织品标准化技术委员会基础标准分会(SAC/TC 209/SC 1)归口。

本部分主要起草单位：纺织工业南方科技测试中心、纺织工业标准化研究所。

本部分主要起草人：张敏洁、董翔、徐杰、斯颖。

纺织品　非织造布试验方法
第1部分:单位面积质量的测定

1　范围

GB/T 24218的本部分规定了非织造布单位面积质量的试验方法。

2　规范性引用文件

下列文件中的条款通过GB 24218的本部分的引用而成为本部分的条款。凡是注日期的引用文件,其随后所有的修改单(不包括勘误的内容)或修订版均不适用于本部分,然而,鼓励根据本部分达成协议的各方研究是否可使用这些文件的最新版本。凡是不注日期的引用文件,其最新版本适用于本部分。

GB/T 4669　纺织品　机织物　单位长度质量和单位面积质量的测定(GB/T 4669—2008,ISO 3801:1977,MOD)

GB/T 6529　纺织品　调湿和试验用标准大气(GB/T 6529—2008,ISO 139:2005,MOD)

3　原理

测定试样的面积及质量,并计算试样单位面积上的质量,单位为克每平方米(g/m^2)。

4　仪器

4.1　试样裁剪器,从以下器具中选取:

4.1.1　圆刀裁样器,裁剪的试样面积至少为50 000 mm^2。

4.1.2　方形模具,面积至少为50 000 mm^2(如250 mm×200 mm),并配有裁刀。

4.1.3　钢尺,分度值为1 mm,并配有裁刀。

4.2　天平,误差范围在测量质量的±0.1%之间。

5　取样

按产品标准的规定或相关方协商确定取样方法。

注1:按有关方协商确定,不同种类的非织造布的取样尺寸也有所不同。由于许多非织造布的非均质性,试样尺寸最好不小于4.1中所规定的尺寸。

注2:宜注意到非织造布取样所引起的误差可能会大于试验误差。

注3:此取样方法要考虑样品的不匀性(各个方向的差异性,主要是横向和纵向结构),因此,取样方法宜经有关方同意并在报告中注明。

6　试样的制备和调湿

6.1　使用圆刀裁样器(4.1.1),或使用方形模具和裁刀(4.1.2)从样品上裁取至少三个试样,每个试样的面积至少为50 000 mm^2。

若提供的样品不足以裁取规定尺寸的试样,则尽可能裁取最大尺寸的矩形试样,用钢尺(4.1.3)测量试样的面积。

注:虽然不推荐这么做,但有关双方可以达成协议采用较小的测试面积,此情况宜在试验报告中说明。

若要求得出变异系数,则试样个数至少为5个。

6.2 依据 GB/T 6529 的规定对试样进行调湿。

7 试验步骤

在标准大气下(见 GB/T 6529)用天平(4.2)称量每个试样的质量。

8 结果表达

计算每个试样单位面积的质量,以及平均值,单位为克每平方米(g/m^2)。如果需要,计算变异系数,以百分率表示。

9 试验报告

试验报告应包括下列内容:

a) 说明试验是按本部分方法进行的;

b) 样品的描述;

c) 试验结果;

d) 单位面积质量的平均值,单位为克每平方米(g/m^2);

e) 如果需要,给出变异系数,以百分率表示;

f) 任何偏离本部分的细节。

ICS 59.080.30
W 04

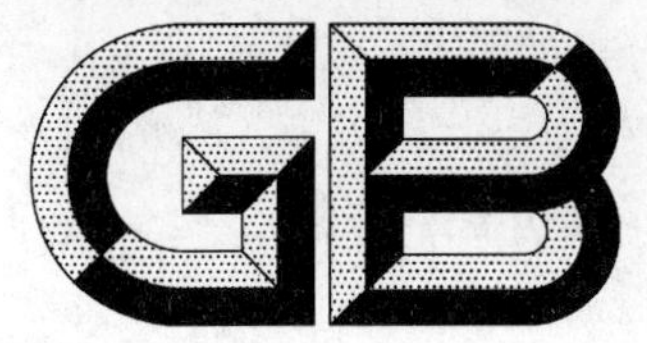

中华人民共和国国家标准

GB/T 24218.2—2009

纺织品　非织造布试验方法
第2部分:厚度的测定

Textiles—Test methods for nonwovens—
Part 2:Determination of thickness

(ISO 9073-2:1995,MOD)

2009-06-19 发布　　2010-02-01 实施

中华人民共和国国家质量监督检验检疫总局
中国国家标准化管理委员会　发布

前　言

GB/T 24218《纺织品　非织造布试验方法》分为以下部分：

——第1部分：单位面积质量的测定；

——第2部分：厚度的测定；

——第3部分：断裂强力和断裂伸长率的测定(条样法)；

——第5部分：耐机械穿透性的测定(钢球顶破法)；

——第6部分：吸收性的测定；

——第8部分：液体穿透时间的测定(模拟尿液)；

——第10部分：落絮的测定；

——第11部分：溢流量的测定；

——第12部分：受压吸收性的测定；

——第13部分：液体多次穿透时间的测定；

——第14部分：包覆材料返湿量的测定；

——第15部分：透气性的测定；

——第16部分：抗渗水性的测定(静水压法)；

——第17部分：渗水性的测定(喷淋冲击法)；

——第18部分：断裂强力和断裂伸长率的测定(抓样法)；

——第101部分：抗生理盐水性能的测定(梅森瓶法)。

本部分为GB/T 24218的第2部分。

GB/T 24218《纺织品　非织造布试验方法》的上述部分(第101部分除外)与ISO 9073系列标准的相应部分对应。

与ISO 9073的第4部分、第7部分和第9部分相对应的国家标准情况如下：

——GB/T 3917.3《纺织品　织物撕破性能　第3部分：梯形试样撕破强力的测定》(GB/T 3917.3—1997，eqv ISO 9073-4：1989)；

——GB/T 18318.1《纺织品　弯曲性能的测定　第1部分：斜面法》(ISO 9073-7：1995，MOD)；

——GB/T 23329《纺织品　织物悬垂性的测定》(GB/T 23329—2009，ISO 9073-9：2008，MOD)。

本部分修改采用ISO 9073-2：1995《纺织品　非织造布试验方法　第2部分：厚度的测定》。

本部分根据ISO 9073-2：1995重新起草，与ISO 9073-2：1995的主要差异如下：

——删除了引言；

——规范性引用文件中的国际标准替换为相应的国家标准，取消了对ISO 186的引用；

——第6章中修改了取样方法，删除了注；

——删除了试验报告中的“调湿大气”及“参照试样的描述”。

本部分由中国纺织工业协会提出。

本部分由全国纺织品标准化技术委员会基础标准分会(SAC/TC 209/SC 1)归口。

本部分主要起草单位：纺织工业南方科技测试中心、纺织工业标准化研究所。

本部分主要起草人：张敏洁、董翔、须绿萍、斯颖。

纺织品　非织造布试验方法
第2部分：厚度的测定

1　范围

GB/T 24218的本部分规定了在一定的压力下测定常规和蓬松类非织造布厚度的试验方法。

2　规范性引用文件

下列文件中的条款通过GB/T 24218的本部分的引用而成为本部分的条款。凡是注日期的引用文件，其随后所有的修改单(不包括勘误的内容)或修订版均不适用于本部分，然而，鼓励根据本部分达成协议的各方研究是否可使用这些文件的最新版本。凡是不注日期的引用文件，其最新版本适用于本部分。

GB/T 6529　纺织品　调湿与试验用标准大气(GB/T 6529—2008,ISO 139:2005,MOD)

3　术语和定义

下列术语和定义适用于GB/T 24218的本部分。

3.1

蓬松类非织造布　bulky nonwoven

当施加压强从0.1 kPa增加至0.5 kPa时，其厚度的变化率达到或超过20%的非织造布。

3.2

厚度　thickness

非织造布正反两面之间的距离，即测量放置非织造布的基准板和与其平行并对非织造布施加压力的压脚之间的距离。

4　原理

将非织造布试样放置在水平基准板上，用与基准板平行的压脚对试样施加规定压力，将基准板与压脚之间的垂直距离作为试样厚度。

5　仪器

5.1　对于常规类非织造布

5.1.1　两个水平圆形板，由压脚(上圆形板)及基准板(下圆形板)组成。压脚可上下移动，并与基准板保持平行，压脚表面面积为2 500 mm^2；基准板表面直径至少大于压脚直径50 mm。

5.1.2　测量装置，可显示压脚与基准板之间的距离，分度值为0.01 mm。

5.2　对于最大厚度为20 mm的蓬松类非织造布

注：图1列举了适宜的试验装置。

5.2.1　竖直基准板，其面积为1 000 mm^2；压脚，其面积为2 500 mm^2。试样被竖直悬挂在基准板与压脚之间。

5.2.2　弯肘杆，有两个等长的杆臂，与基准板相联。当未放上平衡物(5.2.4)时，可通过另一对应平衡物使弯肘杆在左侧施加一个很小的力，以达到平衡。弯肘杆的几何构造需能使平衡物提供0.02 kPa的压强。

5.2.3　电接触，当闭合时，使小灯泡发亮。

5.2.4　平衡物，质量为 2.05 g±0.05 g。当平衡物存在时，会使接触点(5.2.3)分离，小灯泡熄灭。

5.2.5　螺旋，转动螺旋使压脚向左移动对试样施加压力，压力逐渐增大直至克服平衡物所产生的力使小灯泡发亮。

5.2.6　刻度表，显示基准板与压脚间的距离，即规定压力下的试样厚度，单位为毫米(mm)。

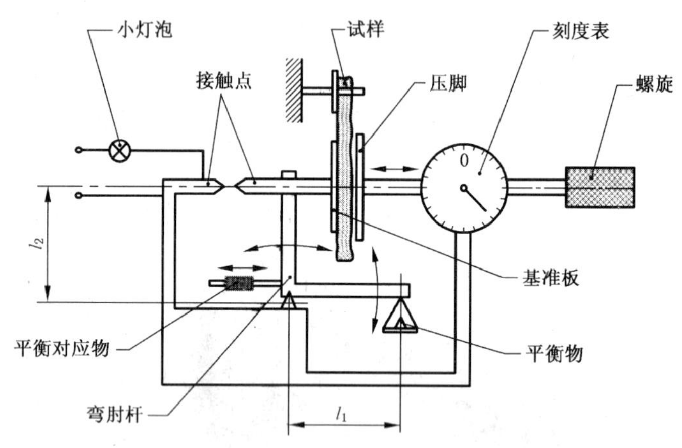

$l_2 = l_1$

图 1　用于最大厚度为 20 mm 的蓬松类非织造布的试验装置

5.3　对于厚度大于 20 mm 的蓬松类非织造布

注：图 2 列举了适宜的试验装置。

5.3.1　水平方形基准板，表面光滑，面积为 300 mm×300 mm。在其一边的中心位置有垂直刻度尺 M，刻度为毫米(mm)。刻度尺上装有水平测量臂 B，可上下移动。水平测量臂上装有可调竖直探针 T，距离刻度尺为 100 mm。

注：使用时，为使测量板不接触刻度尺，可调垂直探针宜在测量板中心的上方。

5.3.2　方形测量板 P，由玻璃制成，面积为(200±0.2)mm×(200±0.2)mm，质量为 82 g±2 g，厚度为 0.7 mm。可以通过增加重物提供 0.02 kPa 的压强。

注：如需增加额外的重物，宜使重物对称分布在测量板上，以使测量板受力均匀。

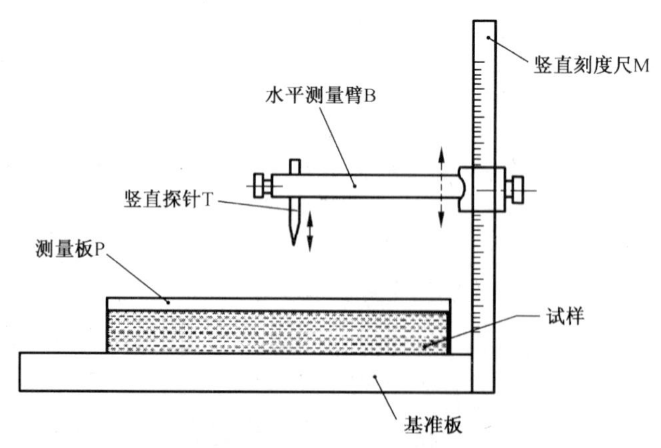

图 2　蓬松类非织造布厚度测定装置

5.4　秒表

6　取样

按产品标准相关规定或有关方协议取样，并确保试样上无明显疵点和褶皱。

7　试样制备和调湿

7.1　如果尚未确定使用哪种试验方法[A、B或C(见第9章)]，则剪取10块准备试样，每块试样面积均大于2 500 mm^2，调湿后，执行第8章的步骤。

7.2　对于常规非织造布，裁剪10块试样，每块试样面积均大于2 500 mm^2。

7.3　对于最大厚度为20 mm的蓬松类非织造布，裁剪10块试样，每块试样面积均为(130±5)mm×(80±5)mm。

7.4　对于厚度大于20 mm的蓬松类非织造布，裁剪10块试样，每块试样面积为(200±0.2)mm×(200±0.2)mm。

7.5　依据GB/T 6529的规定对试样进行调湿。

8　预试验

8.1　在试验用标准大气(见GB/T 6529)下进行试验。

8.2　使用5.1中所述的装置，调整压脚上的载荷达到0.1 kPa的均匀压强，并调节仪器示值为零。

8.3　抬起压脚，在无张力状态下将准备试样(7.1)放置在基准板上，确保试样对着压脚的中心位置，降低压脚直至接触到试样。

8.4　保持10 s，调节仪器测定样品厚度，记录读数，单位为毫米(mm)。

8.5　对其余9块试样重复进行以上步骤。

8.6　调整压脚上的载荷达到0.5 kPa的均匀压强，并调节仪器示值为零。对相同的10块试样重复进行测量。

8.7　计算每块准备试样在压强为0.1 kPa和0.5 kPa时所得结果的变化率(即压缩率)，并确定其平均厚度。

注：建议定期用已知厚度的试样来校正试验设备。

8.8　若非织造布试样的压缩率小于20%，则按照9.1(方法A)进行试验；反之，则根据试样的厚度是小于20 mm还是大于20 mm，来确定按照9.2(方法B)或9.3(方法C)进行试验。

注：对于不同的样品，需用相同的方法进行对比试验。

9　试验步骤

9.1　方法A(用于常规非织造布)

9.1.1　在试验用标准大气(见GB/T 6529)下进行试验。

9.1.2　使用5.1中所述的装置，调整压脚上的载荷达到0.5 kPa的均匀压强，并调节仪器示值为零。

9.1.3　抬起压脚，在无张力状态下将试样(7.2)放置在基准板上，确保试样对着压脚的中心位置。

9.1.4　降低压脚直至接触试样，保持10 s。

9.1.5　调节仪器测量样品厚度，记录读数，单位为毫米(mm)。

9.1.6　对其余9块试样重复进行以上步骤。

9.2　方法B(用于最大厚度为20 mm的蓬松类非织造布)

9.2.1　在试验用标准大气(见GB/T 6529)下进行试验。

9.2.2　使用5.2中所述的装置，当2.05 g±0.05 g的平衡物被放置好后，检查装置的灵敏度，并确定指针是否在零位。

9.2.3　向右移动压脚，将试样固定在支架上，以使试样悬挂在基准板和压脚之间。

9.2.4 转动螺旋,使压脚缓慢向左移动直至小灯发亮。

9.2.5 10 s后,在刻度表上读取厚度值,用毫米(mm)表示,精确至0.1 mm。

注:如果在10 s内试样进一步压缩导致接触点分离,则在读取厚度值前先调整压脚位置使小灯再次发亮。

9.2.6 对其余9块试样重复进行以上步骤。

9.3 方法C(用于厚度大于20 mm的蓬松类非织造布)

9.3.1 在试验用标准大气(见GB/T 6529)下进行试验。

9.3.2 使用5.3中所述的装置,将测量板放在水平基板上,如果需要,调整探针高度,使其刚好接触到测量板中心时,刻度尺上的读数为零。

9.3.3 试样中心对着探针,测量板完整地放置在试样上而不施加多余压强。

9.3.4 10 s后,向下移动测量臂直至探针接触到测量板表面,从刻度尺上读取厚度值,用毫米(mm)表示,精确至0.5 mm。

9.3.5 其余9块试样重复进行以上步骤。

10 结果表达

用测得的10个数据计算非织造布的平均厚度,单位为毫米(mm)。如果需要,计算变异系数。

11 试验报告

试验报告应包括以下内容:

a) 说明试验是按本部分进行的;

b) 样品描述;

c) 非织造布的平均厚度,用毫米(mm)表示;如果需要,给出变异系数;

d) 选择的试验方法;

e) 试验中的异常现象或任何偏离本部分的细节。

ICS 59.080.30
W 55

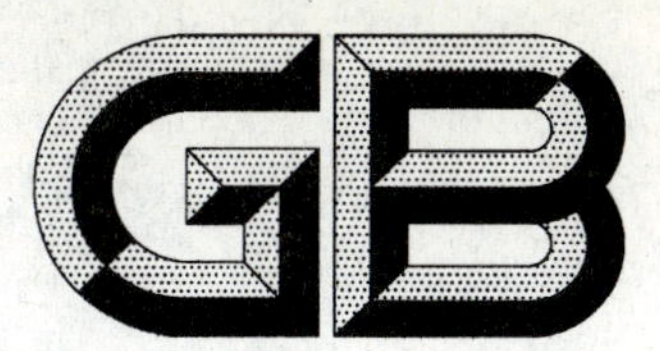

中华人民共和国国家标准

GB/T 24219—2009

机织过滤布泡点孔径的测定

Determination of ebullition aperture of woven filtering fabric

2009-06-19 发布 2010-02-01 实施

中华人民共和国国家质量监督检验检疫总局
中国国家标准化管理委员会 发布

前　言

本标准由中国纺织工业协会提出。

本标准由全国纺织品标准化技术委员会基础标准分会(SAC/TC 209/SC 1)归口。

本标准主要起草单位:中国产业用纺织品行业协会、辽宁天泽产业集团纺织有限公司、辽东学院。

本标准主要起草人:张明光、李桂梅、魏雪梅、梁红艳。

机织过滤布泡点孔径的测定

1 范围

本标准规定了用泡点法测定机织过滤布孔径的方法。

本标准适用于机织过滤布。

2 术语和定义

下列术语和定义适用于本标准。

2.1

泡点孔径 ebullition aperture

滤布一侧的气体穿过滤布到达另一侧的水中而产生气泡，用此方法计算出的滤布孔径。

2.2

最大泡点孔径 maximum ebullition aperture

当气体穿过滤布到达水中产生第一串气泡时的泡点孔径。

注：理论上，试样表面出现第一串气泡时测定的孔径为最大泡点孔径，但在实际操作中，往往几串气泡几乎同时出现，要正确记录第一串的压差比较困难，故通常记录出现 3～5 串气泡时的压差来计算最大孔径。

2.3

沸腾泡点孔径 boiling ebullition aperture

气体大量穿过滤布到达水中，产生大量气泡，水的表面呈沸腾状时的泡点孔径。

3 原理

对气体加压，使其穿过滤布的孔隙，到达滤布另一侧的水中产生气泡。滤布孔隙不同，产生气泡所施加的压力也不同。通过测量产生气泡的压力计算滤布的孔径。

4 仪器和设备

4.1 过滤布泡点孔径测定装置示意图见图 1。

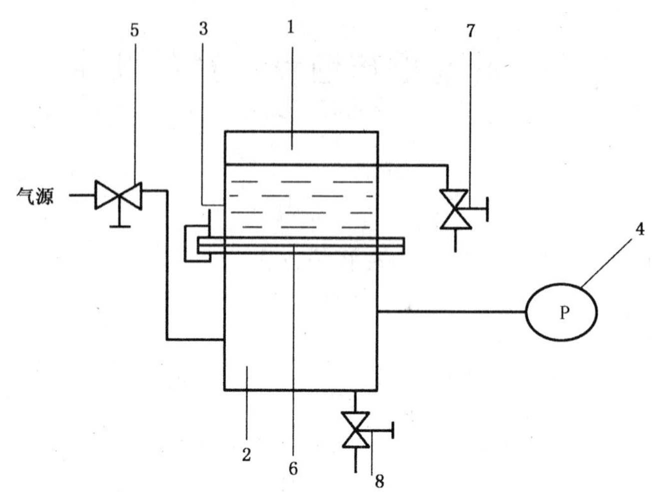

1——上筒体；

2——下筒体；

3——法兰夹扣(夹具)；

4——压力计；

5——进气调节阀；

6——试样；

7——溢流阀；

8——排水阀。

图1 滤布泡点孔径测定装置示意图

4.2 上筒体：在上筒体注水，产生0.6 kPa的静水压。

4.3 下筒体：通入加压空气，当压力达到一定值时，气体穿过滤布，在上筒体的水中形成气泡。

4.4 法兰夹扣(夹具)：能使上、下筒体平整地固定试样，并保证试样边缘不漏气、不漏水。

4.5 压力计或压力表：连接于下筒体，能指示下筒体内的压力。

4.6 气流平稳注入装置(空压机)：能使空气进入下筒体，并使空气透过试样在水中产生气泡。

4.7 试验用水：蒸馏水或离子交换水。

5 试样

5.1 根据产品标准规定的程序或有关各方的协议取样。

5.2 选择有代表性的滤布，在距滤布两边各1/10幅宽处，沿滤布幅宽方向均匀裁取5个试样，试样尺寸与上下筒体大小相适应。

6 步骤

6.1 将试样置于水中，使其充分浸透。

6.2 将试样夹持在上筒体和下筒体之间，使上、下筒体和试样不漏水、漏气。测试点应避开布边及折皱处，夹样时只用镊子夹住试样的边缘移动试样，不允许用手指触摸被测试样的表面。

6.3 在上筒体内注入试验用水，使其产生稳定的静水压，压强为0.6 kPa。

6.4 启动气流平稳注入装置(空压机)，使空气缓慢注入下筒体，使下筒体内气体的升压速率控制在1 960 Pa/min～2 450 Pa/min(200 mmH_2O/min～250 mmH_2O/min)之间。

6.5 当试样表面出现3～5串气泡时，记录气体压强 p_1，以此压强计算最大泡点孔径；然后继续缓慢地升压，试样上的气泡逐渐增多，当观察到液体呈沸腾状时，记录气体压强 p_2，以此压强计算气体的沸腾孔径。

6.6　在同样的条件下，测定 5 个试样，记录气体压强。

7　结果的计算和表示

7.1　试样的泡点孔径按式(1)计算。

$$D=\frac{4\sigma\cos\theta}{p_{气}-p_{水}} \quad \cdots\cdots(1)$$

式中：

D——试样孔隙的泡点孔径，单位为微米(μm)；

σ——水的表面张力，单位为毫牛每米(mN/m)；(σ=73.35 mN/m)

θ——水与试样孔壁的接触角，单位为度(°)或弧度(rad)；(测定前试样已用水浸透，所以试样与水的接触角 $\theta=0°$，$\cos\theta=1$)

$p_{气}$——气体的压强，单位为帕(Pa)；

$p_{水}$——水柱的静压强，单位为帕(Pa)。

7.2　试样的最大泡点孔径按 7.1 中式(1)计算，其中 $p_{气}=p_1$，并计算五个试样的算术平均值.试验结果保留三位有效数字。

7.3　试样的沸腾泡点孔径按 7.1 中式(1)计算，其中 $p_{气}=p_2$，并计算五个试样的算术平均值，试验结果保留三位有效数字。

8　试验报告

试验报告应包括以下内容：

a)　本标准的编号；

b)　试样名称、型号；

c)　所用大气条件、水温；

d)　采用的试样面积；

e)　采用的静水压力；

f)　各个试验的结果、计算结果及其平均值，根据合同需要注明最大泡点孔径和沸腾泡点孔径；

g)　试验日期。

ICS 73.060.30
D 33

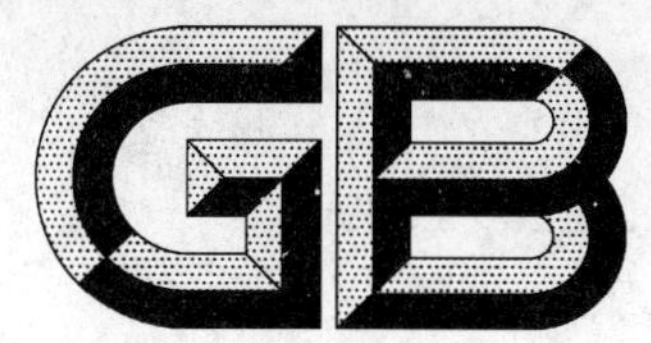

中华人民共和国国家标准

GB/T 24220—2009

铬矿石 分析样品中湿存水的测定 重量法

Chromium ores—Determination of hygroscopic moisture content in analytical samples—Gravimetric method

(ISO 6129:1981,MOD)

2009-07-15 发布 2010-04-01 实施

中华人民共和国国家质量监督检验检疫总局
中国国家标准化管理委员会 发布

前　言

本标准修改采用 ISO 6129:1981《铬矿石　分析样品中湿存水的测定　重量法》(英文版)。

本标准与 ISO 6129:1981 相比较，主要做了如下修改：

——在第 2 章“规范性引用文件”中用国家标准代替对应的国际标准；

——增加了第 5 章“取样和制样”；

——增加了第 9 章“试验报告”。

本标准由中国钢铁工业协会提出。

本标准由全国生铁及铁合金标准化技术委员会归口。

本标准起草单位：中华人民共和国天津出入境检验检疫局、冶金工业信息标准研究院、宁波检验检疫科学技术研究院。

本标准主要起草人：魏红兵、冯宇新、谷松海、李安民、陈焱、王虹、苏明跃、应海松、陈自斌。

铬矿石　分析样品中湿存水的测定　重量法

警告——使用本标准的人员应有正规实验室工作的实践经验。本标准并未指出所有可能的安全问题。使用者有责任采取适当的安全和健康措施，并保证符合国家有关法律法规规定的条件。

1　范围

本标准规定了重量法测定铬矿石分析样品中湿存水含量。

本标准适用于铬矿石分析样品湿存水含量的测定。

本标准规定的铬矿石分析样品湿存水含量测定应与铬矿石分析样品中其他成分测定同时进行，本标准应遵守 GB/T 24228 的有关规定。

2　规范性引用文件

下列文件中的条款通过本标准的引用而成为本标准的条款。凡是注日期的引用文件，其随后所有的修改单(不包括勘误的内容)或修订版均不适用于本标准，然而，鼓励根据本标准达成协议的各方研究是否可使用这些文件的最新版本。凡是不注日期的引用文件，其最新版本适用于本标准。

GB/T 24228　铬矿石和铬精矿　化学分析方法　通则(GB/T 24228—2009，ISO 6629:1981，MOD)

GB/T 24243　铬矿石　采取份样(GB/T 24243—2009，ISO 6153:1989，IDT)

ISO 6154　铬矿石　样品制备

3　原理

将在空气中预干燥的试料置于 105 ℃～110 ℃的干燥箱中干燥至恒量，干燥前后的质量变化量即为湿存水的质量。

4　仪器

一般实验室仪器及下述器皿、设备：

4.1　称量瓶，直径不小于 5 cm，并配有严密的磨口盖。

4.2　干燥箱，能保持温度在 105 ℃～110 ℃范围内。

5　取样和制样

分析用实验室样品应按 GB/T 24243、ISO 6154 进行取样和制样，粒度应小于 100 μm。

6　分析步骤

6.1　试料

在 105 ℃～110 ℃的干燥箱(4.2)中预干燥称量瓶(4.1)和磨口盖，称量。向称量瓶内称取 5 g 已在空气中预干燥的试料，准确至 0.000 2 g，平摊在称量瓶中。

6.2　测定

将盛有试料(6.1)的称量瓶(4.1)敞口放于 105 ℃～110 ℃的干燥箱(4.2)内干燥 1 h，从干燥箱中取出，立即盖上磨口盖，放入干燥器中冷却 20 min～30 min。从干燥器中取出称量瓶，轻轻打开磨口盖，再迅速盖上，然后称量。

重复干燥(每次 30 min)、冷却和称量操作直到两个连续的质量差不超过 0.000 5 g 为止。如果重复干燥后试料的质量增加，那么将增加前的质量作为最终质量。

7 结果计算

按式(1)计算分析样品湿存水含量 $w(H_2O)$(质量分数)，用百分数表示(%)：

$$w(H_2O)=\frac{m_1-m_2}{m_0}\times 100 \qquad \cdots\cdots(1)$$

式中：

m_1——干燥前称量瓶、试料和磨口盖的质量，单位为克(g)；

m_0——试料的质量，单位为克(g)；

m_2——干燥后称量瓶、试料和磨口盖的质量，单位为克(g)。

8 允许差

实验室内分析结果的差应不大于表1所列允许差。

表1 允许差

%

分析样品湿存水含量(质量分数)	允许差
0.10～0.20	0.02
>0.20～0.40	0.03
>0.40～0.80	0.05
>0.80～1.60	0.08
>1.60～3.20	0.12
>3.20～5.00	0.20

9 试验报告

试验报告应包括下列信息：

a) 测试实验室名称和地址；

b) 试验报告发布日期；

c) 本标准的编号；

d) 试样本身必要的详细说明；

e) 分析结果；

f) 测定过程中存在的任何异常特性和在本标准中没有规定的可能对试样的分析结果产生影响的任何操作。

ICS 73.060.30
D 33

中华人民共和国国家标准

GB/T 24221—2009

铬矿石　钙和镁含量的测定 EDTA 滴定法

Chromium ores—Determination of calcium and magnesium contents—EDTA titrimetric method

(ISO 5975:1983,MOD)

2009-07-15 发布　　2010-04-01 实施

中华人民共和国国家质量监督检验检疫总局
中国国家标准化管理委员会　发布

前　言

本标准修改采用ISO 5975:1983《铬矿石　钙和镁含量的测定　EDTA滴定法》(英文版),为了方便比较,在附录A中列出了本国家标准条款和国际标准条款的对照一览表。

考虑到实际操作过程中的需要,本标准在采用国际标准时进行了修改。这些技术性差异用垂直单线标识在它们所涉及的条款的页边空白处。在附录B中给出了技术性差异及其原因的一览表以供参考。

本标准与ISO 5975:1983相比较,主要做了如下修改:

——在“2　规范性引用文件”中用国家标准代替对应的国际标准;

——7.4.1条款增加了灼烧时间要求;

——7.5条款用六次甲基四胺和铜试剂代替了氨水分离干扰元素;

——7.6条款用钙黄绿素和百里酚酞混合指示剂代替了钙黄绿素指示剂;

——增加了“6　取样和制样”条款;

——增加了“7.1　测定次数”条款;

——增加了“10　试验报告”条款。

本标准的附录A和附录B是资料性附录。

本标准由中国钢铁工业协会提出。

本标准由全国生铁及铁合金标准化技术委员会归口。

本标准起草单位:中华人民共和国天津出入境检验检疫局、冶金工业信息标准研究院、宁波检验检疫科学技术研究院。

本标准主要起草人:魏红兵、杨丽飞、谷松海、王振坤、马德起、苏明跃、陈少鸿、陈自斌。

铬矿石　钙和镁含量的测定 EDTA滴定法

警告——使用本标准的人员应有正规实验室工作的实践经验。本标准并未指出所有可能的安全问题。使用者有责任采取适当的安全和健康措施，并保证符合国家有关法律法规规定的条件。

1　范围

本标准规定了EDTA滴定法测定铬矿石中钙和镁含量。

本标准适用于铬矿石中钙和镁含量的测定。测定范围（质量分数）：钙0.1%～3.20%，镁3.0%～12.00%，本标准应遵守GB/T 24228的有关规定。

2　规范性引用文件

下列文件中的条款通过本标准的引用而成为本标准的条款。凡是注日期的引用文件，其随后所有的修改单（不包括勘误的内容）或修订版均不适用于本标准，然而，鼓励根据本标准达成协议的各方研究是否可使用这些文件的最新版本。凡是不注日期的引用文件，其最新版本适用于本标准。

GB/T 6682　分析实验室用水规格和试验方法（GB/T 6682—2008，ISO 3696：1987，MOD）

GB/T 12805　实验室玻璃仪器　滴定管（GB/T 12805—1991，neq ISO 385：1984）

GB/T 12806　实验室玻璃仪器　单标线容量瓶（GB/T 12806—1991，eqv ISO 1042：1983）

GB/T 12808　实验室玻璃仪器　单标线吸量管（GB/T 12808—1991，eqv ISO 648：1977）

GB/T 24228　铬矿石和铬精矿　化学分析方法　通则（GB/T 24228—2009，ISO 6629：1981，MOD）

GB/T 24220　铬矿石　分析样品中湿存水的测定　重量法（GB/T 24220—2009，ISO 6129：1981，MOD）

GB/T 24243　铬矿石　采取份样（GB/T 24243—2009，ISO 6153：1989，IDT）

ISO 6154　铬矿石　样品制备

3　原理

试料用硝酸、高氯酸分解。对于难分解铬矿石，过滤，未溶残渣灰化后用氢氟酸处理，碳酸钠熔融，将熔融液与主液合并。以铬酰氯蒸馏形式除去铬。用六次甲基四胺、铜试剂沉淀分离铁、钛、铝等干扰元素。移取部分试液，以钙黄绿素和百里酚酞为混合指示剂，用EDTA标准溶液滴定钙（pH≥12.5）。移取第二部分试液，以铬黑T为指示剂，用EDTA标准溶液滴定钙镁总量（pH10）。用差减法计算镁含量。

4　试剂

除非另有说明，仅使用认可的分析纯试剂和蒸馏水或与其纯度相当的水，符合GB/T 6682的规定。

4.1　碳酸钠，无水或在500 ℃预灼烧至恒重。

4.2　氯化钾。

4.3　六次甲基四胺。

4.4　盐酸，ρ1.19 g/mL。

4.5　盐酸，1+1。

4.6 盐酸，1+3。

4.7 盐酸，1+100。

4.8 硝酸，ρ1.40 g/mL。

4.9 高氯酸，ρ1.67 g/mL。

4.10 氢氟酸，ρ1.13 g/mL。

4.11 硫酸，1+1。

4.12 氨水，ρ0.91 g/mL。

4.13 乙醇，精馏。

4.14 氢氧化钠溶液，400 g/L，用预先煮沸 30 min 的冷蒸馏水制备新溶液。

4.15 硫酸镁溶液，0.025 mol/L。

称取 3.009 3 g 预先在 220 ℃±10 ℃烘至恒重的硫酸镁，溶解于水中，转移至 1 000 mL 容量瓶中，稀释至刻度，混匀。

4.16 氯化镁溶液，0.025 mol/L。

称取 0.607 7 g 光谱纯金属镁置于 400 mL 烧杯中，缓慢加入 60 mL～70 mL 盐酸溶液(4.6)，使镁全部溶解，冷却，转移至 1 000 mL 容量瓶中，稀释至刻度，混匀。

4.17 重铬酸钾溶液，5 g/L。

4.18 铜试剂溶液，20 g/L，现用现配。

4.19 缓冲溶液，pH 值为 10。

称取 68 g 氯化铵溶解于 400 mL 水中，加入 570 mL 氨水(4.12)以水稀释至 1 000 mL，混匀。

4.20 乙二胺四乙酸二钠(EDTA)标准溶液，0.025 mol/L。

4.20.1 乙二胺四乙酸二钠(EDTA)标准溶液的配制

称取 9.3 g EDTA 置于 400 mL 烧杯中，加入 250 mL～300 mL 水，于 50 ℃～60 ℃加热溶解。过滤于 1 000 mL 容量瓶中。用水稀释至刻度，混匀。

4.20.2 乙二胺四乙酸二钠(EDTA)标准溶液的标定

移取 20.00 mL 硫酸镁溶液(4.15)或氯化镁溶液(4.16)于 500 mL 锥形瓶中，用水稀释至 100 mL，加入 30 mL 缓冲溶液(4.19)，2 mL 重铬酸钾溶液(4.17)及 0.1 g～0.15 g 铬黑 T 指示剂(4.25)在不断搅拌下用 EDTA 标准溶液(4.20.1)缓慢滴定至溶液由酒红色变为蓝色为终点。建议将该滴定过的溶液留用作为滴定终点判断的参比溶液。同时做试剂空白试验。

按式(1)计算 EDTA 标准溶液对镁的滴定度：

$$T_{\mathrm{Mg}} = \frac{m_1 \times 20.00}{V_1 - V_2} \qquad \cdots\cdots(1)$$

式中：

T_{Mg}——1 mL EDTA 标准溶液(4.20)相当于镁的质量，单位为克每毫升(g/mL)；

m_1——1 mL 硫酸镁溶液(4.15)或氯化镁溶液(4.16)中镁的质量，单位为克(g)；

V_1——滴定时消耗 EDTA 标准溶液(4.20)的体积，单位为毫升(mL)；

V_2——滴定空白试验溶液时消耗 EDTA 标准溶液(4.20)的体积，单位为毫升(mL)。

按式(2)计算 EDTA 标准溶液对钙的滴定度：

$$T_{\mathrm{Ca}} = 1.648\ 5 \times T_{\mathrm{Mg}} \qquad \cdots\cdots(2)$$

式中：

T_{Ca}——1 mL EDTA 标准溶液(4.20)相当于钙的质量，单位为克每毫升(g/mL)；

1.648 5——镁换算成钙的系数。

4.21 乙二胺四乙酸二钠(EDTA)标准溶液，0.012 5 mol/L。

移取 250 mL EDTA 标准溶液(4.20)于 500 mL 容量瓶中，用水稀释至刻度，混匀。

4.22　乙二胺四乙酸二钠(EDTA)标准溶液,0.005 mol/L。

移取 100 mL EDTA 标准溶液(4.20)于 500 mL 容量瓶中,用水稀释至刻度,混匀。

4.23　孔雀绿溶液($C_{23}H_{25}ClN_2$),2 g/L 的乙醇溶液(4.13)。

4.24　钙黄绿素($C_{30}H_{26}N_2O_{13}$)和百里酚酞($C_{28}H_{30}O_4$)混合指示剂,0.1 g 钙黄绿素、0.1 g 百里酚酞与 10 g 氯化钾混合并于研钵内研细。

4.25　铬黑 T 指示剂($C_{20}H_{12}N_3NaO_7S$),0.1 g 铬黑 T 指示剂与 10 g 氯化钾混合并于研钵内研细。

5　仪器

实验室常用设备仪器。滴定管、单标线容量瓶和单标线吸量管应分别符合 GB/T 12805、GB/T 12806 和 GB/T 12808 的规定。

光电滴定计、实验室常规玻璃滴定管及其他合适的手动、自动滴定仪均可使用。

6　取样和制样

6.1　实验室样品

分析用实验室样品应按 GB/T 24243、ISO 6154 进行取样和制样,粒度应小于 100 μm。

6.2　预干燥试样的制备

将实验室样品充分混合,采用份样缩分法取样。按照 GB/T 24220 中的规定,将试样在 105 ℃～110 ℃的温度下进行干燥至少 1 h。

7　分析步骤

7.1　测定次数

对同一预干燥试样,至少独立测定 2 次。

注:"独立"一词是指再次及后续任何一次测定结果不受前面测定结果的影响。本分析方法中,此条件意味着同一操作者在不同的时间或不同操作者进行重复测定,包括采用适当的再校准。

7.2　试料量

称取约 0.25 g 试料(6.2),准确至 0.000 2 g。

7.3　空白试验和验证试验

按照所有的分析步骤随同试料进行空白试验,同时分析同类型标准样品做验证试验。

7.4　试料的分解

7.4.1　将试料(7.2)置于 250 mL 烧杯中,用少许水润湿试料(7.2),加入 5 mL 硝酸(4.8)和 50 mL 高氯酸(4.9)盖上表面皿,加热至出现高氯酸浓白烟。

加热使高氯酸烟雾保持 10 min～15 min,冷却,用水冲洗烧杯壁及表面皿,再次加热至高氯酸烟雾出现,继续加热 10 min～15 min。重复上述操作直至试料充分溶解。

7.4.2　当试料难以完全溶解的情况下,向烧杯中加入 5 mL～10 mL 盐酸(4.4),30 mL～40 mL 水,加热至盐类溶解。用盛有少量无灰纸浆的中速滤纸过滤残渣,用热盐酸溶液(4.7)洗涤滤纸上的残渣 10 次～12 次,再用温水洗涤滤纸,直到不呈现酸性为止。将洗涤液与滤液合并,并作为主液保留。

将不溶残渣与滤纸置于铂坩埚中,干燥、灰化,并于 800 ℃～900 ℃灼烧 10 min～20 min。取出冷却,滴加几滴水润湿残渣,加入 3 滴～4 滴硫酸(4.11),2 mL～3 mL 氢氟酸(4.10),加热至完全除去硫酸,在 700 ℃～800 ℃灼烧 10 min～20 min。

取出冷却,加入 3 g～4 g 碳酸钠(4.1),在 1 000 ℃～1 100 ℃下熔融 10 min～20 min。用 20 mL～30 mL 热盐酸(4.7)浸出熔块,将此溶液与主液合并。

7.5　测试溶液的制备

将 7.4 所得溶液(7.4.1,7.4.2)蒸发至高氯酸烟出现。

移开表面皿沿烧杯壁小心逐滴加入盐酸(4.4),直至铬酰氯棕黄色烟雾停止释放为止,此时铬被还原为三价。盖上表面皿继续加热溶液至铬完全被氧化,重复蒸馏铬酰氯除去大量的铬(直到溶液接近无色为止),蒸发溶液至近干。

加入 5 mL～7 mL 盐酸(4.4)和 30 mL～40 mL 水,加热使盐类溶解。冷却,用水洗烧杯壁及表面皿。

用热水将溶液稀释至 80 mL～100 mL,边搅拌,边滴加氢氧化钠溶液(4.14)至溶液刚好析出沉淀,再滴加盐酸(4.5)至沉淀刚好溶解,加入 3 g 六次甲基四胺(4.3)混匀,在充分搅拌下,加入 25 mL 铜试剂溶液(4.18),冷却至室温,移入 250 mL 容量瓶中,以水稀释至刻度,混匀,干过滤,弃去初流滤液。

7.6 钙含量的测定

移取 100.00 mL 测试液(7.5)于 500 mL 锥形瓶中,加入 3 滴或 4 滴孔雀绿溶液(4.23),在剧烈搅拌下,分多次加入少量氢氧化钠溶液(4.14)直至溶液无色并过量 8 mL～10 mL,用水稀释至 200 mL～250 mL,加入 0.1 g～0.15 g 钙黄绿素和百里酚酞混合指示剂(4.24),用 EDTA 标准溶液目视判定法滴定或使用光电滴定计滴定。当钙含量范围为 0.1%～1.0%(质量分数)时,使用 EDTA 溶液(4.22);当钙含量大于 1.0%(质量分数)时,使用 EDTA 溶液(4.21),直到溶液由荧光绿色消失变成亮紫色为终点。

注:电位滴定仪的操作应遵循操作说明。

7.7 钙和镁含量的测定

移取 100.00 mL 测试液(7.5)于 500 mL 锥形瓶中,加入 30 mL 缓冲溶液(4.19),2 mL 重铬酸钾溶液(4.17),100 mL～150 mL 水及 0.1 g～0.15 g 铬黑 T 指示剂(4.25),在不断搅拌下,用 EDTA 标准溶液(4.20)滴定至溶液由酒红色变成蓝色为终点。建议样品滴定过程的颜色变化与参比溶液(4.20.2)的颜色相比较,以获得准确的终点。

8 结果计算

8.1 钙含量的计算

按式(3)计算钙含量 $w(\mathrm{Ca})$(质量分数),用百分数表示(%):

$$w(\mathrm{Ca}) = \frac{(V_3 - V_4) \times f \times T_{\mathrm{Ca}} \times 100}{m_2} \times K \quad \cdots\cdots (3)$$

式中:

V_3——测定钙含量(7.6)所消耗的 EDTA 标准溶液(4.21 或 4.22)的体积,单位为毫升(mL);

V_4——滴定钙含量相应空白试验溶液所消耗的 EDTA 标准溶液(4.21 或 4.22)的体积,单位为毫升(mL);

f——0.005 mol/L 或 0.012 5 mol/L 的 EDTA 标准溶液转换为 0.025 mol/L 的 EDTA 标准溶液的系数;

在 0.005 mol/L EDTA 标准溶液的情况下,f=0.2;

在 0.012 5 mol/L EDTA 标准溶液的情况下,f=0.5;

T_{Ca}——按照 4.20.2 计算出的 EDTA 标准溶液(4.20.1)对钙的滴定度,单位为克每毫升(g/mL);

m_2——测定钙含量(7.6)所分取试液相当的试料量,单位为克(g);

K——以干态计的钙含量的换算因子。

8.2 镁含量的计算

按式(4)计算镁含量 $w(\mathrm{Mg})$(质量分数),用百分数表示(%):

$$w(\mathrm{Mg}) = \frac{[(V_5 - V_6) - (V_3 - V_4) \times f] \times T_{\mathrm{Mg}} \times 100}{m_3} \times K \quad \cdots\cdots (4)$$

式中:

V_3——测定钙含量(7.6)所消耗的 EDTA 标准溶液(4.21 或 4.22)的体积,单位为毫升(mL);

V_4——滴定钙含量相应空白试验溶液所消耗的 EDTA 标准溶液(4.21 或 4.22)的体积，单位为毫升(mL)；

V_5——测定钙和镁含量(7.7)所消耗的 EDTA 标准溶液(4.20)的体积，单位为毫升(mL)；

V_6——滴定钙和镁含量时相应空白试验溶液所消耗的 EDTA 标准溶液(4.20)的体积，单位为毫升(mL)；

f——0.005 mol/L 或 0.012 5 mol/L EDTA 标准溶液转换为 0.025 mol/L EDTA 标准溶液的系数；
在 0.005 mol/L EDTA 标准溶液的情况下，$f=0.2$；
在 0.012 5 mol/L EDTA 标准溶液的情况下，$f=0.5$；

T_{Mg}——按照 4.20.2 计算出的 EDTA 标准溶液(4.20.1)对镁的滴定度，单位为克每毫升(g/mL)；

m_2——测定钙含量(7.6)所分取试液相当的试料量，单位为克(g)；

K——以干态计的镁含量的换算因子。

8.3 由钙含量换算成氧化钙含量的转换公式

按式(5)将试样中钙含量换算成氧化钙含量 $w(CaO)$(质量分数)，用百分数表示(%)：

$$w(CaO) = 1.399\,2 \times w(Ca) \quad \cdots\cdots(5)$$

8.4 由镁含量换算成氧化镁含量的转换公式

按式(6)将试样中镁含量换算成氧化镁含量 $w(MgO)$(质量分数)，用百分数表示(%)：

$$w(MgO) = 1.658\,3 \times w(Mg) \quad \cdots\cdots(6)$$

9 允许差

两个独立分析结果的差值应不大于表 1 和表 2 所列允许差。

表 1 钙含量的允许差

%

钙含量(质量分数)	允许差
0.10～0.20	0.03
>0.20～0.40	0.04
>0.40～0.80	0.06
>0.80～1.60	0.10
>1.60～3.20	0.16

表 2 镁含量的允许差

%

镁含量(质量分数)	允许差
3.00～6.00	0.25
>6.00～12.00	0.30
>12.00	0.35

10 试验报告

试验报告应包括下列信息：

a) 测试实验室名称和地址；

b) 试验报告发布日期；

c) 本标准的编号；

d) 试样本身必要的详细说明；

e) 分析结果；

f) 测定过程中存在的任何异常特性和在本标准中没有规定的可能对试样的分析结果产生影响的任何操作。

附　录　A
（资料性附录）
本标准章条编号与 ISO 5975:1983 章条编号对照

表 A.1 给出了本标准章条编号与 ISO 5975:1983 章条编号对照一览表。

表 A.1　本标准章条编号与 ISO 5975:1983(E)章条编号对照一览表

本标准章条编号	对应的国际标准章条编号
4.3	—
4.4	4.5
4.5	—
4.6	4.10
4.7	4.11
4.8	4.3
4.9	4.4
4.10	4.6
4.11	4.12
4.12	4.7
4.13	4.9
4.18	—
4.19	4.21
4.20	4.18
4.21	4.19
4.22	4.20
4.23	4.22
4.24	—
4.25	4.24
6	—
7.1	—
7.2	6.1
7.3	4.18.2 第 3 段
7.4	6.2
7.5	6.3
7.6	6.4
7.7	6.5
8	7
10	—
附录 A	—
附录 B	—
注：表中的章条以外的本标准其他章条编号与 ISO 5975:1983 均相同且内容相对应。	

附 录 B
（资料性附录）
本标准与 ISO 5975:1983 技术性差异及其原因

表 B.1 给出了本标准与 ISO 5975:1983 的技术性差异及其原因的一览表。

表 B.1 本标准与 ISO 5975:1983 技术性差异及其原因一览表

本标准的章条编号	技术性差异	原 因
5	增加“实验室常规玻璃滴定管及其他合适的手动、自动滴定仪均可使用”	以适应我国大多数实验室使用本标准，且与 7.6 中“目视判断法滴定或使用光电滴定计滴定”表述一致。
7.4.2	第二段中增加灼烧时间“10 min～20 min”；第三段中“加入 1 g～2 g 碳酸钠(4.1)”改为“加入 3 g～4 g 碳酸钠(4.1)”，增加灼烧时间“10 min～20 min”。	增加可操作性，并减少操作误差。
7.5	第四段中“加入 5 mL 过硫酸铵溶液，滴加氨水直至氨味持续出现为止，再加入 2 mL～3 mL 过量的氨水。加热溶液及沉淀分解过硫酸铵。当氨味消失时，加入氨水直到氨味出现，沉降沉淀，用中性滤纸过滤，用热氨水洗涤沉淀 5 次～6 次。保留滤液及洗涤液，作为主液。用 40 mL～50 mL 热盐酸(4.7)溶解滤纸中的沉淀，滤液收集于产生沉淀的烧杯中。用热盐酸(4.7)洗涤滤纸 10 次～12 次。加入 5 mL 过硫酸铵溶液，滴加氨水直至氨味持续出现为止，再加入 2 mL～3 mL 过量的氨水。加热煮沸腾该溶液并保持沸腾，以分解过硫酸铵。当氨味消失时，加入氨水直到氨味出现。放置沉淀，用中性滤纸过滤，用热氨水洗沉淀及烧杯 5 次～6 次。将该溶液与主液合并。将合并液蒸发至 100 mL～150 mL”改为“边搅拌，边滴加氢氧化钠溶液(4.14)至溶液刚好析出沉淀，再滴加盐酸(4.5)至沉淀刚好溶解，加入 3 g 六次甲基四胺(4.3)混匀，在充分搅拌下，加入 25 mL 铜试剂溶液(4.18)，冷却至室温”。	增加可操作性，并减少操作误差。
7.6	“钙黄绿素指示剂”改为“钙黄绿素和百里酚酞混合指示剂(4.24)”。	增加可操作性，并减少操作误差。

ICS 73.060.30
D 33

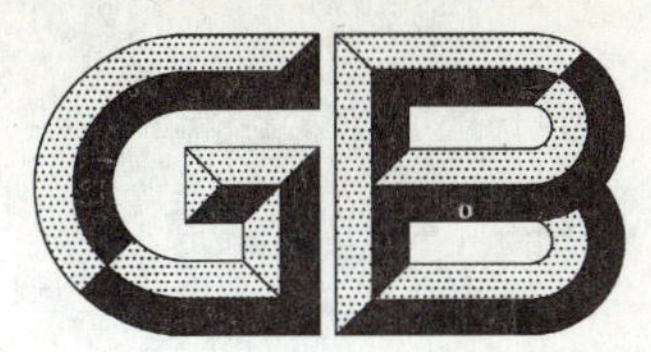

中华人民共和国国家标准

GB/T 24222—2009

铬矿石　交货批水分的测定

Chromium ores—Determination of moisture of lots

2009-07-15 发布　　　　2010-04-01 实施

中华人民共和国国家质量监督检验检疫总局
中国国家标准化管理委员会　发布

前　　言

本标准的附录A为规范性附录。

本标准由中国钢铁工业协会提出。

本标准由全国生铁及铁合金标准化技术委员会归口。

本标准起草单位：宁波检验检疫科学技术研究院、中华人民共和国天津出入境检验检疫局、冶金工业信息标准研究院。

本标准主要起草人：曹国洲、施军、陈育人、林力、王松青、谷松海、陈自斌。

铬矿石　交货批水分的测定

警告——使用本标准的人员应有正规实验室工作的实践经验。本标准并未指出所有可能的安全问题。使用者有责任采取适当的安全和健康措施,并保证符合国家有关法规规定的条件。

1　范围

本标准规定了交货批铬矿石水分含量的测定方法。

本标准适用于天然铬矿石和经加工处理的铬矿石的水分测定。

2　规范性引用文件

下列文件中的条款通过本标准的引用而成为本标准的条款。凡是注日期的引用文件,其随后所有的修改单(不包括勘误的内容)或修订版均不适用于本标准,然而,鼓励根据本标准达成协议的各方研究是否可使用这些文件的最新版本。凡是不注日期的引用文件,其最新版本适用于本标准。

GB/T 2007.1　散装矿产品取样、制样通则　手工取样方法

GB/T 2007.2　散装矿产品取样、制样通则　手工制样方法

GB/T 24243　铬矿石　采取份样

ISO 6154　铬矿石　样品制备

3　仪器

3.1　干燥盘:表面光滑清洁的不锈金属盘,可容纳样层厚度不超过 31.5 mm 的规定数量的试样。

3.2　干燥箱:具有可调控温装置,温度误差小于 5 ℃,并有使干燥箱内空气流动而又不致吹走试样的鼓风装置。

3.3　天平:量程 3 000 g 以上,感量为 0.1 g。

4　样品

按 GB/T 2007.1、GB/T 2007.2、GB/T 24243、ISO 6154 或有关标准取样、制样。对于因过湿或发粘难于过筛、破碎、缩分的样品,可将样品预干燥到制样不发生困难为止(见附录 A),样品制备完毕应立即进行水分测定。所需水分试样的最小质量如表 1 所示。

表 1　每个水分试样的最小质量

最大粒度/mm	最小质量/kg
22.4	5
10.0	1

5　测定

5.1　水分试样

根据上述试样制备方式,按表 2 规定的试验数目,对每个水分试样进行测定。

表 2 水分试样数

制备的试样	水分试样数	每一交货批的副样数
每个大样	2	—
每个副样	2	2～5
每个副样	≥1	≥6
每个份样	≥1	—

注：除买卖双方商定的特殊要求外，应以一个装卸工作日所取的份样组成至少一个水分副样，收到水分试样后应尽快检测，不允许长时间放置。

5.2 测定步骤

按表 1 规定的质量，将水分试样置于已知质量(m_1)的干燥盘内铺平，使其厚度在 30 mm 以下，称量(m_2)，放入预调至 105 ℃～110 ℃的干燥箱内，保持此温度不少于 2 h，取出装有试样的干燥盘，趁热立即称量。

再次将盛有试样的干燥盘放入干燥箱内干燥 1 h，然后称量，重复上述步骤，称至恒重(m_3)，即最后两次称量之差小于水分试样质量的 0.05%。

6 计算与结果的表示

6.1 试样水分含量的计算

每个水分试样的水分含量 w_i(%)用式(1)计算，结果表示至第二位小数。

$$w_i = (m_2 - m_3)/(m_2 - m_1) \quad \cdots\cdots(1)$$

式中：

m_1——干燥盘质量，单位为克(g)；

m_2——干燥前试样及盘的质量，单位为克(g)；

m_3——干燥后试样及盘的质量，单位为克(g)。

6.2 交货批铬矿石水分含量的计算

6.2.1 当由大样制水分试样测定水分时，全批铬矿石水分含量平均值 w(%)用式(2)计算，结果表示到小数点后一位。

$$w = (w_1 + w_2)/2 \quad \cdots\cdots(2)$$

式中：

w_1、w_2——分别为两个水分试样的水分测定结果，以质量分数表示，单位为百分比(%)。

6.2.2 当以副样进行水分测定时，用式(3)计算，副样水分结果计算至第二位小数，全批铬矿石水分含量 $\overline{w}$(%)表示到小数点后一位。

$$\overline{w} = \frac{\sum_{i=1}^{k} N_i w_i}{\sum_{i=1}^{k} N_i} \quad \cdots\cdots(3)$$

式中：

k——副样数；

N_i——第 i 个副样所含份样数；

w_i——第 i 个副样的水分，以质量分数表示；

i——1，2，3……，k。

6.2.3 当一交货批铬矿石由几个质量不相等的部分组成时，每一部分应单独测定水分含量，全批铬矿石的水分含量用式(4)计算，每一部分的水分结果计算至第二位小数，全批铬矿石水分含量 $\overline{w}$(%)表示到小数点后一位。

$$\overline{w}=\frac{\sum_{i=1}^{k}M_i w_i}{\sum_{i=1}^{k}M_i} \qquad \cdots\cdots(4)$$

式中：

k——整批铬矿石分成的部分数；

M_i——第 i 部分的质量；

w_i——第 i 部分的水分，以质量分数表示；

i——1，2……，k。

6.2.4 当用每个份样测定水分时，全批铬矿石水分含量 $\overline{w}$(%)用式(5)计算。结果表示到小数点后一位。

$$\overline{w}=\frac{\sum_{i=1}^{n}w_i}{n} \qquad \cdots\cdots(5)$$

式中：

n——份样数；

w_i——第 i 个份样的水分，以质量分数表示。

7 允许差

实验室内两次平行测试的允许差见表3。

表3 允许差

%

水分含量(质量分数)	允许差
0.00～3.00	0.20
>3.00～6.00	0.25
>6.00～10.00	0.35
>10.00	0.45

如测试结果超过上述允许差，水分测试应重新进行。

注：3个水分试样的允许差为上述允许差的1.2倍，4个水分试样的允许差为上述允许差的1.3倍。

8 试验报告

试验报告应包括下列信息：

a) 测试实验室名称和地址；

b) 测试报告发布日期；

c) 标准的编号；

d) 试样的详细说明；

e) 分析结果；

f) 测试过程中存在的任何异常情况和标准中没有规定但可能对试样的分析结果产生影响的任何操作。

附　录　A
（规范性附录）
粘湿铬矿石水分含量的测定方法

当货物由于过湿或发粘难于筛分、破碎、缩分时，可进行预干燥，在此情况下应按以下预干燥的方法进行水分测定。

A.1　称量试样质量精确至试样质量的0.05%。

A.2　将试样铺平，置于调至规定的温度的干燥装置内或空气中，干燥至矿石水分与空气湿度接近平衡，在干燥过程中注意不使细粉末损失掉。

A.3　将干燥后的铬矿石，再一次称量，按式（A.1）计算试样预干燥水分含量 w_P（%）。

$$w_P = \frac{m_1' - m_2'}{m_1'} \times 100 \qquad \text{(A.1)}$$

式中：

m_1'——预干燥前的试样质量，单位为千克（kg）；

m_2'——预干燥后的试样质量，单位为千克（kg）。

A.4　按照有关标准从预干燥样品中制取测定热干燥水分的试样。

A.5　按5.2测定进行检测，按6.1式（1）计算预干燥后试样的水分含量 w_d（%）。

A.6　用式（A.2）计算试样的总水分含量 w_{Pd}（%）。

$$w_{Pd} = w_P + \frac{100 - w_P}{100} \times w_d \qquad \text{(A.2)}$$

式中：

w_P——预干燥水分含量，以质量分数表示；

w_d——预干燥后的试样水分的含量，以质量分数表示。

A.7　按6.2计算整批矿石的水分含量。

ICS 73.060.30
D 33

中华人民共和国国家标准

GB/T 24223—2009

铬矿石　磷含量的测定
还原磷钼酸盐分光光度法

Chromium ores—Determination of phosphorus content—Reduced molybdophosphate photometric method

(ISO 6127:1981,MOD)

2009-07-15 发布　　2010-04-01 实施

中华人民共和国国家质量监督检验检疫总局
中国国家标准化管理委员会　发布

前　言

本标准修改采用 ISO 6127:1981《铬矿石　磷含量的测定　还原磷钼酸盐光度法》(英文版)。

本标准与 ISO 6127:1981 相比较,主要做了如下修改:

——在“2　规范性引用文件”中用国家标准代替对应的国际标准;

——“7.3.4　测量”中将 50 mm 比色皿修改为 30 mm～50 mm 比色皿;

——增加了“6　取样和制样”;

——增加了“7.1　测定次数”;

——增加了“10　试验报告”;

——删除了“5.1　光电吸收比色计”。

本标准由中国钢铁工业协会提出。

本标准由全国生铁及铁合金标准化技术委员会归口。

本标准起草单位:中华人民共和国天津出入境检验检疫局、冶金工业信息标准研究院、宁波检验检疫科学技术研究院。

本标准主要起草人:谷松海、姚传刚、魏红兵、李凤芸、郭芬、王虹、宋义、张建波。

铬矿石　磷含量的测定
还原磷钼酸盐分光光度法

警告——使用本标准的人员应有正规实验室工作的实践经验。本标准并未指出所有可能的安全问题。使用者有责任采取适当的安全和健康措施，并保证符合国家有关法律法规规定的条件。

1　范围

本标准规定了还原磷钼酸盐分光光度法测定铬矿石中磷含量。

本标准适用于铬矿石中磷含量的测定。测定范围(质量分数)：0.002%～0.10%，本标准应遵守GB/T 24228的有关规定。

2　规范性引用文件

下列文件中的条款通过本标准的引用而成为本标准的条款。凡是注日期的引用文件，其随后所有的修改单(不包括勘误的内容)或修订版均不适用于本标准，然而，鼓励根据本标准达成协议的各方研究是否可使用这些文件的最新版本。凡是不注日期的引用文件，其最新版本适用于本标准。

GB/T 6682　分析实验室用水规格和试验方法(GB/T 6682—2008，ISO 3696:1987，MOD)

GB/T 12806　实验室玻璃仪器　单标线容量瓶(GB/T 12806—1991，eqv ISO 1042:1983)

GB/T 12808　实验室玻璃仪器　单标线吸量管(GB/T 12808—1991，eqv ISO 648:1977)

GB/T 24228　铬矿石和铬精矿　化学分析方法　通则(GB/T 24228—2009，ISO 6629:1981，MOD)

GB/T 24220　铬矿石　分析样品中湿存水的测定　重量法(GB/T 24220—2009，ISO 6129:1981，MOD)

GB/T 24243　铬矿石　采取份样(GB/T 24243—2009，ISO 6153:1989，IDT)

ISO 6154　铬矿石　样品制备

3　原理

试料用硝酸和高氯酸分解，或者用过氧化钠熔融、水浸出分解。以铬酰氯形式除去铬，过滤残渣。用硝酸和氢氟酸挥发除去二氧化硅，用碳酸钠或过氧化钠、四硼酸钠和硝酸钠的混合熔剂熔融残渣，用硝酸提取熔融物，然后与主溶液合并。在氨溶液中，用氢氧化铁(Ⅲ)共沉淀从铬中分离出磷。挥发除去以三氯化砷形式存在的砷。待黄色的磷钼酸盐络合物生成后，在盐酸和盐酸羟胺存在下，用铁(Ⅱ)离子将其还原为蓝色络合物，向溶液中加入硝酸铁(Ⅲ)、氨水、盐酸羟胺、盐酸和钼酸铵溶液。用分光光度计或光电吸收比色计对生成的络合物进行光度测量。

4　试剂

除另有说明外，仅使用认可的分析纯试剂和蒸馏水或与其纯度相当的水，符合GB/T 6682的规定。

4.1　碳酸钠，无水或在500 ℃预灼烧。

4.2　过氧化钠(Na_2O_2)，干粉，不含磷。

4.3　混合熔剂，取100 g碳酸钠(4.1)、50 g四硼酸钠和1 g硝酸钠在玛瑙或石英研钵内研细混匀。

4.4　盐酸，ρ1.19 g/mL。

4.5 盐酸，1+1。

4.6 盐酸，1+100。

4.7 硝酸，ρ1.40 g/mL。

4.8 硝酸，1+9。

4.9 高氯酸，ρ1.67 g/mL。

注：吸入、吞咽或接触皮肤有中毒的危险，应在远离明火源的强力通风橱中操作。避免吸入烟雾和与皮肤、眼睛及衣服接触。

4.10 氢氟酸，ρ1.15 g/mL。

注：吸入、吞咽或接触皮肤有中毒的危险，应在远离明火源的强力通风橱中操作。避免吸入烟雾和与皮肤、眼睛及衣物接触。

4.11 氨水，ρ0.91 g/mL。

4.12 氨水，1+1。

4.13 氨水，1+100。

4.14 硝酸铁(Ⅲ)溶液，约 180 g/L。

在加热条件下，将 180 g 硝酸铁(Ⅲ)[$Fe(NO_3)_3 \cdot 9H_2O$]溶解于 300 mL～400 mL 水中，加入5 mL 硝酸(4.7)。将溶液过滤到 1 000 mL 容量瓶中，冷却。用水稀释至刻度，混匀。

4.15 盐酸羟胺溶液，300 g/L。

4.16 钼酸铵溶液，50 g/L。

用重结晶的钼酸铵制备溶液，贮存于石英或聚乙烯容器中。重结晶时，将 250 g 钼酸铵溶解于 400 mL水中，加热到 70 ℃～80 ℃，用微孔过滤器过滤，冷却至室温。在搅拌下加入 300 mL 精馏乙醇，使沉淀沉降 1 h。通过置于布氏漏斗中的中速滤纸抽滤沉淀，用乙醇洗涤 2 次～3 次，风干。

注：如果不含还原成钼蓝的化合物，那么也可使用未重结晶的商业上可购得的试剂。

4.17 溴化铵溶液，100 g/L。

4.18 磷标准溶液，0.01 g/L。

称取 0.439 3 g 预先在 105 ℃～110 ℃ 干燥至恒量的磷酸二氢钾，溶解于 100 mL～150 mL 水中，定量转移到 1 000 mL 容量瓶中，稀释至刻度，混匀。

分取 50.00 mL 上述磷标准储备液于 500 mL 容量瓶中，稀释至刻度，混匀。1 mL 该溶液含有 0.01 mg 磷。

5 仪器

实验室常用设备仪器。单标线容量瓶和单标线移液管应分别符合 GB/T 12806 和 GB/T 12808 的规定。

5.1 分光光度计。

5.2 铂坩埚。

6 取样和制样

6.1 实验室样品

分析用实验室样品应按 GB/T 24243、ISO 6154 进行取样和制样，粒度应小于 100 μm。

6.2 预干燥试样的制备

将实验室样品充分混合，采用份样缩分法取样。按照 GB/T 24220 中的规定，将试样在 105 ℃～110 ℃的温度下进行干燥。

7 分析步骤

7.1 测定次数

对同一预干燥试样，至少独立测定2次。

注："独立"一词是指再次及后续任何一次测定结果不受前面测定结果的影响。本分析方法中，此条件意味着同一操作者在不同的时间或不同操作者进行重复测定，包括采用适当的再校准。

7.2 试料量

根据预期的磷含量按表1称取预干燥试料(6.2)，精确至0.000 2 g。

表1 试料称取量

磷含量(质量分数)/ %	试料量/ g	硝酸(4.7)加入体积/ mL	高氯酸(4.9)加入体积/ mL
0～0.015	1.0	5	70
>0.015～0.05	0.50	5	50
>0.05～0.10	0.20	5	30

7.3 测定

7.3.1 试料的分解

7.3.1.1 酸浸分解法

将试料(7.2)置于250 mL烧杯中，用水润湿，加入表1中给定体积的硝酸(4.7)和高氯酸(4.9)，盖上玻璃表面皿，加热直至出现高氯酸的薄烟雾，继续加热10 min～15 min。

冷却烧杯中的内溶物，用少量水洗涤烧杯，蒸发至出现高氯酸的薄烟雾，继续加热10 min～15 min。重复该操作至试料充分分解。

移去玻璃表面皿，沿烧杯壁小心滴加盐酸(4.4)直至铬酰氯的棕色烟雾停止释放为止，铬被还原为三价态，重新盖上玻璃表面皿，继续加热溶液使铬完全氧化。重复该操作除去大量的铬。

溶液冷却后，加入50 mL热水，加热溶解盐类，溶液用盛有少量滤纸浆的中速滤纸过滤，用热盐酸(4.6)洗涤残渣12次～15次，然后用热水洗涤残渣至中性。收集滤液和洗液于400 mL烧杯中作为主液保留。

保留滤纸和残渣，按7.3.2规定继续操作。

7.3.1.2 碱熔融分解法

将试料(7.2)置于刚玉坩埚中，加6 g～8 g过氧化钠(4.2)，用玻璃棒混匀，覆盖1 g～2 g过氧化钠(4.2)，放于电炉或煤气喷灯下焙烧后置于800 ℃～850 ℃温度下熔融4 min～6 min。

取出坩埚冷却，将其放入400 mL～500 mL烧杯中，加入80 mL～100 mL水，盖上玻璃表面皿。剧烈反应停止后，将溶液煮沸3 min，冷却。搅拌下滴加高氯酸(4.9)使水合沉淀物溶解，并过量加入5 mL。用热水洗出坩埚，蒸发溶液至出现高氯酸烟雾。

按7.3.1.1步骤以铬酰氯形式除去大量的铬。

溶液冷却后，加入50 mL热水，加热溶解盐类。溶液用盛有少量滤纸浆的中速滤纸过滤，用热盐酸(4.6)洗涤残渣12次～15次，然后用热水洗涤残渣至中性。收集滤液和洗液于400 mL烧杯中作为主液保留。

保留滤纸和沉淀，按7.3.2规定继续操作。

7.3.2 残渣的处理

将7.3.1的残渣和滤纸移入铂坩埚(5.2)中，低温下干燥、灰化滤纸，然后于高温炉中800 ℃～900 ℃下灼烧。用水润湿沉淀，加入4滴～5滴硝酸(4.7)和2 mL～3 mL氢氟酸(4.10)，蒸发至干，于800 ℃～900 ℃下灼烧。冷却坩埚。加入2 g混合熔剂(4.3)或1 g～2 g碳酸钠(4.1)，于1 000 ℃～

1 100 ℃ 下熔融残渣。

往溶液中加入 1 mL 硝酸铁(Ⅲ)溶液(4.14),再滴加氨水(4.11),至氨味持续不断出现,加热烧杯中的内溶物至沸腾。使沉淀沉降 2 min～3 min,用中速滤纸过滤。用热氨水(4.13)洗涤烧杯和滤纸上的沉淀 5 次～6 次。

用热水将沉淀冲洗到产生沉淀的烧杯中,用 20 mL～30 mL 热盐酸(4.5)洗涤滤纸,用热盐酸(4.6)洗涤 8 次～10 次,将洗液收集于同一烧杯中,蒸发至干。

加入 10 mL 盐酸(4.4),将溶液再次蒸发至干,以除去砷。趁热将残渣溶解于 25 mL 盐酸(4.5)中,加入 10 mL 溴化铵溶液(4.17),将溶液蒸干。加入 15 mL 盐酸(4.4) ,再次将溶液蒸干。加入 10 mL～12 mL盐酸(4.4),加热至盐类溶解。

将溶液转移至 100 mL 容量瓶中,冷却,稀释至刻度,混匀。

7.3.3 光度测量用溶液的制备

分别移取 20.00 mL 溶液(7.3.2)于 2 个 100 mL 容量瓶中,分别加入 4 mL 硝酸铁(Ⅲ)溶液(4.14),滴加氨水(4.12)至氢氧化铁(Ⅲ)沉淀出现。滴加盐酸至沉淀溶解。

加入 10 mL 盐酸羟胺溶液(4.15),加热煮沸至褪色。如溶液黄色不消褪,滴加 1 滴～2 滴氨水(4.12),并滴加 1 滴～2 滴盐酸(4.5)消除可能出现的混浊。

使溶液冷却至约 25 ℃,加入 11 mL 盐酸(4.5)。

在不断摇动下,滴加 8 mL 钼酸铵溶液(4.16)于其中的一个容量瓶中。摇动溶液 1 min～2 min,用水稀释至刻度,混匀(溶液的 pH 值应为 0.1～0.4)。

7.3.4 测量

将溶液静置 10 min 使其显色。使用分光光度计(5.1)于 825 nm 波长处用 30 mm～50 mm 比色皿测定溶液的吸光度。

7.3.5 空白试验和验证试验

按照所有的分析步骤随同试料进行空白试验,同时分析同类型标准样品做验证试验。

7.3.6 校正曲线的制做

用微量滴定管分别移取 0 mL、0.50 mL、1.00 mL、2.00 mL、3.00 mL、4.00 mL、5.00 mL 磷标准溶液(4.18)于 100 mL 容量瓶中,分别相当于 0 μg、5 μg、10 μg、20 μg、30 μg、40 μg、50 μg 磷。

向各容量瓶中加入 4 mL 硝酸铁(Ⅲ)溶液(4.14)、20 mL 水,滴加氨水(4.12)至氢氧化铁沉淀出现。滴加盐酸(4.5)至沉淀溶解,加入 10 mL 盐酸羟胺(4.15),加热煮沸至褪色。如溶液黄色不消退,滴加 1 滴～2 滴氨水(4.12),并滴加入 1 滴～2 滴盐酸溶液(4.5)消除可能出现的混浊。冷却,加入 11 mL 盐酸溶液(4.5)。在不断摇动下,滴加 8 mL 钼酸铵溶液(4.16)。摇动 1 min～2 min,用水稀释至刻度,混匀。

按 7.3.4 规定,用水作参比进行光度测定。

以溶液的吸光度值(扣除不含磷溶液的吸光度值)对溶液磷含量绘制校准曲线。

8 结果计算

根据绘制的校准曲线(7.3.6),将扣除空白试验吸光度读数值的试液的吸光度读数值换算成磷含量。按式(1)计算磷含量 $w(\mathrm{P})$(质量分数),用百分数表示(%):

$$w(\mathrm{P}) = \frac{m_1 \times 100}{m_2} \times K \quad \cdots\cdots (1)$$

式中:

m_1——空白值校正后,光度测量溶液(7.3.3)中含有磷的质量,单位为克(g);

m_2——光度测量溶液(7.3.3)相当的试样的质量,单位为克(g);

K——以干态表示磷含量的换算因子。

9 允许差

实验室内分析结果的差应不大于表2所列允许差。

表2 允许差

%

磷含量(质量分数)	允许差
0.002～0.004	0.001
>0.004～0.01	0.002
>0.01～0.02	0.003
>0.02～0.04	0.004
>0.04～0.06	0.005
>0.06～0.10	0.006

10 试验报告

试验报告应包括下列信息：

a) 测试实验室名称和地址；

b) 试验报告发布日期；

c) 本标准的编号；

d) 试样本身必要的详细说明；

e) 分析结果；

f) 测定过程中存在的任何异常特性和在本标准中没有规定的可能对试样的分析结果产生影响的任何操作。

ICS 73.060.30
D 33

中华人民共和国国家标准

GB/T 24224—2009

铬矿石　硫含量的测定 燃烧-中和滴定法、燃烧-碘酸钾滴定法和燃烧-红外线吸收法

Chromium ores—Determination of sulfur content—Combustion-neutralization titration method, combustion-potassium iodate titration method and combustion-infrared absorption method

2009-07-15 发布　　2010-04-01 实施

中华人民共和国国家质量监督检验检疫总局
中国国家标准化管理委员会　发布

前　言

本标准参照JIS M8268:2004《铬矿石　硫含量的测定方法》制定。

本标准与JIS M8268:2004比较，主要不同如下：

——试验装置图示部分作了修改；

——燃烧-红外线吸收法仅采用高频感应加热炉部分，删除了管式电阻加热炉部分；

——本标准增加了允许差的要求。

本标准由中国钢铁工业协会提出。

本标准由全国生铁及铁合金标准化技术委员会归口。

本标准起草单位：中华人民共和国天津出入境检验检疫局、冶金工业信息标准研究院、宁波检验检疫科学技术研究院。

本标准主要起草人：谷松海、王虹、魏红兵、李异、姚传刚、郭芬、应海松、陈自斌。

铬矿石 硫含量的测定 燃烧-中和滴定法、燃烧-碘酸钾滴定法和燃烧-红外线吸收法

警告——使用本标准的人员应有正规实验室工作的实践经验。本标准并未指出所有可能的安全问题。使用者有责任采取适当的安全和健康措施,并保证符合国家有关法律法规规定的条件。

1 范围

本标准规定了燃烧-中和滴定法、燃烧-碘酸钾滴定法和燃烧-红外线吸收法测定铬矿石中硫含量。

本标准适用于铬矿石中硫含量的测定。测定范围(质量分数):燃烧-中和滴定法 0.005%~0.50%;燃烧-碘酸钾滴定法 0.005%~0.50%;燃烧-红外线吸收法 0.005%~0.50%。本标准应遵守 GB/T 24228 的有关规定。

本标准不适用于化合水含量大于 1.0%(质量分数)铬矿石中硫含量的测定。

2 规范性引用文件

下列文件中的条款通过本标准的引用而成为本标准的条款。凡是注日期的引用文件,其随后所有的修改单(不包括勘误的内容)或修订版均不适用于本标准,然而,鼓励根据本标准达成协议的各方研究是否可使用这些文件的最新版本。凡是不注日期的引用文件,其最新版本适用于本标准。

GB/T 6682 分析实验室使用水规格和试验方法(GB/T 6682—2008,ISO 3696:1987,MOD)

GB/T 24228 铬矿石和铬精矿 化学分析方法 通则(GB/T 24228—2009,ISO 6629:1981,MOD)

GB/T 24220 铬矿石 分析样品中湿存水的测定 重量法(GB/T 24220—2009,ISO 6129:1981,MOD)

GB/T 24243 铬矿石 采取份样(GB/T 24243—2009,ISO 6153:1989,IDT)

ISO 6154 铬矿石 样品制备

3 方法一:燃烧-中和滴定法

3.1 原理

试料于高温下通氧燃烧,使硫全部氧化为二氧化硫,吸收于过氧化氢溶液中,使其形成硫酸,用氢氧化钠标准溶液滴定,根据消耗的氢氧化钠标准溶液量,计算试料中硫含量。

3.2 试剂和材料

分析中除另有说明外,仅使用认可的分析纯试剂和蒸馏水或与其纯度相当的水,符合 GB/T 6682 的规定。

3.2.1 氧气,纯度大于 99.5%。

3.2.2 高温燃烧管,直径×长:(20~40) mm×600 mm。

3.2.3 瓷舟,预先在 1 400 ℃的高温燃烧管中通氧气灼烧 5 min,冷却备用。

3.2.4 高纯铁,粉状、硫量小于 0.001 0%。

3.2.5 五氧化二钒,硫量小于 0.001 0%。

3.2.6 硅胶、活性氧化铝或高氯酸镁,固体。

3.2.7 碱石灰或氢氧化钠(粒状)。

3.2.8 铬酸饱和液,于硫酸(ρ1.84 g/mL)中加入重铬酸钾或无水铬酸使其饱和,使用上部澄清液。

3.2.9 吸收液,体积分数为 0.3%的过氧化氢溶液。

取 3.5 mL 过氧化氢(ρ1.10 g/mL),用经煮沸逐出二氧化碳并冷却后的水稀释至约 1 000 mL,加入 3 滴～5 滴甲基红-亚甲基蓝混合指示剂(3.2.11),用氢氧化钠标准溶液(3.2.10)中和至溶液呈钢灰色,置于棕色瓶中贮存。此溶液应当天中和当天使用。

3.2.10 氢氧化钠标准溶液,0.01 mol/L。

3.2.10.1 氢氧化钠标准溶液的配制

3.2.10.1.1 0.1 mol/L 氢氧化钠标准溶液的配制

称取 4.0 g 优级纯氢氧化钠,溶于 1 000 mL 经煮沸并冷却后的水中,混匀,装于塑料瓶中。

3.2.10.1.2 0.01 mol/L 氢氧化钠标准溶液的配制

移取 100 mL 氢氧化钠标准溶液(3.2.10.1.1)于塑料瓶中,加入 900 mL 经煮沸并冷却后的水,混匀。

3.2.10.2 氢氧化钠标准溶液滴定度的标定

氢氧化钠标准溶液滴定度的标定按照 3.5.2.3 进行。

3.2.11 甲基红-亚甲基蓝混合指示剂,称取 0.125 g 甲基红和 0.083 g 亚甲基蓝,用少量的乙醇(95%(体积分数))溶解,再用乙醇(95%(体积分数))稀释至 100 mL,混匀,储存于棕色瓶中。

3.3 仪器及设备

3.3.1 定硫装置见图 1。

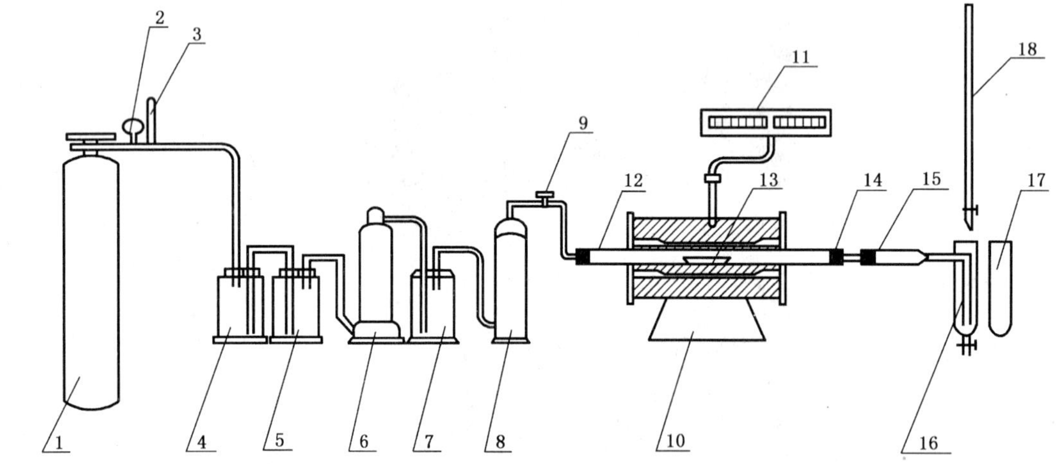

1——氧气瓶;
2——氧气压力表;
3——流量计;
4——缓冲瓶;
5——洗气瓶(内盛有铬酸饱和硫酸);
6——干燥塔,内盛碱石灰或氢氧化钠(粒状);
7——洗气瓶,内盛硫酸(ρ1.84 g/mL);
8——干燥塔,内盛硅胶、活性氧化铝;
9——两通活塞;
10——高温燃烧炉(长约 300 mm);
11——自动温度控温器(附热电偶),控制炉温在 1 400 ℃～1 450 ℃;
12——高温燃烧管;
13——瓷舟;
14——硅胶塞;
15——干燥管;
16——吸收瓶(不带浮珠);
17——参比液;
18——微量滴定管。

图 1

3.3.2 吸收瓶见图 2。

单位为毫米

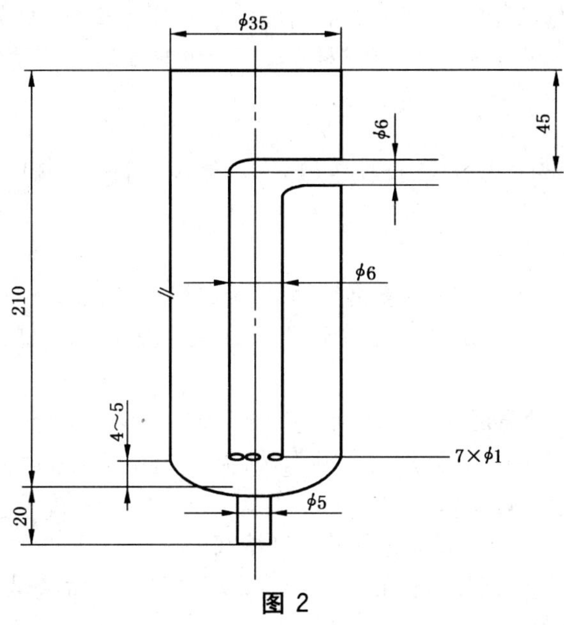

图 2

3.4 **取样和制样**

3.4.1 **实验室样品**

分析用实验室样品应按 GB/T 24243、ISO 6154 进行取样和制样，粒度应小于 100 μm。

3.4.2 **预干燥试样的制备**

将实验室样品充分混合，采用份样缩分法取样。按照 GB/T 24220 中的规定，将试样在 105 ℃～110 ℃的温度下进行干燥。

3.5 **分析步骤**

3.5.1 **试料量**

根据预期的硫含量按表 1 称取预干燥试料(3.4.2)，精确至 0.000 2 g。

表 1 试料量

硫含量(质量分数)/%	试料量/g
0.005～0.05	1.00
0.05～0.30	0.50
0.30～0.50	0.20

3.5.2 **分析准备**

3.5.2.1 将 3.3.1 测定装置连接，并检查气密性，加热高温燃烧管(12)，使管内温度升至 1 400 ℃～1 450 ℃。

3.5.2.2 反复进行空白试验至空白值稳定为止。

3.5.2.3 采用与试料组分类似且含硫量已知的铬矿石标准样品，参照 3.5.3 的顺序进行操作，依据消耗的氢氧化钠标准溶液(3.2.10)体积，扣除 3.5.4 所得的空白试验值，按式(1)计算出 1 mL 的氢氧化钠标准溶液(3.2.10)相当于硫的质量。

$$f = \frac{m_a \times S_a}{V \times 100} \qquad \cdots\cdots(1)$$

式中：

f——1 mL 氢氧化钠标准溶液(3.2.10)相当于硫的质量，单位为克每毫升(g/mL)；

m_a——含硫量已知的铬矿石标准样品的质量，单位为克(g)；

S_a——含硫量已知的铬矿石标准样品的含硫量，单位为百分含量(质量分数)(%)；

V——滴定时消耗氢氧化钠标准溶液(3.2.10)的体积，单位为毫升(mL)。

注：采用硫含量已知的铬矿石标准样品，且待测试料的硫含量与标样值接近。若缺少相应的铬矿石标准样品，可以用铁矿石标准样品或钢铁标准样品代替。

3.5.3 试料测定

3.5.3.1 量取40 mL吸收液(3.2.9)于吸收瓶(16)中，加入3滴～5滴甲基红-亚甲基蓝混合指示剂(3.2.11)，以700 mL/min～900 mL/min的流量通入氧气约5 min，若溶液变成紫红色，则滴加氢氧化钠标准溶液(3.2.10)至溶液为亮绿色。

3.5.3.2 将试料(3.5.1)置于预先盛有1 g高纯铁(3.2.4)瓷舟中(3.2.3)中，再覆盖0.25 g五氧化二钒(3.2.5)，然后推入高温燃烧管(12)的中心高温部分，塞紧硅胶塞(14)(特别注意密封)，稍稍通入氧气使吸收液不回流。

3.5.3.3 以200 mL/min的流量通入氧气使试料燃烧5 min，再以700 mL/min～900 mL/min的氧气流量(入口流量)导入吸收瓶(16)使二氧化硫被吸收，燃烧10 min后，用氢氧化钠标准溶液(3.2.10)滴定至由紫红色变为亮绿色，然后以1 000 mL/min～1 200 mL/min的氧气流量，由两通活塞(9)控制间歇通氧5 min，若溶液呈紫红色，继续以氢氧化钠标准溶液(3.2.10)滴定至溶液为亮绿色，停止通氧，再用上述吸收液洗涤干燥管(15)及连接部位的管道，导入吸收瓶中，若溶液呈紫红色，继续以氢氧化钠标准溶液(3.2.10)滴定至亮绿色为终点。

3.5.4 空白试验

瓷舟中除不加入试料外，均按3.5.3的步骤进行操作，将消耗的氢氧化钠标准溶液(3.2.10)体积作为空白试验值。

3.6 结果计算

按式(2)计算硫含量$w(S)$(质量分数)，用百分数表示(%)：

$$w(S)=\frac{(V_1-V_2)\times f}{m}\times 100 \qquad \cdots\cdots(2)$$

式中：

V_1——3.5.3步骤消耗的氢氧化钠标准溶液(3.2.10)体积，单位为毫升(mL)；

V_2——3.5.4步骤消耗的氢氧化钠标准溶液(3.2.10)体积，单位为毫升(mL)；

f——1 mL氢氧化钠标准溶液(3.2.10)相当于硫的质量，单位为克每毫升(g/mL)；

m——试料的质量，单位为克(g)。

3.7 允许差

两个独立分析结果的差值不大于表2所列允许差。

表2 允许差

%

硫含量(质量分数)	允 许 差
0.005～0.015	0.003
>0.015～0.050	0.006
>0.050～0.100	0.010
>0.100～0.250	0.020
>0.250～0.500	0.040

4 方法二：燃烧-碘酸钾滴定法

4.1 原理

试料于高温下通氧燃烧，使硫全部氧化为二氧化硫，吸收于盐酸溶液中，以含碘化钾的淀粉溶液为指示剂，用碘酸钾标准溶液滴定，根据消耗的碘酸钾标准溶液量，计算试料中硫含量。

4.2 试剂和材料

除非另有说明外，仅使用认可的分析纯试剂和蒸馏水或与其纯度相当的水，符合 GB/T 6682 的规定。

4.2.1 氧气，纯度大于 99.5%。

4.2.2 高温燃烧管，直径×长：(20～40) mm×600 mm。

4.2.3 瓷舟，预先在 1 400 ℃的高温燃烧管中通氧灼烧 5 min，冷却备用。

4.2.4 高纯铁，粉状、硫量小于 0.001 0%。

4.2.5 五氧化二钒，硫量小于 0.001 0%。

4.2.6 硅胶、活性氧化铝或高氯酸镁，固体。

4.2.7 碱石灰或氢氧化钠（粒状）。

4.2.8 铬酸饱和液，于硫酸（ρ1.84 g/mL）中加入重铬酸钾或无水铬酸使其饱和，使用上部澄清液。

4.2.9 吸收液。

称取 1.0 g 可溶性淀粉放入烧杯中，加入约 5 mL 水搅拌，再加入约 50 mL 沸水，煮沸约 1 min，冷却。再加入 10.5 mL 盐酸(1+1)，以水稀释至 500 mL。

4.2.10 碘酸钾标准溶液。

称取 0.222 5 g 碘酸钾、1.0 g 碘化钾及 0.1 g 氢氧化钾溶解于少量水中，准确稀释至 1 000 mL。按照 4.5.2.3 进行标定。

4.3 仪器及设备

见 3.3。

4.4 取样和制样

见 3.4。

4.5 分析步骤

4.5.1 试料量

见 3.5.1。

4.5.2 分析准备

4.5.2.1 将 4.3 测定装置连接，并检查气密性，加热高温燃烧管(12)，使管内温度升至 1 400 ℃～1 450 ℃。

4.5.2.2 反复进行空白试验至空白值稳定为止。

4.5.2.3 采用与试料组分类似且含硫量已知的铬矿石标准样品，参照 4.5.3 的顺序进行操作，依据消耗的碘酸钾标准溶液(4.2.10)体积，扣除 4.5.4 所得的空白试验值，按式(3)计算出 1 mL 的碘酸钾标准溶液(4.2.10)相当于硫的质量。

$$f = \frac{m_a \times S_a}{V \times 100} \quad \cdots\cdots(3)$$

式中：

f——1 mL 碘酸钾标准溶液(4.2.10)相当于硫的质量，单位为克每毫升(g/mL)；

m_a——含硫量已知的铬矿石标准样品的质量，单位为克(g)；

S_a——含硫量已知的铬矿石标准样品的含硫量，单位为百分含量(质量分数)(%)；

V——滴定时消耗碘酸钾标准溶液(4.2.10)的体积，单位为毫升(mL)。

注：采用硫含量已知的铬矿石标准样品，且待测试料的硫含量与标样值接近。若缺少相应的铬矿石标准样品，可以用铁矿石标准样品或钢铁标准样品代替。

4.5.3 试料测定

4.5.3.1 量取 40 mL 吸收液(4.2.9)于吸收瓶中，以 700 mL/min～900 mL/min 的流量通入氧气，用

碘酸钾标准溶液(4.2.10)滴定吸收液至淡蓝色,关闭氧气。

4.5.3.2 将试料(4.5.1)置于预先盛有1 g高纯铁(4.2.4)瓷舟中(4.2.3)中,再覆盖0.25 g五氧化二钒(4.2.5),然后推入高温燃烧管(12)的中心高温部分,迅速塞紧硅胶塞(14)(特别注意密封),通入氧气。

4.5.3.3 用碘酸钾标准溶液(4.2.10)滴定,当吸收液蓝色开始褪去时,应及时滴入碘酸钾标准溶液(4.2.10),使吸收液始终保持蓝色,待吸收液褪色减慢时,再稍将气流放大,以使管中的二氧化硫气体全部排出,继续滴定至与开始的淡蓝色一致,保持1 min不变为终点。

4.5.4 空白试验

瓷舟中除不加入试料外,均按4.5.3的步骤进行操作,将消耗的碘酸钾标准溶液(4.2.10)体积作为空白试验值。

4.6 结果计算

按式(4)计算硫含量 $w(\mathrm{S})$(质量分数),用百分数表示(%):

$$w(\mathrm{S}) = \frac{(V_1 - V_2) \times f}{m} \times 100 \qquad \cdots\cdots(4)$$

式中:

V_1——4.5.3步骤消耗的碘酸钾标准溶液(4.2.10)体积,单位为毫升(mL);

V_2——4.5.4步骤消耗的碘酸钾标准溶液(4.2.10)体积,单位为毫升(mL);

f——1 mL碘酸钾标准溶液(4.2.10)相当于硫的质量,单位为克每毫升(g/mL);

m——试料的质量,单位为克(g)。

4.7 允许差

两个独立分析结果的差值不大于表3所列允许差。

表3 允许差 %

硫含量(质量分数)	允 许 差
0.005~0.015	0.003
>0.015~0.050	0.006
>0.050~0.100	0.010
>0.100~0.250	0.020
>0.250~0.500	0.040

5 方法三:燃烧-红外线吸收法

5.1 原理

试料在氧气流中加热高温燃烧,生成的二氧化硫由氧气载至红外线分析器的测量室,二氧化硫吸收某特定波长的红外能,其吸收能与其浓度成正比,根据检测器接受能量的变化可测得硫量。

5.2 试剂和材料

除非另有说明外,仅使用认可的分析纯试剂和蒸馏水或与其纯度相当的水,符合GB/T 6682的规定。

5.2.1 高氯酸镁,无水、粒状。

5.2.2 烧碱石棉,粒状。

5.2.3 玻璃棉。

5.2.4 钨粒,粒度0.8 mm~1.4 mm,硫量小于0.000 2%。

5.2.5 锡粒,粒度0.4 mm~0.8 mm,硫量小于0.000 3%。

5.2.6 纯铁，粒度 0.8 mm～1.68 mm，硫量小于 0.000 5%。

5.2.7 氧气，纯度大于 99.95%，其他级别的氧气若能获得低而一致的空白值时，也可以使用。

5.2.8 动力气源，氮气或压缩空气，其杂质(水和油)小于 0.5%。

5.2.9 高频瓷质燃烧坩埚，使用前在高于 1 200 ℃的高温加热炉中灼烧 4 h 或通氧灼烧至空白值为最低。

5.3 仪器

5.3.1 红外线吸收定硫仪(灵敏度为 1.0×10^{-6})其装置见图 3。

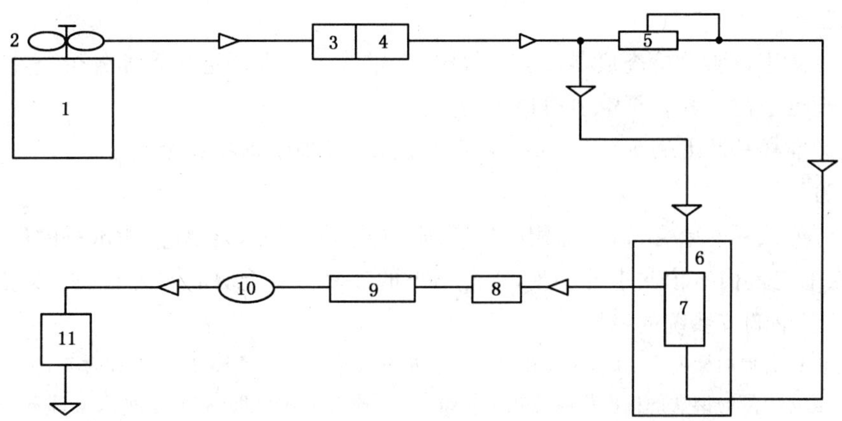

1——氧气瓶；
2——两级压力调节器；
3——洗气瓶；
4、9——干燥管；
5——压力调节器；
6——高频感应炉；
7——燃烧管；
8——除尘器；
10——流量控制器；
11——二氧化硫红外检测器。

图 3

5.3.1.1 洗气瓶，内装烧碱石棉(5.2.2)。

5.3.1.2 干燥管，内装高氯酸镁(5.2.1)。

5.3.2 气源

5.3.2.1 载气系统包括氧气容器、两级压力调节器及保证提供合适压力、额定流量的时序控制部分。

5.3.2.2 动力气源系统包括动力气(氮气或压缩空气)、两级压力调节器及保证提供合适压力、额定流量的时序控制部分。

5.3.3 高频感应加热炉

应满足试料熔融温度的要求。

5.3.4 控制系统

5.3.4.1 微机处理系统包括中央处理机、存储器、键盘输入设备、信息中心显示屏、分析结果显示屏和分析结果打印机等。

5.3.4.2 控制功能包括分析条件选择设置、分析结果的监控和报警中断、分析数据采集、计算校正及处理等。

5.3.5 测量系统

主要有微处理机控制的电子天平(感量不大于0.1 mg)、红外线分析器和电子测量元件组成。

5.4 取样和制样

见3.4。

5.5 分析步骤

5.5.1 试料量

见3.5.1。

5.5.2 分析准备

5.5.2.1 按仪器使用说明书检查仪器,使仪器处于正常稳定状态。选择最佳分析条件。

5.5.2.2 反复进行空白试验直至空白值稳定为止。

5.5.2.3 应用标准样品及助熔剂按(5.5.4)做两次测试,以确定仪器是否正常。

5.5.3 校正试验

5.5.3.1 根据待测试料的硫含量,选择相应的量程,并选择三个同类型(待测试料的硫含量应落在所选三个标样含硫量的范围内),依次进行校正,所得结果的波动应在允许误差范围内,以确认系统的线性,否则应按仪器说明书调节系统的线性。

注:找不到与试料类似的标准样品时,可使用铁矿石标准样品或认证标准样品,或者在含硫量最低的类似标准样品中加入适当含硫量的钢铁的标准样品或认证标准样品,代替铁作为助燃剂,或加入一部分,按照5.5.4进行操作,此时的含硫量为二者之和。

5.5.3.2 不同量程,应分别测其空白值并校正。

5.5.3.3 当分析条件变化时,如仪器尚未预热到时间,氧气源、坩埚或助熔剂空白值已发生变化时,都要求重新测定空白值并校正。

5.5.4 试料测定

5.5.4.1 按待测试料的硫量范围,分别选取仪器的最佳分析条件:如仪器的燃烧积分时间,比较水平的设置等。

5.5.4.2 将待测试料置于预先盛有0.50 g纯铁(5.2.6)的坩埚内,覆盖1.0 g钨粒(5.2.4)与0.25 g锡粒(5.2.5),推入高频感应加热炉中,按仪器说明书操作,开始分析并读取结果。

5.6 允许差

两个独立分析结果的差值不大于表4所列允许差。

表4 允许差 %

硫含量(质量分数)	允 许 差
0.005~0.015	0.003
>0.015~0.050	0.006
>0.050~0.100	0.010
>0.100~0.250	0.020
>0.250~0.500	0.040

6 试验报告

试验报告应包括下列信息:

a) 测试实验室名称和地址;

b) 试验报告发布日期;

c） 本标准的编号；

d） 试样本身必要的详细说明；

e） 分析结果；

f） 测定过程中存在的任何异常特性和在本标准中没有规定的可能对试样的分析结果产生影响的任何操作。

ICS 73.060.30
D 33

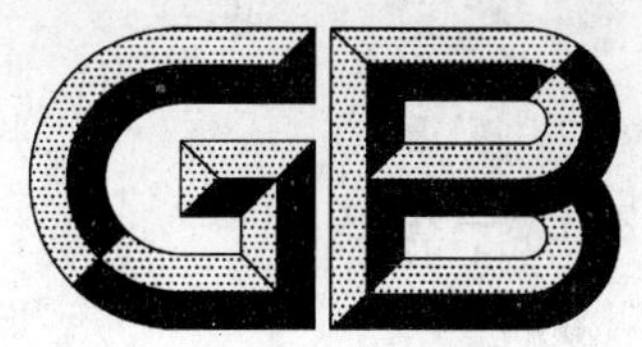

中华人民共和国国家标准

GB/T 24225—2009

铬矿石 全铁含量的测定 还原滴定法

Chromium ores—Determination of total iron content—Titrimetric method after reduction

(ISO 6130:1985,MOD)

2009-07-15 发布 2010-04-01 实施

中华人民共和国国家质量监督检验检疫总局
中国国家标准化管理委员会 发布

前　言

本标准修改采用 ISO 6130:1985《铬矿石　全铁含量的测定　还原滴定法》(英文版)。

本标准与 ISO 6130:1985 相比较,主要做了如下修改:

——在“2　规范性引用文件”中用国家标准代替对应的国际标准;

——增加了“6　取样和制样”条款;

——增加了“7.1　测定次数”条款;

——增加了“10　试验报告”条款;

——“7.5　还原和滴定”中用三氯化钛还原法代替氯化汞法。

本标准由中国钢铁工业协会提出。

本标准由全国生铁及铁合金标准化技术委员会归口。

本标准起草单位:中华人民共和国天津出入境检验检疫局、冶金工业信息标准研究院、宁波检验检疫科学技术研究院。

本标准主要起草人:魏红兵、马德起、谷松海、苏明跃、冯宇新、王振坤、宋义、陈自斌。

铬矿石 全铁含量的测定 还原滴定法

警告——使用本标准的人员应有正规实验室工作的实践经验。本标准并未指出所有可能的安全问题。使用者有责任采取适当的安全和健康措施,并保证符合国家有关法律法规规定的条件。

1 范围

本标准规定了还原后重铬酸钾滴定法测定铬矿石中全铁含量。

本标准适用于铬矿石中全铁含量的测定。测定范围(质量分数):0.5%~32%,本标准应遵守GB/T 24228的有关规定。

2 规范性引用文件

下列文件中的条款通过本标准的引用而成为本标准的条款。凡是注日期的引用文件,其随后所有的修改单(不包括勘误的内容)或修订版均不适用于本标准,然而,鼓励根据本标准达成协议的各方研究是否可使用这些文件的最新版本。凡是不注日期的引用文件,其最新版本适用于本标准。

GB/T 6682 分析实验室用水规格和试验方法(GB/T 6682—2008,ISO 3696:1987,MOD)

GB/T 12805 实验室玻璃仪器 滴定管(GB/T 12805—1991,neq ISO 385:1984)

GB/T 12806 实验室玻璃仪器 单标线容量瓶(GB/T 12806—1991,eqv ISO 1042:1983)

GB/T 12808 实验室玻璃仪器 单标线吸量管(GB/T 12808—1991,eqv ISO 648:1977)

GB/T 24228 铬矿石和铬精矿 化学分析方法 通则(GB/T 24228—2009,ISO 6629:1981,MOD)

GB/T 24220 铬矿石 分析样品中湿存水的测定 重量法(GB/T 24220—2009,ISO 6129:1981,MOD)

GB/T 24243 铬矿石 采取份样(GB/T 24243—2009,ISO 6153:1989,IDT)

ISO 6154 铬矿石 样品制备

3 原理

试料用硝酸、硫酸和高氯酸分解或用过氧化钠熔融,用水浸出熔块。用氨水沉淀氢氧化铁,分离沉淀,然后将沉淀溶解于盐酸中。蒸发溶液,用氯化亚锡将大部分三价铁还原成二价铁,以钨酸钠为指示剂,用三氯化钛将剩余三价铁还原成二价铁,以重铬酸钾氧化过量的三氯化钛。

4 试剂

分析中除另有说明外,仅使用认可的分析纯试剂和蒸馏水或与其纯度相当的水,符合GB/T 6682的规定。

4.1 碳酸钠,无水或在500 ℃预灼烧。

4.2 过氧化钠(Na_2O_2),干粉。

注:过氧化钠应尽可能干燥,一旦结块就不能使用。

4.3 盐酸,ρ1.19 g/mL。

4.4 盐酸,1+2。

4.5 盐酸,1+9。

4.6 盐酸,1+100。

4.7 硝酸,ρ1.40 g/mL。

4.8 硫酸,ρ1.84 g/mL。

4.9 硫酸,1+20。

4.10 磷酸,ρ1.70 g/mL。

4.11 高氯酸,ρ1.67 g/mL。

警告1——吸入、吞服或接触皮肤有中毒的危险,在高效率通风橱内操作,远离明火等。避免吸入烟雾,勿接触皮肤、眼睛和衣物。

4.12 氢氟酸,ρ1.14 g/mL。

警告2——吸入剧毒,接触皮肤或者吞服会造成严重灼伤。在通风良好的条件下密封保存。如不慎入眼,立即用大量清水冲洗,并遵医嘱。穿戴合适的防护服手套,一旦发生事故或者感觉不适立刻就医(在必要的地方明示此标签)。

4.13 氨水,ρ0.91 g/mL。

4.14 硫磷混酸。

边搅拌边将 150 mL 磷酸(4.10)注入约 500 mL 水中,再加 150 mL 硫酸(4.8),混匀,流水冷却,用水稀释至 1 000 mL。

4.15 氯化氨溶液,300 g/L。

4.16 氯化亚锡溶液,100 g/L。

称取 10 g 氯化亚锡($SnCl_2 \cdot 2H_2O$)溶解于 30 mL 盐酸(4.3)中,加热溶解,冷却后用水稀释至 100 mL,混匀。

4.17 过氧化氢溶液,30 g/L。

4.18 重铬酸钾标准溶液,0.010 mol/L。

称取 2.942 g 预先在 140 ℃~150 ℃干燥至恒重的重铬酸钾(基准)溶于 150 mL~200 mL 水中,冷却至室温后移至 1 000 mL 容量瓶中,用水稀释至刻度,混匀。

4.19 硫酸亚铁铵溶液,约 0.01 mol/L,用时标定。

称取 4 g 硫酸亚铁铵[$(NH_4)_2SO_4 \cdot FeSO_4 \cdot 6H_2O$]置于 250 mL 烧杯中,加入 50 mL 硫酸(4.9)微热溶解,冷却后移入 1 000 mL 容量瓶中,用硫酸(4.9)稀释至刻度,混匀。以二苯胺磺酸盐作指示剂,用重铬酸钾标准溶液标定。

4.20 三氯化钛溶液,15 g/L。

用 9 体积的盐酸(4.4)稀释 1 体积的三氯化钛(约 15%的三氯化钛溶液),用时配制。

4.21 钨酸钠溶液,250 g/L。

称取 25 g 钨酸钠溶于适量水中(如浑浊需过滤),加 10 mL 磷酸(4.10),用水稀释至 100 mL,混匀。

4.22 二苯胺磺酸钠($C_{12}H_{10}O_3NSNa$)指示剂溶液,2 g/L。

4.23 二苯胺磺酸钡$(C_{12}H_{10}O_3NS)_2Ba$ 指示剂溶液,10 g/L 的硫酸(4.8)溶液。

5 仪器

实验室常用设备仪器。滴定管、单标线容量瓶和单标线吸量管应分别符合 GB/T 12805、GB/T 12806 和 GB/T 12808 的规定。

铂坩埚。

6 取样和制样

6.1 实验室样品

分析用实验室样品应按 GB/T 24243、ISO 6154 进行取样和制样,粒度应小于 100 μm。

6.2 预干燥试样的制备

将实验室样品充分混合，采用份样缩分法取样。按照 GB/T 24220 的规定，将试样在 105 ℃～110 ℃的温度下进行干燥。

7 分析步骤

7.1 测定次数

对同一预干燥试样，至少独立测定 2 次。

注：“独立”一词是指再次及后续任何一次测定结果不受前面测定结果的影响。本分析方法中，此条件意味着同一操作者在不同的时间或不同操作者进行重复测定，包括采用适当的再校准。

7.2 试料量

根据预期的全铁含量按表 1 称取预干燥试样(6.2)，精确至 0.000 2 g。

表 1 试料称取量

全铁含量(质量分数)/%	试料量/g	高氯酸(4.11)加入体积/mL
＞5.00	0.20	30
≤5.00	0.50	50

7.3 空白试验和验证试验

在测定试料的同时，测定试剂的空白值。在铁还原之前(7.5)加入 1.0 mL 硫酸亚铁铵溶液(4.19)，作为加入铁(Ⅱ)的校正试验，同时分析同类型标准样品做验证试验。

7.4 试料的分解

7.4.1 酸浸分解法

将试料(7.2)置于 400 mL～500 mL 烧杯中，用水润湿，加入 5 mL 硝酸(4.7)，20 mL 硫酸(4.8)和表 1 中规定体积的高氯酸(4.11)。

盖上表面皿，在电热板上加热至出现硫酸和高氯酸的烟雾，继续加热 10 min～15min。冷却，用 15 mL～20 mL 水冲洗表面皿和烧杯壁。继续加热冒烟至试料充分分解。

冷却，加入 80 mL～100 mL 水，加热溶解盐类。用带有纸浆的中速滤纸过滤，用盐酸(4.6)洗涤残渣 12 次～15 次，再用热水洗涤至中性。将滤液和冲洗液收集于 400 mL 烧杯中，留作主液。

将滤纸连同残渣置于铂坩埚中，烘干、灰化，然后在 800 ℃～900 ℃灼烧，冷却。用水润湿残渣，加入 4 滴～5 滴硝酸(4.7)，2 mL～3 mL 氢氟酸(4.12)，蒸发至干，然后在 800 ℃～900 ℃灼烧。

冷却坩埚，加入 1 g～2 g 碳酸钠(4.1)，于 1 000 ℃～1 100 ℃熔融残渣。冷却坩埚，在加热条件下，用 20 mL～30 mL 盐酸(4.5)浸出熔块。将该溶液与主液合并，冷却。加入氨水(4.13)直到氢氧化物沉淀出现，再过量加入氨水 5 mL。加入 1 mL 过氧化氢(4.17)，混匀，然后按 7.5 继续进行操作。

7.4.2 过氧化钠熔融分解法

警告：使用过氧化钠操作时(从熔融前直到完全熔解)，须配戴安全防护眼镜。

将 5 g 过氧化钠(4.2)置于 30 mL 刚玉坩埚中，与试料(7.2)混匀，覆盖 1 g～2 g 过氧化钠(4.2)。在 500 ℃～600 ℃下加热，直到坩埚中的内容物完全熔化，随后在约 700 ℃下加热 5 min，直到获得均匀的熔块。

冷却坩埚，将坩埚置于 600 mL 的烧杯中，加入 300 mL 热水，盖上表面皿。剧烈反应停止后，加入 20 mL 氯化氨溶液(4.15)，然后煮沸 5 min。

取出坩埚，用热水冲洗。使残渣沉降数分钟，用双层中速滤纸过滤。用热水冲洗烧杯和滤纸上的残渣 3 次～4 次。

用热盐酸(4.5)将残渣冲入原烧杯中。

用热盐酸(4.5)冲洗滤纸 6 次～8 次，收集冲洗液于同一烧杯中。

在烧杯上方用热盐酸(4.5)冲洗坩埚,冲掉所有熔融物颗粒,然后再用热盐酸(4.5)冲洗5次～6次。

加热溶液至残渣溶解完全。用水稀释至350 mL～400 mL,加入1 mL过氧化氢(4.17),混匀。加入氨水(4.13)直到氢氧化物沉淀产生,再过量加入氨水(4.13)5 mL。

7.5 还原和滴定

将烧杯中含有氢氧化物沉淀的溶液加热至恰好在沸点下,使沉淀凝聚2 min～3 min,用中速滤纸过滤。用热氯化氨溶液(4.15)洗涤烧杯及滤纸上的沉淀5次～6次。

用水将产生的沉淀冲洗到原产生沉淀的烧杯中。用30 mL～35 mL的热盐酸(4.5)洗涤滤纸,然后用热水洗涤5次～6次,收集洗液于同一烧杯中。加热直至氢氧化铁沉淀溶解。

将溶液低温蒸发至30 mL～40 mL,用盐酸(4.6)冲洗烧杯内壁和玻璃表面皿,在加热的情况下,一边搅拌,一边滴加氯化亚锡溶液(4.16)至溶液呈淡黄色(空白试验及铁的质量分数在5%以下的试料可不必用氯化亚锡溶液还原)。加水至150 mL～200 mL,加2 mL钨酸钠溶液(4.21),滴加三氯化钛溶液(4.20)至出现稳定蓝色。以重铬酸钾标准溶液(4.18)滴定至无色(不记读数),加入40 mL硫磷混酸(4.14),3滴～5滴二苯胺磺酸钠指示剂溶液(4.22)或3滴二苯胺磺酸钡指示剂溶液(4.23),然后用重铬酸钾标准溶液(4.18)滴定至溶液绿色消失,变成蓝绿色,最后变成紫红色。

8 结果计算

按式(1)计算全铁含量$w(\mathrm{Fe})$(质量分数),用百分数表示(%):

$$w(\mathrm{Fe}) = \frac{c \times (V_1 - V_0) \times 55.85}{m \times 1\,000} \times K \times 100 \quad \cdots\cdots (1)$$

式中:

c——重铬酸钾标准溶液(4.18)的浓度,单位为摩尔每升(mol/L);

V_1——滴定试料所消耗的重铬酸钾标准溶液(4.18)的体积,单位为毫升(mL);

m——试料量,单位为克(g);

V_0——滴定加入硫酸亚铁铵溶液校正的空白试验所消耗的重铬酸钾标准溶液(4.18)的体积,单位为毫升(mL);

55.85——铁的摩尔质量,单位为克每摩尔(g/mol);

K——以干态计时铁含量的换算因子。

氧化物因子

$$w(\mathrm{FeO}) = 1.286\,5 \times w(\mathrm{Fe}) \quad \cdots\cdots (2)$$

9 允许差

两个独立分析结果的差值不大于表2所列允许差。

表2 允许差 %

全铁含量(质量分数)	允 许 差
0.50～1.00	0.10
>1.00～2.00	0.14
>2.00～4.00	0.20
>4.00～8.00	0.25
>8.00～16.00	0.30
>16.00～32.00	0.40

10 试验报告

试验报告应包括下列信息：

a） 测试实验室名称和地址；

b） 试验报告发布日期；

c） 本标准的编号；

d） 试样本身必要的详细说明；

e） 分析结果；

f） 测定过程中存在的任何异常特性和在本标准中没有规定的可能对试样的分析结果产生影响的任何操作。

ICS 73.060.30
D 33

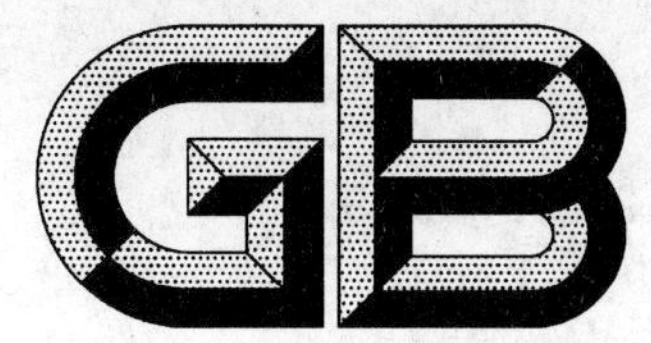

中华人民共和国国家标准

GB/T 24226—2009

铬矿石和铬精矿 钙含量的测定 火焰原子吸收光谱法

Chromium ores and concentrates—Determination of calcium contents—Flame atomic absorption spectrometric method

2009-07-15 发布 2010-04-01 实施

中华人民共和国国家质量监督检验检疫总局
中国国家标准化管理委员会 发布

前　言

本标准的附录 A 为资料性附录。

本标准由中国钢铁工业协会提出。

本标准由全国生铁及铁合金标准化技术委员会归口。

本标准主要起草单位：宁波检验检疫科学技术研究院、中华人民共和国天津出入境检验检疫局、冶金工业信息标准研究院。

本标准主要起草人：林力、陈少鸿、郑琳、应海松、傅冉冉、谷松海、陈自斌。

铬矿石和铬精矿　钙含量的测定 火焰原子吸收光谱法

警告——使用本标准的人员应有正规实验室工作的实践经验。本标准并未指出所有可能的安全问题。使用者有责任采取适当的安全和健康措施,并保证符合国家有关法规规定的条件。

1　范围

本标准规定了火焰原子吸收光谱测定铬矿石和铬精矿中钙含量。

本标准适用于铬矿石及其精矿中钙含量的测定。测定范围(质量分数,以氧化钙计):0.10%～1.00%。

2　规范性引用文件

下列文件中的条款通过本标准的引用而成为本标准的条款。凡是注日期的引用文件,其随后所有的修改单(不包括勘误的内容)或修订版均不适用于本标准,然而,鼓励根据本标准达成协议的各方研究是否可使用这些文件的最新版本。凡是不注日期的引用文件,其最新版本适用于本标准。

GB/T 6682　分析实验室用水规格和试验方法(GB/T 6682—2008,ISO 3687:1987,MOD)

GB/T 12806　实验室玻璃仪器　单标线容量瓶(GB/T 12806—1991,eqv ISO 1042:1983)

GB/T 12808　实验室玻璃仪器　单标线吸量管(GB/T 12808—1991,eqv ISO 648:1977)

GB/T 24243　铬矿石　采取份样(GB/T 24243—2009,ISO 6153:1989,IDT)

ISO 6154:1989　铬矿石　样品制备

3　原理

试料用过氧化钠在金属锆坩埚中熔融分解。用热水溶解熔融物,盐酸冲洗金属锆坩埚并酸化,煮沸分解过量的过氧化钠。以EDTA为保护剂、氯化锶和氯化镧溶液为释放剂,抑制干扰元素。在原子吸收光谱仪上,于波长422.7 nm处,以空气-乙炔火焰测定钙的吸光度。

4　试剂

除非另有说明,在分析中仅使用确认为分析纯的试剂和蒸馏水或去离子水或相当纯度的水,符合GB/T 6682的规定。

4.1　过氧化钠。

警告——过氧化钠具有强烈的氧化性,不能与有机物等还原性物质接触,否则易发生燃烧和爆炸。过氧化钠的废料不得用纸或类似可燃物包裹后丢入废料箱内,应用水冲洗排入下水道内,以免自燃引起火灾。

4.2　盐酸,ρ1.19 g/mL。

4.3　盐酸,1+1。

4.4　EDTA溶液,二水合乙二胺四乙酸二钠,$C_{10}H_{14}N_2O_8Na_2 \cdot 2H_2O$,100 g/L。

称取50.0 g EDTA,置于500 mL烧杯中,加400 mL水,加热溶解后,冷却至室温。将溶液移入500 mL容量瓶中,用水稀释至刻度,混匀。

4.5　锶溶液,50 g/L。

称取30.43 g高纯氯化锶($SrCl_2 \cdot 6H_2O$,质量分数为99.99%)于150 mL烧杯中,用水溶解,移至

200 mL 容量瓶中，用水稀释至刻度，混匀。

4.6 镧溶液，50 g/L。

称取 14.66 g 高纯三氧化二镧(质量分数为 99.99%)于 200 mL 烧杯中，加 25 mL 水，再加 50 mL 盐酸(4.3)，加热溶解，蒸至小体积，赶除多余的酸，移至 250 mL 容量瓶中，用水稀释至刻度，混匀。

4.7 钙标准储备溶液，1.00 mg/mL。

称取 2.497 3 g 预先在 105 ℃～110 ℃的烘箱中烘至恒重的高纯碳酸钙(质量分数为 99.99%)，置于 200 mL 高型烧杯中，用少量水润湿后，慢慢加入 15 mL 盐酸(4.3)，溶解后，加热煮沸除去二氧化碳，冷却至室温，移入 1 000 mL 容量瓶中，用水稀释至刻度，混匀。此溶液 1 mL 含 1.00 mg 钙。

4.8 钙标准工作溶液，50.00 μg/mL。

移取 5.00 mL 钙标准溶液(4.7)于 100 mL 容量瓶中，用盐酸(2+98)稀释至刻度，混匀。此溶液 1 mL 含钙 50 μg。

注：钙标准储备溶液也可使用市售的有证标准物质。

5 仪器

常用实验室仪器，包括单刻度容量瓶和单刻度吸量管，分别符合 GB/T 12806 和 GB/T 12808 的规定。

5.1 原子吸收光谱仪，配备钙空心阴极灯。

在仪器最佳工作条件下，使用的原子吸收光谱仪应达到下列技术指标：

a) 精密度的最低要求

用最高浓度的校准溶液，经多次重复测量，并计算其吸光度平均值和标准偏差。该标准偏差不超过该吸光度平均值的 1.0%。

用最低浓度的校准溶液(不是零校准溶液)，经多次重复测量，并计算其标准偏差。该标准偏差不应超过最高浓度校准溶液的平均吸光度值的 0.5%。

b) 特征浓度

本标准钙的特征浓度应小于 0.05 mg/L。

c) 校准曲线的线性

校准曲线按浓度分为五段，最高段的吸光度差值与最低段的吸光度差值之比不小于 0.8。

注：因仪器型号而异，附录 A 为推荐仪器工作参数。

5.2 马弗炉，能保持温度(520±10)℃。

5.3 分析天平，感量 0.1 mg。

5.4 金属锆坩埚(质量分数≥99.5%)，30 mL。

6 取制样

按 GB/T 24243 和 ISO 6154 标准规定进行取制样，试样应通过 0.090 mm 筛孔，并于 105 ℃～110 ℃的烘箱中干燥 2 h，于干燥器中冷却至室温，待用。

7 分析步骤

警告——为避免空气-乙炔点火、熄火可能引起的爆炸性伤害，必须按照仪器说明书要求操作仪器，为减小产生的气体的毒害，请保持良好通风。

7.1 试料

称取 0.2 g 试样(6)，精确至 0.1 mg。

独立地进行两次测定，取其平均值。

注："独立"是指再次及后续任何一次测定结果不受前面测定结果的影响。本分析方法中，此条件意味着同一操作者在不同的时间或不同操作者进行重复测定，包括采用适当的再校准。

7.2 空白试验和验证试验

随同试料做空白试验，此溶液供 7.3.3 步骤使用。

同时分析同类型标准样品做验证试验。

7.3 测定

7.3.1 试料的分解

将试料(7.1)置于预加了 1.50 g 过氧化钠的 30 mL 金属锆坩埚中，再覆盖 1.00 g 过氧化钠，轻轻敲平试料和熔剂，放入马弗炉中，从室温升至(520±10)℃并在此温度下熔融样品 1 h，取出，冷却。

7.3.2 试液的制备

将金属锆坩埚放入 250 mL 的烧杯中，加 100 mL 热水浸洗熔融物，取出金属锆坩埚，用 10 mL 盐酸(4.3)冲洗，再用少量水冲净金属锆坩埚，洗液并入烧杯中。加 10 mL 盐酸(4.2)溶解沉淀并酸化，加热煮沸数分钟分解过量的过氧化钠，冷却后，移至 200 mL 容量瓶中，用水稀释至刻度，混匀。

移取上述 10.00 mL 溶液至 25 mL 容量瓶中，加 0.5 mL EDTA 溶液(4.4)，0.5 mL 锶溶液(4.5)，0.5 mL 镧溶液(4.6)，用水稀释至刻度，混匀。

7.3.3 标准溶液的制备

移取 0 mL，0.50 mL，1.00 mL，1.50 mL，2.00 mL，3.00 mL 钙标准工作溶液(4.8)置于一组 50 mL 容量瓶中，加 20.00 mL 试剂空白溶液(7.2)，加 1 mL EDTA 溶液(4.4)，1 mL 锶溶液(4.5)，1 mL 镧溶液(4.6)，用水稀释至刻度，混匀。

7.3.4 测定

7.3.4.1 试液的测定

按照仪器操作说明书，将仪器调节至最佳工作状态。使用空气-乙炔火焰，于波长 422.7 nm 处，以"零"标准溶液调零，测定钙的吸光度，从校准曲线上查出相应的钙的浓度。

7.3.4.2 校准曲线的绘制

与试液测定相同的工作条件下，测量标准溶液的吸光度。以吸光度为纵坐标，以被测元素浓度为横坐标，分别绘制钙的校准曲线。

8 结果计算

8.1 按式(1)计算钙的质量分数 w_{Ca}，其数值以(%)表示：

$$w_{Ca} = \frac{\rho_i \times V \times V_1}{m \times V_2} \times 10^{-4} \qquad (1)$$

式中：

ρ_i——自校准曲线上查得的试料溶液中钙的浓度，单位为微克每毫升(μg/mL)；

V——测定试液的最初定容体积，单位为毫升(mL)；

V_1——分取试液稀释后的体积，单位为毫升(mL)；

V_2——分取试液的体积，单位为毫升(mL)；

m——试料的质量，单位为克(g)。

计算结果表示到小数点后两位。

8.2 按式(2)计算氧化钙的质量分数 w_{CaO}：

$$w_{CaO} = 1.399\,2 \times w_{Ca} \qquad (2)$$

计算结果表示到小数点后两位。

9 精密度

由 8 个实验室对四个水平的试样进行方法的精密度试验，根据实验数据得到本方法的重复性限 r 和再现性限 R，见表 1。

在重复性条件下获得的两次独立测试结果的绝对差值不超过重复性限(r)，超过重复性限(r)的情况不超过5 %。在再现性条件下获得的两次独立测试结果的绝对差值不大于再现性限(R)，超过再现性限(R)的情况不超过5%。

表1 测定结果的重复性限和再现性限

%(质量分数)

项　目	含量范围	重复性限 r	再现性限 R
氧化钙	0.10～1.00	0.06	0.11

10 试验报告

试验报告应包括下列内容：

a) 测试实验室名称和地址；

b) 试验报告发布日期；

c) 本标准的编号；

d) 试样本身必要的详细说明；

e) 分析结果；

f) 测定过程中存在的任何异常特性和本标准中没有规定的可能对试样的分析结果产生影响的任何操作。

附 录 A
（资料性附录）
仪器参考工作条件

仪器参数工作条件因仪器型号而异，一些实验室已成功地使用下列工作参数，列出供参考，见表 A.1。

表 A.1 仪器参考工作条件

测定元素	波长/nm	灯电流/mA	光谱通带/nm	空气流量/(L/min)	乙炔流量/(L/min)	燃烧器角度/(°)
钙	422.7	10	0.7H	17.0	2.2	0

ICS 73.060.30
D 33

中华人民共和国国家标准

GB/T 24227—2009

铬矿石和铬精矿　硅含量的测定 分光光度法和重量法

Chromium ores and concentrates—Determination of silicon content—Spectrophotometric method and gravimetric method

(ISO 5997:1984 Chromium ores and concentrates—Determination of silicon content—Molecular absorption spectrometric method and gravimetric method, MOD)

2009-07-15 发布　　2010-04-01 实施

中华人民共和国国家质量监督检验检疫总局
中国国家标准化管理委员会　发布

前　言

本标准修改采用 ISO 5997:1984《铬矿石和铬精矿　硅含量的测定　分子吸收光谱法和重量法》(英文版)。

本标准与 ISO 5997:1984 相比,主要做了如下修改:

——在“2　规范性引用文件”中用国家标准代替对应的国际标准;

——3.2.6.2 中“硅标准溶液”由 ISO 5997:1984 的“1 mL 该标准溶液含有 0.005 0 mg 硅”修订为本标准的“1 mL 该标准溶液含有 0.002 5 mg 硅”;

——增加了“3.4　取样和制样”;

——增加了“3.5.1　测定次数”;

——增加了“4.4　取样和制样”;

——增加了“4.5.1　测定次数”;

——增加了“5　试验报告”。

本标准由中国钢铁工业协会提出。

本标准由全国生铁及铁合金标准化技术委员会归口。

本标准起草单位:中华人民共和国天津出入境检验检疫局、冶金工业信息标准研究院、宁波检验检疫科学技术研究院。

本标准主要起草人:魏红兵、谷松海、王昊云、李安民、冯宇新、杨丽飞、朱晓艳、陈自斌。

铬矿石和铬精矿　硅含量的测定
分光光度法和重量法

警告——使用本标准的人员应有正规实验室工作的实践经验。本标准并未指出所有可能的安全问题。使用者有责任采取适当的安全和健康措施，并保证符合国家有关法律法规规定的条件。

1　范围

本标准规定了分光光度法和重量法测定铬矿石和铬精矿中硅含量。

本标准适用于铬矿石和铬精矿中硅含量的测定。测定范围(质量分数)：分光光度法 0.05%～0.5%；重量法 0.5%～15.0%，本标准应遵守 GB/T 24228 的有关规定。

2　规范性引用文件

下列文件中的条款通过本标准的引用而成为本标准的条款。凡是注日期的引用文件，其随后所有的修改单(不包括勘误的内容)或修订版均不适用于本标准，然而，鼓励根据本标准达成协议的各方研究是否可使用这些文件的最新版本。凡是不注日期的引用文件，其最新版本适用于本标准。

GB/T 6682　分析实验室用水规格和试验方法(GB/T 6682—2008，ISO 3696：1987，MOD)

GB/T 12806　实验室玻璃仪器　单标线容量瓶(GB/T 12806—1991，eqv ISO 1042：1983)

GB/T 12808　实验室玻璃仪器　单标线吸量管(GB/T 12808—1991，eqv ISO 648：1977)

GB/T 24228　铬矿石和铬精矿　化学分析方法　通则(GB/T 24228—2009，ISO 6629：1981，MOD)

GB/T 24220　铬矿石　分析样品中湿存水的测定　重量法(GB/T 24220—2009，ISO 6129：1981，MOD)

GB/T 24243　铬矿石　采取份样(GB/T 24243—2009，ISO 6153：1989，IDT)

ISO 6154　铬矿石　样品制备

3　分光光度法

3.1　原理

试料用混合熔剂分解，以水浸取熔融物。用盐酸调节溶液的 pH 值，在柠檬酸存在下，硅与钼酸铵反应，生成黄色硅钼酸铵杂多酸，用抗坏血酸将其还原成蓝色硅钼酸铵络合物。用分光光度计对生成的络合物进行光度测量。

3.2　试剂

除另有说明外，仅使用认可的分析纯试剂和蒸馏水或与其纯度相当的水，符合 GB/T 6682 的规定。

3.2.1　混合熔剂，取 100 g 无水碳酸钠、50 g 四硼酸钠(预灼烧到不发泡)和 0.5 g 硝酸钾在刚玉或硬钢研钵内研细混匀。

3.2.2　盐酸，ρ1.19 g/mL。

3.2.3　盐酸，1 ＋ 3。

3.2.4　混合酸，取 5 g 柠檬酸和 1 g 抗坏血酸溶解于 100 mL 水中。用时配制。

3.2.5　钼酸铵溶液，50 g/L。

用重结晶的钼酸铵制备溶液，贮存于石英或聚乙烯容器中。重结晶时，将 250 g 钼酸铵溶解于 400 mL 水中，加热到 70 ℃～80 ℃，用慢速滤纸过滤，冷却至室温。在搅拌下加入 300 mL 精馏乙醇，使沉淀沉降 1 h。通过置于布氏漏斗中的中速滤纸抽滤沉淀，用乙醇洗涤 2 次～3 次，风干。

注：如果不含还原成钼蓝的化合物，那么也可使用未重结晶的商业上可购得的试剂。

3.2.6 硅标准溶液。

3.2.6.1 硅储备溶液，50 mg/L。

称取 0.107 0 g 预先在 1 000 ℃～1 100 ℃ 灼烧至恒重的二氧化硅(99.9%以上)于铂坩埚中，加入 2 g 混合熔剂(3.2.1)，用铂丝混匀，盖上铂盖，于 1 000℃～1 100 ℃ 下熔融。将坩埚和熔块一起转移到 1 000 mL 烧杯中。在缓慢加热的情况下，溶解熔块于 100 mL～150 mL 的 10 g/L 碳酸钠溶液中。冷却溶液，用 10 g/L 碳酸钠溶液稀释至 750 mL，转移至 1 000 mL 容量瓶中，用 10 g/L 碳酸钠溶液稀释至刻度，混匀。溶液贮存于聚乙烯瓶中。

3.2.6.2 硅标准溶液。

用移液管吸取 25.00 mL 硅储备溶液(3.2.6.1)于 500 mL 烧杯中，用水稀释至 350 mL～400 mL，用盐酸(3.2.3)酸化，调节溶液的 pH 值为 1.5～1.7(用 pH 计(3.3.3)检查)，将溶液转移至 500 mL 容量瓶中，用水稀释至刻度，混匀。

1 mL 该标准溶液含有 0.002 5 mg 硅。

3.3 仪器

实验室常用设备仪器。单标线容量瓶和单标线吸量管应分别符合 GB/T 12806 和 GB/T 12808 的规定。

3.3.1 铂坩埚，配有铂盖、铂丝。

3.3.2 分光光度计。

3.3.3 pH 计。

3.4 取样和制样

3.4.1 实验室样品

分析用实验室样品应按 GB/T 24243、ISO 6154 进行取样和制样，粒度应小于 100 μm。

3.4.2 预干燥试样的制备

将实验室样品充分混合，采用份样缩分法取样。按照 GB/T 24220 中的规定，将试样在 105 ℃～110 ℃的温度下进行干燥。

3.5 分析步骤

3.5.1 测定次数

对同一预干燥试样，至少独立测定 2 次。

注："独立"一词是指再次及后续任何一次测定结果不受前面测定结果的影响。本分析方法中，此条件意味着同一操作者在不同的时间或不同操作者进行重复测定，包括采用适当的再校准。

3.5.2 试料量

称取 0.1 g 试料(3.4.2)，准确至 0.000 2 g。

3.5.3 空白试验和验证试验

按照所有的分析步骤随同试料进行空白试验，同时分析同类型标准样品做验证试验。

3.5.4 试料的分解

将试料(3.5.2)置于铂坩埚(3.3.1)中，加入 2 g 混合熔剂(3.2.1)，用铂丝(3.3.1)混匀，盖上铂盖(3.3.1)，于 1 000 ℃～1 100 ℃下熔融。冷却盛有熔块的坩埚，转移至 250 mL 聚四氟乙烯塑料烧杯中。在缓慢加热条件下，将熔块溶解于 70 mL～80 mL 水中(如果需要，过滤该溶液)。冷却溶液，用盐酸(3.2.3) 酸化，调节溶液的 pH 值为 1.5～1.7(用 pH 计(3.3.3)检查)，将溶液转移至 100 mL 容量瓶中，用水稀释至刻度，混匀。

3.5.5 测试溶液的制备

3.5.5.1 溶液的移取

根据预期的硅含量，按表 1 用移液管分别移取一定体积的溶液(3.5.4)，分别置于两个 100 mL 容量瓶中。

表 1 溶液移取体积

硅含量(质量分数)/%	移取溶液的体积/mL
0.05～0.25	10.00
>0.25～0.50	5.00

3.5.5.2 光度测量用溶液的制备

向每个容量瓶中加入 1.5 mL 盐酸(3.2.3)和 60 mL～65 mL 水。向其中一个容量瓶中加入 5 mL 钼酸铵溶液(3.2.5),混匀,静置 10 min。然后向两个容量瓶中各加入 5 mL 混合酸(3.2.4),用水稀释至刻度,混匀,静置 15 min。

3.5.6 吸光度的测量

使用分光光度计(3.3.2)于 810 nm 波长处,以不加钼酸铵的溶液作参比,将试液置于 20 mm～50 mm 的比色皿中测定吸光度。

3.5.7 校准曲线的制做

用微量滴定管分别移取 0.00 mL、2.00 mL、4.00 mL、6.00 mL、8.00 mL 和 10.00 mL 硅标准溶液(3.2.6.2)于 100 mL 单标线容量瓶中,分别相当于 0.00 mg、0.005 mg、0.010 mg、0.015 mg、0.020 mg 和 0.025 mg 硅。

分别加入 1.5 mL 盐酸(3.2.3)、60 mL～65 mL 水和 5 mL 钼酸铵溶液(3.2.5),混匀,静置10 min。然后加入 5 mL 混合酸(3.2.4),用水稀释至刻度、混匀,静置 15 min。用补偿溶液作参比溶液,按照 3.5.6 规定测量各溶液的吸光度。

以吸光度值对硅含量制作校准曲线。

3.6 结果计算

根据绘制的校准曲线(3.5.7)扣除空白试验的吸光度读数,将试液吸光度读数转换成硅含量。按式(1)计算硅含量 $w(\mathrm{Si})$(质量分数),用百分数表示(%):

$$w(\mathrm{Si}) = \frac{m_1 \times 100}{m_2 \times 1\,000} \times K = \frac{m_1}{m_2 \times 10} \times K \quad \cdots\cdots(1)$$

式中:

m_1——从校准曲线上查出的分取试液中硅的质量,单位为毫克(mg);

m_2——与分取试液相当的试料的质量,单位为克(g);

K——以干态表示的硅含量的换算因子。

3.7 允许差

实验室内分析结果的差应不大于表 2 所列允许差。

表 2 允许差

%

硅含量(质量分数)	允许差
0.05～0.25	0.02
>0.25～0.50	0.05

4 重量法

4.1 原理

试料用硝酸和高氯酸分解,或者用过氧化钠熔融,盐酸和高氯酸分解。用高氯酸脱水析出硅酸,过滤。灼烧残渣,称重。用氢氟酸和硫酸处理残渣,再灼烧、称重。

4.2 试剂

分析中除另有说明外,仅使用认可的分析纯试剂和蒸馏水或与其纯度相当的水,符合 GB/T 6682

的规定。

4.2.1 碳酸钠,无水或在 500 ℃预灼烧。

4.2.2 过氧化钠(Na_2O_2),干粉。

4.2.3 硫酸,ρ1.84 g/mL。

4.2.4 硫酸,1+1。

4.2.5 高氯酸,ρ1.67 g/mL。

注:吸入或接触皮肤有中毒的危险。应在远离明火的强力通风厨中操作,避免吸入酸雾和接触皮肤、眼睛和衣服。

4.2.6 盐酸,ρ1.19 g/mL。

4.2.7 盐酸,1+4。

4.2.8 盐酸,1+9。

4.2.9 盐酸,1+100。

4.2.10 氢氟酸,ρ1.13 g/mL。

4.2.11 硝酸,ρ1.40 g/mL。

4.3 仪器

实验室常用设备仪器。单标线容量瓶和单标线移液管应分别符合 GB/T 12806 和 GB/T 12808 的规定。

4.3.1 坩埚,铁或镍材质,镍棒。

4.3.2 铂坩埚。

4.3.3 马弗炉,能保持 1 000 ℃～1 100 ℃ 温度。

4.4 取样和制样

4.4.1 实验室样品

分析用实验室样品应按 GB/T 24243、ISO 6154 进行取样和制样,粒度应小于 100 μm。

4.4.2 预干燥试样的制备

将实验室样品充分混合,采用份样缩分法取样。按照 GB/T 24220 的规定,将试样在 105 ℃～110 ℃ 的温度下进行干燥。

4.5 分析步骤

4.5.1 测定次数

对同一预干燥试样,至少独立测定 2 次。

注:"独立"一词是指再次及后续任何一次测定结果不受前面测定结果的影响。本分析方法中,此条件意味着同一操作者在不同的时间或不同操作者进行重复测定,包括采用适当的再校准。

4.5.2 试料

根据预期的硅含量按表 3 称取预干燥试样(4.4.2),精确至 0.000 2 g。

表 3 试料称取量

硅含量(质量分数)/%	试料量/g
0.50～2.50	1.0
>2.50～15.00	0.5

4.5.3 空白试验和验证试验

按照所有的分析步骤随同试料进行空白试验,同时分析同类型标准样品做验证试验。

4.5.4 试料的分解

4.5.4.1 碱熔融分解法

将试料(4.5.2)置于铁坩埚或镍坩埚(4.3.1)中,加入 8 g～10 g 过氧化钠(4.2.2)。用镍棒混匀坩埚中内容物,覆盖 1 g～2 g 过氧化钠(4.2.2),于 750 ℃～800 ℃温度下熔融,不时的通过摇动混合坩埚中的内容物。

冷却坩埚，将其置于 500 mL 氟塑料烧杯中，用聚乙烯表面皿盖上烧杯，用 150 mL～200 mL 水浸出熔块。用热水冲洗表面皿和坩埚，从烧杯中取出坩埚。小心向烧杯中加入盐酸(4.2.6)，直至氢氧化铁溶解为止，将溶液转移到 600 mL 玻璃烧杯中，加入 60 mL 高氯酸(4.2.5)，混匀，加热至冒高氯酸白色烟雾，继续加热保持该状态直至析出盐类。

冷却溶液，沿烧杯壁小心注入 30 mL 盐酸(4.2.8)，再加入 150 mL～200 mL 水，加热使盐类溶解。

将沉淀收集于加有少量无灰滤纸纸浆的慢速滤纸上，用热盐酸(4.2.9)冲洗烧杯，并用带胶头的玻璃棒扫清所有附着的硅酸颗粒，用热盐酸(4.2.9)冲洗残渣 10 次～12 次，再用热水冲洗 2 次到 3 次。将滤液和洗液收集于 600 mL 烧杯中。保存滤纸上的残渣。往滤液中加入 10 mL 高氯酸(4.2.5)，加热至冒高氯酸白色烟雾。继续加热，并保持该状态直至有盐类析出。冷却溶液，加入 40 mL～50 mL 热水，混匀，加热至盐类溶解，过滤残渣，然后按前述要求冲洗滤纸。

将此处得到的残渣与硅酸主残渣合并，保留残渣和滤纸，按 4.5.5 规定继续操作。

4.5.4.2 酸浸分解法

将试料(4.5.2)置于 250 mL 烧杯中，用 5 mL 水润湿，加入 50 mL～70 mL 高氯酸(4.2.5)和 5 mL 硝酸(4.2.11)，盖上表面皿，加热至出现高氯酸的白色烟雾，继续加热使铬氧化。

注：不能完全蒸干，因为加热高氯酸盐涉及到安全问题。

移开表面皿，小心地沿烧杯壁滴加盐酸(4.2.6)直至铬酰氯的棕色烟雾停止放出，铬被还原成三价，盖上表面皿，继续加热溶液使铬完全氧化。重复该操作蒸馏铬酰氯直至试料充分分解。

重新盖上表面皿，继续加热至烧杯中的雾气透明，保持该状态直至大部分高氯酸被蒸发，但要避免蒸干。

注：操作时，要避免吸入、吞入或接触铬酰氯，防止中毒，应在远离明火的强力通风厨内操作，避免吸入烟雾和接触皮肤、眼睛和衣服。

待烧杯冷却后，加入 50 mL 盐酸(4.2.7)，搅拌，低温加热，溶解可溶性盐。加入约 50 mL 热水，搅拌，将沉淀收集于盛有少量无灰滤纸浆的中速滤纸上。用热盐酸(4.2.9)冲洗烧杯，并用带胶头的玻璃棒扫清所有附着的硅酸颗粒。用热盐酸(4.2.9)冲洗残渣，直至无铁盐为止，最后用热水冲洗 2 次～3 次。弃去滤液和清洗液。

将滤纸及残渣置于铂坩埚(4.3.2)中，烘干，将滤纸灰化，在 750 ℃～800 ℃ 灼烧。待坩埚冷却，加 2 g～3 g 碳酸钠(4.2.1)，用样品勺混匀。在 900 ℃～1 000 ℃熔融。

待坩埚冷却，再放入原烧杯里，盖上表面皿，加入 50 mL 盐酸(4.2.7)，低温加热至熔块溶解，用水冲洗坩埚，然后从烧杯内取出坩埚。

加入 30 mL 高氯酸(4.2.5)，表面皿不完全覆盖烧杯情况下，加热直至出现浓的高氯酸白色烟雾。

盖上烧杯，继续加热，直至烧杯内的雾气透明为止。保持该状态直至大部分高氯酸被蒸出，但要避免蒸干。

待烧杯冷却，加入 50 mL 盐酸(4.2.7)搅拌，低温加热，至可溶性盐类溶解，然后冲洗烧杯壁，用热水稀释至约 100 mL。

用盛有少量无灰滤纸浆的慢速滤纸过滤溶液，用带胶头的玻璃棒扫清所有附着的硅酸颗粒。用热盐酸(4.2.9)冲洗烧杯，并洗涤残渣 10 次～12 次，然后用热水洗涤 2 次～3 次，保留残渣和滤纸，按 4.5.5 规定继续操作。

4.5.5 残渣的处理

将残渣(4.5.4)和滤纸放入铂坩埚(4.3.2)中，低温下干燥、灰化滤纸，然后在 1 000 ℃～1 100 ℃ 的马弗炉(4.3.3)中灼烧至恒量。在干燥皿中冷却后，称量，标记为 m_1。用数滴硫酸(4.2.4)润湿残渣，加 3 mL～5 mL 氢氟酸(4.2.10)。低温加热除去硅酸和硫酸。最后将坩埚在 1 000 ℃～1 100 ℃ 的马弗炉(4.3.3)中灼烧 15 min。在干燥器中冷却，称重，标记为 m_2。反复用硫酸和氢氟酸处理，直到得到恒重的残渣为止。

4.6 结果计算

按式(2)计算硅含量 $w(\mathrm{Si})$(质量分数),用百分数表示(%):

$$w(\mathrm{Si}) = \frac{(m_1 - m_2) - (m_1' - m_2')}{m_0} \times 0.4675 \times 100 \times K \quad \cdots\cdots(2)$$

式中:

m_0——试料的质量,单位为克(g);

m_1——硅及铂坩埚的质量,单位为克(g);

m_2——除去硅后杂质及铂坩埚的质量,单位为克(g);

m_1'——空白试验硅及铂坩埚的质量,单位为克(g);

m_2'——空白试验除去硅后杂质及铂坩埚的质量,单位为克(g);

K——以干态计算硅含量的换算因子。

4.7 允许差

实验室内分析结果的差应不大于表4所列允许差。

表4 允许差

%

硅含量(质量分数)	允许差
0.50~1.00	0.08
>1.00~2.00	0.10
>2.00~4.00	0.15
>4.00~8.00	0.20
>8.00~15.00	0.25

4.8 由硅含量换算成二氧化硅含量的转换公式

按式(3)将试样中硅含量换算成二氧化硅含量 $w(\mathrm{SiO_2})$(质量分数),用百分数表示(%):

$$w(\mathrm{SiO_2}) = 2.1393 \times w(\mathrm{Si}) \quad \cdots\cdots(3)$$

5 试验报告

试验报告应包括下列信息:

a) 测试实验室名称和地址;

b) 试验报告发布日期;

c) 本标准的编号;

d) 试样本身必要的详细说明;

e) 分析结果;

f) 测定过程中存在的任何异常特性和在本标准中没有规定的可能对试样的分析结果产生影响的任何操作。

ICS 73.060.30
D 33

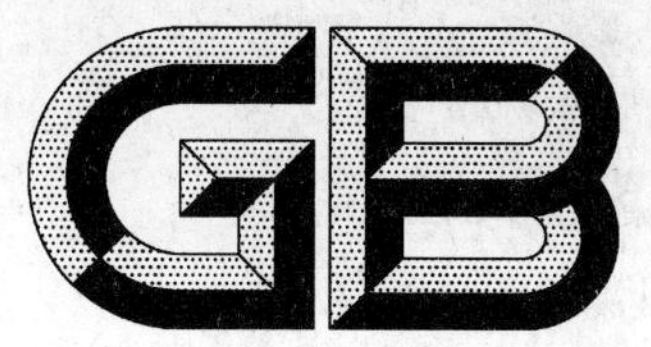

中华人民共和国国家标准

GB/T 24228—2009

铬矿石和铬精矿　化学分析方法　通则

Chromium ores and concentrates—Methods of chemical analysis—General instruction

(ISO 6629:1981,MOD)

2009-07-15 发布　　2010-04-01 实施

中华人民共和国国家质量监督检验检疫总局
中国国家标准化管理委员会　发布

前　言

本标准修改采用 ISO 6629:1981《铬矿石和铬精矿　化学分析方法　通则》(英文版)。

本标准与 ISO 6629:1981 相比较，主要做了如下编辑性修改：

——在“2　规范性引用文件”中用国家标准代替对应的国际标准。

本标准由中国钢铁工业协会提出。

本标准由全国生铁及铁合金标准化技术委员会归口。

本标准起草单位：中华人民共和国天津出入境检验检疫局、冶金工业信息标准研究院、宁波检验检疫科学技术研究院。

本标准主要起草人：谷松海、魏红兵、李凤芸、宋义、陈焱、吕彦明、靳宏、郭芬、曹国洲。

铬矿石和铬精矿 化学分析方法 通则

1 范围

本标准规定了铬矿石和铬精矿化学分析方法通则。

本标准适用于铬矿石和铬精矿化学分析方法标准的制定、修订和使用。

2 规范性引用文件

下列文件中的条款通过本标准的引用而成为本标准的条款。凡是注日期的引用文件，其随后所有的修改单(不包括勘误的内容)或修订版均不适用于本标准，然而，鼓励根据本标准达成协议的各方研究是否可使用这些文件的最新版本。凡是不注日期的引用文件，其最新版本适用于本标准。

GB/T 24220 铬矿石 分析样品中湿存水的测定 重量法(GB/T 24220—2009，ISO 6129:1981，MOD)

3 通则

3.1 试剂

3.1.1 所用的全部试剂应为认可的分析纯试剂。

3.1.2 试剂制备和全部分析过程中应使用蒸馏水或去离子水，微量元素含量测定过程中应使用二次蒸馏水或去离子水。

3.1.3 容量瓶中的溶液被稀释到刻度时，其温度应处于 20 ℃。

3.1.4 除另有规定外，热水或热溶液的温度是指 70 ℃～80 ℃；温水或温溶液的温度是指 40 ℃～60 ℃。

3.1.5 由液体试剂配制的非标准溶液的浓度以(V_1+V_2)表示，即将体积为 V_1 的特定溶液加入到体积为 V_2 的溶剂中。

3.1.6 溶液浓度的表示方式如下：

a) 质量分数：每 100 g 溶液中组分的质量(g)，以百分数(%)表示；

b) 质量浓度：每升溶液中组分的质量(g)，单位为克每升(g/L)；

c) 体积分数：每 100 mL 溶液中组分的体积(mL)，以百分数(%)表示；

d) 组分的浓度：每升溶液中组分的物质的量，单位为摩尔每升(mol/L)。

3.1.7 标准溶液的标定至少应进行三次平行测定。

3.2 仪器

3.2.1 称量所用分析天平精度级别不应低于三级，其感量应达到 0.1 mg。天平与砝码应定期由有资质的计量部门检定。

3.2.2 容量器具(容量瓶、滴定管、移液管等)应选用国家标准 A 级产品，并按国家有关规程进行校准。

3.2.3 应选择测定吸光度的比色皿，以满足测量要求。

3.3 试料

化学分析应采用空气干燥试料或在 105 ℃～110 ℃下干燥试料。

3.4 分析步骤

3.4.1 分析试料的个数

测定铬矿石和铬精矿中的具体元素的含量应同时分析两个试料或三个试料。

应把重复分析试料所得结果的算术平均值作为最终结果。所得结果之极差应不超过相关标准条款标题名为“允许差”中规定的与元素含量范围相对应的允许差限值。

当分析试样所得两个结果的极差超出允许差限值时，应查明产生偏差的原因，并消除产生偏差的原因，然后重新对第三个试料进行测定。

3.4.2 空白试验

为了能对测定结果作出相应的校正，在测定试料的同时，于相同条件下做两个空白试验。

3.4.3 验证试验

随同试料分析同类型的铬矿石或铬精矿标准样品做平行验证试验。

由重复分析铬矿石或铬精矿标准样品所得结果的算术平均值与其证书值之差不应超过相关的标准中条款标题名为“允许差”中规定的与元素含量范围相对应的允许差值的0.7倍。

3.4.4 湿存水的测定

应采取两份试料同时按照GB/T 24220—2009规定测定湿存水含量。

以干态计算元素含量，测定的数值结果应乘以换算因子K，按式(1)计算K值至小数后第三位。

$$K = \frac{100}{100 - A} \qquad (1)$$

式中：

A——按照GB/T 24220—2009规定测定的湿存水含量(质量分数)，以百分数表示。

3.5 校准曲线

在直角坐标系上，根据被测元素(横坐标)的质量(毫克)与测量值(吸光度、电流等)(纵坐标)之间的曲线关系绘制校准曲线。

用同时测定系列标准溶液吸光度的三个以上测量值绘制吸光度的校准曲线。

用一种或两种标准样品验证由标准溶液绘制出的校准曲线。

3.6 试验报告

试验报告应包括下列内容：

a) 识别样品所必备的标记；

b) 所用方法的标准号；

c) 结果及其表示方式；

d) 试验过程中所观察到的异常现象、以及方法中尚未包括或被认为可能对结果有影响的操作步骤；

e) 其他事项。

ICS 73.060.30
D 33

中华人民共和国国家标准

GB/T 24229—2009

铬矿石和铬精矿　铝含量的测定
络合滴定法

Chromium ores and concentrates—Determination of aluminium content—Complexometric method

(ISO 8889:1988,MOD)

2009-07-15 发布　　2010-04-01 实施

中华人民共和国国家质量监督检验检疫总局
中国国家标准化管理委员会　发布

前　言

本标准修改采用 ISO 8889:1988《铬矿石和铬精矿　铝含量的测定　络合滴定法》(英文版)。

本标准与 ISO 8889:1988 相比较，主要做了如下修改：

——在“2　规范性引用文件”中用国家标准代替对应的国际标准；

——增加了“6　取样和制样”；

——增加了“7.1　测定次数”；

——增加了“10　试验报告”。

本标准由中国钢铁工业协会提出。

本标准由全国生铁及铁合金标准化技术委员会归口。

本标准起草单位：中华人民共和国天津出入境检验检疫局、冶金工业信息标准研究院、宁波检验检疫科学技术研究院。

本标准主要起草人：魏红兵、王振坤、谷松海、杨丽飞、姚传刚、马德起、郑琳、陈自斌。

铬矿石和铬精矿　铝含量的测定
络合滴定法

警告——使用本标准的人员应有正规实验室工作的实践经验。本标准并未指出所有可能的安全问题。使用者有责任采取适当的安全和健康措施，并保证符合国家有关法律法规规定的条件。

1　范围

本标准规定了络合滴定法测定铬矿石和铬精矿中铝含量。

本标准适用于铬矿石和铬精矿中铝含量的测定。测定范围(质量分数)：1.5%～20.0 %，本标准应遵守 GB/T 24228 的有关规定。

2　规范性引用文件

下列文件中的条款通过本标准的引用而成为本标准的条款。凡是注日期的引用文件，其随后所有的修改单(不包括勘误的内容)或修订版均不适用于本标准，然而，鼓励根据本标准达成协议的各方研究是否可使用这些文件的最新版本。凡是不注日期的引用文件，其最新版本适用于本标准。

GB/T 6682　分析实验室用水规格和试验方法(GB/T 6682—2008,ISO 3696:1987,MOD)

GB/T 12805　实验室玻璃仪器　滴定管(GB/T 12805—1991,neq ISO 385:1984)

GB/T 12806　实验室玻璃仪器　单标线容量瓶(GB/T 12806—1991,eqv ISO 1042:1983)

GB/T 12808　实验室玻璃仪器　单标线吸量管(GB/T 12808—1991,eqv ISO 648:1977)

GB/T 24228　铬矿石和铬精矿　化学分析方法　通则(GB/T 24228—2009,ISO 6629:1981,MOD)

GB/T 24220　铬矿石　分析样品中湿存水的测定　重量法(GB/T 24220—2009,ISO 6129:1981,MOD)

GB/T 24243　铬矿石　采取份样(GB/T 24243—2009,ISO 6153:1989,IDT)

ISO 6154　铬矿石　样品制备

3　原理

试料用高氯酸、硝酸和盐酸分解，以铬酰氯蒸馏形式除去铬。分离出不溶性残渣，将滤液留作主液保存。灼烧残渣，用硫酸和氢氟酸处理。加入焦硫酸钠熔融灼烧过的残渣。溶解熔块，将获得的溶液与主液合并。用氨溶液沉淀氢氧化物，过滤，将氢氧化物重新溶解于盐酸中，加过氧化氢将铬酸根还原为Cr(Ⅲ)离子，加入氢氧化钠从铁和其他元素中分离出铝。向等分试液中加入 EDTA 溶液，以二甲酚橙作指示剂，用乙酸锌溶液滴定过量的 EDTA。加入氟化钠分解铝络合物，以二甲酚橙作指示剂，用乙酸锌溶液滴定释放出的 EDTA。

4　试剂

分析中除另有说明外，仅使用认可的分析纯试剂和蒸馏水或与其纯度相当的水，符合 GB/T 6682 的规定。

4.1　焦硫酸钠($Na_2S_2O_7$)。

4.2　盐酸，ρ1.19 g/mL。

4.3　盐酸，1+1。

4.4 盐酸,1+100。

4.5 硝酸,ρ1.40 g/mL。

4.6 硫酸,ρ1.84 g/mL。

4.7 硫酸,1+1。

4.8 高氯酸,ρ1.67 g/mL。

4.9 氢氟酸,ρ1.15 g / mL。

4.10 氨水,ρ0.91 g/mL。

4.11 氨水,1+1。

4.12 氢氧化钠溶液,200 g/L。

4.13 氢氧化钠溶液,10 g/L。

4.14 氯化铵溶液,20 g/L,加氨水调节 pH 至 7.0～8.0。

4.15 氟化钠溶液,40 g/L,贮存于聚乙烯瓶中。

4.16 缓冲溶液,pH 值为 5.5～5.9。

溶解 500 g 乙酸铵于 1 000 mL 水中,加 30 mL 乙酸(ρ1.054 9 g/mL),混匀。用 pH 计检查 pH 值,加氢氧化钠(4.13)或乙酸调节 pH 值。

4.17 乙酸锌标准溶液,0.05 mol/L。

称取 3.269 0 g 金属锌(纯度 99.99%)溶解于 50 mL 盐酸(4.3)中,加数滴硝酸(4.5),蒸发溶液至近干。加入 200 mL 水,混匀溶液,加热至盐类溶解,冷却。向溶液中加入 25 mL 缓冲溶液(4.16),将溶液转移到 1 000 mL 容量瓶中,稀释至刻度,混匀。

1 mL 溶液相当于 0.001 349 g 铝。溶液贮存于聚乙烯瓶中。

4.18 乙二胺四乙酸二钠(EDTA)标准溶液,0.05 mol/L。

称取 18.6 g EDTA 溶解于 200 mL～250 mL 水中,转移到 1 000 mL 容量瓶中,用水稀释至刻度,混匀。

4.19 酚酞指示剂,10 g/L。

溶解 1 g 指示剂于 100 mL 乙醇溶液[60%(质量分数)]中。

4.20 二甲苯酚橙指示剂,1 g/L。

溶解 0.1 g 指示剂于 100 mL 水中。

5 仪器

实验室常用设备仪器。滴定管、单标线容量瓶和单标线吸量管应分别符合 GB/T 12805、GB/T 12806和 GB/T 12808 的规定。

pH 计。

6 取样和制样

6.1 实验室样品

分析用实验室样品应按 GB/T 24243、ISO 6154 进行取样和制样,粒度应小于 100 μm。

6.2 预干燥试样的制备

将实验室样品充分混合,采用份样缩分法取样。按照 GB/T 24220 中的规定,将试样在 105 ℃～110 ℃的温度下进行干燥。

7 分析步骤

7.1 测定次数

对同一预干燥试样,至少独立测定 2 次。

注:“独立”一词是指再次及后续任何一次测定结果不受前面测定结果的影响。本分析方法中,此条件意味着同一操作者在不同的时间或不同操作者进行重复测定,包括采用适当的再校准。

7.2 试料量

称取约 0.25 g 试料(6.2),准确至 0.000 2 g。

7.3 空白试验和验证试验

按照所有的分析步骤随同试料进行空白试验,同时分析同类型标准样品做验证试验。

7.4 试料的分解

将试料(7.2)置于 400 mL 烧杯中,加入 30 mL 高氯酸(4.8)和 5 mL 硝酸(4.5)。盖上玻璃表面皿,加热至出现浓密的高氯酸白烟为止,继续加热使铬氧化。移去表面皿,沿烧杯壁小心地滴加盐酸(4.2)直至铬酰氯的棕色烟雾停止释放为止,铬被还原为三价态。重新盖上玻璃表面皿,加热溶液使铬完全氧化。

反复蒸馏铬酰氯直到试料充分分解。

冷却溶液,加入 50 mL 热水,缓慢加热使盐溶解,再加热至近沸。用含有少量无灰滤纸浆的中速滤纸过滤溶液,用热盐酸(4.4)洗涤沉淀 12 次～15 次,再用热水洗涤 2 次。将滤液和淋洗液收集于 400 mL烧杯中,留作主液保存。

7.5 残渣的处理

将 7.4 得到的残渣连同滤纸转移到铂坩埚中,烘干,灰化滤纸,然后在 800 ℃～900 ℃下灼烧。冷却坩埚,滴加 3 滴～5 滴硫酸(4.7)润湿残渣,加入 5 mL 氢氟酸(4.9),加热铂坩埚至硫酸烟冒尽。置于 800 ℃～900 ℃下灼烧,冷却铂坩埚,加入 2 g 焦硫酸钠(4.1)熔融残渣。

趁热用 30 mL 热水浸出熔块。加入 5 mL～10 mL 高氯酸(4.8),蒸发溶液至出现高氯酸白色烟雾冒出。按 7.4 规定以铬酰氯形式除去大量的铬。冷却溶液,加入 50 mL 热水,加热使盐类溶解。将由此得到的溶液并入到 7.4 留用的主液中。

7.6 铝的分离

7.6.1 向 7.5 得到的溶液中加入 200 mL 水。滴加氨水(4.11)调节溶液的 pH 值为 3.0～4.0(用 pH 试纸检查),加热溶液至沸腾。逐滴加入氨水(4.11),调节 pH 值为 6.5～7.5(用 pH 试纸检查),煮沸溶液 2 min,移离热源。搅拌下滴加 2 或 3 滴氨水(4.11),静置使沉淀沉降。用含有少量无灰滤纸浆的中速滤纸过滤,用热氯化铵溶液(4.14)洗涤沉淀 5 次～6 次。

7.6.2 用 20 mL 热盐酸(4.3)溶解滤纸上的沉淀,将溶液收集于 7.6.1 生成沉淀的烧杯中。用热盐酸(4.4)洗涤滤纸 7 次～8 次。

7.6.3 将 7.6.2 得到的溶液蒸发至 50 mL～100 mL。滴加氢氧化钠溶液(4.12)调节 pH 值至 5.0～6.0(用 pH 试纸检查),再过量加入 30 mL 氢氧化钠溶液(4.12)。加热溶液至沸腾,并煮沸 3 min～5 min。

注:推荐使用聚四氟烧杯进行有关碱溶液的操作。

7.6.4 待 7.6.3 溶液冷却后,用含有少量滤纸浆的中速滤纸过滤。用氢氧化钠溶液(4.13)洗涤烧杯和滤纸上的沉淀 7 次～8 次。将滤液收集于 600 mL 烧杯中,保留待用。

7.6.5 用 20 mL 热盐酸(4.3)溶解 7.6.4 滤纸上的沉淀,将滤液收集于 7.6.3 生成沉淀的烧杯中,用热盐酸(4.4)洗涤滤纸 7 次～8 次。

7.6.6 将 7.6.5 得到的溶液蒸发至 50 mL～100 mL,滴加氢氧化钠溶液(4.12)调节 pH 值至 5.0～6.0(用 pH 试纸检查),再过量加入 10 mL 的氢氧化钠溶液(4.12)。加热溶液至沸腾,并煮沸 3 min～5 min。冷却,用含有少量滤纸浆的中速滤纸过滤。用氢氧化钠溶液(4.13)洗涤烧杯和滤纸上的沉淀 7 次～8 次。

7.6.7 将 7.6.6 得到的滤液并入到 7.6.4 的保留液中,用盐酸(4.4)使溶液酸化。

7.6.8 将 7.6.7 酸化后的溶液蒸发至 50 mL～100 mL,冷却,转移到 250 mL 容量瓶中,用水稀释至刻度,混匀。

7.7 滴定

7.7.1 试液移取体积

铝含量为1.5%～7.5 %(质量分数)时,移取200.00 mL 等分试液(7.6.8);铝含量为7.5%～15%(质量分数)时,移取100.00 mL 等分试液(7.6.8);铝含量为15%～20%(质量分数)时,移取50.00 mL 等分试液(7.6.8)。

7.7.2 向移取的试液(7.7.1)中加入25 mL EDTA标准溶液(4.18),3滴～5滴酚酞指示剂(4.19),边搅拌边加入氢氧化钠溶液(4.12),直到溶液的颜色变为紫色。加入盐酸(4.3)至溶液变为无色,再加入15 mL 缓冲溶液(4.16),煮沸3 min～4 min。

7.7.3 冷却,加入10滴二甲酚橙指示剂(4.20),用乙酸锌标准溶液(4.17)滴定过量的EDTA;溶液从黄色变为深红色时即为终点。

7.7.4 用pH计调节pH值在5.2～5.9之间,加入40 mL 氟化钠溶液(4.15),再次煮沸2 min～3 min。冷却,用乙酸锌标准溶液(4.17)滴定;溶液从黄色变为深红色即为终点。所消耗的乙酸锌标准溶液体积记为V_1。

8 结果计算

按式(1)计算铝含量$w(\mathrm{Al})$(质量分数),用百分数表示(%):

$$w(\mathrm{Al}) = \frac{(V_1 - V_2) \times 0.001\,349 \times 100}{m} \times K \qquad (1)$$

式中:

V_1——滴定EDTA标准溶液(4.18)所消耗乙酸锌标准溶液(4.17)的体积,单位为毫升(mL);

V_2——滴定空白试验溶液消耗乙酸锌标准溶液(4.17)的体积,单位为毫升(mL);

0.001 349——乙酸锌标准溶液(4.17)的滴定度,单位为克每毫升(g/mL);

m——试验量取的等分溶液相对应的试料量,单位为克(g);

K——以干态计的铝含量的换算因子。

分析结果表示至小数点后两位。

9 允许差

两个独立分析结果的差值应不大于表1所列允许差。

表1 允许差

%

铝含量(质量分数)	允 许 差
1.50～3.00	0.08
>3.00～5.00	0.12
>5.00～10.00	0.20
>10.00～20.00	0.30

10 试验报告

试验报告应包括下列信息：

a) 测试实验室名称和地址；

b) 试验报告发布日期；

c) 本标准的编号；

d) 试样本身必要的详细说明；

e) 分析结果；

f) 测定过程中存在的任何异常特性和在本标准中没有规定的可能对试样的分析结果产生影响的任何操作。

ICS 73.060.30
D 33

中华人民共和国国家标准

GB/T 24230—2009

铬矿石和铬精矿 铬含量的测定 滴定法

Chromium ores and concentrates—Determination of chromium content—Titrimetric method

(ISO 6331:1983,MOD)

2009-07-15 发布　　　　2010-04-01 实施

中华人民共和国国家质量监督检验检疫总局
中国国家标准化管理委员会　发布

前　言

本标准修改采用 ISO 6331:1983《铬矿石和铬精矿　铬含量的测定　滴定法》(英文版)。

本标准与 ISO 6331:1983 相比较,主要做了如下修改:

——在"2　规范性引用文件"中用国家标准代替对应的国际标准;

——将"7.2　试料量"由 0.5 g 修改为 0.25 g;

——增加了"7.1　测定次数";

——增加了"7.3　空白试验和验证试验";

——增加了"6　取样和制样";

——增加了"10　试验报告"。

本标准由中国钢铁工业协会提出。

本标准由全国生铁及铁合金标准化技术委员会归口。

本标准起草单位:中华人民共和国天津出入境检验检疫局、冶金工业信息标准研究院、宁波检验检疫科学技术研究院。

本标准主要起草人:谷松海、苏明跃、魏红兵、李凤芸、马德起、王虹、姚传刚、杨丽飞、林振兴。

铬矿石和铬精矿 铬含量的测定 滴定法

警告——使用本标准的人员应有正规实验室工作的实践经验。本标准并未指出所有可能的安全问题。使用者有责任采取适当的安全和健康措施，并保证符合国家有关法律法规规定的条件。

1 范围

本标准规定了滴定法测定铬矿石和铬精矿中铬含量的方法。

本标准适用于铬矿石和铬精矿中铬含量的测定。测定范围(以 Cr 表示，质量分数)：>7.0%，本标准应遵守 GB/T 24228 的有关规定。

2 规范性引用文件

下列文件中的条款通过本标准的引用而成为本标准的条款。凡是注日期的引用文件，其随后所有的修改单(不包括勘误的内容)或修订版均不适用于本标准，然而，鼓励根据本标准达成协议的各方研究是否可使用这些文件的最新版本。凡是不注日期的引用文件，其最新版本适用于本标准。

GB/T 6682 分析实验室用水规格和试验方法(GB/T 6682—2008,ISO 3696:1987,MOD)

GB/T 12805 实验室玻璃仪器 滴定管(GB/T 12805—1991,neq ISO 385:1984)

GB/T 12806 实验室玻璃仪器 单标线容量瓶(GB/T 12806—1991,eqv ISO 1042:1983)

GB/T 12808 实验室玻璃仪器 单标线吸量管(GB/T 12808—1991,eqv ISO 648:1977)

GB/T 24228 铬矿石和铬精矿 化学分析方法 通则(GB/T 24228—2009,ISO 6629:1981,MOD)

GB/T 24220 铬矿石 分析样品中湿存水的测定 重量法(GB/T 24220—2009,ISO 6129:1981,MOD)

GB/T 24243 铬矿石 采取份样(GB/T 24243—2009,ISO 6153:1989,IDT)

ISO 6154 铬矿石 样品制备

3 原理

试料用过氧化钠熔融，用水浸出熔融物，硫酸酸化并煮沸除去过氧化氢。在硝酸银催化作用下，用过硫酸铵氧化铬(Ⅲ)离子为铬酸盐。用硫酸亚铁铵滴定铬(Ⅵ)，再用高锰酸钾标准溶液返滴定至终点，或用电位滴定法直接滴定铬(Ⅵ)。

4 试剂

分析中除另有说明外，仅使用认可的分析纯试剂和蒸馏水或与其纯度相当的水，符合 GB/T 6682 的规定。

4.1 过氧化钠(Na_2O_2)，干粉。

注：过氧化钠应尽可能干燥，一旦结块就不能使用。

4.2 尿素。

4.3 硫酸，ρ1.84 g/mL。

4.4 硫酸，1+1。

4.5 硫酸，1+4。

4.6 磷酸，ρ1.70 g/mL。

4.7 硫酸锰溶液，100 g/L。

称取 100 g 七水硫酸锰(Ⅱ)($MnSO_4 \cdot 7H_2O$)溶解于 1 L 水中。

4.8 硫酸锰溶液，1 g/L。

移取 10 mL 硫酸锰溶液(4.7)于 1 L 水中。

4.9 硝酸银溶液，1 g/L，每 1 L 溶液中加 0.5 mL 硝酸(ρ1.42 g/mL)，储存于棕色瓶中。

4.10 过硫酸铵溶液，250 g/L，现用现配。

4.11 氯化钠溶液，50 g/L。

4.12 亚硝酸钾溶液，10 g/L。

4.13 高锰酸钾标准溶液，0.1 mol/L。

4.13.1 高锰酸钾标准溶液的配制

称取 32 g 高锰酸钾溶于 1 000 mL 水中，转移至 10 L 棕色瓶中，加入 9 L 水，混匀，放置 7 d～10 d。使用虹吸管将溶液转移至另一棕色瓶中(将虹吸管插入瓶中，使管口距离瓶底 15 mm)，或用煅烧石棉过滤溶液。

4.13.2 高锰酸钾标准溶液的标定

称取 0.2 g 预先在 105 ℃～110 ℃干燥的无水草酸钠于 250 mL 锥形瓶中，加入 75 mL 水，微热溶解，加入 15 mL 硫酸(4.4)，加热至 70 ℃～80 ℃，用高锰酸钾标准溶液(4.13.1)滴定至溶液粉红色出现，并保持 1 min～2 min 不褪色即为终点。

按式(1)计算高锰酸钾标准溶液对铬的滴定度：

$$T_1 = \frac{m \times 0.258\,7}{V} \qquad \cdots\cdots(1)$$

式中：

T_1——1 mL 高锰酸钾标准溶液(4.13.1)相当于铬的质量，单位为克每毫升(g/mL)；

m——草酸钠的质量，单位为克(g)；

V——滴定时消耗高锰酸钾标准溶液(4.13.1)的体积，单位为毫升(mL)；

0.258 7——草酸钠换算为铬的系数。

4.14 硫酸亚铁铵标准溶液，约 0.1 mol/L。

4.14.1 硫酸亚铁铵标准溶液的配制

称取 39.5 g 硫酸亚铁铵[$(NH_4)_2 \cdot Fe(SO_4)_2 \cdot 6H_2O$]置于 250 mL 烧杯中，加入 200 mL 硫酸(4.5)微热溶解，冷却后过滤，移入 1 000 mL 容量瓶中，用水稀释至刻度，混匀。

4.14.2 硫酸亚铁铵标准溶液的标定

称取 0.2 g 预先在 180 ℃～200 ℃干燥至恒重的基准重铬酸钾于 600 mL 烧杯中，加入 200 mL 水溶解，加 50 mL 硫酸(4.5)，混匀并冷却。将电极放入烧杯，接通磁力搅拌器，用硫酸亚铁铵标准溶液(4.14.1)滴定至毫伏计出现最大偏转为终点。

按式(2)计算硫酸亚铁铵标准溶液对铬的滴定度：

$$T_2 = \frac{m_1 \times 0.353\,5}{V_1} \qquad \cdots\cdots(2)$$

式中：

T_2——1 mL 硫酸亚铁铵标准溶液(4.14.1)相当于铬的质量，单位为克每毫升(g/mL)；

m_1——重铬酸钾的质量，单位为克(g)；

V_1——滴定时消耗硫酸亚铁铵标准溶液(4.14.1)的体积，单位为毫升(mL)；

0.353 5——重铬酸钾换算为铬的系数。

4.14.3 硫酸亚铁铵标准溶液系数的计算

移取 20 mL 硫酸亚铁铵标准溶液(4.14.1)于预先用高锰酸钾标准溶液(4.13.1)滴定过的空白溶液中，加入 50 mL～60 mL 水，再用高锰酸钾标准溶液(4.13.1)滴定至溶液呈粉红色，并保持 1 min～2 min不褪色为终点。

按式(3)计算硫酸亚铁铵标准溶液的系数：

$$f = \frac{V_2}{V_3} \qquad \cdots\cdots\cdots\cdots(3)$$

式中：

f——硫酸亚铁铵标准溶液(4.14.1)与高锰酸钾标准溶液(4.13.1)的体积比；

V_2——滴定消耗高锰酸钾标准溶液(4.13.1)的体积，单位为毫升(mL)；

V_3——加入硫酸亚铁铵标准溶液(4.14.1)的体积，单位为毫升(mL)。

5 仪器

实验室常用设备仪器。滴定管、单标线容量瓶和单标线吸量管应分别符合 GB/T 12805、GB/T 12806和 GB/T 12808 的规定。

电位滴定装置：

a) 电极对：铂指示电极，甘汞或钨电极为参比电极。

b) 磁力搅拌器。

c) 毫伏计：与电极对配套的测量 pH 值所用的高阻抗型毫伏计。

6 取样和制样

6.1 实验室样品

分析用实验室样品应按 GB/T 24243、ISO 6154 进行取样和制样，粒度应小于 100 μm。

6.2 预干燥试样的制备

将实验室样品充分混合，采用份样缩分法取样。按照 GB/T 24220 中的规定，将试样在 105 ℃～110 ℃的温度下进行干燥。

7 分析步骤

7.1 测定次数

对同一预干燥试样，至少独立测定 2 次。

注："独立"一词是指再次及后续任何一次测定结果不受前面测定结果的影响。本分析方法中，此条件意味着同一操作者在不同的时间或不同操作者进行重复测定，包括采用适当的再校准。

7.2 试料量

称取试料 0.25 g，精确至 0.000 2 g。

7.3 空白试验和验证试验

按照所有的分析步骤随同试料进行空白试验，同时分析同类型标准样品做验证试验。

7.4 试料的分解

警告：使用过氧化钠操作时(从熔融前直到完全熔解)，须配戴安全防护眼镜。

将试料(7.2)置于刚玉坩埚中，加 3 g～4 g 过氧化钠(4.1)，用玻璃棒混匀坩埚中内容物，覆盖过氧化钠(4.1)1 g～2 g，于 400 ℃～500 ℃缓慢加热，然后于 800 ℃～850 ℃熔融 5 min～7 min，经常摇动坩埚至埚中的熔融物均匀。

待坩埚冷却后，将其置于 600 mL 烧杯中，加入 100 mL～150 mL 热水溶解熔融物。用热水洗出坩埚。如果熔融物颗粒吸附于坩埚壁上，加入 7 滴～8 滴硫酸溶液(4.4)和 2 mL～3 mL 水洗涤，熔融物颗粒分解后，将此溶液与烧杯中的溶液合并，并用水再次洗涤坩埚。

加入硫酸溶液(4.4)至氢氧化物沉淀溶解，用水稀释至 300 mL～350 mL，加入 10 mL 硫酸(4.3)和 5 mL 磷酸(4.6)，煮沸 20 min～25 min，分解过氧化物。

用快速滤纸过滤溶液，分离残渣，滤液收于 800 mL 烧杯中。热水洗涤滤纸和残渣 6 次～8 次，弃去残渣。

向滤液中加入 10 mL 硝酸银溶液(4.9)，如试料中的锰含量低于 0.1%(质量分数)时，再加入 1 mL 硫酸锰溶液(4.8)。加入 25 mL 过硫酸铵溶液(4.10)，加热至溶液呈深红色，铬全部氧化为止。煮沸溶液 12 min～15 min 分解过硫酸铵，加入 10 mL 氯化钠溶液(4.11)，再次煮沸 8 min～10 min，直至红色消失和氯化银白色沉淀出现为止。加入 5 mL 硫酸锰溶液(4.8)，并煮沸约 3 min。

如果粉红色仍然存在，则加入氯化钠溶液 10 mL(4.11)，继续煮沸直至粉红色消失。

将溶液在流动水流中冷却至室温。

7.5 滴定

7.5.1 目视滴定法

用硫酸亚铁铵标准溶液(4.14)滴定(7.4)所得溶液至溶液颜色由黄色完全变为绿色，继续加入 5 mL～10 mL 硫酸亚铁铵标准溶液(4.14)，记录硫酸亚铁铵标准溶液(4.14)的总体积 V_4。再用高锰酸钾标准溶液(4.13)滴定至溶液出现粉红色，并保持 1 min～2 min 不褪色，记录消耗高锰酸钾标准溶液(4.13)体积 V_5。

7.5.2 电位滴定法

向(7.4)所得溶液中加入 60 mL 硫酸(4.5)，将电极对置于烧杯中，开动磁力搅拌器，用硫酸亚铁铵标准溶液(4.14)滴定至毫伏计出现最大偏转时记下读数(快到滴定终点时，应缓慢滴定)，记录消耗硫酸亚铁铵标准溶液(4.14)体积 V_8。

逐滴加入高锰酸钾溶液(4.13)至出现粉红色，保持粉红色 2 min。逐滴加入亚硝酸钾溶液(4.12)还原过量的高锰酸钾溶液，直至粉红色消失。立即加入 1 g～1.5 g 尿素(4.2)分解过量的亚硝酸钾。用硫酸亚铁铵标准溶液(4.14)滴定钒直至毫伏计出现最大偏转，记录消耗硫酸亚铁铵标准溶液(4.14)体积 V_9。

8 结果计算

8.1 计算

8.1.1 目视滴定法

按式(4)计算铬含量 $w(\mathrm{Cr})$(质量分数)，用百分数表示(%)：

$$w(\mathrm{Cr})=\frac{[(V_4\times f-V_5)-(V_6\times f-V_7)]\times T_1\times 100}{m_0}\times K \quad\cdots\cdots(4)$$

式中：

V_4——滴定试料溶液消耗硫酸亚铁铵标准溶液(4.14)总的体积，单位为毫升(mL)；

f——硫酸亚铁铵标准溶液(4.14)与高锰酸钾标准溶液(4.13)的体积比；

V_5——滴定试料溶液中过量硫酸亚铁铵标准溶液(4.14)消耗高锰酸钾标准溶液(4.13)的体积，单位为毫升(mL)；

V_6——滴定空白试验溶液消耗硫酸亚铁铵标准溶液(4.14)总的体积，单位为毫升(mL)；

m_0——试料量，单位为克(g)；

V_7——滴定空白试验溶液中过量硫酸亚铁铵标准溶液(4.14)消耗高锰酸钾标准溶液(4.13)的体积，单位为毫升(mL)；

T_1——1 mL 高锰酸钾标准溶液(4.13)相当于铬的质量，单位为克每毫升(g/mL)；

K——以干态表示铬含量的换算因子。

8.1.2 电位滴定法

按式(5)计算铬含量 $w(\mathrm{Cr})$(质量分数),用百分数表示(%):

$$w(\mathrm{Cr})=\frac{(V_8-V_9-V_{10})\times T_2\times 100}{m_0}\times K \quad\cdots\cdots(5)$$

式中:

V_8——滴定试料溶液消耗硫酸亚铁铵标准溶液(4.14)的体积,单位为毫升(mL);

V_9——滴定试料溶液中钒消耗硫酸亚铁铵标准溶液(4.14)的体积,单位为毫升(mL);

V_{10}——滴定空白试验溶液消耗硫酸亚铁铵标准溶液(4.14)的体积,单位为毫升(mL);

m_0——试料量,单位为克(g);

T_2——硫酸亚铁铵标准溶液对铬的滴定度,即1 mL硫酸亚铁铵标准溶液(4.14)相当于对铬的质量,单位为克每毫升(g/mL);

K——以干态表示铬含量的换算因子。

8.2 由铬含量换算成三氧化二铬含量的转换公式。

按式(6)将试样中铬含量换算成三氧化二铬含量 $\omega(\mathrm{Cr_2O_3})$(质量分数),用百分数表示(%):

$$\omega(\mathrm{Cr_2O_3})=1.461\,5\times\omega(\mathrm{Cr}) \quad\cdots\cdots(6)$$

9 允许差

两个独立分析结果的差值不大于表1所列允许差。

表1 允许差

%

铬含量(质量分数)	允 许 差
7.0～15.0	0.2
>15.0～30.0	0.3
>30.0	0.4

10 试验报告

试验报告应包括下列信息:

a) 测试实验室名称和地址;

b) 试验报告发布日期;

c) 本标准的编号;

d) 试样本身必要的详细说明;

e) 分析结果;

f) 测定过程中存在的任何异常特性和在本标准中没有规定的可能对试样的分析结果产生影响的任何操作。

ICS 73.060.30
D 33

中华人民共和国国家标准

GB/T 24231—2009

铬矿石 镁、铝、硅、钙、钛、钒、铬、锰、铁和镍含量的测定 波长色散X射线荧光光谱法

Chrome ores—Determination of magnesium, aluminum, silicon, calcium, titanium, vanadium, chrome, manganese, iron and nickel content—Wavelength dispersive X-ray fluorescence spectrometric method

2009-07-15 发布 2010-04-01 实施

中华人民共和国国家质量监督检验检疫总局
中国国家标准化管理委员会 发布

前　言

本标准的附录 A、附录 B 和附录 C 为资料性附录。

本标准由中国钢铁工业协会提出。

本标准由全国生铁及铁合金标准化技术委员会归口。

本标准主要起草单位：宁波检验检疫科学技术研究院、秦皇岛出入境检验检疫局、天津出入境检验检疫局、冶金工业信息标准研究院。

本标准主要起草人：张建波、陈建国、林力、应海松、王谦、谷松海、江海涛、陈自斌。

铬矿石 镁、铝、硅、钙、钛、钒、铬、锰、铁和镍含量的测定 波长色散X射线荧光光谱法

警告——使用本标准的人员应有正规实验室工作的实践经验。本标准并未指出所有可能的安全问题。使用者有责任采取适当的安全和健康措施，并保证符合国家有关法律法规规定的条件。

1 范围

本标准规定了用波长色散X射线荧光光谱法测定铬矿石中镁、铝、硅、钙、钛、钒、铬、锰、铁和镍含量。

本标准适用于铬矿、铬铁矿中上述元素含量的测定，各元素的测定范围(以氧化物表示)见表1。

表1 各元素的测量范围

成分	测定范围(质量分数)/%
Al_2O_3	9.3～29.3
CaO	0.17～1.30
Cr_2O_3	20.7～55.5
Fe_2O_3	13.6～27.7
MgO	9.9～21.5
MnO	0.1～0.4
NiO	0.05～0.24
SiO_2	0.61～14.64
TiO_2	0.1～0.56
V_2O_5	0.03～0.47

2 规范性引用文件

下列文件中的条款通过本标准的引用而成为本标准的条款。凡是注日期的引用文件，其随后所有的修改单(不包括勘误的内容)或修订版均不适用于本标准，然而，鼓励根据本标准达成协议的各方研究是否可使用这些文件的最新版本。凡是不注日期的引用文件，其最新版本适用于本标准。

GB/T 6379.2 测量方法与结果的准确度(正确度与精密度) 第2部分：确定标准测量方法重复性与再现性的基本方法(GB/T 6379.2—2004，ISO 5725-2:1994，IDT)

GB/T 6682 分析实验室用水规格和试验方法(GB/T 6682—2008，ISO 3696:1987，MOD)

GB/T 16597 冶金产品分析方法 X射线荧光光谱法通则

GB/T 24243 铬矿石 采取份样(GB/T 24243—2009，ISO 6153:1989，IDT)

ISO 6154 铬矿石 样品制备

3 原理

粉末样品用合适的熔剂熔融，以消除试样的矿物效应和颗粒效应，并熔铸成适合X射线荧光光谱仪测量形状的玻璃片。测量玻璃片中待测元素特征谱线的荧光X射线强度，根据校准曲线或方程式来分析，且进行元素间干扰效应校正，以获得待测元素的含量。

4 试剂与材料

除非另有说明，在分析中仅使用确认为分析纯的试剂和蒸馏水或去离子水或相当纯度的水，符合GB/T 6682的规定。

4.1 六偏磷酸钠[$Na(PO_3)_6$]，在200 ℃下烘2 h以上，然后贮存在干燥器中。

注：若化学纯满足要求，也可使用。

4.2 偏硼酸锂($LiBO_2$)，在650 ℃下灼烧4 h以上，然后贮存在干燥器中。

4.3 一水溴化锂($LiBr \cdot H_2O$)，在105 ℃烘2 h，然后贮存在干燥器中。

注：若化学纯满足要求，也可使用。

4.4 溴化锂溶液，120 mg/mL，称取60.0 g一水溴化锂，精确至1 mg，溶于200 mL水中，定容至500 mL。

5 仪器与设备

5.1 波长色散X射线荧光光谱仪，符合GB/T 16597规定。

5.2 熔样皿，用非浸润的铂合金(可用95% Pt+5%Au)制成，容积大于30 mL。

5.3 铸型模，用非浸润的铂合金(可用95% Pt+5%Au)制成，要求底部平整光滑。

注：熔样皿和铸型模可合二为一。

5.4 熔样炉，可以控温并能加热到1 200 ℃。

5.5 高温炉，可以控温并能加热到1 100 ℃。

5.6 天平，可精确称至0.1 mg。

5.7 瓷坩锅，30 mL。

6 试样制备

按照GB/T 24243和ISO 6154进行取制样，试样粒度应小于75 μm，并在105 ℃±5 ℃干燥2 h后置于干燥器中。

7 灼烧减量的测定

用蒸馏水洗净瓷坩锅(5.7)，烘干，于1 050 ℃～1 100 ℃的高温炉(5.5)内灼烧至恒重，放置于干燥器中。准确称取约2.0 g试样，精确至0.1 mg，置于恒重的瓷坩锅(5.7)内，于1 050 ℃～1 100 ℃的高温炉(5.5)内灼烧至恒重。

试样的灼烧减量(L)以质量分数计，数值以%表示，按式(1)计算：

$$L = \frac{m_1 - m_2}{m} \times 100 \qquad (1)$$

式中：

m_1——试样和坩埚灼烧前的质量，单位为克(g)；

m_2——试样和坩埚灼烧后的质量，单位为克(g)；

m——试样质量，单位为克(g)。

计算结果表示到小数点后两位。

试样的灼烧减量测定至少做两次平行测定，取平均值。

8 试样熔融

8.1 试样称量

试样熔融时的称量可选用下列方法之一：

a) 试样在1 050 ℃±50 ℃灼烧到恒重,放入干燥器中冷却到室温。准确称取2.000 0 g偏硼酸锂(4.2)、0.400 0 g试样和6.000 0 g六偏磷酸钠(4.1)于熔样皿中,均精确至0.2 mg,混匀后加入0.3 mL溴化锂溶液(4.4)。

b) 试样在105 ℃±5 ℃干燥2 h后,放入干燥器,冷却到室温,准确称取2.000 0 g偏硼酸锂(4.2)、$\left(\dfrac{0.400\ 0}{1-\dfrac{L}{100}}\right)$ g试样和6.000 0 g六偏磷酸钠(4.1)于熔样皿中,均精确至0.2 mg,其中L为试样的灼烧减量。混匀后加入0.3 mL溴化锂溶液(4.4)。

c) 如果软件具有灼烧减量校正功能,可直接称取2.000 0 g偏硼酸锂(4.2)、0.400 0 g在105 ℃±5 ℃干燥2 h的试样和6.000 0 g六偏磷酸钠(4.1)于熔样皿中,均精确至0.2 mg,混匀后加入0.3 mL溴化锂溶液(4.4),并把灼烧减量L输入软件中参与校正。

注:a)、b)两种熔样方式测得的为灼烧基结果,c)方式为干基结果。

8.2 样品熔融

将试样和熔剂一起熔融,不时旋转和/或摇动,直至完全熔解且熔体均匀。如果熔样皿壁上挂有小熔珠,需摇动熔样皿把其熔下。试样和熔剂在1 100 ℃~1 150 ℃熔融20 min~30 min后,尽可能多的把熔融物倒入已预热3 min以上的铸型模中,取出,冷却。

也可用自动熔样炉进行试样熔融,熔融过程中摇动和转动熔样皿,制成的玻璃片在熔样皿中或倒入铸型模中成型。

试样熔片应是均匀的玻璃体,表面平整光滑,无气泡、未熔小颗粒等夹杂,否则应重新制备。

9 校准曲线的绘制

9.1 标准校准样品

选择有一定浓度和梯度范围的系列有证标准物质作为校准样品,并确保每个测量元素的有证浓度数量应大于或等于该元素校准曲线系数个数的三倍。校准曲线系数是指由校准样品确定的系数,如曲线的截距、斜率、经验a影响系数等等。如果选用的系列标准物质未能覆盖待测样品的含量范围,允许使用系列标准物质的混合物或加入高纯试剂或加入硝酸介质的阳离子标准溶液。

也可单独选择高纯试剂配制校准样品,使用的试剂应保证准确的化学计量,只要可能都应是纯的氧化物或碳酸盐。熔融时称量的试剂,应不含水或二氧化碳,或对其进行校正,试剂应是已知的化学态。

当新购进一批试剂时应与前一批试剂做比较,在校准范围的高段制作新的玻璃片,并且测量该玻璃片并与前一批试剂制备的玻璃片进行比较,除试剂中的元素外,样品中所有元素的测量浓度与先前的测量浓度相比,差别应不大于该元素的实验室内允许差。

为了获得按含量计算已知化学计量的试剂,熔样前应作如下处理:

a) 二氧化硅(SiO_2)、氧化铝(Al_2O_3)和氧化镁(MgO):取样品≤5 g,在1 050 ℃±50 ℃灼烧至少30 min,在干燥器中冷却至室温,再称重测定灼烧减量。按测定结果计算未烧物质的称样量制备玻璃片;

b) 四氧化三锰(Mn_3O_4)、氧化镍(NiO)、氧化钛(TiO_2)、氧化铬(Cr_2O_3):取样品≤5 g,在1 000 ℃±25 ℃灼烧至少30 min,在干燥器中冷却至室温备用;

c) 氧化铁(Fe_2O_3):取样品≤5 g,在700 ℃±25 ℃灼烧至少30 min,在干燥器中冷却至室温备用;

d) 碳酸钙($CaCO_3$)、五氧化二钒(V_2O_5):在230 ℃±20 ℃烘2 h,在干燥器中冷却至室温备用。

用高纯试剂配制的校准样品的准确性应用有证标准物质进行验证。

标准校准样品按试样熔融的方法熔铸成玻璃片后进行测量。若标准校准样品按8.1a)方式和b)方式称量,须将浓度转换成灼烧基的浓度。

9.2 测量条件

各元素特征谱线的测量条件通过优化获得，通常须测试3个～4个不同浓度的样品。分析锰时，须采用较细的准直器和分辨率较高的晶体以减少铬对锰的谱线重叠干扰。各元素的测量条件参见附录A，不同仪器可根据实际情况选择合适的测量条件，包括背景校正方法和测量时间计算等。

9.3 校准方程

可根据实际情况选择合适的校准方程，如理论a影响系数法、基本参数法、经验a影响系数法等。但须注意校准方程系数的个数，每增加一个系数，须增加3个标准校准样品以确保该系数的可靠性。理论a影响系数法的校准方程参见附录B。校准方程中各测量元素以表1中氧化物的形式参与校正。

测量锰时，若仪器无法消除铬对锰的谱线重叠影响，须校正铬对锰的谱线重叠影响。

10 样品测量

10.1 漂移校正

选择合适的标准校准样品的熔片作为漂移校正熔片进行仪器的漂移校正。可采用单点校正或两点校正，校正的间隔时间可根据仪器的稳定性决定。

10.2 试样熔片测量

按照仪器厂商的规定预热仪器直至仪器稳定后，按选定的测量条件测定试样熔片。若进行仪器漂移校正，仪器稳定后，先进行漂移校正，再进行试样熔片测定。

11 结果计算

根据测出的试料片中各元素特征谱线的X射线荧光强度，按校准方程计算出各元素的含量。若是灼烧基结果，须转换成干基结果，转换公式见式(2)。

$$C_i = C_{Li} \times (100 - L)/100 \quad \cdots\cdots (2)$$

式中：

C_i——干基下测量元素的含量，质量分数(%)；

C_{Li}——灼烧基下测量元素的含量，质量分数(%)；

L——灼烧减量，质量分数(%)。

对于含量在1%以上的成分，计算结果表示到小数点后两位，含量在1%以下的成分，计算结果表示到两位有效数字。

氧化物换算系数参见附录C。

12 精密度

本标准的精密度是由8个实验室测定，8个水平试样的结果按GB/T 6379.2统计确定的，精密度见表2。

表2 精密度 %(质量分数)

成分	重复性(r)	再现性(R)
Al_2O_3	$r=0.0015m+0.0723$	$R=0.1187$
CaO	$r=0.0114m+0.0033$	$R=0.0492m+0.0039$
Cr_2O_3	$r=0.0027m+0.0341$	$R=0.2710$
Fe_2O_3	$r=0.0570$	$R=0.0066m+0.0198$
MgO	$r=0.0033m+0.0428$	$R=0.1443$
MnO	$r=0.0265m+0.0048$	$R=0.0225m+0.0179$

表 2（续） %（质量分数）

成分	重复性(r)	再现性(R)
NiO	$r=0.0069$	$R=0.0175$
SiO_2	$r=0.0024m+0.0630$	$R=0.0057m+0.1259$
TiO_2	$r=0.0018m+0.0080$	$R=0.0073m+0.0123$
V_2O_5	$r=0.0235m+0.0022$	$R=0.0140$
注：m 为两次测定结果的平均值。		

13 试验报告

试验报告应包括下列信息：

a) 测试实验室名称和地址；

b) 委托人名称；

c) 证书或报告的唯一标识；

d) 样品接收日期和测试日期；

e) 证书或报告发布日期；

f) 本标准的编号；

g) 试样本身必要的详细说明；

h) 分析结果；

i) 测定过程中存在的任何异常特性和在本标准中没有规定的可能对试样或标准样品的分析结果产生影响的任何操作。

附 录 A
（资料性附录）
测 量 条 件

A.1 测量条件

测量条件如表 A.1 所示。

表 A.1 测量条件

成分	分析谱线	晶体	准直器/(°)	峰位/(°)	背景 1/(°)	背景 2/(°)	电压/kV	电流/mA	峰位测量时间/s
Al_2O_3	Al Ka	PET	0.46	144.978	147.700	—	30	106	20
CaO	Ca Ka	LiF200	0.46	113.146	114.763	—	50	64	20
Cr_2O_3	Cr Ka	LiF200	0.15	69.366	—	—	50	64	20
Fe_2O_3	Fe Ka	LiF200	0.15	57.522	—	—	60	53	20
MgO	Mg Ka	OVO-55	0.46	20.873	22.004	—	30	106	20
MnO	Mn Ka	LiF220	0.15	95.168	96.122	—	50	64	20
NiO	Ni Ka	LiF200	0.15	48.664	49.297	—	60	53	20
SiO_2	Si Ka	InSb	0.46	144.594	146.747	—	30	106	20
TiO_2	Ti Ka	LiF200	0.46	86.165	84.279	88.267	50	60	20
V_2O_5	V Ka	LiF200	0.15	76.964	75.831	—	50	64	20

A.2 背景校正

一点法净强度按式(A.1)计算：

$$I_n = I_p - I_b \qquad \cdots\cdots (A.1)$$

式中：

I_n——分析线净强度；

I_p——分析线峰值强度；

I_b——分析线背景强度。

两点法净强度按式(A.2)计算：

$$I_n = I_p - (I_{B1} \times B_2 - I_{B2} \times B_1)/(B_2 - B_1) \qquad \cdots\cdots (A.2)$$

式中：

I_n——峰的 X 射线荧光净强度；

I_p——峰的 X 射线荧光总强度；

I_{B1}、I_{B2}——分别为背景 1、2 处的 X 射线荧光强度；

B_1、B_2——分别为背景 1、2 的 2θ 角与峰位置 2θ 角之差。

A.3 测量时间要求

各元素的测量时间按式(A.3)计算：

$$CV = [300 \times (I_p \times t_p + I_b \times t_b)^{1/2}]/(I_p \times t_p + I_b \times t_b) \qquad \cdots\cdots (A.3)$$

式中：

CV——测量元素的变异系数(%)，指计数的最大相对变异；

I_p——峰值的测量强度；

I_b——背景的测量强度；

t_p——峰值的测量时间；

t_b——背景的测量时间，$t_b = t_p \times (I_b/I_p)^{1/2}$。

变异系数要求见表 A.2。

根据中等浓度样品的强度和相应的 CV 要求，计算出各成分的测量时间。

表 A.2 变异系数要求

成分范围(氧化物)	<0.01%	0.01%~1%	1%~10%	10%~20%	>20%
变异系数	<10	<3	<1	<0.3	<0.1

附　录　B
（资料性附录）
理论 *a* 影响系数法的校准方程

理论 a 影响系数法的校准方程见式(B.1)。

$$C_i = s \times (1 + \sum a_{ij} \times C_j) \times (I_i + \beta_{ij} \times I_k) + b \quad \cdots\cdots(B.1)$$

式中：

C_i、C_j——测量元素和影响元素的分析值(%)；

s、b——校准曲线的斜率和截距；

a_{ij}——影响元素对测量元素的理论 a 影响系数；

I_i——测量元素的 X 射线荧光强度；

β_{ij}——谱线重叠校正系数；

I_k——重叠谱线的强度。

附 录 C
（资料性附录）
氧化物换算系数

氧化物含量转化为元素含量的换算系数如表C.1所示。

表C.1 氧化物含量转化为元素含量的换算系数

氧化物	元素	换算系数
Al_2O_3	Al	0.529 3
CaO	Ca	0.714 7
Cr_2O_3	Cr	0.684 2
Fe_2O_3	Fe	0.699 4
MgO	Mg	0.603 0
MnO	Mn	0.774 5
NiO	Ni	0.785 8
SiO_2	Si	0.467 4
TiO_2	Ti	0.599 3
V_2O_5	V	0.560 2

ICS 73.060.01
D 30

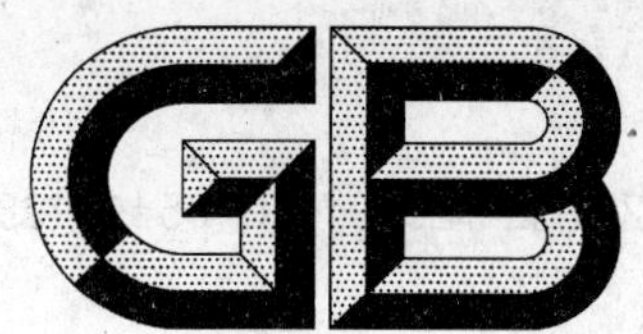

中华人民共和国国家标准

GB/T 24232—2009/ISO 8541:1986

锰矿石和铬矿石 校核取样和制样偏差的试验方法

Manganese and chromium ores—Experimental methods for checking the bias of sampling and sample preparation

(ISO 8541:1986,IDT)

2009-07-15 发布　　2010-04-01 实施

中华人民共和国国家质量监督检验检疫总局
中国国家标准化管理委员会　发布

前　　言

本标准等同采用ISO 8541:1986《锰和铬矿石　校核取样和制样偏差的试验方法》。

本标准与ISO 8541:1986比较，主要作了如下编辑性修改：

——“本国际标准”改为“本标准”；

——用小数点“.”代替作为小数点的逗号“，”；

——删除国际标准的前言。

本标准由中国钢铁工业协会提出。

本标准由全国生铁及铁合金标准化技术委员会提出。

本标准起草单位：宁波检验检疫科学技术研究院、天津出入境检验检疫局、广东出入境检验检疫局、冶金工业信息标准研究院。

本标准主要起草人：贺存君、朱波、郭大招、沈逸、杨东彪、郑建国、陈自斌、谷松海。

锰矿石和铬矿石 校核取样和制样偏差的试验方法

1 范围

本标准规定了按相关标准规定的方法进行取样时,校核天然或加工锰、铬矿石取样和制样偏差的试验方法。

2 规范性引用文件

下列文件中的条款通过本标准的引用而成为本标准的条款。凡是注日期的引用文件,其随后所有的修改单(不包括勘误的内容)或修订版均不适用于本标准,然而,鼓励根据本标准达成协议的各方研究是否可使用这些文件的最新版本。凡是不注日期的引用文件,其最新版本适用于本标准。

GB/T 24243 铬矿石 采取份样(GB/T 24243—2009,ISO 6153:1989,IDT)

ISO 4296-1 锰矿石 取样 第1部分:份样取样

ISO 4296-2 锰矿石 取样 第2部分:制样

3 一般条件

3.1 应按相关标准规定的方法进行取样和制样。

3.2 试验方法中,被校核的方法(称作方法B)和从技术和经验的观点上看不产生偏差的标准方法(称作方法A)两者得到的结果加以比较。按5%显著性水平,通过统计学方法对两个试验结果的平均值差异作显著性检验。

3.3 选定用于试验的矿石品质特性包括矿石的主要化学成分,粒度分布、水分含量等,根据具体情况而定。

3.4 试验交货批数应至少10批或者交货批的10个部分。

3.5 当按方法A和方法B所获得的样品中的份样恰好配对时,可采用成对数据的分析方法。为了应用成对数据分析方法,必须设计、进行现场试验,从技术上确保一个用方法A取得的样品和一个用方法B取得的样品配对。当用方法A和方法B采取的样品取自相同的原材料、经历相同的过程、在相似条件下几乎同时进行分析时,通常认为它们是配对的。

3.6 如果由方法A和方法B取得的样品中成对份样不足时,应采用不成对数据的分析方法。

本标准中采用不成对数据的分析方法时,方法A和方法B的测量数应相同。应使两种方法获得的每个样品有相同的份样数。

4 试验方法

4.1 取样偏差试验

4.1.1 被校核的方法

校核取样偏差的实例见4.1.1.1～4.1.1.5。

4.1.1.1 从输送带取样

方法A:校核取样偏差的标准方法为停带取样法。在指定的部位,按规定的长度从停止的输送带上的矿石流,全流幅地截取每个份样。

方法B:每次从矿石流中某一随机选择的点采取每个份样。

4.1.1.2 从货车中取样

方法 A:校核取样偏差的标准方法为停带取样法(见 4.1.1.1),应为试验提供一个传送带系统。

方法 B:在货车或卡车的装卸过程中,从露天的矿石表面随机采取由一定重量和数量的份样所组成的样品。

4.1.1.3 从货堆中取样

方法 A:校核取样偏差的标准方法为相关标准中所规定的从传送带取样的方法。在实际中,推荐使用 4.1.1.1 所述的方法 A。

方法 B:将被校核的方法为相关标准中所规定的从货堆中取样的方法。

4.1.1.4 从容器中取样

方法 A:每个份样都按同等的机会从容器内全部的矿石样品中随机的采取。

方法 B:从取样过程中随机选择的容器内的矿石样品中随机地采取每个份样。

4.1.1.5 机械取样

方法 A:按 4.1.1.1 所述的方法 A 采取的份样做为标准样品。

方法 B:每个份样都通过机械取样机采取。

4.1.2 取样试验

分别用方法 A 和方法 B 从同一个交货批或者一交货批的相同部分采取两个大样。按方法 A 采取的定为大样 A,按方法 B 采取的定为大样 B。

4.1.3 试验样品的制备

分别用相同的方法对这两个大样制备最终样品和选定的部分品质特性的测定。

4.1.4 配对份样

大样 A 和大样 B 应从实际相同的部分矿石中采取,由单独的份样组成。将选定的品质特性测定结果记录到记录表,如表 3 所示。

4.1.5 未成对份样

当份样未成功配对时,将数据记录到数据表,如表 4 所示。

4.2 制样偏差试验

4.2.1 被校核的方法

校核制样偏差的实例如下:

方法 A:从经过缩分仪器缩分后的样品中获得的全部残余样品将作为标准样品。

方法 B:经过缩分仪器缩分后得到的样品是一个受控样品。

方法 A 和方法 B 采用的缩分仪器应相同。

其他例子可通过缩分阶段、不同缩分仪器等形式给出。例如,如果方法 A 是标准方法,方法 B 可能是采用了不同的缩分仪器或者包含较少缩分阶段的方法。

4.2.2 试验样品的制备

分别用方法 A 和方法 B 从已有的同一个样品中制备一对最终样品。按方法 A 采取的定为样品 A,另一个按方法 B 采取的定为样品 B。

4.2.3 结论和记录

将品质特性测定结果记录到数据表,如表 4 所示。

5 数据分析

两个试验结果差异的显著性检验,换句话说,即从方法 B 得到的结果与标准方法 A 得到的结果的偏差,采用 t 检验。对于未成对数据,方差等同性的 F 检验优先于 t 检验。

5.1 成对数据

5.1.1 按式(1)计算成对数据的差值

$$d_i = x_{Bi} - x_{Ai} \quad i = 1,2,3,\cdots,k \qquad \cdots\cdots(1)$$

式中：

x_{Ai}，x_{Bi}——按照标准方法 A 和将被校核的方法 B 获得的样品 A 和样品 B 的第 i 个测定结果；

d_i——x_{Bi} 和 x_{Ai} 之间的差值；

k——样品 A 或样品 B 的成对测定的组数。

5.1.2 按式(2)计算平均差值，并比原差值多保留一位小数。

$$\overline{d} = \frac{1}{k}\sum d_i \qquad \cdots\cdots(2)$$

式中：

$\overline{d}$——k 差值的平均值。

5.1.3 按式(3)计算差值的无偏估计方差

$$V_d = \frac{1}{\phi}\{\sum d_i^2 - (\sum d_i)^2/k\} \qquad \cdots\cdots(3)$$

式中：

V_d——差值的无偏估计方差；

ϕ——自由度值，$\phi = k-1$。

5.1.4 按式(4)计算 t 的测定值，用 t_0 表示，保留至小数点后第三位。

$$t_0 = \frac{\overline{d}}{\sqrt{V_d/k}} \qquad \cdots\cdots(4)$$

5.1.5 得到在 5% 显著性水平，自由度 ϕ 时 t 分布的值，用 $t(\phi,0.05)$ 表示，见表 1。

表 1 $t(\phi,0.05)$

ϕ	9	10	11	12	13	14	15	16	17	18	19	20
t	2.262	2.228	2.201	2.179	2.160	2.145	2.131	2.120	2.110	2.101	2.093	2.086

5.1.6 比较由试验获得的 t_0 的绝对值和由表格获得的 $t(\phi,0.05)$ 值。

$$\begin{aligned}&\text{当 } |t_0| < t(\phi,0.05) \text{ 时，} \overline{d} \text{ 不显著}\\&\text{当 } |t_0| \geq t(\phi,0.05) \text{ 时，} \overline{d} \text{ 显著}\end{aligned} \qquad \cdots\cdots(5)$$

5.2 不成对数据

5.2.1 两个方差等同性的 F 检验

由方法 A 和方法 B 获得的结果方差应进行统计学中等同性的 F 检验，优先于两个平均值差异的显著性 t 检验，也称为方差比检验。

5.2.1.1 为了简化，将原始数据转化成整数。

$$\begin{aligned}X_{Ai} &= (x_{Ai} - c_1)h \quad i = 1,2,\cdots,n\\X_{Bi} &= (x_{Bi} - c_2)h \quad i = 1,2,\cdots,n\end{aligned} \qquad \cdots\cdots(6)$$

式中：

x_{Ai}，x_{Bi}——样品 A 和样品 B 的第 i 个原始测定结果；

X_{Ai}，X_{Bi}——样品 A 和样品 B 的第 i 个转化后的测定结果；

c_1、c_2——转化数据而分别选择的减数常数；

h——转化数据而选择的乘数常数；

n——样品 A 或样品 B 测定的数据个数。

5.2.1.2 计算样品 A 和样品 B 测定数据的平均值，分别用 $\overline{x}_A$，$\overline{x}_B$ 表示，用转化后的数据表示。

$$\begin{aligned}\overline{x}_A &= c_1 + \frac{\overline{X}_A}{h}\\\overline{x}_B &= c_2 + \frac{\overline{X}_B}{h}\end{aligned} \qquad \cdots\cdots(7)$$

式中：

$\overline{X}_A=\frac{1}{n}\sum X_{Ai}$

而且 $i=1,2,\cdots,n$

$\overline{X}_B=\frac{1}{n}\sum X_{Bi}$

5.2.1.3 计算平方和，分别用 S_A 和 S_B 表示。

$$S_A=\sum X_{Ai}^2-\frac{1}{n}(\sum X_{Ai})^2 \quad S_B=\sum X_{Bi}^2-\frac{1}{n}(\sum X_{Bi})^2 \quad i=1,2,\cdots,n \qquad (8)$$

5.2.1.4 计算无偏估计方差，分别用 V_A 和 V_B 表示。

$$V_A=\frac{S_A}{\phi_A},V_B=\frac{S_B}{\phi_B}, \quad V_A,V_B\geqslant 0 \qquad (9)$$

式中：

ϕ_A,ϕ_B——样品 A 和样品 B 的自由度，$\phi_A=n_A-1$，$\phi_B=n_B-1$；在此 $n_A=n_B=n$。

5.2.1.5 通过公式(10)计算分别由方法 B 和标准方法 A 获得的 V_B 和 V_A 的比值，保留整数位后第二位小数。

在此，假设标准方法 A 的方差小于方法 B 的方差($V_A<V_B$)；然而，如果经证明是 $V_A>V_B$，将使用公式(10a)，同时将分子、分母互换以保证其比值大于 1。

$$F_O=V_B/V_A \quad F_O\geqslant 1 \qquad (10)$$

$$F_O=V_A/V_B \quad F_O\geqslant 1 \qquad (10a)$$

5.2.1.6 得到在 5% 显著性水平，自由度 ϕ_A、ϕ_B 时($\phi_A=\phi_B=\phi$)F 分布的值，用 $F(\phi,\phi;0.05)$表示，见表 2。

表 2 $F(\phi,\phi;0.05)$

ϕ	9	10	11	12	13	14	15	16	17	18	19	20
F	3.18	2.98	2.82	2.69	2.58	2.48	2.40	2.33	2.27	2.22	2.17	2.12

5.2.1.7 比较由试验获得的 F_O 测定值和由表 2 得到的 $F(\phi,\phi;0.05)$值。

当 $F_O<F(\phi,\phi;0.05)$，检验通过 (11)

当 $F_O\geqslant F(\phi,\phi;0.05)$，检验未通过 (12)

5.2.1.8 当 F 检验通过时，再按 5.2.2 中具体方法进行 t 检验。F 检验未通过时，舍弃试验结果，提高技术，如果有必要，进行进一步的试验。

5.2.2 显著性差异的 t 检验

5.2.2.1 计算 t 统计的测定值，用 t_0 表示，保留整数位后第三位小数。

$$t_0=\frac{\overline{x}_B-\overline{x}_A}{\sqrt{\frac{S_A+S_B}{\phi_A+\phi_B}\left(\frac{1}{n_A}+\frac{1}{n_B}\right)}} \qquad (13)$$

因此

$$t_0=\frac{\overline{x}_B-\overline{x}_A}{\sqrt{\frac{S_A+S_B}{\phi n}}} \qquad (14)$$

式中：

$\phi_A=n_A-1$

$\phi_B=n_B-1$

$\phi_A = \phi_B = \phi$

$n_A = n_B = 1$

5.2.2.2 比较由试验获得的 t_0 的测定值和由表格获得的 $t(2\phi, 0.05)$ 值。

$$\begin{array}{l} \text{当} \mid t_0 \mid < t(2\phi,0.05) \text{ 时}, \bar{d} \text{ 不显著} \\ \text{当} \mid t_0 \mid \geq t(2\phi,0.05) \text{ 时}, \bar{d} \text{ 显著} \end{array} \quad \cdots\cdots (15)$$

6 试验结果评论

如果经 t 检验由方法 B 和方法 A 得到的结果无显著性差异时，假设需要的相关条件达成一致，认可方法 B 为日常采用的方法。同时，遵守 6.1～6.3 中具体条件。

6.1 无偏的意思是指在统计上显著性差异在 5% 显著性水平时，在本方法中由常规操作获得的值与真实值或参考值没有差异。

6.2 如果统计上有显著性差异，在实际上或者经济观点上可以当作小到几乎可以忽略时，假设需要的相关条件达成一致，认可方法 B 为日常采用的方法。

6.3 当统计上没有显著性差异，实际上或者经济观点上太大以至于不能忽略时，需要进行进一步的试验。

表 3 成对数据 t 检验数据表示例

试验名称： 矿石类型：(例如锰矿石) 试验日期：					
交货批序号	矿石名称	品质特征(例如%Mn)			
		x_{Bi}	x_{Ai}	$d_i = x_{Bi} - x_{Ai}$	d_i^2
1. 2. . . . k					
			和		

t 检验

$$\bar{d} = \frac{1}{k}\Sigma d_i \begin{cases} > 0 \\ < 0 \end{cases}$$

$$V_d = \frac{1}{\phi}\{\Sigma d_i^2 - (\Sigma d_i)^2/k\} = \cdots\cdots$$

$$t_0 = \frac{\bar{d}}{\sqrt{V_d/k}} = \cdots\cdots$$

$$t(\phi, 0.05) = \cdots\cdots$$

$$\begin{array}{c} < \\ \mid t_0 \mid = t(\phi, 0.05) \\ > \end{array}$$

t 检验结论综述……………………………………

表 4　不成对数据 t 检验数据表示例

<table>
<tr><td colspan="8">试验名称:
矿石类型:(例如锰矿石)
试验日期:</td></tr>
<tr><td rowspan="3">交货批序号</td><td rowspan="3">矿石名称</td><td colspan="6">品质特征(例如%Mn)</td></tr>
<tr><td colspan="3">大样 B</td><td colspan="3">大样 A</td></tr>
<tr><td>x_{Bi}</td><td>X_{Bi}</td><td>X_{Bi}^2</td><td>x_{Ai}</td><td>X_{Ai}</td><td>X_{Ai}^2</td></tr>
<tr><td>1.
2.
.
.
.
n</td><td></td><td></td><td></td><td></td><td></td><td></td><td></td></tr>
<tr><td>和</td><td></td><td>Σx_{Bi}</td><td>ΣX_{Bi}</td><td>ΣX_{Bi}^2</td><td>Σx_{Ai}</td><td>ΣX_{Ai}</td><td>ΣX_{Ai}^2</td></tr>
</table>

t 检验

$\bar{x}_B=$…………………………………………　$\bar{x}_A=$…………………………………………

$S_B=$…………………………………………　$S_A=$…………………………………………

$t=$……………………………………………

$t(2\phi,0.05)=$……………………………………

$<$

$|t_0|=t(2\phi,0.05)$

$>$

t 检验结论综述……………………………………

ICS 73.060.01
D 30

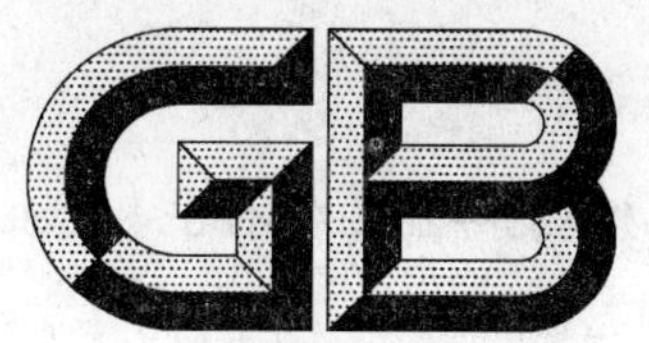

中华人民共和国国家标准

GB/T 24233—2009/ISO 8542:1986

锰矿石和铬矿石 评定品质波动和 校核取样精密度的试验方法

Manganese and chromium ores—Experimental methods for evaluation of quality variation and methods for checking the precision of sampling

(ISO 8542:1986,IDT)

2009-07-15 发布　　　　2010-04-01 实施

中华人民共和国国家质量监督检验检疫总局
中国国家标准化管理委员会　发布

前　言

本标准等同采用ISO 8542:1986《锰和铬矿石　评定品质波动和校核取样精密度的试验方法》。

本标准与ISO 8542:1986比较，主要作了如下编辑性修改：

——“本国际标准”改为“本标准”；

——用小数点“.”代替作为小数点的逗号“,”；

——删除国际标准的前言。

本标准由中国钢铁工业协会提出。

本标准由全国生铁及铁合金标准化技术委员会归口。

本标准起草单位：宁波检验检疫科学技术研究院、天津出入境检验检疫局、广东出入境检验检疫局、冶金工业信息标准研究院。

本标准主要起草人：贺存君、朱波、郭大招、沈逸、杨东彪、郑建国、陈自斌、谷松海。

锰矿石和铬矿石 评定品质波动和 校核取样精密度的试验方法

1 范围

本标准规定了评定天然或加工锰、铬矿石品质波动的试验方法，及相关标准中所使用的定量系统取样和二级取样时的取样程序定义。同时还规定了定量系统取样和二级取样时校核取样精密度的试验方法。

注：定时系统取样时评定品质波动的取样程序必须建立在定时系统取样的基础上。

2 规范性引用文件

下列文件中的条款通过本标准的引用而成为本标准的条款。凡是注日期的引用文件，其随后所有的修改单(不包括勘误的内容)或修订版均不适用于本标准，然而，鼓励根据本标准达成协议的各方研究是否可使用这些文件的最新版本。凡是不注日期的引用文件，其最新版本适用于本标准。

GB/T 24243 铬矿石 采取份样(GB/T 24243—2009,ISO 6153:1989,IDT)

ISO 4296-1 锰矿石 取样 第1部分:份样取样

ISO 4296-2 锰矿石 取样 第2部分:制样

3 评定品质波动的试验方法——一般条件

3.1 品质波动

矿石的品质波动即不均匀的程度以标准偏差来确定，用 σ 表示。当定量系统取样时，层内或采取份样间隔的标准偏差用 σ_w 表示；二级取样时，货车、卡车、集装箱间标准偏差用 σ_b 表示，而货车内标准偏差用 σ_w 表示。

3.2 品质特性

为确定锰矿石品质波动所选择的品质特性是全锰含量，为确定铬矿石品质波动所选择的品质特性是铬的氧化物含量。

注：例如水分含量、粒度分布等其他品质特性也可考虑。

3.3 品质波动的确定

品质波动的确定按每种类型矿石所指定的相关标准进行。

3.4 试验交货批

建议挑选重量 3 000 t 或 3 000 t 以上的交货批来做试验，用 50 个或 50 个以上的份样组成一个大样。

3.5 取样和试样的方法

试验的取样、制样、化学分析和相关的测试按相关的标准执行。

3.6 试验规模

试验应建立在交货批的基础上，并且要重复进行 5 次。对于系统取样，试验必须包括部分或者整个交货批。对于二级取样，必须包括组成一个交货批的 M 节货车中的 10 节。

3.7 试验频率

建议每种类型矿石的品质波动试验按规定的间隔取样，例如两年一次，或者根据需要决定。

4 试验方法

4.1 系统取样方法

4.1.1 本方法适用于定量系统取样时，由一个交货批组成的装载或卸货港口，评定层内标准偏差(σ_W)。

4.1.2 为了达到试验目的，整个或者部分交货批应被分为相等的5个部分。

4.1.3 每部分采取10个份样，每个试验样由50个份样组成。在第一个取样间隔内随机开始后，按等重量间隔采取每个份样。

4.1.4 采取的5个连续的奇数号份样组成一个奇数号副样，以副样A表示；采取的5个连续的偶数号份样组成一个偶数号副样，以副样B表示。见图1。

4.1.5 应由副样A、B制备化学分析试样。单数的最终样品由两次缩分后的副样A制备，双数的最终样品由两次缩分后的副样B制备。见图2。

4.1.6 对所有的最终样品进行化学试验。15个参与化学试验样品的顺序是任意的，或者将试验和常规试验随机结合起来。具体方法如图2所示。

4.1.7 将试验数据记录在数据单上，如表1所示。

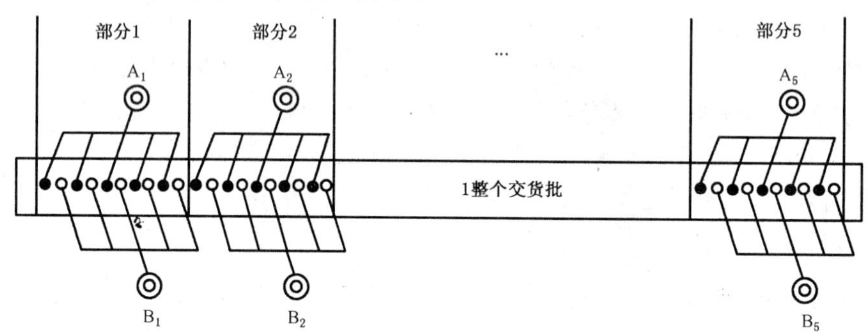

说明：

●——奇数份样；

○——偶数份样；

◎——副样。

图1 副样组成示例草图

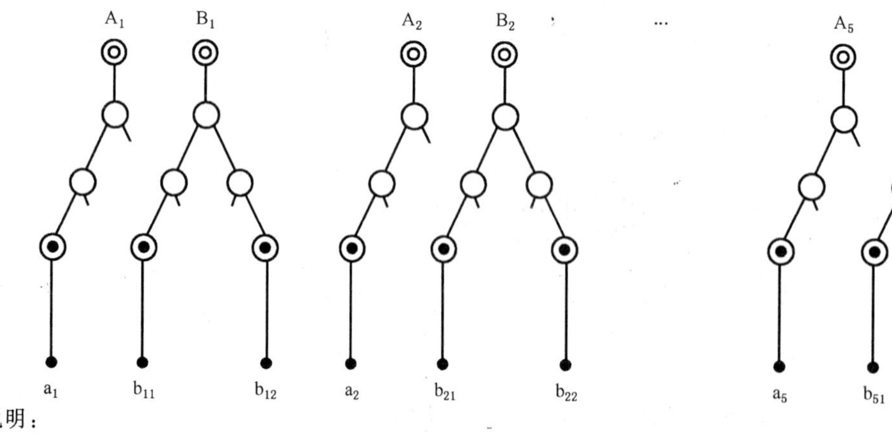

说明：

◎——副样；

○——缩分；

⊙——用于化学分析的最终样品；

●——测定的试验样。

图2 最终样品准备示例草图

表 1 系统取样试验数据表示例

<table>
<tr><td colspan="3">试验名称：
交货批数和签定：
份样编号：</td><td colspan="3">矿石类型：(例如锰矿"A")
份样质量(kg)：
试验日期：</td></tr>
<tr><td rowspan="2">部分序号</td><td colspan="5">品质特征(例如%Mn)</td></tr>
<tr><td>a_i</td><td>b_{i1}</td><td>b_{i2}</td><td>$|b_{i1}-b_{i2}|$</td><td>$|a_i-b_{i1}|$或者$|a_i-b_{i2}|$</td></tr>
<tr><td>1
2
3
4
5</td><td></td><td></td><td></td><td></td><td></td></tr>
<tr><td colspan="4">平均值范围</td><td>$\overline{R}_1$</td><td>$\overline{R}_2$</td></tr>
</table>

计算：

$\hat{\sigma}_{DM}^2=(\overline{R}_1/1.128)^2=$............... $(\hat{\sigma}'_W)^2=5(\overline{R}_2/1.128)^2=$...............

$\hat{\sigma}_W^2=(\hat{\sigma}'_W)^2-\hat{\sigma}_{DM}^2=$...............

4.2 二级取样方法

4.2.1 本方法适用于从装货交货批或者卸货货车二级取样时，评定货车间(σ_b)和货车内标准偏差(σ_W)。

4.2.2 二级取样的第一阶段，在货车交货批中，共10节的货车中按等量间隔随机取样。

4.2.3 二级取样的第二阶段，从选择的每节货车中随机获取4个份样($n=4$)，共获取40个份样。

4.2.4 两个不同的交替副样，分别用<C_1、C_2>和<D_1、D_2>表示，每个交替副样包含10个份样，其组成方式如下：C_1和C_2分别包含10个从每节货车中选取的1个份样；在5个偶数号货车中每节货车选取2个份样，组成D_1，在5个奇数号货车中每节货车选取2个份样组成D_2(见图3)。

4.2.5 应由副样C_1、C_2、D_1、D_2制备化学分析试样；分别由两个不同的交替副样之一组成一个单独的最终样品。

4.2.6 对所有的最终样品进行重复化学分析。试验样品进行化学分析的次序是随机的，或者将常规样品和试验样品随机结合起来。具体方法如图3所示。

4.2.7 将试验数据记录在数据单上，如表2所示。

5 试验数据分析方法

5.1 系统取样方法

本方法适用于4.1中所获得的试验数据。评定品质波动的具体程序见5.1.1～5.1.3。

5.1.1 计算副样的缩分和测定的组合精密度的估计值，用方差来表示。

$$\overline{R}_1=1/5(|b_{i1}-b_{i2}|+|b_{21}-b_{22}|+\cdots\cdots+|b_{51}-b_{52}|) \quad \cdots\cdots(1)$$

$$\hat{\sigma}_{DM}^2=(\overline{R}_1/d_2)^2 \quad \cdots\cdots(2)$$

式中：

b_{i1}、b_{i2}——每个交替副样的第i个样品数据；

$\overline{R}_1$——5个交替副样的极差；

$\hat{\sigma}_{DM}^2$——缩分和测定的组合精密度的估计值，用方差来表示；

d_2——极差估计标准偏差的系数，成对数据时$d_2=1.128$。

当测定精密度的估计值已知，缩分精密度的估计值可由式(3)计算出来。

$$\hat{\sigma}_D^2=\hat{\sigma}_{DM}^2-\hat{\sigma}_M^2 \quad \cdots\cdots(3)$$

（从单个交货批选择的货车）

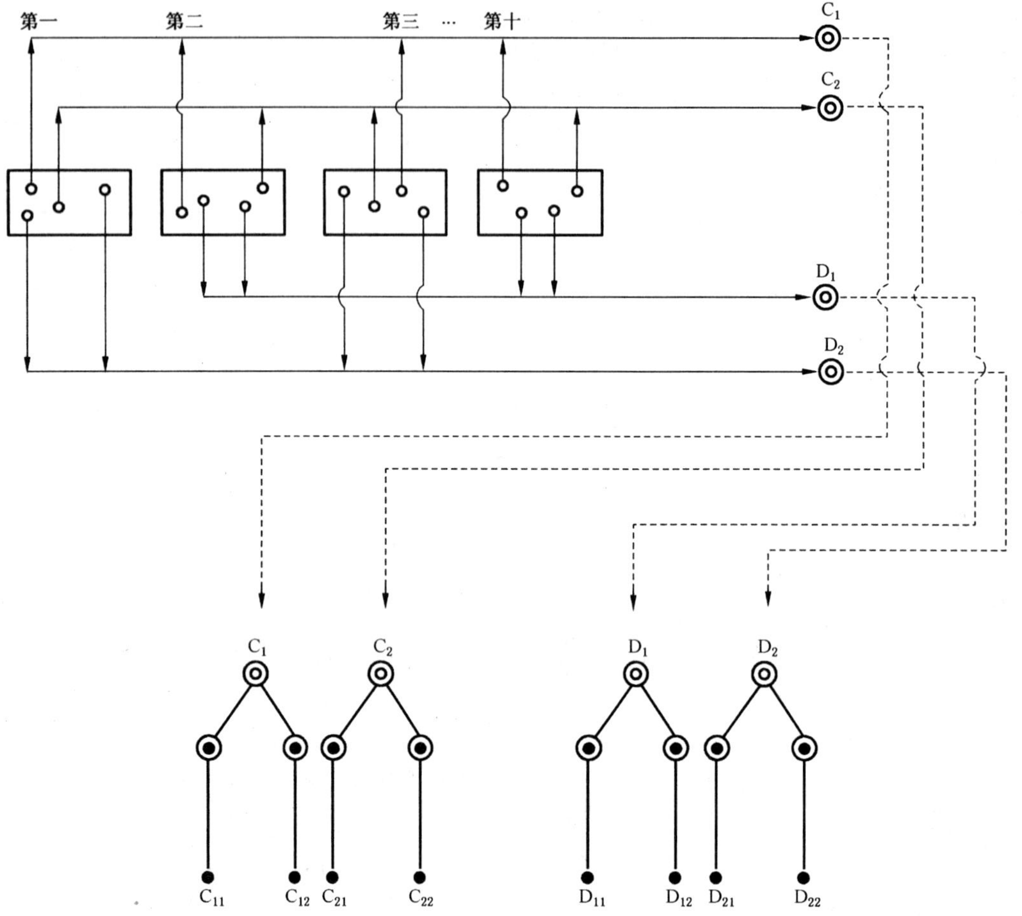

说明：

□——选择的货车；

○——份样；

◎——副样；

⊙——用于化学分析的最终样品；

●——测定试验样。

图 3 副样组成和最终样品制备示例草图

表 2 二级取样试验数据表示例

试验名称： 交货批数和签定： 份样编号：	矿石类型：(例如锰矿"A") 份样质量(kg)： 试验日期：			
副样名称	品质特征(例如%Mn)			
	分析 1	分析 2	R	$\bar{x}$
C_1				$\bar{x}_{C1}$
C_2				$\bar{x}_{C2}$
D_1				$\bar{x}_{D1}$
D_2				$\bar{x}_{D2}$
		平均值范围	$\bar{R}$	

计算：

$\hat{\sigma}^2_{DM}=(\overline{R}/1.128)^2=$..............

$R_C=|\overline{x}_{C1}-\overline{x}_{C2}|=$................ $R_D=|\overline{x}_{D1}-\overline{x}_{D2}|=$...............

$\hat{\sigma}^2_b=5[(R_D/1.128)^2-(R_C/1.128)^2]=$...............

$\sigma^2_W=10[(R_C/1.128)^2-(\hat{\sigma}_{DM})^2/2]=$...............

5.1.2 计算包含缩分和测定的组合精密度的层内品质波动的估计值。

$$\overline{R}_2=1/5(|a_1-b_{11}|+|a_2-b_{21}|+\cdots\cdots+|a_5-b_{51}|) \quad\cdots\cdots(4)$$

或者

$$\overline{R}_2=1/5(|a_1-b_{12}|+|a_2-b_{22}|+\cdots\cdots+|a_5-b_{52}|) \quad\cdots\cdots(4')$$

$$(\hat{\sigma}'_W)^2=\overline{n}(\overline{R}_2/d_2)^2 \quad\cdots\cdots(5)$$

因此

$$(\hat{\sigma}'_W)^2=5(\overline{R}_2/1.128)^2 \quad\cdots\cdots(6)$$

式中：

a_i、b_{i1}、b_{i2}——第 i 个单独的最终样品的数据；

$\overline{R}_2$——5 个交替副样的极差（a 和 b_1）或（a 和 b_2）；

$\overline{n}$——组成一个副样的份样的个数，在本方法中，$\overline{n}=5$；

$(\hat{\sigma}'_W)^2$——包括 σ^2_{DM} 的层内品质波动的估计值。

当 b_1 随机选择时，用公式(4)计算；选择 b_2 时，用公式(4′)计算。

5.1.3 计算层内品质波动的估计值 $\hat{\sigma}^2_W$，σ^2_{DM} 除外，用公式(2)和公式(5)得出的公式(7)来计算。

$$\hat{\sigma}^2_W=(\hat{\sigma}'_W)^2-\hat{\sigma}^2_{DM} \quad\cdots\cdots(7)$$

5.2 二级取样方法

本方法适用于 4.2 中所获得的试验数据。评定品质波动的具体程序见 5.2.1 和 5.2.2。

5.2.1 计算副样的缩分和测定的组合精密度的估计值，用方差来表示。

$$\overline{R}_1=1/4(|C_{11}-C_{12}|+|C_{21}-C_{22}|+|D_{11}-D_{12}|+|D_{21}-D_{22}|) \quad\cdots\cdots(8)$$

$$\hat{\sigma}^2_{DM}=(\overline{R}/d_2)^2 \quad\cdots\cdots(9)$$

式中：

C_{1i}、C_{2i} 和 D_{1i}、D_{2i}——两个不同交替副样的第 i 个样品数据；

$\overline{R}$——两个不同交替副样的极差；

$\hat{\sigma}^2_{DM}$ 和 d_2——见 5.1.1。

要计算 $\hat{\sigma}^2_D$，见公式(3)。

5.2.2 计算货车间和货车内品质波动的估计值，见公式(10)～公式(14)。

$$\overline{x}_{C1}=\frac{1}{2}(C_{11}+C_{12}) \quad \overline{x}_{C2}=\frac{1}{2}(C_{21}+C_{22})$$
$$\overline{x}_{D1}=\frac{1}{2}(D_{11}+D_{12}) \quad \overline{x}_{D2}=\frac{1}{2}(D_{21}+D_{22}) \quad\cdots\cdots(10)$$

$$R_C=|\overline{x}_{C1}-\overline{x}_{C2}| \quad R_D=|\overline{x}_{D1}-\overline{x}_{D2}| \quad\cdots\cdots(11)$$

因此

$$\hat{\sigma}^2_b=m[(R_D/d_2)^2-(R_C/d_2)^2]/2 \quad\cdots\cdots(12)$$

$$(\hat{\sigma}'_W)^2=m[(R_C/d_2)^2-(\hat{\sigma}_{DM})^2/2] \quad\cdots\cdots(13)$$

或者

$$\hat{\sigma}^2_W=m\{(R_C/d_2)^2-[\hat{\sigma}^2_D+\hat{\sigma}^2_M/2]\} \quad\cdots\cdots(14)$$

式中：

$\bar{x}_{C1}$、$\bar{x}_{C2}$、$\bar{x}_{D1}$、$\bar{x}_{D2}$——每部分两个不同交替副样的平均值；

R_C、R_D——每部分两个不同交替副样的极差；

m——二级取样的第一阶段取样的货车数，在此 $m=10$；

$\hat{\sigma}_b^2$——货车间品质波动的估计值；

$\hat{\sigma}_W^2$——货车内品质波动的估计值。

当某种具体类型矿石的缩分和测定的组合精密度的估计值($\hat{\sigma}_{DM}^2$)已知时，无论是根据 4.1 和 5.1(系统取样)或者其他不同的试验，此估计值可用并且部分试验可简化。在此情况下，每个单独的化学分析必须在两对不同交替副样中进行，以获得数据 C_1、C_2、D_1、D_2，如图 3 所示，然后公式(13)中的$(\hat{\sigma}_{DM})^2/2$ 可用 $\hat{\sigma}_{DM}^2$ 代替；公式(14)中的 $\hat{\sigma}_M^2/2$ 可用 $\hat{\sigma}_M^2$ 代替。

5.3 观察报告

在数据分析的过程中，如果计算出来的方差值为负，而又不是因为试验过程中的错误引起的话，必须假定 $\hat{\sigma}^2$ 为 0。

6 结果的表示

由 5 个试验所获得的品质波动的估计值应按 6.1 和 6.2 中的具体程序归纳起来。

6.1 系统取样

层内标准偏差估计值的算术平均值($\bar{\sigma}_W$)可由公式(15)计算得到。

$$\bar{\sigma}_W = \sqrt{\frac{1}{h}\sum\hat{\sigma}_W^2} \quad \cdots\cdots(15)$$

式中：

$\hat{\sigma}_W^2$——由公式(7)计算获得；

h——$\hat{\sigma}_W^2$ 值的个数，通常 $h=5$。

当估计值 σ_W^2 包含 σ_{DM}^2 时，品质波动的估计值过高，$(\hat{\sigma}'_W)^2$ 在公式(15)中可用。

6.2 二级取样

货车间($\bar{\sigma}_b$)和货车内($\bar{\sigma}_W$)标准偏差估计值的算术平均值，可分别由公式(16)、(17)计算得到。

$$\bar{\sigma}_b = \sqrt{\frac{1}{h}\sum\hat{\sigma}_b^2} \quad \cdots\cdots(16)$$

$$\bar{\sigma}_W = \sqrt{\frac{1}{h}\sum\hat{\sigma}_W^2} \quad \cdots\cdots(17)$$

式中：

$\hat{\sigma}_b^2$——由公式(12)计算获得；

$\hat{\sigma}_W^2$——由公式(14)计算获得；

h——$\hat{\sigma}_b^2$ 或 $\hat{\sigma}_W^2$ 值的个数，通常 $h=5$。

当估计值 σ_W^2 包含 σ_{DM}^2 时，品质波动的估计值过高，$(\hat{\sigma}'_W)^2$ 在公式(16)、(17)中可用。

7 品质波动的分类

7.1 试验测定的品质波动的估计值作为取样参数的“估计值”。测定数据的标准偏差是“已知”的，因此负责取样方应考虑每种类型矿山矿石的有关因素。

7.2 当取样时某一类型矿石的标准偏差的估计值已确定，一般情况下，将矿石分成“大”或“小”两个类别，或者“大”、“中”、“小”三个类别的品质波动。

7.3 值得注意的是，品质波动可能因一些因素的变化而改变，例如：

a) 一个矿山矿体；

b) 采矿方法；

c) 选矿方法；

d) 堆积和采取的方法；

e) 装/卸的方法；

f) 交货批的质量。

8 校核取样精密度的方法

8.1 系统取样方法

8.1.1 理论背景

8.1.1.1 确定定量系统取样过程中 n 值的公式是建立在分层取样 σ_W 参数的理论基础上。

8.1.1.2 当从一个大样中取 n 个份样时，取样精密度 2σ 由公式(18)给出。

$$\beta_S = 2\sigma_S = 2\sqrt{\frac{\sigma_W^2}{n}} \quad \cdots\cdots(18)$$

用方差表示的总精密度(σ^2)是取样精密度、缩分精密度和测定精密度之和。

因此

$$\sigma_{SDM}^2 = \sigma_S^2 + \sigma_D^2 + \sigma_M^2 \quad \cdots\cdots(19)$$

当进行 l 次重复化学试验测定时，总精密度 2σ 由以下公式给出。

$$\beta_{SDM} = 2\sigma_{SDM} = 2\sqrt{\frac{\sigma_W^2}{n} + \sigma_D^2 + \sigma_M^2/l} \quad \cdots\cdots(20)$$

8.1.2 校核取样精密度

8.1.2.1 将由公式(7)得到的 $\hat{\sigma}_W^2$ 值代入公式(18a)，来计算 $\hat{\beta}_S$。

$$\hat{\beta}_S = 2\sqrt{\frac{\hat{\sigma}_W^2}{n}} \quad \cdots\cdots(18a)$$

式中：

n——从要求 $\hat{\beta}_S$ 的那个交货批中实际取的样品数。

8.1.2.2 当参数包括缩分和测定的组合精密度时，例如，可将由公式(6)得到的估计值$(\hat{\sigma}'_W)^2$ 代入公式(18b)，来计算 $\hat{\beta}'$。

$$\hat{\beta}' = 2\sqrt{\frac{(\hat{\sigma}'_W)^2}{n}} \quad \cdots\cdots(18b)$$

如果要比较总精密度的估计值 2σ 与相关标准给出的具体值，可通过公式(20a)来计算 $\hat{\beta}_{SDM}$。

$$\hat{\beta}_{SDM} = 2\sqrt{\frac{\hat{\sigma}_W^2}{n} + \hat{\sigma}_D^2 + \hat{\sigma}_M^2/2} \quad \cdots\cdots(20a)$$

或者

$$\hat{\beta}'_{SDM} = 2\sqrt{\frac{(\hat{\sigma}'_W)^2}{n} + \hat{\sigma}_{DM}^2/2} \quad \cdots\cdots(21)$$

式中：

$\hat{\sigma}_W^2$、$(\hat{\sigma}'_W)^2$——由公式(7)和公式(6)计算获得的值；

$\hat{\sigma}_D^2$、$\hat{\sigma}_M^2$、$\hat{\sigma}_{DM}^2$——由第5章中相关公式计算获得的值，1/2是指对一个大样进行两次重复化学试验测定($l=2$时)的系数。

n——从要求 $\hat{\beta}_{SDM}$ 的那个交货批中实际取的样品数。

8.2 二级取样方法

8.2.1 理论背景

8.2.1.1 在二阶段取样时，选择货车、从选择的货车中采取份样的实践是建立在多级取样的理论基础上。

8.2.1.2 在二级取样过程中，当第一阶段从由 M 节货车组成的交货批中挑选 m 节货车，第二阶段从每个挑选出的货车中取 $\bar{n}$ 个份样，取样精密度 2σ 由下式给出。

$$\beta_S = 2\sqrt{(\frac{M-m}{M-1})\sigma_b^2/m+\sigma_W^2/m\bar{n}} \qquad (22)$$

8.2.1.3 当 m/M 的比值小于或者等于 0.1，公式(22)中的因数 $(M-m)/(M-1)$ 可以假定为单位 1，也就是公式(22)可以被简化为：

$$\beta_S = 2\sqrt{\sigma_b^2/m+\sigma_W^2/m\bar{n}} \qquad (23)$$

8.2.1.4 当一个交货批的量少于 50 t，实际上可以假定 $m=M$，也就是公式(20)可以简化为公式(18)。

$$\beta_S = 2\sqrt{\frac{\sigma_W^2}{m\bar{n}}} = 2\sqrt{\frac{\sigma_W^2}{n}}$$

式中：

n——从一个交货批中采取样品的份样数，$m\bar{n}=n$。

因此，二级取样时，假定 $m=M$，从一个小交货批货车中取样与应用 σ_W 参数的分层取样理论是等价的。

当进行 l 次重复化学试验测定时，总精密度 2σ 由以下公式给出。

$$\beta_{SDM} = 2\sigma_{SDM}$$

$$= 2\sqrt{\left[\left(\frac{M-m}{M-1}\right)\sigma_b^2/m+\sigma_W^2/m\bar{n}\right]+\sigma_D^2+\sigma_M^2/l} \qquad (24)$$

8.2.2 校核取样精密度

8.2.2.1 将公式(12)和公式(14)得到的估计值 $\hat{\sigma}_b^2$ 和 $\hat{\sigma}_W^2$ 代入公式(22a)，来计算 $\hat{\beta}_S$。

$$\hat{\beta}_S = 2\sqrt{\left(\frac{M-m}{M-1}\right)\hat{\sigma}_b^2/m+\hat{\sigma}_W^2/m\bar{n}} \qquad (22a)$$

式中：

σ_b^2 和 σ_W^2——由公式(12)和公式(14)得到的估计值；

M——要求 $\hat{\beta}_S$ 的交货批的实际 M；

m——被挑选用来取样的实际 m；

$\bar{n}$——取样过程中的实际 $\bar{n}$。

8.2.2.2 当 $m/M \leqslant 0.1$ 且假定限制因数 $(M-m)/(M-1)=1$，用公式(23a)来计算 $\hat{\beta}_S$。

$$\hat{\beta}_S = 2\sqrt{\hat{\sigma}_b^2/m+\hat{\sigma}_W^2/m\bar{n}} \qquad (23a)$$

式中：

m，$\bar{n}$——在要求 $\hat{\beta}_S$ 的交货批中挑选的实际 m 和取样过程中的实际 $\bar{n}$。

8.2.2.3 当 $m=M$ 时，由公式(18a)来计算 $\hat{\beta}_S$。

如果要比较总精密度的估计值 2σ 与相关标准给出的具体值，可用公式(24a)或公式(25)来计算 $\hat{\beta}_{SDM}$。

$$\hat{\beta}_{SDM} = 2\sqrt{\left[\left(\frac{M-m}{M-1}\right)\hat{\sigma}_b^2/m + \hat{\sigma}_W^2/m\bar{n}\right] + \hat{\sigma}_D^2 + \hat{\sigma}_M^2/2} \quad \cdots\cdots(24a)$$

$$\hat{\beta}_{SDM} = 2\sqrt{\left[\left(\frac{M-m}{M-1}\right)\hat{\sigma}_b^2/m + (\hat{\sigma}'_W)^2/m\bar{n}\right] + \hat{\sigma}_{DM}^2/2} \quad \cdots\cdots(25)$$

式中：

$\hat{\sigma}_b^2$、$\hat{\sigma}_W^2$ 和 $(\sigma'_W)^2$——由公式(12)、公式(14)和公式(13)计算获得的值。

M——要求 $\hat{\beta}_{SDM}$ 的交货批的实际 M；

m——被挑选用来取样的实际 m；

$\bar{n}$——取样过程中的实际 $\bar{n}$。

1/2 是指对一个大样进行两次重复化学试验测定($l=2$ 时)的系数。

8.3 结果的说明和措施

如果取样精度估计值达不到目前标准所规定的值，应按惯例的方法采取必要措施对当前取样程序进行调整。这些措施具体包括 8.3.1～8.3.3。

8.3.1 当证实品质波动有变化时：

a) 系统取样中变更品质波动的分类；

b) 改变二级取样第一阶段挑选的货车数。

8.3.2 在系统取样的情况下，可以采取更多的份样个数 n_1，当 $n_1>n$，将挑选出一个大样。

将按照 $\sqrt{n/n_1}$ 的比例改善取样精密度。

8.3.3 增加份样质量

增加份样质量，但增加到某一数量以上，取样精密度将得不到明显改善。

ICS 77.080.10
H 11

中华人民共和国国家标准

GB/T 24234—2009

铸铁　多元素含量的测定　火花放电原子发射光谱法（常规法）

Cast iron—Determination of multi-element contents—Spark discharge atomic emission spectrometric method (Routine method)

2009-07-15 发布　　2010-04-01 实施

中华人民共和国国家质量监督检验检疫总局
中国国家标准化管理委员会　发布

前　　言

本标准由中国钢铁工业协会提出。

本标准由全国钢标准化技术委员会归口。

本标准起草单位：钢铁研究总院、宝钢集团有限公司、首钢技术中心、太钢技术中心。

本标准主要起草人：赵雷、袁良经、张毅、王玉娟、戴学谦、罗倩华。

铸铁 多元素含量的测定 火花放电原子发射光谱法(常规法)

1 范围

本标准规定了用火花放电原子发射光谱测定白口铸铁中碳、硅、锰、磷、硫、铬、镍、钼、铝、铜、钨、钛、铌、钒、硼、砷、锡、镁、镧、铈、锑、锌和锆含量的方法。

本方法适用于白口化后的铸铁样品的分析。

本方法可同时测定白口铸铁中的24个元素,各元素测定范围见表1。

表1 各元素测定范围

元素	测定范围(质量分数)/%
C	2.0~4.50
Si	0.45~4.00
Mn	0.06~2.00
P	0.03~0.80
S	0.005~0.20
Cr	0.03~2.90
Ni	0.05~1.50
Mo	0.01~1.50
Al	0.01~0.40
Cu	0.03~2.00
W	0.01~0.70
Ti	0.01~1.00
Nb	0.02~0.70
V	0.01~0.60
B	0.005~0.200
As	0.01~0.09
Sn	0.01~0.40
Mg	0.005~0.100
La	0.01~0.03
Ce	0.01~0.10
Sb	0.01~0.15
Zn	0.01~0.035
Zr	0.01~0.05

2 规范性引用文件

下列文件中的条款通过本标准的引用而成为本标准的条款。凡是注日期的引用文件，其随后所有的修改单(不包括勘误的内容)或修订版均不适用于本标准，然而，鼓励根据本标准达成协议的各方研究是否可使用这些文件的最新版本。凡是不注日期的引用文件，其最新版本适用于本标准。

GB/T 6379.1 测量方法与结果的准确度(正确度与精密度) 第1部分：总则与定义(GB/T 6379.1—2004,ISO 5725-1:1994,IDT)

GB/T 6379.2 测量方法与结果的准确度(正确度与精密度) 第2部分：确定标准测量方法重复性与再现性的基本方法(GB/T 6379.2—2004,ISO 5725-2:1994,IDT)

GB/T 20066—2006 钢和铁 化学成分测定用试样的取样和制样方法(GB/T 20066—2006,ISO 14284:1996,IDT)

3 原理

将制备好的块状样品作为一个电极，用光源发生器使样品与对电极之间激发发光，并将该光束引入分光室，通过色散元件将光谱分解后，对选定的内标线和分析线的强度进行测量，根据标准物质/标准样品制作的校准曲线，求出分析样品中待测元素的含量。

4 仪器

火花放电原子发射光谱仪主要由以下单元组成。

4.1 激发光源

激发光源应是一个稳定的火花激发光源。

4.2 火花室

火花室应是为使用氩气而专门设计的，火花室直接装在分光计上，有一个氩气冲洗火花架，以放置平面样品和棒状对电极。火花室的氩气气路应能置换分析间隙和聚光镜之间光路中的空气，并为分析间隙提供氩气气氛。

4.3 氩气系统

氩气系统主要包括氩气容器、两级压力调节器、气体流量计和能够按照分析条件自动改变氩气流量的时序控制部分。

氩气的纯度及流量对分析测量值有很大的影响，应保证氩气的纯度不小于99.999%，否则应使用氩气净化装置，并且火花室内氩气的压力和流量应保持恒定。

4.4 对电极

不同型号的设备使用不同的对电极。一般使用直径为4 mm～7 mm，顶端加工成30°～120°的圆锥形钨棒。每个实验室根据具体情况确定更换对电极的时间。

4.5 分光计

一般分光计的一级光谱线色散的倒数应小于0.6 nm/mm，焦距为0.5 m～1.0 m，波长范围为165.0 nm～425.0 nm，分光计的真空度应在3 Pa以下工作，或充高纯惰性气体(纯度≥99.999%)，惰性气体保护。

4.6 测光系统

测光系统应包括接收信号的光电倍增管或光电转换装置、能储存输出的电信号的积分电容器、直接或间接记录积分器上电压或频率的测量单元和为所需要的时序而提供的必要的开关电路装置。

5 取样和样品制备

5.1 取样模具

分析样品应保证为白口化铸铁且均匀、无物理缺陷；现场取铁水样品时应按GB/T 20066—2006的规定,将铁水注入特殊的模具(见 GB/T 20066—2006 中图 2)中,以制取白口化的样品。

5.2 制样设备

从模具中取出的样品,采用砂轮机、砂纸磨盘或砂带研磨机研磨,研磨材质的粒度直径应选用 0.4 mm～0.8 mm,或采用铣床处理样品,并保证样品表面平整、洁净。

标准样品和分析样品应在同一条件下研磨,不得过热。

注:选择不同的研磨材料可能对相关的痕量元素检测带来影响。

6 标准样品和标准化样品

6.1 标准样品

标准样品用于日常分析绘制校准曲线。标准样品中各分析元素含量应有适当的梯度,并覆盖所要检测的含量范围。所选标准样品与被测样品应尽量接近。

6.2 标准化样品

由于仪器状态的变化,导致测定结果的偏离,为直接利用原始校准曲线,求出准确结果,用一两个样品对仪器进行标准化,这种样品称为标准化样品。该样品必须是非常均匀并要求有适当的含量,它可以从标准样品中选出,也可以专门冶炼。当使用两点标准化时,其含量分别取每个元素校准曲线上限和下限附近的含量。

7 仪器的准备

光谱仪应按仪器厂家推荐的要求,放置在防震、洁净的实验室中,通常室内温度 16 ℃～30 ℃,相对湿度小于 70%。在同一个标准化周期内室内温度变化不超过 5 ℃。

7.1 电源

为保证仪器的稳定性,电源电压变化在±10%,频率变化小于±2%,保证交流电源为正弦波。根据仪器使用要求,配备专用地线。

7.2 对电极

对电极需定期清理、更换并用定距规调整分析间隙的距离,使其保持正常工作状态。

7.3 光学系统

聚光镜应定期清理,定期校正入射狭缝位置。

7.4 测光系统

为使测光系统工作稳定,在使用前应预先通电,较长时间停机后应通电稳定。

通过制作预燃曲线选择分析元素的适当预燃时间。积分时间是以分析精度为基础进行实验确定的。

8 分析条件和分析步骤

8.1 分析条件

本标准推荐的分析条件见表 2、分析线与内标线列入表 3 中。

表 2 分析条件

项 目	内 容
分析间隙	3 mm～6 mm
氩气流量	冲洗:3 L/min～15 L/min 积分:2.5 L/min～15 L/min 静止:0.5 L/min～1 L/min

表 2（续）

项　　目	内　　容
预燃时间	5 s～20 s
积分时间	2 s～20 s
放电形式	预燃期高能放电，积分期低能放电

表 3　推荐的内标线和分析线

元　　素	波长/nm	可能干扰的元素
Fe	271.4(内标线)	
	187.7(内标线)	
C	193.09	Al、Mo、Co
	165.81	
Si	212.41	Mo
	251.61	Ti、V、Mo
	288.16	Mo、Cr、W、Al
	390.55	
Mn	192.12	
	293.30	Cr、Si
P	177.49	Cu、Mn、Ni
	178.28	Ni、Cr、Al
S	180.73	Ni、Mn
Cr	206.54	
	267.71	
	286.25	Si
	298.91	
Ni	218.49	
	231.60	Cr
Mo	202.03	
	277.53	Mn、Ni
	281.61	Mn
	386.41	
Al	186.27	
	199.05	
	308.21	Mo
	394.40	
	396.15	
Cu	211.20	Cr、Ni
	224.26	
	223.01	
	327.39	

表 3（续）

元　素	波长/nm	可能干扰的元素
W	202.99 207.91 209.86 220.45 400.87	Ni
Ti	190.86 324.19 334.90 337.28	
Nb	319.50	
V	214.09 290.88 311.07 311.67 310.22	Al
B	182.59 182.64	S
As	189.04	
Sn	189.99 317.51	
Mg	279.10 280.27	
La	408.67	
Ce	407.60 413.75 418.66	
Sb	206.80 217.58 259.81	
Zn	206.19 213.90 334.50	
Zr	339.20 349.62	

8.2　分析步骤

8.2.1　按 7.1～7.4 的要求对仪器做好准备。

8.2.2　分析工作前，先激发一块样品 2 次～5 次，确认仪器处于最佳工作状态。

8.2.3　校准曲线的绘制:在所选定的工作条件下,激发一系列标准样品,每个样品至少激发3次,以每个待测元素相对强度平均值和标准样品中该元素的浓度值绘制校准曲线。

8.2.4　定期应用标准化样品对仪器进行校正,校正的间隔时间取决于仪器的稳定性。

8.2.5　按8.2.2选定的工作条件激发分析样品,每个样品至少激发2次,取平均值。必要时,可选择控制样品,对分析样品测定结果的校正。

9　分析结果的计算

根据分析线对的相对强度,从校准曲线上求出分析元素的含量。

待测元素的分析结果,应在校准曲线所用的一系列标准样品的含量范围内。

10　精密度

本标准的精密度试验是在2008年由9个实验室对23个分析元素的5个～15个水平进行测定,每个实验室对每个水平的元素含量按照GB/T 6379.1的规定测定3次。对各实验室报出的原始数据(测定值)按照GB/T 6379.2进行统计分析,精密度见表4。

表4　精密度

元素	水平范围(质量分数)/%	水平	重复性限(r)	再现性限(R)
C	2.0～4.5	11	$r=0.00181+0.022714m$	$R=0.024074+0.060279m$
Si	0.45～4.0	9	$r=0.001617+0.01611m$	$\lg R=-0.99428+0.529562\lg m$
Mn	0.06～2.0	10	$r=0.0033248+0.0192189m$	$\lg R=-1.235195+0.5472106\lg m$
P	0.03～0.8	11	$r=-0.000142+0.056365m$	$\lg R=-0.906498+0.595953\lg m$
S	0.005～0.2	15	$r=0.001217+0.184319m$	$\lg R=-0.66742+0.785836\lg m$
Cr	0.03～2.9	10	$r=0.001659+0.0121006m$	$\lg R=-1.089647+0.9683259\lg m$
Ni	0.05～1.5	9	$r=0.00116804+0.0094576m$	$R=0.00357734+0.06818399m$
Mo	0.01～1.5	9	$r=0.000596+0.02393171m$	$R=0.00759968+0.127339m$
Al	0.01～0.4	8	$r=0.00222769+0.0315017m$	$R=0.00074894096+0.2391257m$
Cu	0.03～2.0	8	$r=0.0007043+0.01988217m$	$\lg R=-1.079143+0.6161489\lg m$
W	0.01～0.7	8	$r=0.00297797+0.03930683m$	$\lg R=-1.059867+0.5888201\lg m$
Ti	0.01～1.0	8	$r=0.00069797478+0.05459231m$	$R=0.00238819+0.121099m$
Nb	0.02～0.7	7	$r=0.00103926+0.05495652m$	$R=0.00646857+0.1991035m$
V	0.01～0.6	11	$r=0.00187673+0.01301726m$	$R=0.01413547+0.09231104m$
B	0.005～0.2	8	$r=0.00112259+0.04682327m$	$R=0.00150771+0.0771838m$
As	0.01～0.09	8	$r=0.00146056+0.04807817m$	$\lg R=-1.914203+0.2395165\lg m$
Sn	0.01～0.4	9	$r=0.0017921+0.039951m$	$R=0.000480021+0.1786248m$
Mg	0.005～0.1	12	$r=0.00009934+0.2801382m$	$R=0.00337922+0.4679616m$
La	0.01～0.03	13	$r=-0.00032419+0.4471624m$	$\lg R=-0.6458051+0.7695347\lg m$
Ce	0.01～0.1	9	$\lg r=-1.746162+0.34725\lg m$	$\lg R=-1.162746+0.3475394\lg m$
Sb	0.01～0.15	14	$r=0.000032403616+0.1035768m$	$R=0.00045027722+0.4692807m$
Zn	0.01～0.035	9	$r=0.00071976346+0.07259924m$	$R=0.00132164+0.1875903m$
Zr	0.01～0.05	5	$r=0.00165766+0.0345175m$	$\lg R=-1.565889+0.4178256\lg m$
式中:m是两个测定值的平均值(质量分数)。				

重复性限(r)、再现性限(R)按表4给出的方程求得。

在重复性条件下，获得的两次独立测试结果的绝对差值不大于重复性限(r)，以大于重复性限(r)的情况不超过5%为前提；

在再现性条件下，获得的两次独立测试结果的绝对差值不大于再现性限(R)，以大于再现性限(R)的情况不超过5%为前提。

11 试验报告

试验报告应包括如下内容：

a) 所有辨别样品、实验室及分析数据所需的内容；

b) 引用本标准所用的方法；

c) 结果及其表达形式；

d) 测量过程中观察到的异常现象；

e) 任何本标准中未规定的操作，或任何可能影响结果的操作。

ICS 73.060.10
D 31

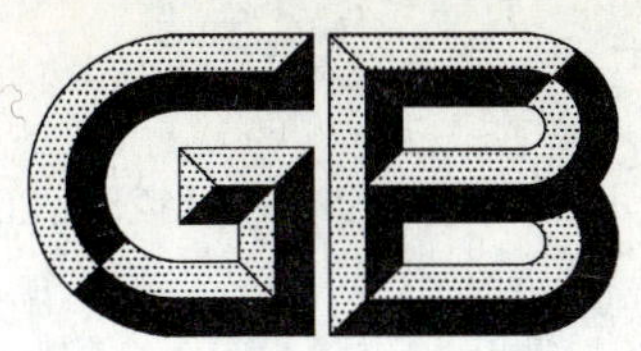

中华人民共和国国家标准

GB/T 24235—2009/ISO 11257:2007

直接还原炉料用铁矿石　低温还原粉化率和金属化率的测定　气体直接还原法

Iron ores for shaft direct-reduction feedstocks—Determination of the low temperature reduction-disintegration index and degree of metallization

(ISO 11257:2007,IDT)

2009-07-15 发布　　　　2010-04-01 实施

中华人民共和国国家质量监督检验检疫总局
中国国家标准化管理委员会　发布

前　言

本标准等同采用国际标准 ISO 11257:2007《直接还原炉料用铁矿石　低温还原粉化率和金属化率的测定　气体直接还原法》(英文版)。

为了便于使用,本标准做了下列编辑性和非技术差异性的修改:

——“本国际标准”改为“本标准”;

——用小数点“.”代替作为小数点的逗号“,”;

——删除国际标准的前言;

——引用文件修改为对应的国家标准。

本标准的附录 A 为规范性附录。

本标准由中国钢铁工业协会提出。

本标准由全国铁矿石与直接还原铁标准化技术委员会归口。

本标准负责起草单位:宝山钢铁股份有限公司。

本标准参加起草单位:冶金工业信息标准研究院。

本标准主要起草人:于成峰、李玉光、王晗、徐宏伟、周星、涂树林、陈自斌。

直接还原炉料用铁矿石　低温还原粉化率和金属化率的测定　气体直接还原法

警告——使用本标准的人员应有正规实验室工作的实践经验。本标准并未指出所有可能的安全问题。使用者有责任采取适当的安全和健康措施,并保证符合国家有关法规规定的条件。

1　范围

本标准规定了在与气体直接还原法相似的条件下,鉴定球团矿和块矿的粉化率和金属化率的试验方法。

2　规范性引用文件

下列文件中的条款通过本标准的引用而成为本标准的条款。凡是注日期的引用文件,其随后所有的修改单(不包括勘误的内容)或修订版均不适用于本标准,然而,鼓励根据本标准达成协议的各方研究是否可使用这些文件的最新版本。凡是不注日期的引用文件,其最新版本适用于本标准。

GB/T 6003.1　金属丝编织网试验筛(GB/T 6003.1—1997,eqv ISO 3310-1:1990)

GB/T 6003.2　金属穿孔板试验筛(GB/T 6003.2—1997,eqv ISO 3310-2:1990)

GB/T 6730.5　铁矿石　全铁含量的测定　三氯化钛还原法(GB/T 6730.5—2007,ISO 9507:1990,MOD)

GB/T 6730.6　铁矿石化学分析方法　三氯化铁-乙酸钠容量法测定金属铁量

GB/T 6730.7　铁矿石化学分析方法　磺基水杨酸光度法测定金属铁量

GB/T 10122　铁矿石(烧结矿、球团矿)物理试验用试样的取样和制样方法

GB/T 10322.1　铁矿石　取样和制样方法(GB/T 10322.1—2000,idt ISO 3082:1998)

GB/T 10322.7　铁矿石　粒度分布的筛分测定(GB/T 10322.7—2004,idt ISO 4701:1999)

GB/T 20565　铁矿石和直接还原铁　术语(GB/T 20565—2006,ISO 11323:2002,IDT)

ISO 9686　直接还原铁　碳和(或)硫含量的测定　高频燃烧红外线吸收法

3　原理

用由氢气、一氧化碳、二氧化碳和甲烷组成的还原气体在 760 ℃的温度下,对旋转试管中的试验样进行 300min 的等温还原。在惰性气体中加热和冷却试验样。用 3.15 mm 的方孔试验筛进行筛选。用小于 3.15 mm 的颗粒的重量所占的百分比计算还原粉化率。对还原后的材料进行化学分析,计算其金属化率。

4　取样、试样和试验样的制备

4.1　取样和试样的制备

取样和试样的制备应根据 GB/T 10322.1 进行。

球团矿的粒度组成:10.0 mm～12.5 mm 占 50%,12.5 mm～16.0 mm 占 50%。

块矿的粒度组成:10.0 mm～16.0 mm 占 50%,16.0 mm～20.0 mm 占 50%。

至少 2.0 kg 的干基筛检试样量。

在制备试验样前,试样应在 105 ℃±5 ℃的炉温下烘干至恒重,并冷却至室温。

注:当两次连续称重试样质量差值不超过试样初始质量的 0.05%时即达到恒重。

4.2 试验样的制备

随机取铁矿石颗粒制备每份试验样。

注：可以用在GB/T 10322.1中推荐的如二分器缩分法那样的手工试样缩分方法得到试验样。

至少应制备4份试验样，每份约重500g(±1个颗粒的质量)。

试验样称重精确至1 g，并记录每份试验样的质量。

5 设备

5.1 通则

试验设备应包括如下部分：

a) 一般实验室设备，如烘箱、手动工具、时间控制器及安全设备等；

b) 还原反应管装配；

c) 具有旋转还原反应管系统的加热炉；

d) 供气和控制气体流速系统；

e) 试验筛；

f) 称量设备。

试验设备的示意图如图1所示。

5.2 还原反应管

无提升装置，由不起皮能承受高于760 ℃且耐变形的耐热金属制成。还原反应管内径约130 mm ±1 mm，其内部长度200 mm。还原反应管应连接粉尘捕集器，以捕集试验过程中反应管气体流所带出的任何微小颗粒。

5.3 加热炉

气体进入还原反应床的温度应达到760 ℃±5 ℃，也能够在90 min内使试验样温度达到并保持整个试验过程中温度为760 ℃±5 ℃。

5.4 旋转装置

能够使还原反应管按10 r/min±1 r/min的固定速度旋转。

5.5 供气系统

能够供应气体并调节气体的流量。

5.6 试验筛

符合GB/T 6003.1或GB/T 6003.2标准，并有下列尺寸的方孔筛：

20 mm、16 mm、12.5 mm、10.0 mm和3.15 mm。

5.7 称量设备

能够称量试验样和还原后的试料，精确到0.1 g。

6 试验条件

6.1 一般条件

测量所用气体的体积和流量，条件是温度为0 ℃，气压为101.325 kPa(1.013 25 bar)。

6.2 还原气体

6.2.1 组成

还原气体应包括：

CO	36.0%±1.0%(体积分数)；
CO_2	5.0%±1.0%(体积分数)；
H_2	55.0%±1.0%(体积分数)；
CH_4	4.0%±1.0%(体积分数)。

6.2.2 纯度

还原气体中的杂质应不超过：

O_2　　0.1%(体积分数)；

H_2O　　0.2%(体积分数)。

6.2.3 流速

在整个还原过程中，还原气体的流速应保持在 13 L/min±0.5 L/min。

6.3 加热和冷却用气体

氮气(N_2)应作为加热和冷却气体。氮气中的杂质不应超过 0.1%。

氮气流速应保持在 10 L/min 直至试验样到达 760 ℃；在温度平衡期间，氮气流速应保持在 13 L/min。冷却期间，氮气流速应保持在 10 L/min。

6.4 试验温度

还原气体在进入还原试管前应预热，以使还原试管内部和试验样的温度在整个还原阶段保持在 760 ℃±5 ℃。

7 试验步骤

7.1 试验测定次数

根据附录 A 的规定进行足够次数的试验。

7.2 还原

任取一个 4.2 中制备好的试验样放入还原反应管(5.2)中。将还原反应管插入加热炉中，并封闭反应管。连接热电偶，并确保其末端位于还原反应管的中部，并连接供气系统。

通过旋转装置(5.4)使还原反应管开始转动，转速为 10 r/min±1 r/min。

使氮气通过还原反应管，流量 10 L/min。并立即开始加热。加热的速度是在 90 min 内使试验样达到 760 ℃。当试验样的温度接近 760 ℃时，增加氮气的流量到 13 L/min，并在 760 ℃±5 ℃时继续加热 30 min。

警告：一氧化碳、氢气和含有氢气和一氧化碳的还原性气体是有毒和易爆气体，因此是危险的。还原试验的过程应在通风良好或在一个抽风罩下进行。应根据地方或国家安全条例采取防护措施以保护操作者的安全。

用流量为 13 L/min±0.5 L/min 的还原气体替代氮气，进行 300 min 还原。

当 300 min 还原结束时，停止旋转及还原气体流通。用流量为 10 L/min 的氮气代替还原气体，冷却还原后的试验样至室温。

7.3 筛分

从还原反应管中小心地取出试验样，刮掉粘着在试管壁上的所有物质，分离出还原过程中沉淀下的游离碳(可用磁铁)。

测定还原后试验样的质量，并根据 GB/T 10322.7，用筛孔为 10.0 mm 和 3.15 mm 的筛子(5.6)进行手工筛分，测定并记录下其质量分数，精确到 0.1 g。吸尘器中收集的灰尘和筛分过程中损失的矿石应认为是小于 3.15 mm。

7.4 化学分析

粉碎全部还原后的试验样并根据 GB/T 6730.5 测定其全铁含量，按照 GB/T 6730.6 或 GB/T 6730.7 测定其金属铁含量。

注意：如果希望测定还原后试验样碳的质量分数，可根据 ISO 9686 进行测定。

8 结果表示

8.1 还原粉化率（RDI_{DR}）的计算

还原粉化率 RDI_{DR}用小于 3.15 mm 的试料质量分数表示。并用式(1)计算：

$$RDI_{DR} = \frac{m_0 - (m_1 + m_2)}{m_0} \times 100 \quad \cdots\cdots (1)$$

式中：

m_0——还原后包括从吸尘器中收集的试验样筛分之前的质量，单位为克(g)；

m_1——还原后的试验样留在筛孔为 10 mm 中的质量，单位为克(g)；

m_2——还原后的试验样留在筛孔为 3.15 mm 中的质量，单位为克(g)。

计算结果保留一位小数。

8.2 金属化率的计算

金属化率 M 用质量分数表示，并用式(2)计算：

$$M = \frac{W_0}{W_t} \times 100 \quad \cdots\cdots (2)$$

式中：

W_0——是还原后的试验样中金属铁的含量，用质量分数表示；

W_t——是还原后的试验样中的全铁含量，用质量分数表示。

计算结果保留一位小数。

8.3 试验结果的重复性

每项指数的可接受性应符合附录 A 给出的流程图，重复性用表 1 中的公式计算。结果应保留一位小数。

表 1 重复性(r)

指　　数	重复性 r/%
RDI_{DR}	$0.86+0.20\,\overline{RDI_{DR}}$
M	$7.22-0.06\overline{M}$
注：$\overline{RDI_{DR}}$和 $\overline{M}$ 分别是 RDI_{DR}和 M 的平均值。	

9 试验报告

a) 本标准编号；

b) 试样鉴别的所有必要细节；

c) 实验室的名称和地址；

d) 试验日期；

e) 试验报告日期；

f) 试验责任者签字；

g) 本标准中没有规定的任何操作细节和试验条件，或认为可能对试验结果有影响的任何因素；

h) 还原粉化率 RDI_{DR}和金属化率 M；

i) 筛分条件。即筛分方法和筛分时间。

10 校验

定期检查设备对保证试验结果的可靠性是非常必要的。检查应是定期的，间隔时间由每个试验室自己决定。

检查的项目应包括：

a) 筛子；

b) 称量装置；

c) 还原反应管；

d) 反应管旋转装置；

e) 温度控制和监测装置；

f) 气体流量计；

g) 气体纯度；

h) 时间控制装置。

建议制备内部标样，并定期检验试验的可重复性。应保留检验记录。

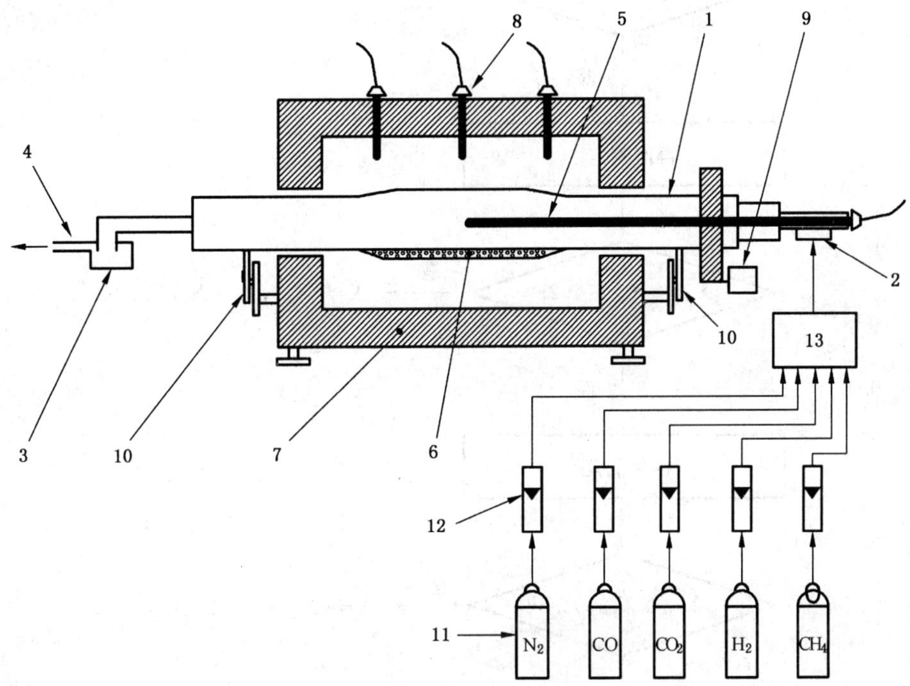

关键装置

还原反应管：

1——还原反应管；

2——进气口；

3——灰尘收集器；

4——出气口；

5——测量还原温度用热电偶；

6——试验样；

反应炉：

7——电炉；

8——调节炉温用热电偶；

9——旋转装置(电动马达)；

10——反应管支撑轮；

供气系统：

11——气瓶；

12——气体流量计；

13——混气箱。

图 1　试验设备示意图(流程图)

附 录 A
（规范性附录）
试验结果验收流程图

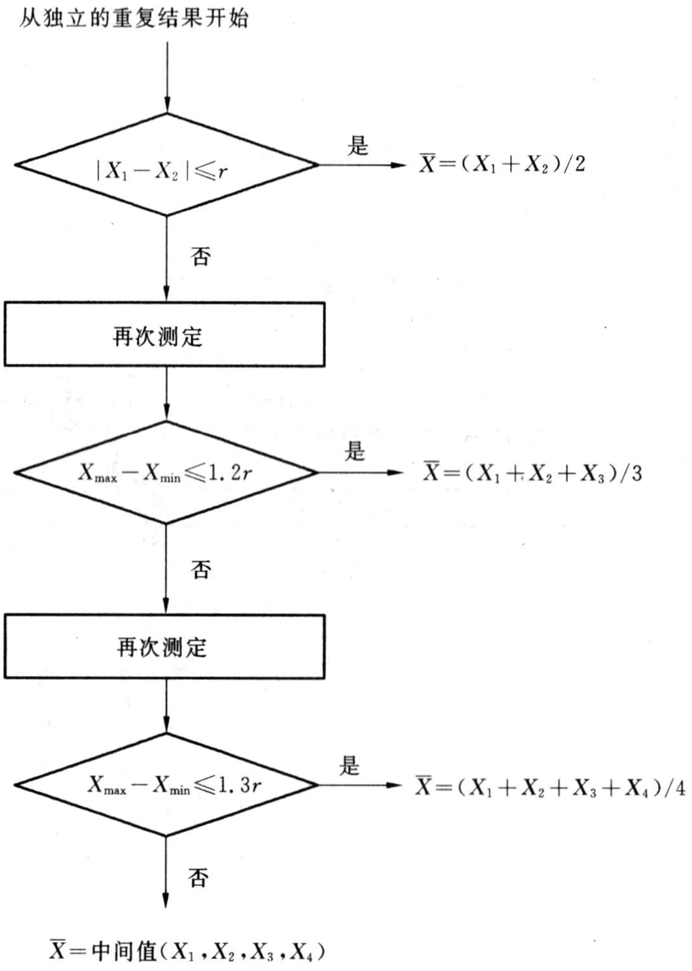

从独立的重复结果开始

$|X_1 - X_2| \leqslant r$ —是→ $\overline{X}=(X_1+X_2)/2$

否

再次测定

$X_{max} - X_{min} \leqslant 1.2r$ —是→ $\overline{X}=(X_1+X_2+X_3)/3$

否

再次测定

$X_{max} - X_{min} \leqslant 1.3r$ —是→ $\overline{X}=(X_1+X_2+X_3+X_4)/4$

否

$\overline{X}$=中间值(X_1, X_2, X_3, X_4)

r：见表 1。

ICS 73.060.10
D 31

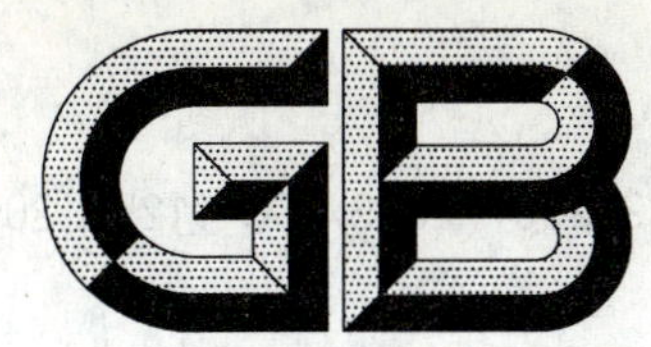

中华人民共和国国家标准

GB/T 24236—2009/ISO 11258:2007

直接还原炉用铁矿石　还原指数、最终还原度和金属化率的测定

Iron ores for shaft direct-reduction feedstocks—Determination of the reducibility index, final degree of reduction and degree of metallization

(ISO 11258:2007,IDT)

2009-07-15 发布　　2010-04-01 实施

中华人民共和国国家质量监督检验检疫总局
中国国家标准化管理委员会　发布

前　言

本标准等同采用国际标准 ISO 11258:2007《直接还原炉用铁矿石　还原指数、最终还原度和金属化率的测定》(英文版)。

为了便于使用,本标准做了下列编辑性和非技术差异性的修改:

——“本国际标准”改为“本标准”;

——用小数点“.”代替作为小数点的逗号“,”;

——删除国际标准的前言;

——引用文件修改为对应的国家标准;

——重新编排图片的编号和位置;

——第 10 章试验报告变更为第 11 章,相关内容也作了非技术性变更。

本标准的附录 A 为规范性附录,附录 B 和附录 C 为资料性附录。

本标准由中国钢铁工业协会提出。

本标准由全国铁矿石与直接还原铁标准化技术委员会归口。

本标准负责起草单位:宝山钢铁股份有限公司。

本标准参加起草单位:冶金工业信息标准研究院。

本标准主要起草人:孙良、王晗、李凤芸、陆慧中、陈海岚、吉华东、周星、于成峰。

直接还原炉用铁矿石 还原指数、最终还原度和金属化率的测定

警告——使用本标准的人员应有正规试验室工作的实践经验。本标准并未指出所有可能的安全问题。使用者有责任采取适当的安全和健康措施,并保证符合国家有关法规规定的条件。

1 范围

本标准规定了在气体直接还原条件下,通过测定还原指数、最终还原度和金属化率来评价氧从铁矿石中去除的难易程度的试验方法。

本标准适合于块矿和球团矿。

2 规范性引用文件

下列文件中的条款通过本标准的引用而成为本标准的条款。凡是注日期的引用文件,其随后所有的修改单(不包括勘误的内容)或修订版均不适用于本标准,然而,鼓励根据本标准达成协议的各方研究是否可使用这些文件的最新版本。凡是不注日期的引用文件,其最新版本适用于本标准。

GB/T 6730.5 铁矿石 全铁量的测定 三氯化钛还原法(GB/T 6730.5—2007,ISO 9507:1990,MOD)

GB/T 10322.1 铁矿石取样和制样方法(GB/T 10322.1—2000,idt ISO 3082:1998)

GB/T 20565 铁矿石和直接还原铁 术语(GB/T 20565—2006,ISO 11323:2002,IDT)

ISO 2597-1 铁矿石 全铁量的测定 第1部分:二氯化锡还原滴定法

ISO 5416 直接还原铁 金属铁含量的测定 溴-甲醇滴定法

ISO 9035 铁矿石 酸溶亚铁含量的测定 滴定法

ISO 9686 直接还原铁 碳和/或硫含量的测定 高频燃烧红外线吸收法

3 术语和定义

本标准中采用GB/T 20565中的术语和定义。

4 原理

将试验样固定在试样床后,在800 ℃时通入由氢气、一氧化碳、二氧化碳和氮气组成的还原气体对试验样进行恒温还原。在90 min的还原时间内,连续或间隔一定的时间称量试验样。在氧铁比为0.9时计算还原度,同时通过90 min后氧质量的损失(R_{90})来计算最终还原度。通过对还原后试样的化学分析或R_{90}的公式计算金属化率。

5 取样、制样和试验样制备

5.1 取样和制样

按照GB/T 10322.1进行取样和试样的制备。

球团矿的粒度组成:10.0 mm~12.5 mm占50%,12.5 mm~16.0 mm占50%。

块矿的粒度组成:10.0 mm~16.0 mm占50%,16.0 mm~20.0 mm占50%。

上述粒度组成的干燥试样至少需要2.5 kg。

试样在105 ℃±5 ℃的烘箱中烘干至恒重,然后冷却至室温。

注:若连续两次干燥试样的质量变化不超过试样原始质量的0.05%,则认为试样达到恒重状态。

5.2 试验样制备

试验样从试样中随机取出。

注：试验样也可以通过 GB/T 10322.1 中的二分器等手工缩分方法获得。

从试样中至少要制备 5 份 1 200 g 左右的试验样，每份试验样称重精确至 1 g。其中，4 份用于试验，1 份用于化学分析。

6 设备

6.1 通则

本试验设备由下列部分组成：

6.1.1 常规试验设备，包括烘箱、手工具、时间控制装置和安全装置等。

6.1.2 还原管组件。

6.1.3 配备天平的炉子，能连续测量试验过程中试验样的质量。

6.1.4 供气和流量控制系统。

6.1.5 称量装置。

试验设备的示意图如图 1 所示。

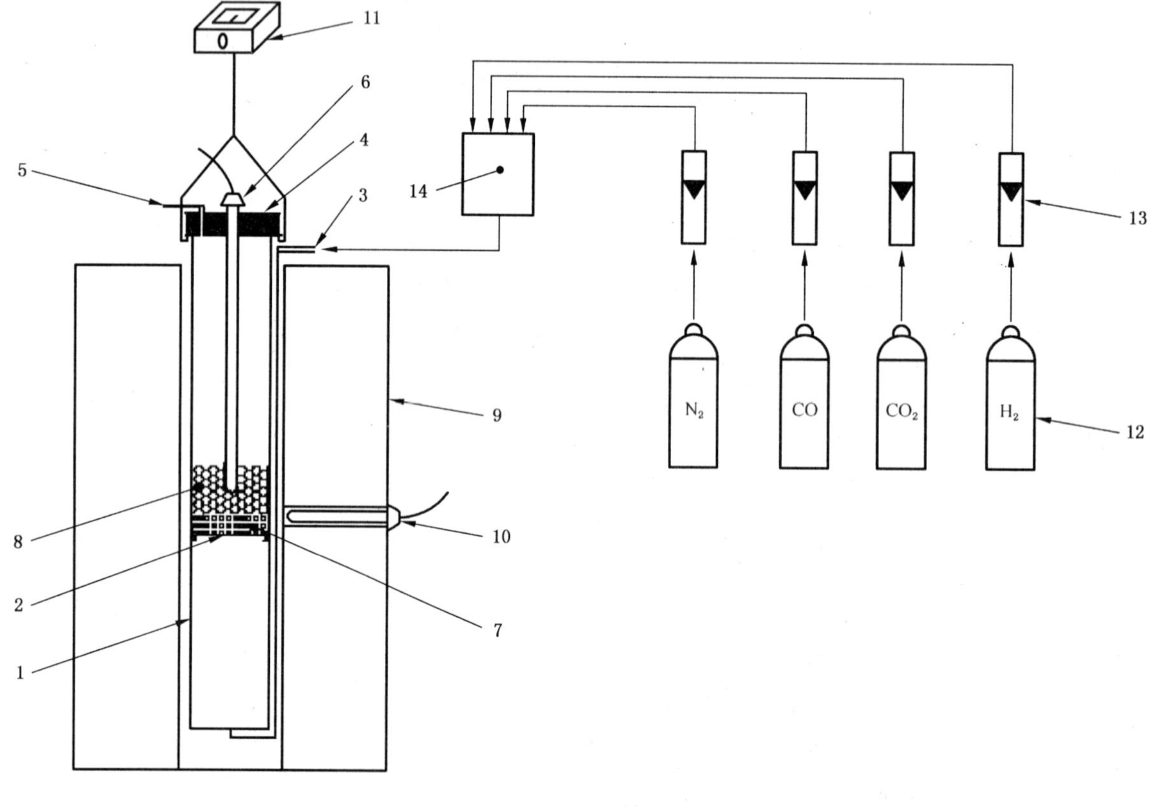

1——还原管壁；
2——孔板；
3——进气口；
4——盖子；
5——出气口；
6——测量还原温度的热电偶；
7——瓷球层；
8——试验样；
9——电加热炉；
10——测量电炉温度的热电偶；
11——天平；
12——气瓶；
13——气体流量计；
14——混气罐。

图 1 试验设备示意图

6.2 还原管：由抗变形、耐 800 ℃高温的无氧化层金属制成，内径为 75 mm±1 mm。还原管内通过安装一可移动的孔板来承载试验样和均衡气体。该孔板由耐 1 050 ℃高温的无氧化层金属制成，孔板板厚 4 mm，直径比还原管的内径小 1 mm。孔板上的小孔直径为 2 mm～3 mm，孔间距 4 mm～5 mm。

还原管的示意图如图 2 所示。

单位为毫米

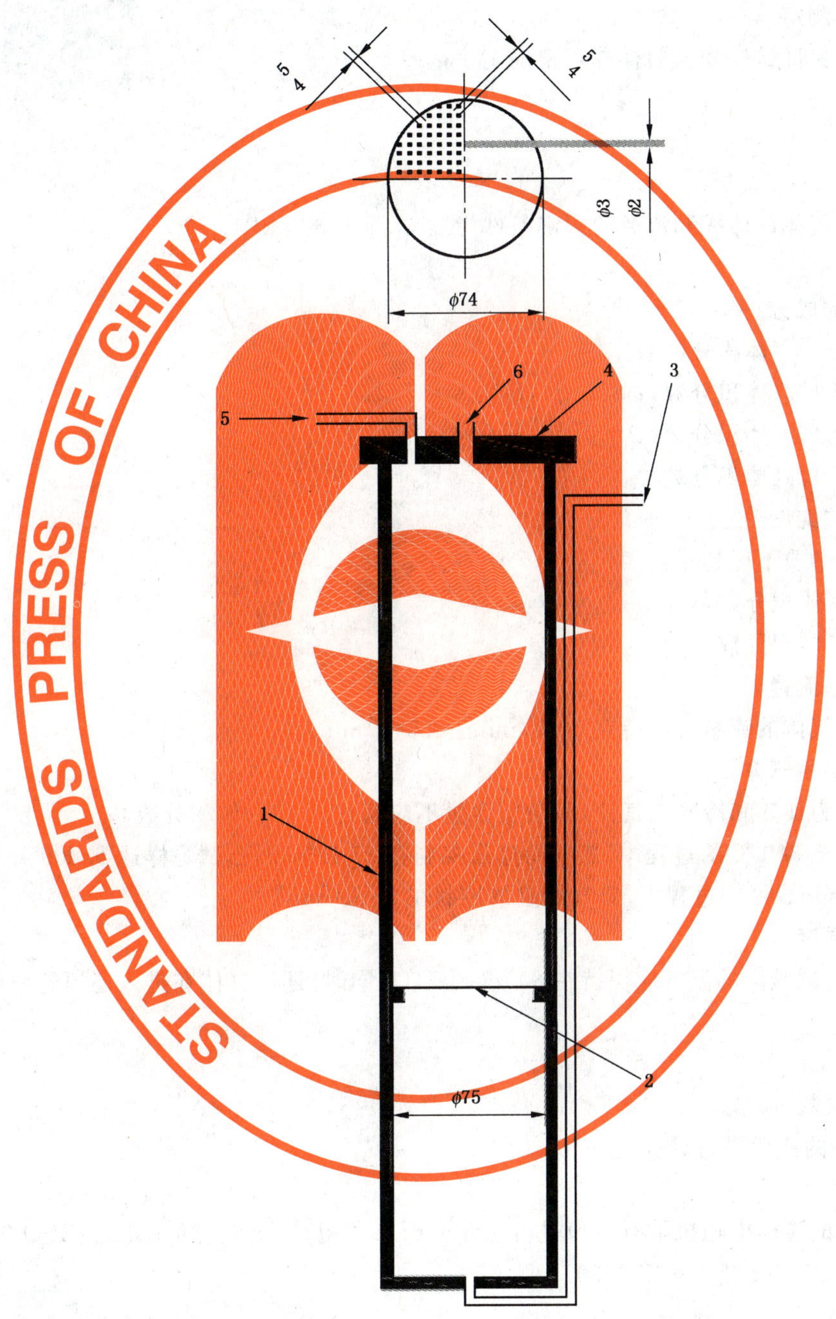

1——还原管壁；

2——孔板；

3——进气孔；

4——盖子；

5——排气孔；

6——热电偶插孔。

图 2 还原管

6.3 电热炉:加热能力足以使整个试样床的试验样与进入试样床的气体温度保持在 800 ℃±5 ℃。

6.4 瓷球:直径在 10 mm～12.5 mm,具备足够的数量,能在孔板上形成一个双层的试样床。

6.5 天平:能够将包括试验样在内的还原管组件称重精确至 1 g。配置有一个对应的装置将天平悬挂在还原管组件上。

6.6 供气系统:能够提供气体,并能调节气体流量。必须确保供气系统和还原管间的无摩擦连接不影响还原期间质量的测定。

6.7 称量装置:能保证试样和试验样称重精确至 1 g。

7 试验条件

7.1 通则

本标准中所用气体的体积和流量的测定条件为 0 ℃、101.325 kPa。

7.2 还原气体

7.2.1 还原气体的成分

CO　30%±1%(体积分数);

CO_2　15%±1%(体积分数);

H_2　45%±1%(体积分数);

N_2　10%±1%(体积分数)。

7.2.2 还原气体的纯度

还原气体中的杂质不应超过:

O_2　0.1%(体积分数);

H_2O　0.2%(体积分数)。

7.2.3 还原气体的流量

试验期间还原气体的流量应保持在 50 L/min±0.5 L/min。

7.2.4 加热和冷却用气体

应使用氮气作为加热和冷却用气体,其杂质含量不应超过 0.1%(体积分数)。

在试验样加热至 800 ℃的过程中,氮气的流量控制在 25 L/min;当试验样达到 800 ℃后,氮气的流量应控制在 50 L/min。冷却过程中,氮气的流量控制在 25 L/min。

7.2.5 试验样的温度

还原试验期间,试验样的温度应保持在 800 ℃±5 ℃,同时,还原气体在进入还原管前应预热。

8 试验步骤

8.1 试验测定的次数

按照附录 A 中的流程进行试验。

8.2 化学分析

从 5.2 制备的试验样中随机抽取一份进行化学分析。其中,二价铁含量(w_1)按 ISO 9035 测定,全铁含量(w_2)按 ISO 2597-1 或 GB/T 6730.5 测定。

8.3 还原

从 5.2 制备的试验样中随机抽取另一份试验样,记录其质量(m_0)。将试验样放入还原管(6.2),平整其表面。

注:为了得到均匀的气流,需要在孔板和试验样间放置两层瓷球。

盖上还原管盖子,插入热电偶,确保其顶端处于试验样层的中间。

将还原管放入加热炉(6.3)内,并将其悬挂在天平(6.5)的中央,避免与炉壁或加热元件接触。

连接供气系统(6.6)。

接通电源，对试验样进行加热，与此同时，在还原管中通入氮气，其流量为 25 L/min±0.5 L/min。当试验样温度达到 800 ℃时，调节氮气流量至 50 L/min±0.5 L/min。继续加热并保持氮气流量直到试验样质量稳定，且温度在 800 ℃±5 ℃稳定 10 min。

注：对块矿进行还原试验时，为减少爆裂，试验样升温到 800 ℃的时间应大于 60 min。

安全提示：一氧化碳与含一氧化碳的还原气体是有毒气体，因此很危险，试验必须放在通风良好或装有排风的地方进行。要根据国家的安全法规采取预防措施，确保操作人员的安全。

记录试验样的质量(m_1)。切断氮气，改通还原气体，流量控制在 50 L/min±0.5 L/min。开始的 15 min 内，至少每 3 min 记录一次试验样的质量(m_t)，然后每隔 10 min 记录一次。

经过 90 min 还原后，记录试验样的质量(m_2)，关掉电源。切断还原气体，改通氮气，流量控制在 25 L/min。保持氮气流量直到试验样的温度降至 50 ℃以下。

8.4 还原试验后的化学分析

将所有还原试验后的试验样进行破碎，按照 ISO 2597-1 或 GB/T 6730.5 测定全铁含量(w_t)，按照 ISO 5416 测定金属铁含量。

注：若需要测定还原后试验样的碳含量，可以根据 ISO 9686:2006 直接还原铁　碳和/或硫含量的测定　高频燃烧红外线吸收法进行测定。

9 结果表示方法

9.1 最终还原度(R_{90})的计算

最终还原度 R_{90} 以质量分数表示，通过式(1)进行计算：

$$R_{90} = \left(\frac{0.111w_1}{0.430w_2} + \frac{m_1 - m_2}{m_0 \times 0.430w_2} \times 100\right) \times 100 \qquad (1)$$

式中：

m_0——试样量，单位为克(g)；

m_1——试验样开始还原前瞬间的质量，单位为克(g)；

m_2——经过 90 min 还原后试验样的质量，单位为克(g)；

w_1——试验样在试验前氧化亚铁的含量，以质量分数表示，根据 ISO 9035 测定的二价铁含量乘以氧化转换系数 1.286 计算得到；

w_2——根据 ISO 2597-1 和 GB/T 6730.5 测定的试验前试验样中的全铁含量，以质量分数表示。

计算结果保留至小数点后 1 位。

9.2 还原指数 $\frac{dR}{dt}_{(R=40)}$ 和 $\frac{dR}{dt}_{(R=90)}$ 的计算

9.2.1 还原曲线

根据不同时间 t 下的还原度 R_t 绘制出还原曲线，还原度 R_t 使用式(2)计算：

$$R_t = \left(\frac{0.111w_1}{0.430w_2} + \frac{m_1 - m_t}{m_0 \times 0.430w_2} \times 100\right) \times 100 \qquad (2)$$

式中：

m_t——还原时间为 t 时，试验样的质量，单位为克(g)。

利用还原曲线取得并记录下还原指数，保留至小数点后 2 位。

9.2.2 还原度为 40%时的还原指数

从还原曲线中读出还原度为 30%和 60%时所对应的时间，单位为分钟(min)。

还原度为 40%(O/Fe=0.9)时，还原指数 $\frac{dR}{dt}_{(R=40)}$ 使用式(3)计算，计算结果以%/min 表示：

$$\frac{dR}{dt}_{(R=40)} = \frac{33.6}{t_{60} - t_{30}} \qquad (3)$$

式中：

t_{30}——还原度到达30%时的时间，单位为分钟(min)；

t_{60}——还原度到达60%时的时间，单位为分钟(min)；

33.6——常数。

9.2.3 还原度为60%时的还原指数

从还原曲线中读出还原度为80%和95%时所对应的时间，单位为分钟(min)。

还原度为90%(O/Fe=0.15)时，还原指数$\frac{dR}{dt}_{(R=90)}$使用式(4)计算，计算结果以%/min表示：

$$\frac{dR}{dt}_{(R=90)} = \frac{13.9}{t_{95} - t_{80}} \quad \cdots\cdots(4)$$

式中：

t_{80}——还原度到达80%时的时间，单位为分钟(min)；

t_{95}——还原度到达95%时的时间，单位为分钟(min)；

13.9——常数。

9.3 金属化率(*M*)的计算

9.3.1 用化学分析法测定金属化率(*M*)

金属化率(*M*)使用式(5)计算，计算结果以质量分数表示：

$$M = \frac{w_0}{w_t} \times 100 \quad \cdots\cdots(5)$$

式中：

w_0——还原后试验样中的金属铁含量，以质量分数表示；

w_t——还原后试验样中的全铁含量，以质量分数表示。

计算结果保留至小数点后1位。

9.3.2 用R_{90}测定金属化率(M_R)

还原后的试验样在制备化学分析样的过程中有部分试验样会氧化，如果还原前氧化亚铁的含量(w_1)小于2%，可以不使用化学分析法，直接通过式(6)由R_{90}计算出金属化率，计算结果以质量分数表示：

$$M_R = 1.43 \times R_{90} - 43 \quad \cdots\cdots(6)$$

计算结果保留至小数点后1位。

9.4 R_{90}的重复性和可接受性

按照附录A的流程验收试验结果，R_{90}的重复性参照表1。试验结果保留至小数点后1位。

表1 R_{90}重复性(r)

铁矿石种类	重复性(r)/%，绝对值
球团矿	2.0
块矿	3.5

10 校验

为确保试验结果的可靠性，有必要定期对设备进行检查。检查的频率由各个试验室自行决定。

检查过程中需要对如下项目的状况进行确认：

——称量装置；

——还原管；

——温度控制和测量装置；

——天平；

——气体流量计；

——气体纯度；

——记录系统；

——时间控制装置。

推荐制备内部参考物质来定期检验试验的重复性。

上述检查的记录应保存。

11 试验报告

试验报告应包括如下内容：

——本标准的编号；

——试样的详细情况；

——试验室名称和地址；

——试验日期；

——试验报告日期；

——负责试验的人员的签名；

——本标准中未做规定的任何操作和试验条件，或作为可选择选项的以及可能对试验结果有影响的任何操作；

——还原指数$\left(\frac{dR}{dt}\right)_{(R=40)}$和$\left(\frac{dR}{dt}\right)_{(R=90)}$；

——金属化率 M 或 M_R；

——最终还原度 R_{90}；

——还原前试验样的全铁含量和二价铁含量。

附 录 A
（规范性附录）
试验结果验收程序流程图

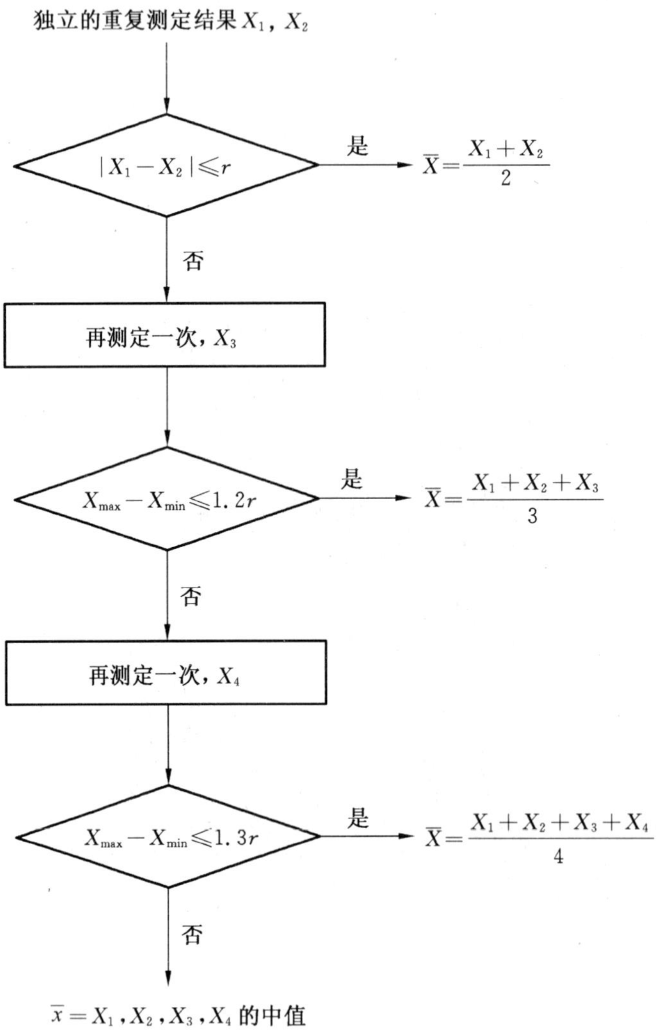

独立的重复测定结果 X_1, X_2

↓

$|X_1 - X_2| \leqslant r$ —是→ $\overline{X} = \dfrac{X_1 + X_2}{2}$

↓ 否

再测定一次，X_3

↓

$X_{max} - X_{min} \leqslant 1.2r$ —是→ $\overline{X} = \dfrac{X_1 + X_2 + X_3}{3}$

↓ 否

再测定一次，X_4

↓

$X_{max} - X_{min} \leqslant 1.3r$ —是→ $\overline{X} = \dfrac{X_1 + X_2 + X_3 + X_4}{4}$

↓ 否

$\overline{x} = X_1, X_2, X_3, X_4$ 的中值

r：见表 1。

附 录 B
(资料性附录)
还原性公式的推导

还原度描述了氧化铁中的氧去除的程度,通常定义如下:

$$\text{还原度}=\frac{\text{从氧化铁中去除的氧}}{\text{氧化铁中原先与铁结合的氧}} \qquad \cdots\cdots(\text{B}.1)$$

9.1 中公式的推导是建立在所有氧都以三氧化二铁形式与铁结合的假设上,然而,大多数铁矿石都以四氧化三铁、氧化亚铁和精炼铁的形式存在。因此,在所有矿石都以三氧化二铁形式结合的假设上,通过还原过程中试验样质量的损失乘以原始试样不同的理论含氧量和试样中三氧化二铁、四氧化三铁和氧化亚铁的数量得到的实际氧含量间的差值计算得到还原度。

$$R_t=\frac{m_0 w_1\times\frac{8}{71.85}}{m_0 w_2\times\frac{48}{111.7}}\times 100+\frac{m_1-m_t}{m_0\times\frac{w_2}{100}\times\frac{48}{111.7}}\times 100 \qquad \cdots\cdots(\text{B}.2)$$

9.2.2 中公式的推导是在假定从铁矿石中去除氧的还原速率是根据主要氧含量的一级反应的条件下推导出来的。

$$-\frac{\mathrm{d}R}{\mathrm{d}t}=k\times O_v \qquad \cdots\cdots(\text{B}.3)$$

$$\mathrm{d}O=-\mathrm{d}R\times\frac{O_{total}}{100} \qquad \cdots\cdots(\text{B}.4)$$

$$\frac{O_v}{O_{total}}=1-\frac{R}{100} \qquad \cdots\cdots(\text{B}.5)$$

式中:

O_v——主要氧含量;

O_{total}——与铁结合的全部氧量(形式为三氧化二铁);

R——还原度。

根据式(B.3)、式(B.4)、式(B.5)三个等式推导得到还原率:

$$\frac{\mathrm{d}R}{\mathrm{d}t}=k\times\left(1-\frac{R}{100}\right)\times 100 \qquad \cdots\cdots(\text{B}.6)$$

对等式(B.6)进行积分得到下式:

$$\lg\left(1-\frac{R}{100}\right)=-0.434kt+C \qquad \cdots\cdots(\text{B}.7)$$

当还原度为 30%和 60%时,

$$k=\frac{-\lg\left(1-\frac{60}{100}\right)+\lg\left(1-\frac{30}{100}\right)}{0.434(t_{60}-t_{30})}=\frac{0.56}{t_{60}-t_{30}} \qquad \cdots\cdots(\text{B}.8)$$

对于赤铁矿,O/Fe 为 0.9 相当于 $R=40\%$。将 $R=40\%$和等式(B.7)代入等式(B.6),可以得到$\frac{\mathrm{d}R}{\mathrm{d}t}$(O/Fe=0.9)的数值:

$$\frac{\mathrm{d}R}{\mathrm{d}t}(\text{O/Fe}=0.9)=\frac{33.6}{t_{60}-t_{30}} \qquad \cdots\cdots(\text{B}.9)$$

附　录　C
（资料性附录）
通过 R_{90} 计算金属化率公式的推导

金属化率是金属铁含量与全铁含量之比，以百分数表示。

铁的百分含量可以由还原后试验样的质量或者下列公式表示：

$$M_R = 100 \times \frac{m_{MFe}}{m_{TFe}} \quad \cdots\cdots (C.1)$$

式中：

M_R——90 min 还原后试验样的金属化率，以质量分数表示；

m_{MFe}——90 min 还原后试验样中金属铁的质量，单位为克(g)；

m_{TFe}——试验样中全铁的质量，单位为克(g)。

考虑到 90 min 的还原试验后，试验样中三价铁的含量非常少，下列等式可以成立：

$$m_{MFe} = m_{TFe} - M_{Fe^{2+}} \quad \cdots\cdots (C.2)$$

式中：

$M_{Fe^{2+}}$——90 min 还原后，试验样中二价铁的质量，单位为克(g)。

$$M_{Fe^{2+}} = \frac{55.8}{16.8} \times m_O = 3.32 m_O \quad \cdots\cdots (C.3)$$

式中：

m_O——90 min 还原后，试验样中氧化亚铁($FeO_{1.05}$)中氧的质量，单位为克(g)。

$$m_O = \left(1 - \frac{R_{90}}{100}\right) \times m_{O,1} \quad \cdots\cdots (C.4)$$

式中：

$m_{O,1}$——还原前试验样中氧的质量，单位为克(g)。

假设试样中氧化亚铁的含量很少，则：

$$m_{O,1} = 0.43 \times m_{TFe} \quad \cdots\cdots (C.5)$$

将等式(C.5)代入等式(C.4)：

$$m_O = \left(1 - \frac{R_{90}}{100}\right) \times 0.43 \times m_{TFe} \quad \cdots\cdots (C.6)$$

将等式(C.6)代入等式(C.3)：

$$M_{Fe^{2+}} = 3.32 \times 0.43 \times m_{TFe} \times \left(1 - \frac{R_{90}}{100}\right) \quad \cdots\cdots (C.7)$$

将等式(C.7)代入等式(C.2)：

$$m_{MFe} = m_{TFe} - 3.32 \times 0.43 \times m_{TFe} \times \left(1 - \frac{R_{90}}{100}\right) \quad \cdots\cdots (C.8)$$

将等式(C.8)代入等式(C.1)：

$$M_R = 100 \times \frac{m_{TFe} - 3.32 \times 0.43 \times m_{TFe} \times \left(1 - \frac{R_{90}}{100}\right)}{m_{TFe}} \quad \cdots\cdots (C.9)$$

$$M_R = 1.43 \times R_{90} - 43 \quad \cdots\cdots (C.10)$$

ICS 73.060.10
D 31

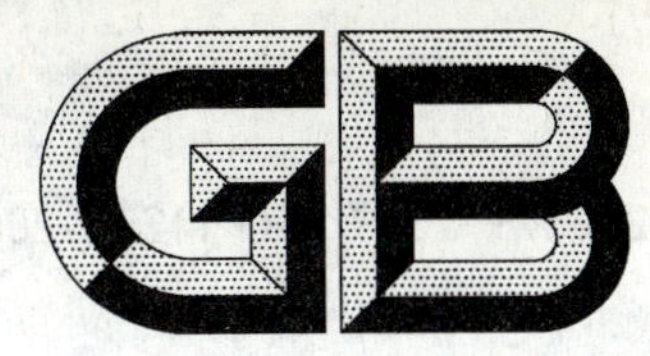

中华人民共和国国家标准

GB/T 24237—2009/ISO 11256:2007

直接还原炉料用铁矿球团成团性的测定方法

Iron ore pellets for shaft direct-reduction feedstocks—Determination of the clustering index

(ISO 11256:2007,IDT)

2009-07-15 发布　　2010-04-01 实施

中华人民共和国国家质量监督检验检疫总局
中国国家标准化管理委员会　发布

前言

本标准等同采用国际标准 ISO 11256:2007《直接还原炉料铁矿球团 成团性的测定方法》(英文版)。

为了便于使用,本标准做了下列编辑性和非技术差异性的修改:

——用小数点“.”代替作为小数点的逗号“,”;

——删除国际标准的前言;

——引用文件修改为对应的国家标准;

——重新编排图片的位置;

——第 10 章测试报告变更为第 11 章,相关内容也作了非技术性变更。

本标准附录 A 为规范性附录,附录 B 为资料性附录。

本标准由中国钢铁工业协会提出。

本标准由全国铁矿石与直接还原铁标准化技术委员会归口。

本标准负责起草单位:宝山钢铁股份有限公司。

本标准参加起草单位:冶金工业信息标准研究院。

本标准主要起草人:韩浩、董凌鸣、许晴、李勇、金建华、王晗、周星、于成峰。

直接还原炉料用铁矿球团成团性的测定方法

警告——使用本标准的人员应有正规试验室工作的实践经验。本标准并未指出所有可能的安全问题。使用者有责任采取适当的安全和健康措施,并保证符合国家有关法规规定的条件。

1 范围

本标准规定了直接还原法测定铁矿石球团成团性的试验方法。

本标准适用于球团矿的测定。

2 规范性引用文件

下列文件中的条款经过本标准的引用而成为本标准的条款。凡是注日期的引用文件,其随后所有的修改单(不包括勘误的内容)或修订版均不适用于本标准,然而,鼓励根据本标准达成协议的各方研究是否可使用这些文件的最新版本。凡是不注日期的引用文件,其最新版本适用于本标准。

GB/T 6730.5 铁矿石 全铁含量的测定 三氯化钛还原法(GB/T 6730.5—2007,ISO 9507:1990,MOD)

GB/T 10322.1 铁矿石取样和制样方法(GB/T 10322.1—2000,idt ISO 3082:1998)

GB/T 20565 铁矿石和直接还原铁 术语(GB/T 20565—2006,ISO 11323:2002,IDT)

ISO 2597-1 铁矿石 全铁量的测定 第一部分 二氯化锡还原滴定法

ISO 9035 铁矿石 酸溶亚铁含量的测定 滴定法

3 术语与定义

GB/T 20565 所包含术语与定义适用于本标准。

4 原理

由氢气、一氧化碳、二氧化碳、和氮气组成的还原气体,在一个被固定住的试验台上,用 850 ℃的温度,对试验样进行加压等温还原,使还原率达到 95%。用规定的转鼓使成团试验样散开。在规定的散开操作完成后,由仍聚集的球团计算成团指数。

5 取样和试样制备

5.1 取样

取样和试样制备应根据 GB/T 10322.1 进行。

球团矿尺寸范围为 10.0 mm～12.5 mm 占 50%,12.5 mm～16.0 mm 占 50%。

获取规定尺寸的干燥球团试样至少 10 kg。在制备试样前,应将试验样放入炉中,在 105 ℃±5 ℃下烘干,然后冷却至室温。

注:若连续两次干燥试样的质量变化不超过试验样原始质量的 0.05%,则认为试样达到恒重状态。

5.2 试验样制备

任取铁矿石颗粒制备试验样。

注:筛选方法推荐 GB/T 10322.1 所提供方法。

至少制备 5 份试验样,每份质量为 2 000 g±1 g。其中 4 份为本次试验用,1 份作为化学分析用试验样。

称量每份试验样,精度至 1 g 并且在试验样袋标签上记录试验样质量。

6 设备

6.1 概况

试验设备如下：

a) 常用试验室装置，例如加热炉、常用工具、时间控制装置和安全设备；

b) 还原试管、加载装置；

c) 电加热炉、包括能在整个试验过程中可以称量试验样在内的还原试管的称量装置；

d) 可调节流量的供气系统；

e) 转鼓；

f) 称量设备。

试验装置示意图如图1所示。

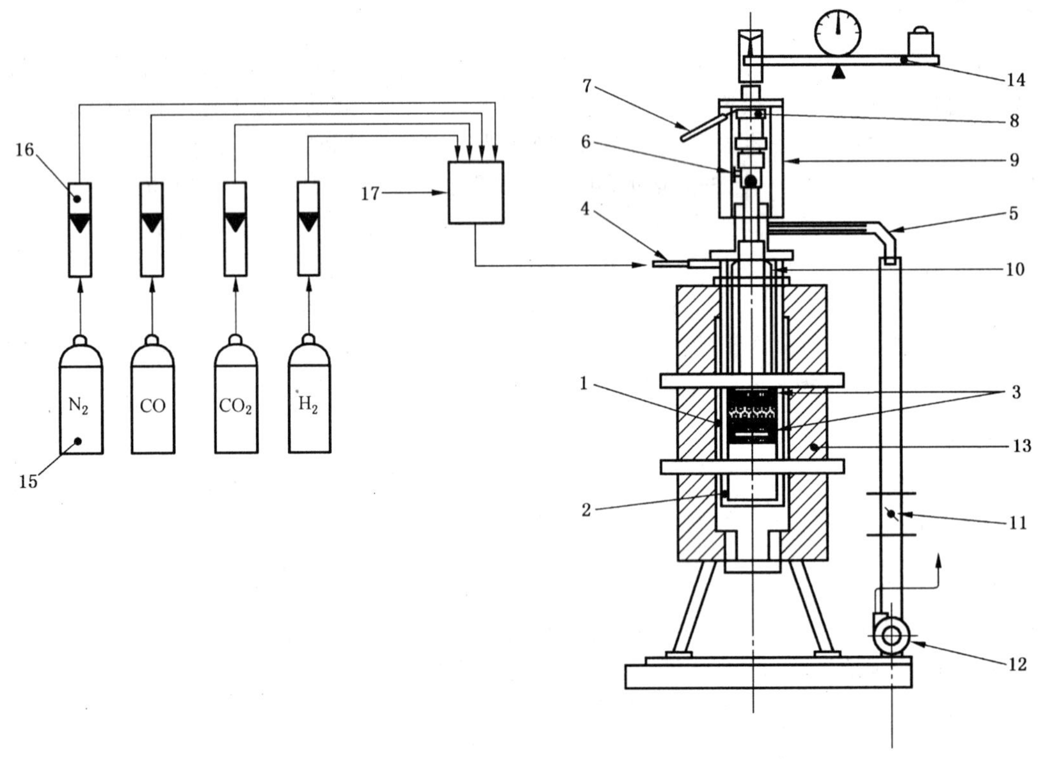

还原试管：

1——还原管外层；

2——还原管内层；

3——包含试验样的上下孔板；

4——还原气体入口；

5——废气出口；

6——热电偶出口；

加载装置：

7——压缩空气入口；

8——气缸；

9——气缸架；

10——压力锤；

废气：

11——节流阀；

12——废气风扇；

加热炉：

13——电加热炉；

14——天平；

供气系统：

15——气缸；

16——气流量计；

17——气体混合容器。

图1 试验装置简图

6.2 还原试管

为耐热无氧化金属制成的双层试管，可承受大于 850 ℃以上高温并具有抗变形能力。内管的内径为 125 mm±1 mm。安装在还原管内的一块多孔板由耐热无氧化金属制成，用于放置试验样并可使还原气体通过。该孔板厚 10 mm，直径比内管内径小 1 mm，板通气孔 3 mm～4 mm，孔距 5 mm～6 mm。外管内径尺寸应满足气流在进入内管前充分预热的要求。

还原管示意图如图 2 所示。

单位为毫米

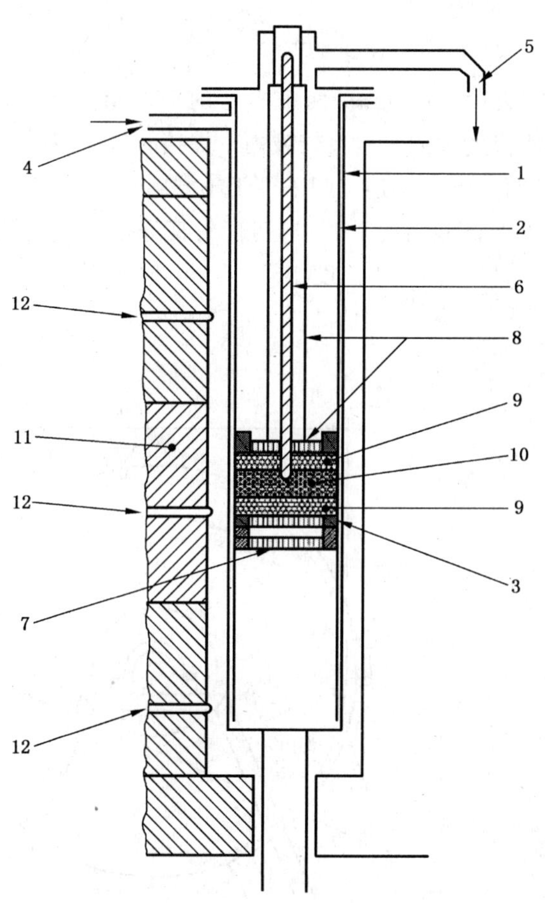

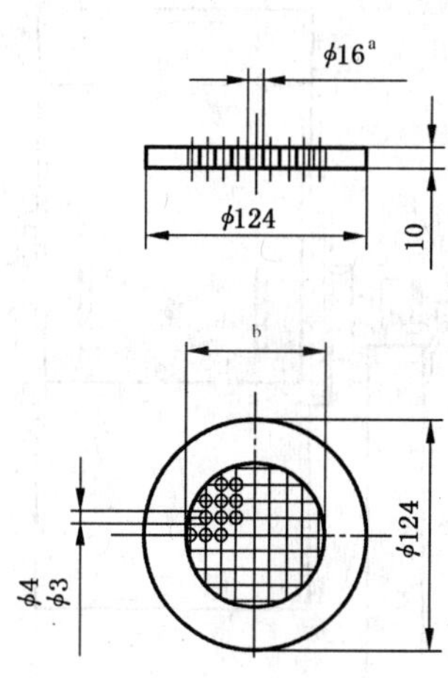

部件：

1——还原试管外层；
2——还原试管内层(ϕ125 mm)；
3——可拆卸孔板；
4——还原气体入口；
5——废气出口；
6——测量还原温度的热电偶；
7——孔板支撑；
8——压力锤；
9——瓷球(两层)；
10——试验样(2 000 g)；
11——加热炉壁；
12——加热炉热电偶入口，14 个孔，孔距 5 或 6。

注：部件号与图一是不同的。

图 2 还原管示意图

6.3 加载装置

能够为试验样均匀的提供完全恒定的 147 kPa±2 kPa 的压力，被一个带有刚性多孔踏板的推杆输送，以便能将压力均匀的提供给放在试验样表面的瓷球上。孔板厚 10 mm，直径小于管内径 1 mm，孔径 3 mm～4 mm，孔间距 5 mm～6 mm。

6.4 瓷球

尺寸在 10 mm～12 mm，且要求瓷球有足够的数量可以在孔板上叠为双层。

6.5 加热炉

能够使全部试验样温度达到并充分保持在 850 ℃±5 ℃。

6.6 天平

天平应包含一个悬挂还原试管的设施，能够称量包括试验样在内的还原试管质量，精确至 1 g。

6.7 供气系统

能够提供气体并调节气体流量。应使供气系统与还原管的连接在还原反应中不影响试管中质量损失的称量。

6.8 转鼓

厚度 5 mm 钢板制成，内径 1 000 mm，内部长度 500 mm。两个平行的钢制角型提手，截面尺寸 50 mm×50 mm×5 mm，长 500 mm，坚固的等距离的轴向焊接在转鼓内。焊接时避免鼓内材料积存于鼓内壁与提手之间。每个提手安装朝向鼓的轴向位置，提手连接脚平行于轮鼓旋转方向，以便可无阻碍的提升试验样。轮鼓门安装要求使鼓内壁光滑。在试验情况下，要求门密封良好避免试验样外泄。当转鼓的任何部位的厚度磨损到 3 mm 时，应更换鼓体。当提手高度小于 47 mm 时应更换。

转鼓示意图如图 3 所示。

单位为毫米

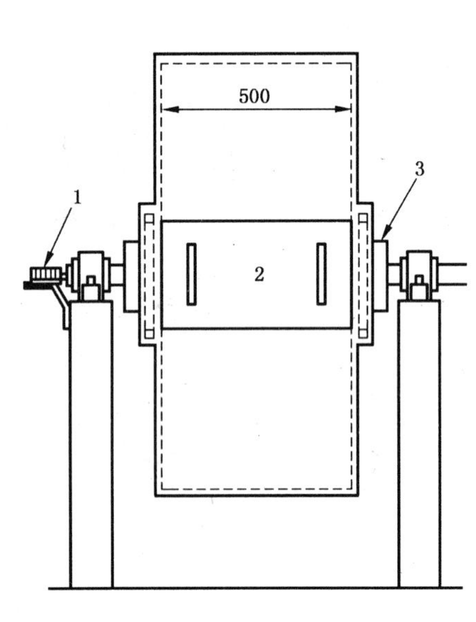

a）正视图

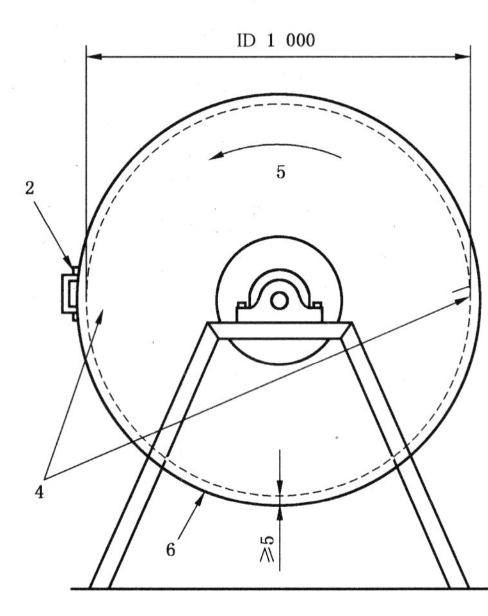

b）侧视图（ID 内径）

部件：

1——转数计数器；
2——门（带把手）；
3——存根轴（不通过传动轴）；
4——两个提手（50×50×5）；
5——旋转方向；
6——转鼓钢板。

图 3 转鼓结构图

6.9 转鼓动力设备

能够在旋转一圈内达到最高速度且能在 1 圈内制动，恒定转速 25 r/min±1 r/min。装置应配有转速计数器和自动停止装置。

6.10 称重设备

称重精确至 1 g。

7 试验条件

7.1 一般条件

测量本标准中所用气体的体积和流量时的温度为 0 ℃,气压为 101.325 kPa(1.013 25 bar)。

7.2 还原气体

7.2.1 组成

还原气体有下列组成:

CO　30.0%±1.0%(体积分数);

CO_2　15.0%±1.0%(体积分数);

H_2　45.0%±1.0%(体积分数);

N_2　10.0%±1.0%(体积分数)。

7.2.2 纯度

还原气体中杂质不得超过:

O_2　0.1%(体积分数);

H_2O　0.2%(体积分数)。

7.2.3 流量

在试验过程中,还原气体的流量应保持在 40 L/min±0.5 L/min。

7.3 加热和冷却气体

加热和冷却气体为氮气,其所含杂质不得超过 0.1%(体积分数)。

在升温阶段氮气流量控制在 20 L/min,当温度恒定在 850 ℃时,流量控制在 40 L/min。冷却阶段氮气流量控制在 20 L/min。

7.4 试验温度

还原气体在进入还原试管前应预热,以使还原试管内部和试验样的温度在整个还原阶段保持在 850 ℃±5 ℃。

7.5 试验样承压

在 60 min 还原反应后,应通过瓷球对试验样施以 147 kPa±2 kPa 的恒定压力。

8 试验步骤

8.1 测定次数

附录 A 里给出了必需的试验次数。

8.2 化学分析

从按 5.2 规定制备的试验样中任取 1 份试验样,根据 ISO 9035 测定其亚铁含量(w_1),根据 ISO 2597-1 或 GB/T 6730.5 测定总铁含量(w_2)。

8.3 还原

为使气体均匀的通过试验样,在还原试管(6.2)的多孔板上铺两层瓷球(6.4),并使表面平整。为防止试验样粘在试管内壁上,在还原试管内壁铺一些陶制纤维。

以 5.2 规定随机抽取另一试验样并记录其质量(m_0)。将试验样放入还原管(6.2)中,并使其表面平整。

在试验样上再铺两层瓷球。

将带加压装置(6.3)的还原试管顶部关好。放入电炉(6.5)中,并将其悬挂在称量装置(6.6)正下方,确定还原试管和炉壁以及热原件均无接触。

连接热电偶,确定接点在试验样的中部(厚度的中部)。

将供气系统(6.7)和压缩空气源与加压装置相连。

使氮气通过还原试管，流量 20 L/min，并开始加热。当试验样温度接近 850 ℃时，增加氮气流量到 40 L/min，保持该流量继续加热，温度达到 850 ℃后，继续加热 10 min。

注：氢气、一氧化碳、还原气体和含有氢气和一氧化碳的废气是有毒气体。还原试验的过程应在通风条件好的环境下或在吸气罩下进行。应根据地方或国家安全条例采取防护措施以保护操作者的安全。

记录下试验样的质量(m_1)和时间。并立刻用流量为 40 L/min 的还原气体替代氮气，连续记录下试验样的质量(m_t)，或在前 15 min 内至少每 3 min 记录一次，以后每隔 10 min 记录一次。

1 h 后，均匀的给试验样加压，压力为 147 kPa±2 kPa。

根据 3 价铁状况和时间 t 计算还原率 R_t：

$$R_t = \left(\frac{0.111w_1}{0.430w_2} + \frac{m_1 - m_t}{m_0 \times 0.430w_2} \times 100\right) \times 100 \qquad \cdots\cdots(1)$$

式中：

m_0——试验样的质量，单位为克(g)；

m_1——试验样在开始还原前瞬间的质量，单位为克(g)；

m_t——还原后试验样在时间 t 时的质量，单位为克(g)；

w_1——试验样在试验前氧化亚铁的含量，用质量分数表示，是根据 ISO 2597-1 用二价铁含量乘以氧化物的换算系数计算出的；

w_2——试验样在试验前根据 ISO 2597-1 或 GB/T 6730.5 测定的全铁含量，用质量分数表示。当还原率达到 95%时，停止还原气体供气，移去压力，记录下时间。

8.4 散开操作

从还原管中小心取出还原后的试验样，称量它的全部质量(m_r)。在操作过程中，一些单个的小球会从粘团上掉下来，去掉这些小球，并记录下粘团的质量($m_{c,1}$)。这部操作被看作第一步散开操作。

从还原试管中取出试验样是关键的一步，应小心操作以避免试验样过早散开。

小心的将粘团放入转鼓中(6.8)并旋转转鼓，共转 35 转，分 5 圈 7 次操作整个过程。每次散开操作后，称量剩下的球团并记录下其质量($m_{c,2}, m_{c,3}, \cdots, m_{c,8}$)。在每次散开操作前应将从粘团上掉下的单个小球取出。

9 结果的表示

9.1 成团指数的计算(Cl)

附录 B 给出了成团指数的计算示例。

用式(2)计算成团指数(Cl)，用百分数表示：

$$Cl = \frac{100}{8 \times m_r} \times \sum_{i=1}^{8} m_{c,i} \qquad \cdots\cdots(2)$$

式中：

m_r——还原后的试验样总质量，单位为克(g)；

$m_{c,i}$——经过 i 次散开操作后粘团的质量，单位为克(g)。

9.2 试验结果的重复性和可接受性

按照附录 A 给出的流程图操作，重复性 $r=0.27\ \overline{Cl}(\%)$，其中$\overline{Cl}$为成团指数多次测定的平均值。计算结果应尽量取整。

10 校验

为了保证试验结果的准确性应定期检查设备。检查的间隔时间由每个试验室自己决定。

检查的项目应包括：

a) 筛子；

b) 称量设备；

c) 还原试管；

d) 温控和测量设备；

e) 加载设备；

f) 气体流量计；

g) 气体纯度；

h) 时间控制设备；

i) 瓷球；

j) 转鼓；

k) 旋转驱动装置。

建议准备一些内部使用的材料，用于定期检验试验的可重复性。检验活动的记录应作适当保存。

11 试验报告

试验报告应包括以下内容：

a) 本标准的编号；

b) 标准样品的标识；

c) 任何标准中无规定但对结果有影响的操作的详细内容；

d) 成团指数，CI；

e) 到达95%还原率的时间。

附 录 A
（规范性附录）
试验结果验收程序流程图

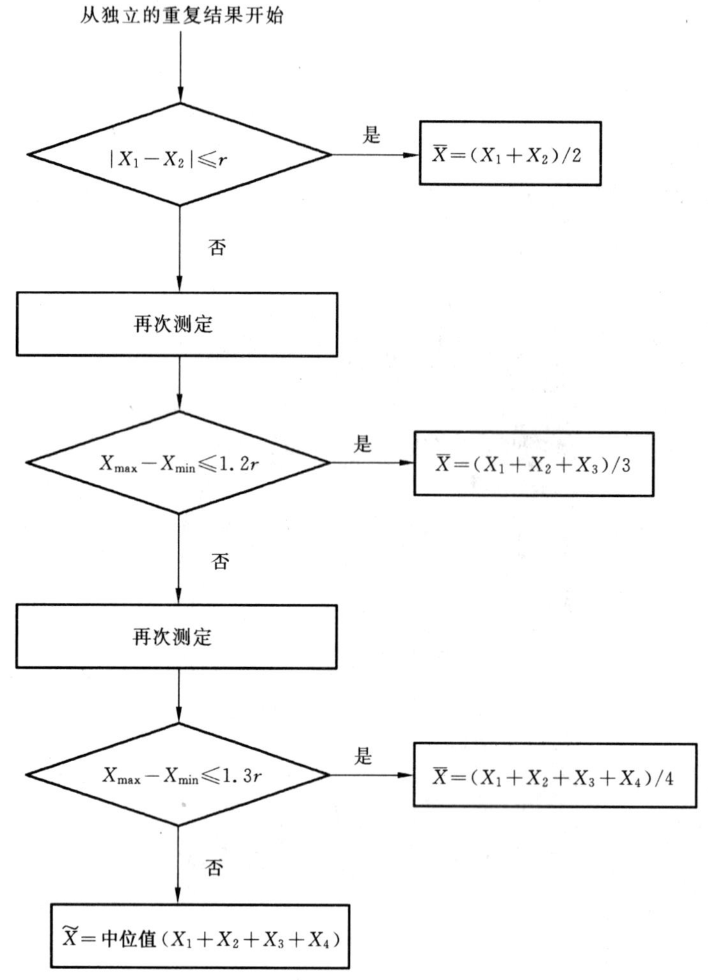

附 录 B
（资料性附录）
成团指数计算

B.1 假设还原后的试验样的质量 m_r=1 442 g，除去从粘团上掉下的球团后，剩下的粘团质量是 $m_{c,1}$=1 430 g。

同样假设散开操作后，得到下面一组结果：

	散开操作次数(i)	转　　数	粘团质量($m_{c,i}$)/g
	1	0	1 430
	2	5	700
	3	5	300
	4	5	150
	5	5	110
	6	5	80
	7	5	60
	8	5	40
总计	8	35	2 870

按式(B.1)计算成团指数(Cl)：

$$Cl = \frac{100}{8 \times m_r} \times \sum_{i=1}^{8} m_{c,i} \qquad \text{(B.1)}$$

上面试验的成团指数：

$$Cl = \frac{100}{8 \times 1\ 442} \times 2\ 870 = 24.88 \cong 25\%$$

B.2 假设两次试验结果中的一个值 Cl=32%

$$\overline{Cl} = \frac{25+32}{2} = 28.5\%$$

两者之差为7%。根据9.2规定，允许偏差 r：

$$r = \frac{27 \times 28.5}{100} = 7.7\%$$

两次试验结果差小于 r。两次试验结果的平均值可以作为成团性指数的报告。

B.3 假设两次试验结果中一个值 Cl=53%

$$\overline{Cl} = \frac{25+53}{2} = 39\%$$

两者之差为28%。根据9.2规定，允许偏差 r 为

$$r = \frac{27 \times 39}{100} = 10.5\%$$

两次试验结果差大于 r。应根据附录A进行再一次测定。

ICS 77.140.60
H 44

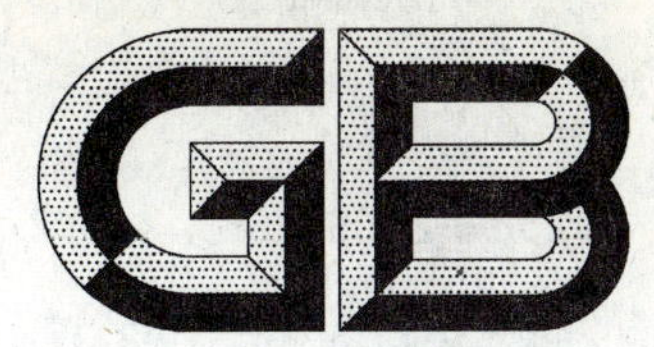

中华人民共和国国家标准

GB/T 24238—2009

预应力钢丝及钢绞线用热轧盘条

Hot rolled wire rod for prestressed steel

2009-07-15 发布 2010-04-01 实施

中华人民共和国国家质量监督检验检疫总局
中国国家标准化管理委员会 发布

前　言

本标准的附录A为资料性附录。

本标准由中国钢铁工业协会提出。

本标准由全国钢标准化技术委员会归口。

本标准主要起草单位：鞍钢股份有限公司、冶金工业信息标准研究院、首钢总公司、青岛钢铁有限公司、江苏沙钢集团有限公司、邢台钢铁有限责任公司、宣化钢铁集团有限责任公司。

本标准主要起草人：章澎、朴志民、王丽萍、郑世芬、陈寿琴、阴峻峰、张育新、张俊峰、王玲君、戴石锋。

预应力钢丝及钢绞线用热轧盘条

1 范围

本标准规定了预应力钢丝及钢绞线用盘条的牌号、订货内容、尺寸、外形、重量及允许偏差、技术要求、试验方法、检验规则、包装、标志和质量证明书。

本标准适用于制造预应力钢丝及钢绞线用热轧盘条(以下简称盘条)。

2 规范性引用文件

下列文件中的条款通过本标准的引用而成为本标准的条款。凡是注日期的引用文件,其随后所有的修改单(不包括勘误的内容)或修订版均不适用于本标准,然而,鼓励根据本标准达成协议的各方研究是否可使用这些文件的最新版本。凡是不注日期的引用文件,其最新版本适用于本标准。

GB/T 222　钢的成品化学成分允许偏差

GB/T 223.5　钢铁　酸溶硅和全硅含量的测定　还原型硅钼酸盐分光光度法

GB/T 223.9　钢铁及合金　铝含量的测定　铬天青 S 分光光度法

GB/T 223.12　钢铁及合金化学分析方法　碳酸钠分离-二苯碳酰二肼光度法测定铬量

GB/T 223.19　钢铁及合金化学分析方法　新亚铜灵-三氯甲烷萃取光度法测定铜量

GB/T 223.23　钢铁及合金　镍含量的测定　丁二酮肟分光光度法

GB/T 223.37　钢铁及合金化学分析方法　蒸馏分离-靛酚蓝光度法测定氮量

GB/T 223.62　钢铁及合金化学分析方法　乙酸丁酯萃取光度法测定磷量

GB/T 223.63　钢铁及合金化学分析方法　高碘酸钠(钾)光度法测定锰量

GB/T 223.67　钢铁及合金　硫含量的测定　次甲基蓝分光光度法

GB/T 223.69　钢铁及合金　碳含量的测定　管式炉内燃烧后气体容量法

GB/T 223.79　钢铁　多元素含量的测定　X-射线荧光光谱法(常规法)

GB/T 224　钢的脱碳层深度测定法

GB/T 228　金属材料　室温拉伸试验方法

GB/T 2101　型钢验收、包装、标志及质量证明书的一般规定

GB/T 2975　钢及钢产品　力学性能试验取样位置及试样制备

GB/T 4336　碳素钢和中低合金钢　火花源原子发射光谱分析方法(常规法)

GB/T 6394　金属平均晶粒度测定方法

GB/T 10561　钢中非金属夹杂物含量的测定　标准评级图显微检验法

GB/T 13298　金属显微组织检验方法

GB/T 14981—2009　热轧圆盘条尺寸、外形、重量及允许偏差

GB/T 20066　钢和铁　化学成分测定用试样的取样和制样方法

GB/T 20123　钢铁　总碳硫含量的测定　高频感应炉燃烧后红外吸收法(常规方法)

GB/T 20125　低合金钢　多元素的测定　电感耦合等离子体发射光谱法

GB/T 24242.1—2009　制丝用非合金钢盘条　第1部分　一般要求

YB/T 081　冶金技术标准的数值修约与检测数值的判定原则

YB/T 169　高碳钢盘条索氏体含量金相检测方法

3 牌号

钢的牌号由代表“应力”的汉语拼音字母(大写)、平均碳含量和区别锰含量符号组成。例如:YL77A、YL82B。

其中:

YL——“应力”的汉语拼音字头;

72、77、82、87——标准规定的碳平均含量(以万分之几计);

A、B——区分化学成分中不同锰含量。

4 订货内容

订货时,合同中应包括下列信息:

a) 产品名称;

b) 标准编号;

c) 牌号;

d) 盘条公称直径;

e) 尺寸、外形精度级别;

f) 重量;

g) 包装方式及标志要求(如要求);

h) 其他要求。

5 尺寸、外形、重量及允许偏差

5.1 盘条的尺寸、外形及允许偏差应符合GB/T 14981—2009中B级及以上精度的规定。若合同中未明确时,按GB/T 14981—2009中B级精度执行。

5.2 盘条的重量应符合GB/T 14981—2009的要求。每盘盘条应由一根盘条组成。

6 技术要求

6.1 牌号及化学成分

6.1.1 盘条用钢的牌号和化学成分(熔炼分析)应符合表1的规定。

6.1.2 盘条化学成分的允许偏差应符合GB/T 222的规定。

6.1.3 经供需双方协商,并在合同中注明,可供应其他牌号和化学成分的盘条。

表 1

牌号	化学成分(质量分数)[a,b]/%								
	C[c]	Si[d]	Mn	P	S	Cr[e]	Ni[e]	Cu[e]	V
YL72A	0.70～0.75	0.10～0.30	0.30～0.60	≤0.025	≤0.025	≤0.10	≤0.10	≤0.20	—
YL72B	0.70～0.75	0.10～0.30	0.60～0.90	≤0.025	≤0.025	≤0.10	≤0.10	≤0.20	—
YL77A	0.75～0.80	0.10～0.30	0.30～0.60	≤0.025	≤0.025	≤0.10	≤0.10	≤0.20	—
YL77B	0.75～0.80	0.10～0.30	0.60～0.90	≤0.025	≤0.025	≤0.35	≤0.10	≤0.20	—
YL82A	0.80～0.85	0.10～0.30	0.30～0.60	≤0.025	≤0.025	≤0.35	≤0.10	≤0.20	≤0.15
YL82B	0.80～0.85	0.10～0.30	0.60～0.90	≤0.025	≤0.025	≤0.35	≤0.10	≤0.20	≤0.15

表 1（续）

牌号	化学成分（质量分数）[a,b]/%								
	C[c]	Si[d]	Mn	P	S	Cr[e]	Ni[e]	Cu[e]	V
YL87A	0.85～0.90	0.10～0.30	0.30～0.60	≤0.025	≤0.025	≤0.35	≤0.10	≤0.20	f
YL87B	0.85～0.90	0.10～0.30	0.60～0.90	≤0.025	≤0.025	≤0.35	≤0.10	≤0.20	f

a 未经需方同意，供方不应有意向钢中添加本表规定范围以外的合金元素。

b 如需更改规定的化学元素含量或增、减化学元素时，可由供需双方协商确定。

c 经供需双方协商，可降低碳含量下限 0.01%，或提高碳含量上限 0.01%。

d 若用于镀锌，硅含量可由供需双方协商确定。

e 经供需双方协商，不是有意添加 Cr 元素的钢，其(Cu+Ni+Cr)之和应不大于 0.30%。

f V 含量由供方根据需求确定。

6.2 冶炼方法

钢由转炉或电炉冶炼，并应进行炉外精炼。

6.3 交货状态

盘条以热轧状态交货。

6.4 力学性能

经供需双方协商，并在合同中注明，盘条的抗拉强度 R_m 和断面收缩率 Z 可按表 2 的规定执行。

表 2

牌号	拉伸试验[a]			
	抗拉强度 R_m/MPa	断面收缩率 Z/%	抗拉强度 R_m/MPa	断面收缩率 Z/%
	直径 8.0 mm～10.0 mm		直径 10.5 mm～13.0 mm	
YL72A	960～1 080	≥30	940～1 060	≥30
YL72B	990～1 110		970～1 090	
YL77A	1 020～1 140		1 000～1 120	
YL77B	1 040～1 160		1 020～1 140	
YL82A	1 060～1 180		1 040～1 160	
YL82B	1 150～1 300		1 130～1 280	
YL87A	协议		协议	
YL87B	协议		协议	
表中性能值为盘条自然时效 15 天后数值。				
a 直径小于 8.0 mm 或直径大于 13.0 mm 的盘条力学性能由供需双方协商确定。				

6.5 高倍

6.5.1 脱碳层

盘条应进行脱碳层深度检验，盘条一边总脱碳层（全脱碳＋部分脱碳）的深度应不大于 1.5%D（D 表示盘条公称直径）。

6.5.2 显微组织

盘条的显微组织应主要为索氏体组织，索氏体率应不小于 85%。盘条的显微组织中不应有妨碍使用的马氏体、全封闭网状渗碳体等有害组织。若供方在工艺上有保证，可不做检验。

6.5.3 **特殊要求**

经供需双方协商，并在合同中注明，可进行奥氏体晶粒度、非金属夹杂物等项检验，规定值在合同中明确。

6.6 **表面质量**

6.6.1 盘条表面应光滑，不应有裂纹、折叠、夹杂、耳子、结疤、分层等对使用有害的缺陷。

6.6.2 盘条表面允许有深度(或高度)不大于 0.10 mm 的麻点、凹坑、划伤和氧化铁皮压入等轻微的局部缺陷。

7 试验方法

每批盘条的检验项目、取样数量、取样方法及试验方法应符合表 3 的规定。

表 3

序号	检验项目	取样数量(个)	取样方法	试验方法
1	化学分析	1/炉	GB/T 20066	GB/T 4336、GB/T 223、GB/T 20123、GB/T 20125
2	拉伸试验	2/批	GB/T 2975，不同根盘条	GB/T 228
3	脱碳层	2/批	不同根盘条	GB/T 224
4	索氏体	2/批	不同根盘条	YB/T 169
5	马氏体	2/批	不同根盘条	GB/T 13298、GB/T 24242.1—2009 附录 B
6	网状渗碳体	2/批	不同根盘条	GB/T 13298、GB/T 24242.1—2009 附录 C
7	非金属夹杂物	2/批	不同根盘条	GB/T 10561
8	奥氏体晶粒度	2/批	不同根盘条	GB/T 6394
9	尺寸、外形	逐盘	—	千分尺、游标卡尺
10	表面	逐盘	—	目测

8 检验规则

8.1 **检查与验收**

盘条的检查与验收由供方技术监督部门进行。

8.2 **组批规则**

盘条应成批验收，每批由同一牌号、同一炉号、同一尺寸的盘条组成。

8.3 **复验与判定**

盘条的复验与判定应符合 GB/T 2101 的规定。

9 数值修约

盘条各项检验及检查测量值的数值修约应符合 YB/T 081 的规定。

10 包装、标志和质量证明书

10.1 盘条的包装、标志按合同要求。当需方未明确时，由供方确定。

10.2 盘条的质量证明书应符合 GB/T 2101 的规定。

附 录 A
（资料性附录）
本标准与其他标准的牌号对照

表 A.1 给出了本标准与其他标准的牌号对照。

表 A.1

本标准	ISO 16120-4	JIS G3502	JIS G3506	YB/T 146
YL72A	—	SWRS 72A	SWRH 72A	72A
YL72B	C72D2	SWRS 72B	SWRH 72B	72MnA
YL77A	—	SWRS 77A	SWRH 77A	77A
YL77B	C76D2、C78D2	SWRS 77B	SWRH 77B	77MnA
YL82A	—	SWRS 82A	SWRH 82A	82A
YL82B	C82D2	SWRS 82B	SWRH 82B	82MnA
YL87A	—	SWRS 87A	—	—
YL87B	C86D2、C88D2	SWRS 87B	—	—

ICS 73.060.10
D 31

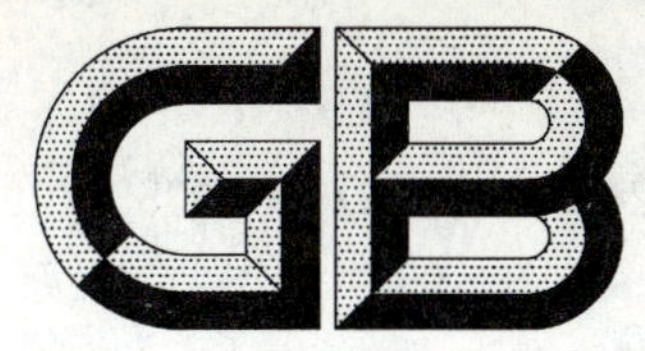

中华人民共和国国家标准

GB/T 24239—2009/ISO 10835:2007

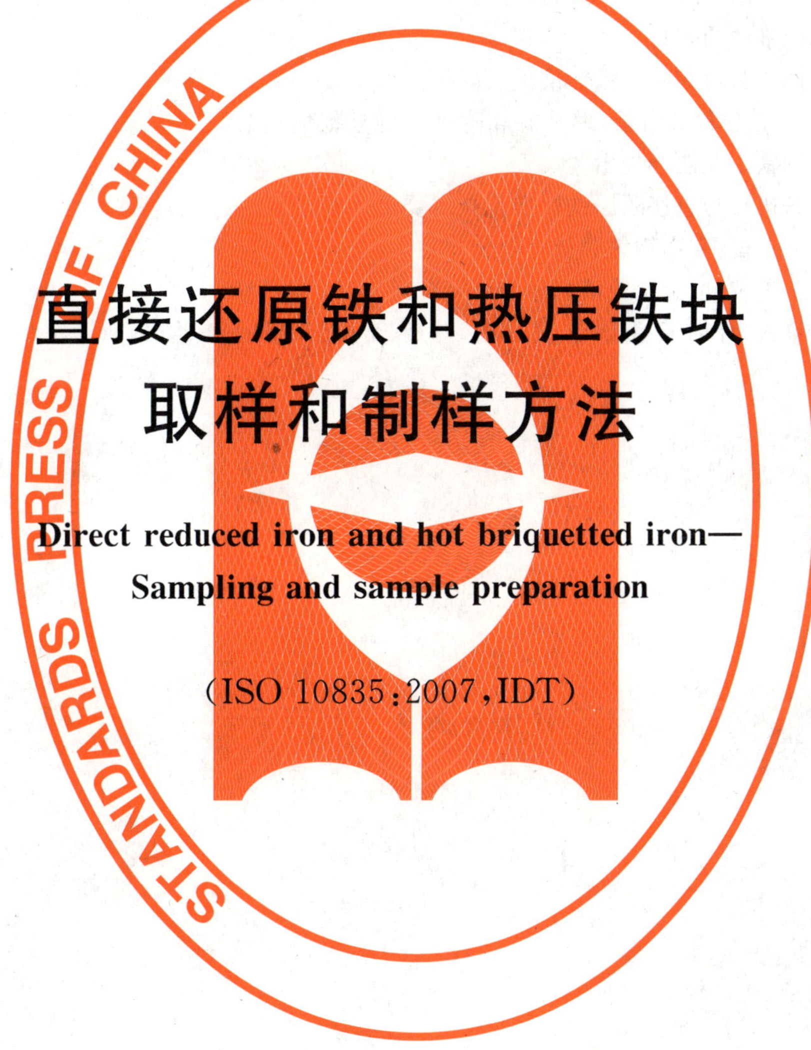

直接还原铁和热压铁块 取样和制样方法

Direct reduced iron and hot briquetted iron—Sampling and sample preparation

(ISO 10835:2007,IDT)

2009-07-15 发布 2010-04-01 实施

中华人民共和国国家质量监督检验检疫总局
中国国家标准化管理委员会 发布

前　　言

本标准等同采用国际标准 ISO 10835:2007《直接还原铁和热压铁块　取样和制样方法》(英文版)。

为了便于使用,本标准做了下列编辑性和非技术差异性的修改:

——"本国际标准"改为"本标准";

——用小数点"."代替作为小数点的逗号",";

——删除国际标准的前言;

——引用文件修改为对应的国家标准。

本标准的附录 A 为资料性附录,附录 B 和附录 C 为规范性附录。

本标准由中国钢铁工业协会提出。

本标准由全国铁矿石与直接还原铁标准化技术委员会归口。

本标准负责起草单位:宝山钢铁股份有限公司。

本标准参加起草单位:冶金工业信息标准研究院。

本标准主要起草人:吉华东、金国宁、陈小奇、孙良、李凤芸、周星、王晗、施鸿雁。

直接还原铁和热压铁块
取样和制样方法

警告——使用本标准的人员应有正规实验室工作的实践经验。本标准并未指出所有可能的安全问题。使用者有责任采取适当的安全和健康措施,并保证符合国家有关法规规定的条件。

1 范围

为测定交货批的化学成分、水分含量和物理特性,本标准规定了在转运过程中机械取样、手工取样和制样的方法,包括:

a) 基本原理;

b) 取样和制样的基本原则;

c) 取样系统的设计、安装和操作的基本要求。

本标准规定的方法适用于机械取样机或进行安全停带取样的带式输送机和其他矿石运输设备对直接还原铁(DRI)和热压铁块(HBI)交货批的装载和卸载取样。本标准中,DRI包括还原球团和还原块矿。

警示:本标准可能涉及到有害物质和设备安全操作,但标准对使用中的有关安全问题没有说明,本标准的使用者有责任制定合适的安全规程,并在使用前就应明确其适用范围。DRI和低密度或高粉化HBI可以和水、空气反应生成氢气和热能,产生的热量能够导致燃烧,应该遵守相关的规章制度或法规来确保操作工的安全。

2 规范性引用文件

下列文件中的条款经过本标准的引用而成为本标准的条款。凡是注明日期的引用文件,其随后所有的修改单(不包括勘误的内容)或修订版均不适用于本标准,然而,鼓励根据本标准达成协议的各方研究是否可使用这些文件的最新版本。凡是不注明日期的引用文件,其最新版本适用于本标准。

GB/T 6005 试验筛 金属丝编制网、穿孔板和电成型薄板 筛孔的基本尺寸(GB/T 6005—2008, ISO 565:1990,MOD)

GB/T 10322.2 铁矿石 评定品质波动的实验方法(GB/T 10322.2—2000,idt ISO 3084:1998)

GB/T 10322.4 铁矿石 校核取样偏差的实验方法(GB/T 10322.4—2000,idt ISO 3086:1998)

GB/T 10322.5 铁矿石 交货批水分含量的测定(GB/T 10322.5—2000,idt ISO 3087:1998)

GB/T 10322.7 铁矿石 粒度分布的筛分测定(GB/T 10322.7—2004,ISO 4701:1999,IDT)

GB/T 20565 铁矿石和直接还原铁 术语(GB/T 20565—2006,ISO 11323:2002,IDT)

ISO 3534-1:2006 统计学 词汇和符号 第一部分 概率和基本统计术语

ISO 3085:2002 铁矿石 校核取样、制样和测量精密度的实验方法

3 术语和定义

本标准引用GB/T 20565中的以下定义。

3.1

批 lot

为评定品质特性所构成的不连续的一定数量的铁矿石或直接还原铁。

3.2

份样 increment

取样或样品缩分的一种装置一次专门地操作所采集的铁矿石量或直接还原铁量。

3.3

样品 sample

从待评定品质特性的一批中取出有代表性的相对少量的铁矿石或直接还原铁。

3.4

副样 partial sample

由比一个大样需要的全部数量的份样少的份样组成的样品。

3.5

大样 gross sample

由所有的份样组成，完全代表一批的所有品质特性的样品。

3.6

试样 test sample

为满足一个试验所有规定条件而制备的样品。

3.7

试验样 test portion

实际上全部用于一个具体试验的那部分试样。

3.8

分层取样 stratified sampling

对一批矿石通过从层的规定部位并按适当比例采集份样的取样方法。

注：层的举例，以时间、质量或空间来划分的，包括取样时间间隔（例如 5 min）、采用质量间隔（例如 1 000 t），船的货舱，列车车辆或容器。

3.9

系统取样 systematic sampling

从一批矿石中按规定间隔采集份样的取样方法。

3.10

定量取样 mass-basis sampling

以相等质量间隔采集份样，并尽可能使份样量一致的取样方法。

3.11

定时取样 time-basis sampling

自由落体料流中或运输机中，以相等的时间间隔采集的份样，每个份样的量与取份样时的料流量成比例的取样方式。

3.12

定比缩分 proportional mass division

每次缩分后留样的质量与被缩分样品的质量成固定比例的样品或份样的缩分方法。

3.13

定量缩分 constant mass division

不考虑被缩分的样品或份样的质量变化，缩分后留样的质量几乎一致的样品或份样缩分方法。

注：本方法要求按定量取样，基本一致是指质量变动系数小于 20%。

3.14

样品分用 split use of sample

一样品分成几部分作为试样来分别测定品质特性。

3.15

样品重用 multiple use of sample

一个样品全部用于测定一个品质特性后，接着用同一样品的全部去测定一个或几个其他品质特性。

3.16

直接还原铁的公称最大粒度 nominal top size of DRI

该粒度用残留在符合GB/T 6005中R20系列的方孔试验筛上的DRI不大于5%的最小筛孔尺寸来表示。

3.17

热压铁块的公称最大粒度 nominal top size of HBI

该粒度用残留在符合GB/T 6005中R20系列的方孔试验筛上的HBI不大于5%的最小筛孔尺寸来表示。

4 取样和制样的一般条件

4.1 基本要求

一个正确的取样方案的基本要求是交货批中所有DRI或HBI部分都有同等的机会被采取并成为副样或大样的一部分。对这个基本要求的任何偏离都会影响准确度和精密度。一个不正确的取样方案不能可靠地提供有代表性的试验样。

为满足上述要求，最好的取样位置是在带式输送机之间的转运点。在这里能够方便地以固定的间隔截取到DRI或HBI的全截面，保证得到有代表性的试验样。同样，如果可以从输送带上(见第9章)截取到DRI和HBI的全截面适当的长度，试样也可以从静止的输送带上取样。

不允许在货船、料堆、货车、容器和料仓上就地取样，因为不可能把取样设备伸到底部取出全截面的物料柱，造成该交货批的所有部分被取样的机会不均等。唯一有效的方法是当DRI或HBI输送到货船、料堆、容器或料仓时，或从这些地方输出时，从带式输送机取样。

如果品质和数量上没有周期性的波动所引起的偏差时，应按定量(见6.1或6.3.2)或定时(见6.2或6.3.3)的系统取样法或分层随机法取样。否则应在定量或定时间隔内，进行分层随机取样(见6.3.2或6.3.3)。

取样和制样所用的方法依最终选定的取样方案和可能使偏差最小及得到满意的总精密度所需的步骤而定。

水分样品应尽快处理，并立即称量，否则样品应贮存在较小的密闭容器中，使水分含量变化最小，也应尽快制样。

4.2 制定取样流程

制定取样的方案如下：

a) 确定待取样的交货批和待测的品质特性；

b) 确定公称最大粒度；

c) 根据公称最大粒度、DRI或HBI输送设备和取份样的设备确定份样的质量；

d) 规定所需的精密度；

e) 按GB/T 10322.2确定交货批的品质波动(σ_W)否则就按5.3的规定，取品质波动为“大”；

f) 从交货批以系统取样或分层随机取样时，确定一次份样的最小个数，n_1；

g) 确定取样间隔，对定量取样，单位为t，对定时取样，单位为min；

h) 确定取样位置和采取份样的方法；

i) 用定量取样，采取的份样质量基本一致，用定时取样，采取的份样质量与取样时料流量成正比，在整个交货批输送期间，以(g)中确定的间隔采取份样。

j） 确定样品是分用或重用；

k） 确定将份样组成大样或副样的方法；

l） 确定制样程序，包括缩分、破碎、混合和干燥；

m） 必要时干燥样品，但水分样品除外；

n） 必要时破碎样品，但粒度样品和一些物理测试样除外；

o） 按给定的公称最大粒度的缩分样品的最小质量缩分该样品，对定量取样用定量或定比缩分，对定时取样用定比缩分；

p） 制备试样。

DRI 和破碎后的 HBI 试样在任何阶段都应储存在密闭容器中，而不能暴露在大气中，该容器应在较好的保护条件下储存和运输。

4.3 系统校核

停带取样法是取样的对照方法，机械和手工取样方法与它对比，按 GB/T 10322.4 规定的方法来确定它们是否有显著偏差。但是，在进行任何偏差试验之前，首先要检查取样和制样系统，确认其符合本标准中规定的正确设计原则。检查也应包括任何装载、卸载或恢复过程时，是否会在采取份样时产生周期性品质波动的试验。如果发生这样周期性的波动时，应调查波动的来源，以确定消除波动的可能性。如不可能，则应进行分层随机取样（见 6.3）。

附录 A 提供了一个校核清单的例子。该清单会迅速显示取样或制样系统中任何严重的缺陷，可以避免不必要的昂贵的偏差试验。所以，应按照便于定期校核的正确的操作方式来设计和建设取样系统。

也应按照 GB/T 10322.2 和 ISO 3085 进行定期校核品质波动和精密度，以检查品质波动的变化，并校核取样、制样和分析的精密度。这对于新的取样系统、新的品种或现有系统有重大改变时特别重要。因此，取样系统应该被设计成拥有取双份试样的能力，用来进行品质波动的测试和精密度的检查。

5 取样和制样的基本原则

5.1 偏差最小化

5.1.1 概述

取样和制样偏差最小化是非常重要的。精密度可以采取更多的份样或重复测定来改善，而偏差不能用重复测定来降低。因此，使可能产生的偏差最小化或消除，应认为比改善精密度更为重要。有些偏差源通过正确设计取样和制样系统就可完全消除，包括试验样溢出，试验样混杂和份样不正确的采取，而有些偏差源可以最小化，但不能完全消除，包括水分含量的变化，粉尘损失和颗粒破损（对粒度测定）。在破碎之前，试样应该尽可能的干燥。

5.1.2 颗粒破损最小

用作粒度测定样品的颗粒破损最小对降低粒度测定偏差是极为重要的。防止颗粒破损应保持自由落差最小。

5.1.3 份样的采取

从交货批采取份样，不管各个颗粒的大小、质量或密度如何，应使 DRI 或 HBI 所有部分都有同等的机会被采取并成为最终分析试验样的一部分。如果不遵守这个要求，就容易产生偏差。这就归纳为下列的取样和制样系统的设计要求：

a） 从移动料流（见 7.5）或停带（见第 9 章）取样时，应采取 DRI 或 HBI 的全截面；

b） 切割式取样机的开口度，至少应是 DRI 或 HBI 的公称最大粒度的 3 倍，对一次取样来说，不小于 30 mm。一次取样阶段以后的取样，应不小于 10 mm。两者均应选其大的开口度（见 7.5.4）；

c） 取样机的速度不应大于 0.6 m/s，除非截取口开度相应增大（见 7.5.5）；

d） 取样机应匀速通过料流（见 7.5.3），截取机的前后两槽缘应完全通过料流的横截面；

e) 取样机的截取口边缘对直道式取样机应平行，对旋转式取样机应呈辐射状(见 7.5.3)，这些条件应保持到截取口损坏；

f) 应避免水分含量的改变、粉尘损失和试验样污染；

g) 物料的自由落差应保持最小，以减少 DRI 或 HBI 粒度破坏，使粒度分布的偏差最小；

h) 一次取样机应安装在尽可能靠近装载或卸载点，使粒度破坏的影响减到最小。

设计的取样系统应能适应 DRI 或 HBI 公称最大粒度和流量的需要。取样和制样系统详细的设计要求在第 7 章、第 8 章、第 9 章、第 10 章中提出。

5.1.4 份样质量

5.1.4.1 概述

对于有代表性的取样位置上，要得到无偏差试验样所需要的份样质量，可以计算获得。(见 5.1.4.2 和 5.1.4.3)。对比计算质量和实际份样质量，对校核取样系统的设计和操作是有用的。如果差别显著，应找出原因并采取纠正措施。

5.1.4.2 下落料流取样的份样质量

用截取型一次取样机从带式输送机卸料端的 DRI 或 HBI 流取样(机械或手工)，份样质量 m_1，单位为 kg，用式(1)计算：

$$m_1 = \frac{ql_1}{3.6V_c} \quad \cdots\cdots(1)$$

式中：

q——带式输送机上 DRI 或 HBI 的流量，单位为吨每小时(t/h)；

l_1——一次取样机截取口开度，单位为米(m)；

V_c——一次取样机截取速度，单位为米每秒(m/s)。

按 7.5.4 规定的最小截取口开度和 7.5.5 规定的最大截取速度所确定能被采取的份样最小质量，仍能避免偏差。

5.1.4.3 停带取样的份样质量

从停止的输送带上手工采取份样的质量 m_1，单位为 kg，等于输送带上的 DRI 或 HBI 全截面的质量，其计算式(2)为：

$$m_1 = \frac{ql_2}{3.6V_B} \quad \cdots\cdots(2)$$

式中：

q——带式输送机上 DRI 或 HBI 的流量，单位为吨每小时(t/h)；

l_2——截取的 DRI 或 HBI 的长度，单位为米(m)；

V_B——带式输送机的速度，单位为米每秒(m/s)。

从输送带上 DRI 或 HBI 流截取最小长度，即 3 d，取的物料所得到的最小份样质量，仍能避免偏差，这里 d 是公称最大粒度(m)对于 DRI 和破碎后的 HBI 来说最小为 0.01 m，HBI 通常从输送带上取 1 m 长。

5.2 总精密度

表 1 给出本标准规定的在概率为 95%时，交货批的化学特性(全铁、金属铁、碳、二氧化硅、三氧化二铝、磷、硫、水分含量)和物理特性(粒级百分数、表观密度、体积密度、转鼓指数、耐磨指数)达到的总精密度(β_{SPM})在表 1 所示的质量范围之间的交货批的总精密度，可用线性内插法求得，如果需要，可采用更高的精密度，精密度应按 ISO 3085 测定。

总精密度(β_{SPM})是取样、制样和测定的综合精密度的一个量度，是取样、制样和测定标准偏差(σ_{SPM})的两倍，以绝对百分数表示，按式(3)、式(4)和式(5)计算：

$$\sigma_{SPM} = \sqrt{\sigma_S^2 + \sigma_P^2 + \sigma_M^2} \quad \cdots\cdots(3)$$

$$\beta_{SPM} = 2\sigma_{SPM} = 2\sqrt{\sigma_S^2 + \sigma_P^2 + \sigma_M^2} \quad \cdots\cdots (4)$$

$$\sigma_S = \frac{\sigma_W}{\sqrt{n_1}} \quad \cdots\cdots (5)$$

式中：

σ_S——取样标准偏差；

σ_P——制样标准偏差；

σ_M——测定标准偏差；

σ_W——DRI 或 HBI 的品质波动；

n_1——一次份样的个数。

关系式(3)、(4)、(5)是以分层取样理论为基础(详见附录 B)。一交货批采取一次份样的个数取决于要求的取样精密度和待取样 DRI 或 HBI 的品质波动。因此，在确定一次份样个数之前，应确定：

a) 达到的取样精密度 β_S；

b) 待取样 DRI 或 HBI 的品质波动 σ_W。

注：在远离制备试验室的取样装置里进行在线制样时，取样和制样间的界限难以分清，在线制样的精密度可包括在取样精密度内，或包括在制样精密度内。选择视从一次取样精密度中如何方便地区别出二次和三次取样精密度而定。任何情况下，制样也是组成取样的一个过程，因为要选择试验样中有代表性的部分作后续加工。

表 1 总精密度(β_{SPM})(绝对百分数值)

品质特性		总精密度近似值(β_{SPM})		
		交货批的质量(t)		
		45 000～70 000	15 000～45 000	0～15 000
全铁含量		0.3	0.4	0.5
金属铁含量		1.0	1.2	1.5
碳含量		0.10	0.12	0.15
二氧化硅含量		0.10	0.12	0.15
三氧化二铝含量		0.10	0.12	0.15
磷含量		0.002 0	0.002 4	0.003 0
硫含量		0.002 0	0.002 4	0.003 0
水分含量		0.10	0.12	0.15
粒度(6.3 mm～31.5 mm,DRI 块)	−6.3 mm 粒级平均 10%	2.0	2.2	2.5
粒度(DRI 球团)	−6.3 mm 粒级平均 5%	0.8	0.9	1.0
粒度(−100 mmHBI)	6.3 mm～25 mm 粒级平均 10%	0.3	0.4	0.5
	−6.3 mm 粒级平均 10%	0.3	0.4	0.5
表观密度(仅对 HBI)		0.10	0.12	0.15
体积密度		0.10	0.12	0.15
转鼓指数		0.5	0.6	0.7
耐磨指数		0.5	0.6	0.7
注：β_{SPM} 的值通过国际试验获得。				

因此，最精确的方法是把取样标准偏差分成为每个取样阶段的分量，在这种情况下，式(3)变成：

$$\sigma_{SPM} = \sqrt{\sigma_{S1}^2 + \sigma_{S2}^2 + \sigma_{S3}^2 + \sigma_P^2 + \sigma_M^2}$$

式中：

σ_{S1}——一次取样的标准偏差；

σ_{S2}——二次取样的标准偏差；

σ_{S3}——三次取样的标准偏差。

用这个方法可以分别确定和优化每个取样阶段的精密度，从而使取样和制样方法全面优化。

5.3 品质波动

品质波动(σ_W)是交货批不均匀性的一个量度，是定量系统取样的层内份试验样质特性的标准偏差，选作测定品质波动特性的项目包括被取的 DRI 或 HBI 的所有物理和化学特性。

σ_W 的值应按 GB/T 10322.2 的规定对各种类型或品种的 DRI 或 HBI，在各种运行设备正常操作条件下试验测定。然后根据 DRI 或 HBI 品质波动的大小按表 2 中的规定分为 3 类。在定时取样情况下，如果输送带上 DRI 或 HBI 流量均匀，则定时取样和定量取样一样，可采用 GB/T 10322.2。

凡品质波动不明的 DRI 或 HBI，品质波动都按“大”考虑。在这种情况下，应尽早按 GB/T 10322.2 进行测定以确定品质波动。

如果分别采取样品测定化学成分和物理特性，则应采取各个特性的品质波动。如果样品用于测定多个品质特性时，则应采用这些特性的最大的品质波动类别。

表 2 品质波动的分类(绝对百分数值)

品质特性		品质波动的分类(σ_W)		
		大	中	小
全铁含量		$\sigma_W \geq 1.5$	$1.5 > \sigma_W \geq 1.0$	$\sigma_W < 1.0$
金属铁含量		$\sigma_W \geq 4.0$	$4.0 > \sigma_W \geq 3.0$	$\sigma_W < 3.0$
碳含量		$\sigma_W \geq 0.5$	$0.5 > \sigma_W \geq 0.3$	$\sigma_W < 0.3$
二氧化硅含量		$\sigma_W \geq 0.5$	$0.5 > \sigma_W \geq 0.3$	$\sigma_W < 0.3$
三氧化二铝含量		$\sigma_W \geq 0.5$	$0.5 > \sigma_W \geq 0.3$	$\sigma_W < 0.3$
磷含量		$\sigma_W \geq 0.011$	$0.011 > \sigma_W \geq 0.007$	$\sigma_W < 0.007$
硫含量		$\sigma_W \geq 0.011$	$0.011 > \sigma_W \geq 0.007$	$\sigma_W < 0.007$
水分含量		$\sigma_W \geq 0.5$	$0.5 > \sigma_W \geq 0.3$	$\sigma_W < 0.3$
粒度(6.3 mm～31.5 mmDRI 块)	−6.3 mm 粒级平均 10%	$\sigma_W \geq 5$	$5 > \sigma_W \geq 3.75$	$\sigma_W < 3.75$
粒度(DRI 球团)	−6.3 mm 粒级平均 5%	$\sigma_W \geq 3$	$3 > \sigma_W \geq 2.25$	$\sigma_W < 2.25$
粒度(−100 mmHBI)	6.3 mm～25 mm 粒级平均 10%	$\sigma_W \geq 1.5$	$1.5 > \sigma_W \geq 1.0$	$\sigma_W < 1.0$
	−6.3 mm 粒级平均 10%	$\sigma_W \geq 1.5$	$1.5 > \sigma_W \geq 1.0$	$\sigma_W < 1.0$
表观密度		$\sigma_W \geq 0.5$	$0.5 > \sigma_W \geq 0.3$	$\sigma_W < 0.3$
体积密度		$\sigma_W \geq 0.5$	$0.5 > \sigma_W \geq 0.3$	$\sigma_W < 0.3$
转鼓指数		$\sigma_W \geq 2.0$	$2.0 > \sigma_W \geq 1.5$	$\sigma_W < 1.5$
耐磨指数		$\sigma_W \geq 2.0$	$2.0 > \sigma_W \geq 1.5$	$\sigma_W < 1.5$
注：β_{SPM} 的值通过国际试验获得。				

5.4 取样精密度和一次份样的个数

5.4.1 定量取样

当 σ_W 值已知，要求取样精密度为 β_S 的一次份样的个数(n_1)，计算如式(6)：

$$n_1 = \left(\frac{2\sigma_W}{\beta_S}\right)^2 \quad \cdots\cdots(6)$$

这是确定一次份样个数的较适宜的方法。但是，如果 σ_W 值根据表2品质波动分为大、中、小时，则可用表3中规定的取样精密度的要求，所需要的最小一次份样个数。表3中，对交货批较小的取样精密度稍有增加，这是在取样费用和交货批量不精确之间作为一个折衷处理办法。

注1：β_S 值通过国际试验获得。

注2：n_1 的值增加或减少可以改变取样精密度。例如，假使份样的个数为 $2n_1$，则 β_S 会改善为原值的 $1/\sqrt{2}=0.71$ 倍；如果份样个数为 $n_1/2$，则 β_S 会恶化，为原值的 $\sqrt{2}=1.4$ 倍。

表3 要求的取样精密度(β_S)所需要最小份样个数(n_1)的示例

交货批的质量(1 000 t)		取样精密度(β_S)								一次份样的个数(n_1)		
										品质波动 大(L) 中(M) 小(S)		
>	≤	全铁含量	金属铁含量	Al_2O_3、SiO_2、C或H_2含量	P或S	6.3 mm～25 mm或－6.3 mm粒级	表观密度或体积密度	转鼓指数	耐磨指数	L	M	S
45	70	0.28	0.78	0.09	0.002 0	0.28	0.09	0.39	0.39	160	80	40
30	45	0.30	0.84	0.10	0.002 2	0.30	0.10	0.42	0.42	140	70	35
15	30	0.32	0.90	0.10	0.002 3	0.32	0.10	0.45	0.45	120	60	30
0	15	0.35	0.99	0.11	0.002 5	0.35	0.11	0.50	0.50	110	50	25

5.4.2 定时取样

一次份样的最小个数最好用式(6)确定，但也可利用5.4.1规定的表3确定。

5.5 制样精密度和总精密度

5.5.1 概述

制样精密度依选择的制样流程决定。但是，如果制样首先按各个份样或副样进行，然后将缩分份样在适当的阶段将缩分份样或副样合并组合成一个大样时，则制样精密度可以改善。

用大样、或用每个副样或每个份样进行制样和测定时，以标准偏差(σ_{SPM})表示的总精密度在5.5.2到5.5.4进行了详细的说明。

5.5.2 大样的制备和测定

如果一个交货批所有的份样混合组成大样，并对大样进行 n_2 次测定时，总精密度为：

$$\sigma_{SPM}^2 = \sigma_S^2 + \sigma_P^2 + \frac{\sigma_M^2}{n_2} \quad \cdots\cdots(7)$$

式中：

σ_P——由大样制备试样的制样精密度。

5.5.3 副样的制备和测定

如果由相等个数的份样组成 n_3 个副样，并对每个副样测定 n_2 次，则总精密度为：

$$\sigma_{SPM}^2 = \sigma_S^2 + \frac{\sigma_P^2 + \dfrac{\sigma_M^2}{n_2}}{n_3} \quad \cdots\cdots(8)$$

式中：

σ_P——由每个副样制备试样的制样精密度。

此外，如果上面的 n_3 个副样分别准备后，在一个适当范围（－10 mm 或更小），组成一个大样，并对大样进行 n_2 次测定，则总精密度为：

$$\sigma_{SPM}^2 = \sigma_S^2 + \frac{\sigma_{P1}^2}{n_3} + \sigma_{P2}^2 + \frac{\sigma_M^2}{n_2} \qquad (9)$$

式中：

σ_{P1}——组成大样前每个副样的制样精密度；

σ_{P2}——由大样制备试样的制样精密度。

5.5.4 每个份样的制备和测定

如果对每个份样进行 n_2 次测定，则总精密度为：

$$\sigma_{SPM}^2 = \sigma_S^2 + \frac{\sigma_P^2 + \frac{\sigma_M^2}{n_2}}{n_1} \qquad (10)$$

式中：

σ_P——由每个份样制备试样的精密度；

n_1——一次份样的个数。

此外，如果所有的份样分别制样后，在适当范围（－10 mm 或更小），组成一个大样，并进行 n_2 次测定，则总精密度为：

$$\sigma_{SPM}^2 = \sigma_S^2 + \frac{\sigma_{P1}^2}{n_1} + \sigma_{P2}^2 + \frac{\sigma_M^2}{n_1} \qquad (11)$$

式中：

σ_{P1}——组成大样前每个份样的制样精密度；

σ_{P2}——由大样制备试样的精密度。

注：每个制样阶段都有其固有的偏差，因此，总的偏差将比单个阶段的要大一些。在制样的那些阶段，最好用较大的试验样，这并不增加成本。在优化制样流程时，应考虑这点。

6 取样方法

6.1 定量取样

6.1.1 份样的质量

份样质量应按 5.1.4 确定。

采取的份样，它们"质量基本一致"，即份样质量的变动系数应小于 20%。变动系数（C_V）定义为标准偏差（σ_{mass}）与份样质量平均值（$\overline{m}$）比值，以百分数表示如下：

$$C_V = \frac{100\sigma_{mass}}{\overline{m}} \qquad (12)$$

例如，假使份样的平均质量为 100 kg 时，所取份样中 95%可在 60 kg～140 kg 之间变动，而平均值为 100 kg。因此，应在采取份样的方式上采取措施，或对每个份样取出后随即称重和缩分，以保证它们的质量基本一致。

为获得质量基本一致的份样，应采取以下措施的一项或几项：

a) 安装变速取样机，该取样机能够在取份样时逐步改变其速度和输送机取样点流量保持一致。

b) 控制取样点前带式输送机上的流量来减少份样的流量变化。

c) 安装的设备能弃去质量不一致的份样，并能立即重新启动一次取样机。

如果份样质量的变动系数等于或大于 20%，须对每个份样进行缩分（按缩分规则），和测定品质特性。另一方面，"质量基本一致"的缩分份样可在缩分的适当阶段组成副样或大样。

6.1.2 品质波动

品质波动应按 GB/T 10322.2 试验确定。

6.1.3 一次份样的个数

一次份样的个数应根据 5.4.1 确定。

6.1.4 取样间隔

份样间的质量间隔 Δm,单位为 t,应用式(13)计算:

$$\Delta m \leqslant \frac{m_L}{n_1} \tag{13}$$

式中:

m_L——交货批的质量,单位为吨(t);

n_1——按 5.4.1 确定的一次份样的个数。

选取的质量间隔应小于上面计算的值,以保证最小的一次份样个数大于按 5.4.1 确定的个数。

6.1.5 采取份样的方法

每个份样都应由取样设备一次一个动作或一个完全周期取得,采取 DRI 或 HBI 的全截面,份样自由落差应保持最小,以减少 DRI 或 HBI 的粒度破损,从而使粒度分布的偏差最小。

注 1:一个完全的周期可以包括取样机通过 DRI 或 HBI 流往返截取。

注 2:停带取样也要采取 DRI 或 HBI 流的全截面。

第 1 个份样应在交货批输送操作开始后第 1 个质量间隔内随机选定的吨位后采取。其后按 6.1.4 确定的固定质量间隔采取各个份样,直到交货批输送完毕,如果计算的样品质量小于试验(粒度测定、物理试验等)要求的质量时,应增加份样的个数和/或质量。

下列两种取样机都可用作一次取样机:

a) 定速取样机,其截取速度在整个交货批输送期间都是固定的;

b) 变速取样机,其截取速度在截取料流时是恒定的,但可根据带式输送机上物料的流量,按份样逐个调节。

应尽可能在最靠近装载或卸载设备的部位进行取样,最好在称量位置前或后立即进行。

6.2 定时取样

6.2.1 份样的质量

份样的质量应与取样时的料流量成正比。如果由每个份样或副样制备试样时,应确定每个份样或副样所代表的质量,以获得交货批品质特性的加权平均值。换言之,可用试验样代表的 DRI 或 HBI 物料吨位来得到加权平均值。

6.2.2 品质波动

如果料流量的波动小于变动系数 20%时,应采用 GB/T 10322.2 得到品质波动的近似值。

6.2.3 份样的个数

一次份样的个数应按 5.4.2 确定。

6.2.4 取样间隔

份样间的时间间隔 Δt,单位为 min,应按式(14)计算:

$$\Delta t \leqslant \frac{60 m_L}{q_{max} n_1} \tag{14}$$

式中:

m_L——交货批的质量,单位为吨(t);

q_{max}——带式输送机上 DRI 或 HBI 的最大流量,单位为吨每小时(t/h);

n_1——按 5.4.2 确定的一次份样的个数。

选取采取份样间的时间间隔应小于计算的值,以保证最小的一次份样的个数大于按 5.4.2 确定的数目。

6.2.5 采取份样的方法

每个份样都应由取样设备一次一个动作或一个完全的周期动作取得，采取 DRI 或 HBI 流全截面。份样自由落差应保持最小，以减少 DRI 或 HBI 粒度破损，从而使粒度分布的偏差最小。

注1：取样机可在一个完全的周期内，对 DRI 或 HBI 流往返采取。

注2：停带取样也采取 DRI 或 HBI 流的全截面。

第1个份样应从输送作业开始后的第1个时间间隔内随机采取。其后的份样应以6.2.4确定的固定时间间隔采取，直到交货批输送作业完毕。如果计算的样品质量小于试验(粒度测定、物理试验等)所需的质量时，应缩短取样间隔。

一次取样机应采用定速取样机，在整个交货批输送期间，其截取速度是恒定的。

应尽可能在最靠近装载或卸载设备的部位进行取样，最好在称量点前或后立即进行。

6.3 在定量或定时间隔内分层随机取样

6.3.1 概述

取样最好按定量(6.1)或定时(6.2)进行系统取样。但是，如果在计划取样间隔的任何倍数的时期内，品质或数量发生周期性波动时，则应在定量或定时间隔内，采用分层随机取样。

由于分层随机取样的性质，可能在邻近的空间或时间内连续采取连续份样。因此，取样系统设计应能连续输送两个份样。

6.3.2 定量间隔

6.1中规定的方法不包括定量间隔内分层随机取样，当质量间隔已设定，取样机被设定在该质量间隔内随机采取第一个一次份样，这是用一台随机计数器，在质量间隔内(6.1.4确定的)给出一个随机质量数，在该质量间隔内的随机质量数达到时，启动取样机。

6.3.3 定时间隔

6.2中规定的方法不包括定时间隔内分层随机取样，当时间间隔已设定，取样机被设定在该时间间隔内随机采取一个一次份样，这也是使用一台随机计数器来完成，在时间间隔内(6.2.4确定的)给出一个随机时间数，在该时间间隔内的随机时间数达到时，启动取样机。

7 从移动的料流取样

7.1 概述

基本要求和典型示例作为移动料流的取样和制样系统设计和操作的指南。从设计和管理的早期阶段以及在系统的操作和维护期间都应考虑这些要求。

本标准仅论及采取料流全截面的取样机。不能采用非全截面的取样机，因其不能可靠地提供有代表性的试验样，即它们会产生明显的偏差。

不一定要把取样系统作为一个单独系统来建设或操作。任何基本单元或基本单元的组合都可由机械操作，或与手工操作结合起来形成一个完整的取样和制样系统。

取样系统应按第5章、第6章的要求来操作，即规定份样的质量，份样的个数和定量、定时及分层随机取样的取样间隔。在交货批的取样和制样过程中，系统的运行始终受到监控。如果装置发生故障或事故时，应立即用手工停带取样方法取代机械操作。

手工采取的试验样应与机械采取的试验样分开处理。

应注意在取制样期间，份样、副样和大样的品质不应改变。另外在装载取样后和卸载取样前，应注意将交货批的品质变化控制到最小。在货物上喷水降尘或从交货批中除去水分时，都应按 GB/T 10322.5 校正水分。

7.2 安全操作

从取样系统的设计和建设的初始阶段起，对操作人员的安全就应予以应有的考虑。应遵守地方或国家的安全法规。

如果料流速超过 500 t/h，建议采用机械取样。在这种情况下用手工取样对采样人员可能有危险，除非采用停带取样。

7.3 取样装置的强度

取样和制样系统的设计和建设应牢固耐用，在规定条件下，特别对 HBI 来说，始终能满足其需要的功能不出故障。系统中应该设计维修通道。

如果装置发生故障，应备有一个替代的取样方法。例如，一次取样机采取的份样可通过备用设备（如简易运输机、混凝土板或接料卡车）旁路排出，以便进行手工制样。

建议机械取样系统按基本单元能单独操作的方式配置，万一发生事故时便于修理。

7.4 取样系统的多用性

取样和制样系统的设计应该是：

a) 以可能要输送的 DRI 或 HBI 类型，待测品质特性以及所要求的取样和制样精密度为依据；

b) 不导致偏差。

在任何情况下，组成一个试验样的最小份样质量和个数都应分别符合 5.1.4 和 5.4 的规定，以便得到规定的精密度和试验所需要的质量。

粒度样品应在破碎前采取，只要满足第 4 章中规定的一般程序要求，允许份样重用去组成样品。如果一个样品进行了粒度测定后，继续用作其他测定，应注意在继续进行制样前，要保证各粒级重新充分混合。

该装置应设计成使校核试验和日常取样能同时进行。取样系统应能把份样交替组成为 A 和 B 的一对副样，用于按 GB/T 10322.2 测定品质波动和按 ISO 3085 校核取样精密度。为满足 ISO 3085 中的取样要求，一次取样机至少具有采用 5.4 中规定的份样个数（n_1）的两倍的能力。当这些系统要点设计都已予满足，建议按 ISO 3085 定期测定取样精密度作为正常取样操作的一部分。

7.5 一次取样机

7.5.1 位置

一次取样机应安装在整个交货批都可取样的位置，应装在最靠近装载或卸载设备的部位，尽可能靠近称量的地点。

7.5.2 一次取样机的类型

一次取样机有几种类型，运行方法和结构形式各异，其中用得最广泛的机型是截取型一次取样机，它安装在带式输送机的卸料端，设计以均匀的速度移动通过，截取 DRI 或 HBI 流的全截面采取份样，如果料流量低于 500 t/h 时（见 7.2），虽然对 DRI（非 HBI）也可以使用手工截取器，但最好用机械取样机从下落的料流采取份样。

7.5.3 一次取样机的一般设计准则

为避免偏差，一次取样机应满足下列的设计准则：

a) 试验样不应有溢出，溅出或超细粉末损失；

b) 最大的采样流量通过取样机时，不应有任何障碍；

c) 斗式截取机应有足够的容积，容纳最大 DRI 或 HBI 流量时采取的份样质量；

d) 取样机中应没有任何阻塞或积存残留物，即取样机应能自动清理和溜槽应该配有合适的内衬，如陶瓷；

e) 除试验样外，不应有任何污染物或异物进入取样机；

f) 采取份样时，试验样的品质不应有明显变化。例如，取粒度测定样品时，组分的颗粒不应破坏；

g) 取样机应采取 DRI 或 HBI 流的全截面，前后两个槽缘按同一轨迹通过料流；

h) 取样机应垂直于 DRI 或 HBI 流的一个平面上，或沿着料流中心轨迹相交的一条弧线横切料流；

i) 取样机应匀速通过 DRI 或 HBI 流，在任何一点，速度偏差都不大于±5%；

j) 截取口的几何形状应保证在料流每一点的截取时间相等，偏差都不大于±5%，例如，直行取样机，其截取口应平行，而旋转取样机，其截取口为辐射状；

k) 截取口的平面不应垂直或近似垂直。

机械取样系统的一个清单示例参见附录A。

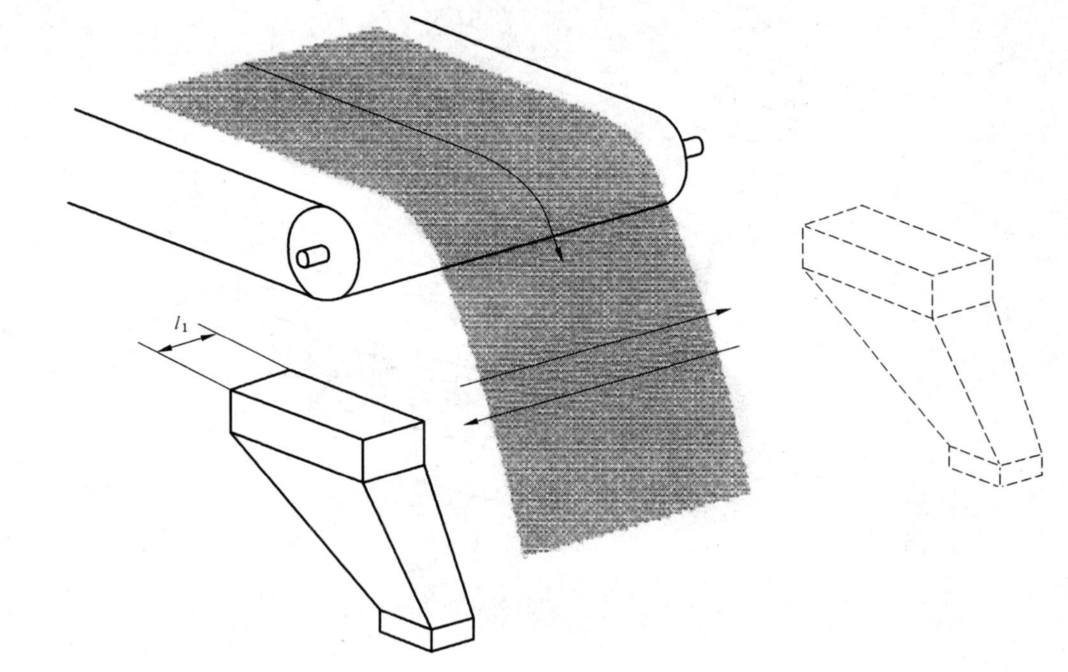

a) 溜槽截取型

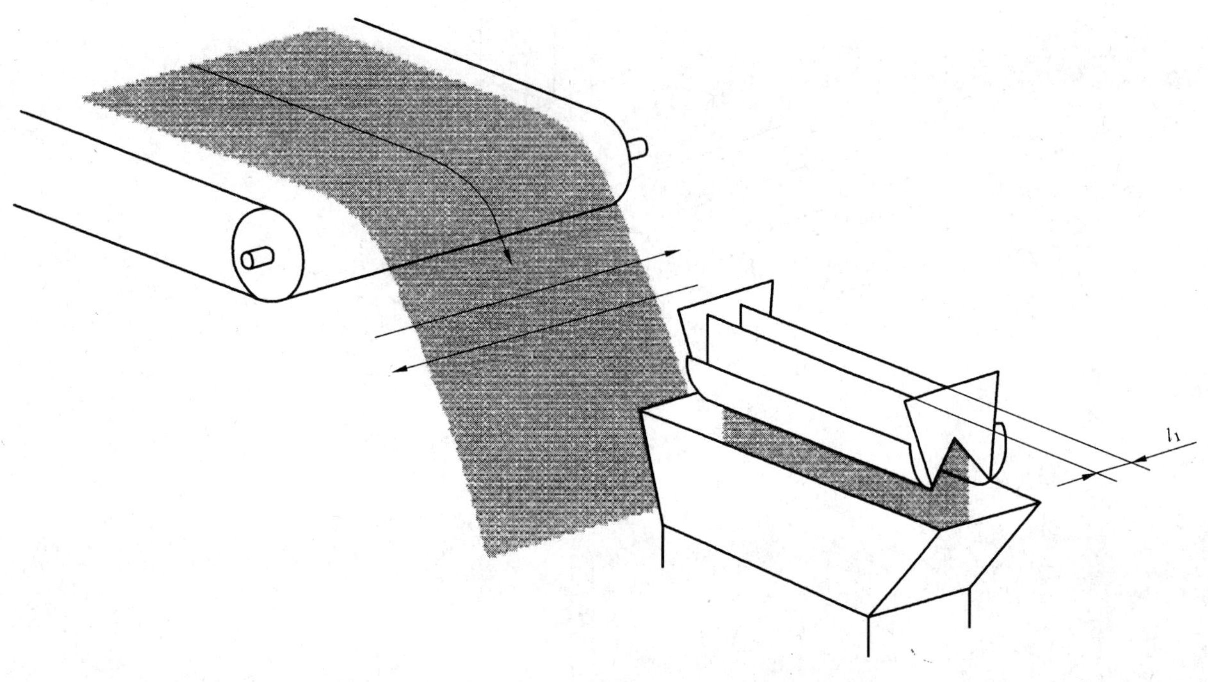

b) 斗式截取型(Ⅰ)

图1 机械截取型取样机图解示例

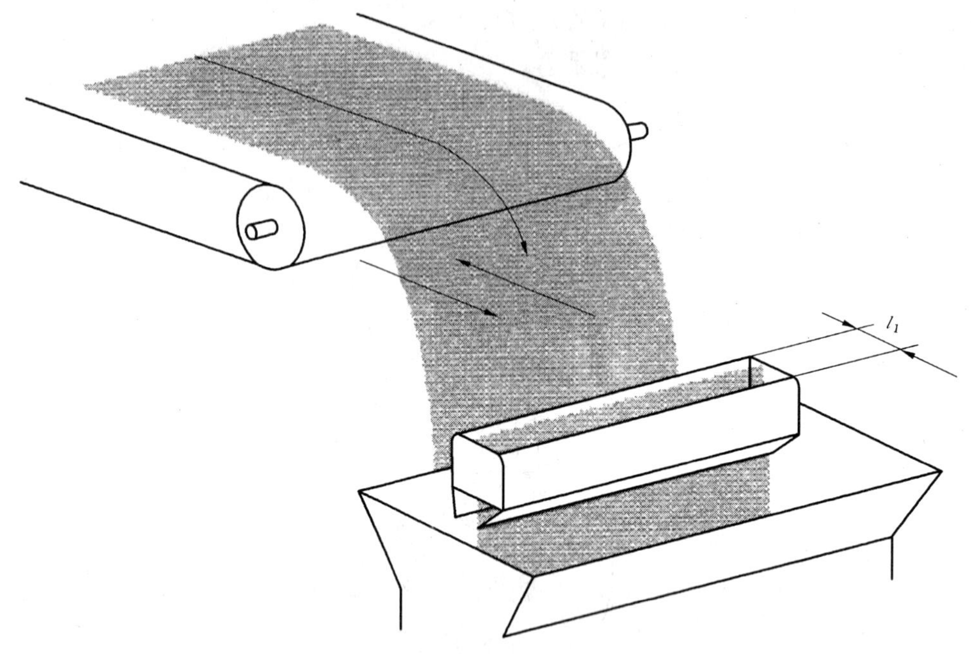

c) 斗式截取型(Ⅱ)

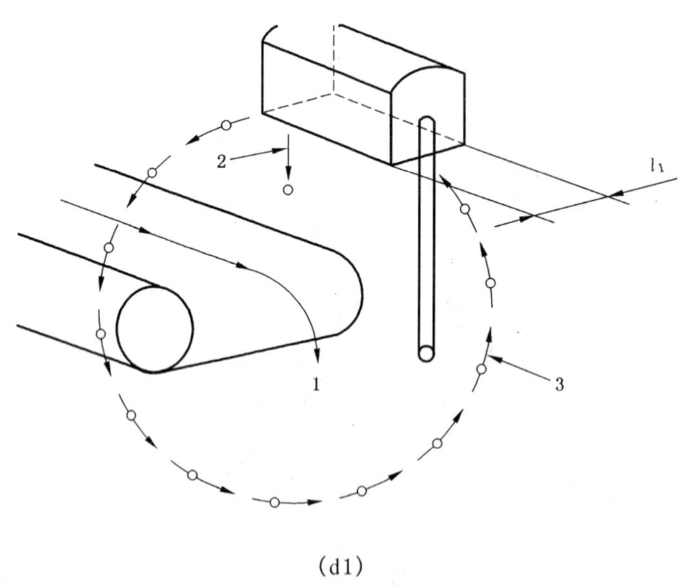

(d1)

d) 摇臂型

图 1(续)

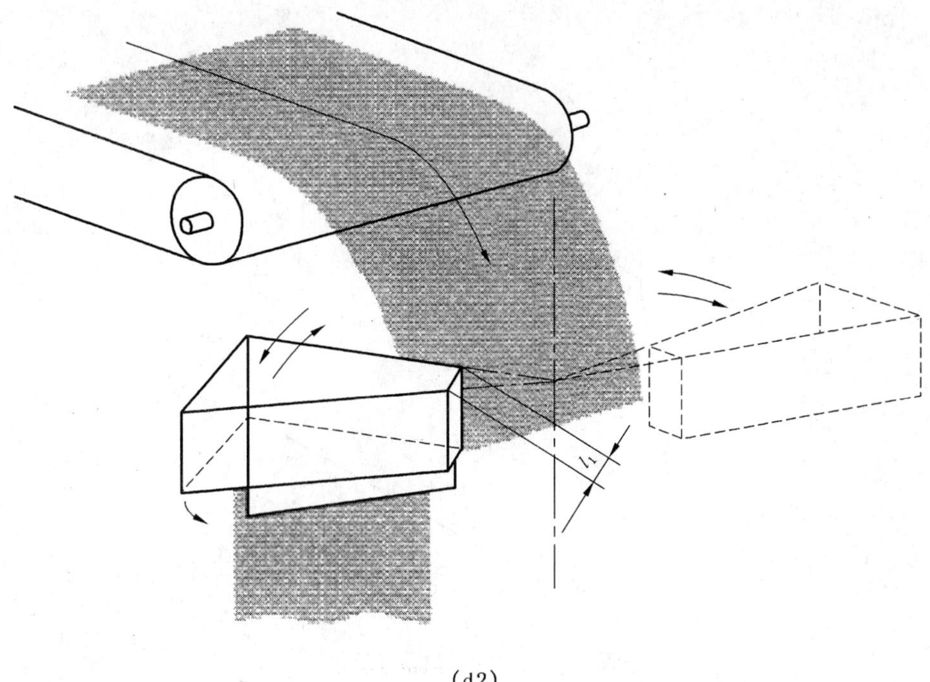

(d2)

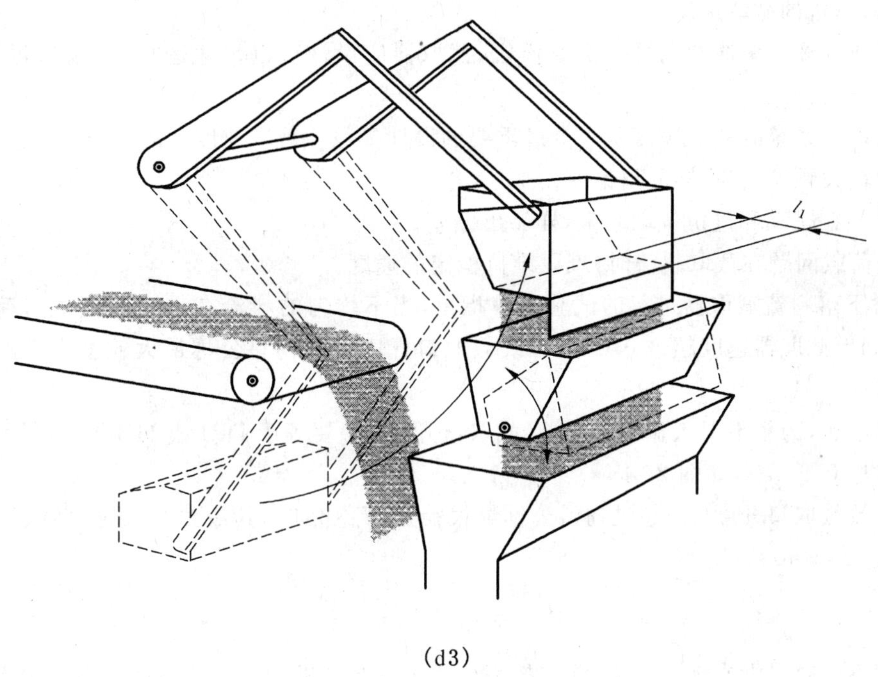

(d3)

l_1：一次取样机截取口开度。

1——主料流；

2——份样；

3——一次取样机运行路线。

图 1（续）

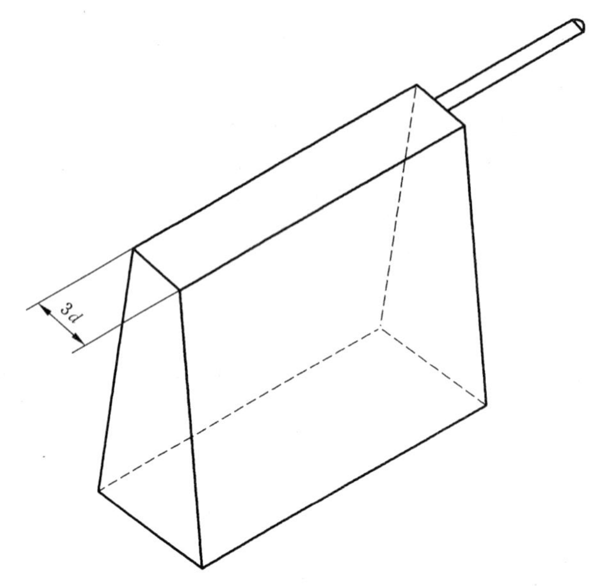

图 2　手工取样器的示例

7.5.4　一次取样机的截取口开度

一次取样机的截取口开度(图 1 中尺寸 l_1)至少应为 DRI 或 HBI 公称最大粒度的 3 倍。

7.5.5　一次取样机的截取速度

在 6.1.5 或 6.2.5 中谈到两种一次取样机,截取器应设计成以匀速运行,在采取每个份样的过程中,速度偏差不应大于±5%。

设计机械取样系统时截取速度是一个最重要的设计参数。截取速度太高会导致:

a)　由于较大颗粒反弹,样品出偏差;

b)　由于颗粒跳动和过份扰动起尘,样品出偏差;

c)　冲击荷载问题在截取料流时,难以维持稳定的速度。

由 Gy[1] 对下落料流截取器进行的试验工作指出,当不均匀的料流在带式输送机负荷低,粒度分布很窄时取样;如果截取器速度超过 0.6 m/s,或截取口开度小于物料公称最大粒度 3 倍时,就可能导致显著的偏差。

根据这个事实,为了不引入显著的偏差,截取口开度(l_1)要等于 DRI 或 HBI 公称最大粒度 3 倍,截取速度不应超过 0.6 m/s,如图 2。

取样机有效截取口开度(l_1)超过物料公称最大粒度(d)3 倍时,其最大截取速度(V_C)可按式(15)增加,最大不超过 1.5 m/s。

$$V_C = 0.3\left(1+\frac{l_1}{3d}\right) \quad \cdots\cdots(15)$$

截取速度不应超过上式规定的值,除非按 GB/T 10322.4 进行偏差试验证明没有引入显著偏差。

7.6　二次及以后的取样机

二次及以后的取样机的设计和操作要求,与 7.5.2 至 7.5.5 中对一次取样机的那些规定相同。取样机截取口开度至少应为 DRI 或 HBI 公称最大粒度的三倍或 10 mm,两者取其大。

7.7　在线制样

7.7.1　制样的配置

制样装置设计应能按第 10 章中的要求完成每个份样、每个副样和大样的制备,一次份样从一次取

1　Gy. P 散状料的取样——理论和实践　阿姆斯特丹:Elsevier ,1982

样点输送到各个制样阶段的系统应精心设计，这些阶段包括粒度试验的制样阶段或粒度和其他物理试样制样阶段，避免DRI或HBI粒度样在系统处理过程中受到严重的破坏。转运点的个数及各转运点的落差均应保持最小。

取样和制样设备，可以集中设置，或分开设置，对集中配置的制样设备应能在采取同样用途的两个相邻份样间的时间间隔内，处理完每个份样。

制样设备应能将试验样破碎、研磨和细磨到要求的粒度，然后缩分到需要的质量而无偏差。破碎和缩分设备应适当密封，以防止试验样遭受气流影响。通过设备的气流也应减至最小，以防止细物料损失。如果在制样系统中难以设计把样品磨至−160 μm的设备，则研磨作业可以单独进行。

7.7.2 破碎机

在破碎、研磨或细磨的每个阶段，为了得到需要的公称最大粒度的样品，这些设备应是可调的，确保不会残留任何超规格的大颗粒物料。

7.7.3 缩分机

各种缩分机举例如下：

a) 溜槽截取型缩分机[与图1a)所示的一次取样机的设计相同]；

b) 开口皮带型缩分机[见图3a)]；

c) 链斗型缩分机[见图3b)]；

d) 旋转样品缩分机[见图3c)]；

e) 旋转盘型缩分机[见图3d)]；

f) 旋转溜槽截取型缩分机[见图3e)]。

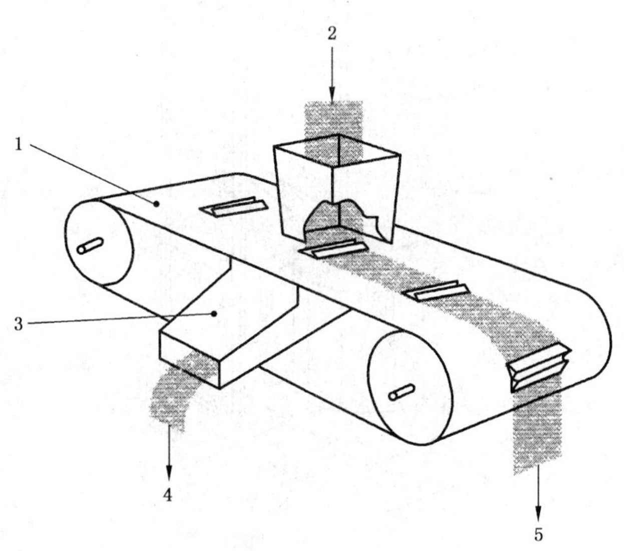

1——开口皮带；
2——给料；
3——斜面溜槽；
4——缩分样品；
5——排料。

a) 开口皮带型缩分机的示例

图3 几种缩分机的示例

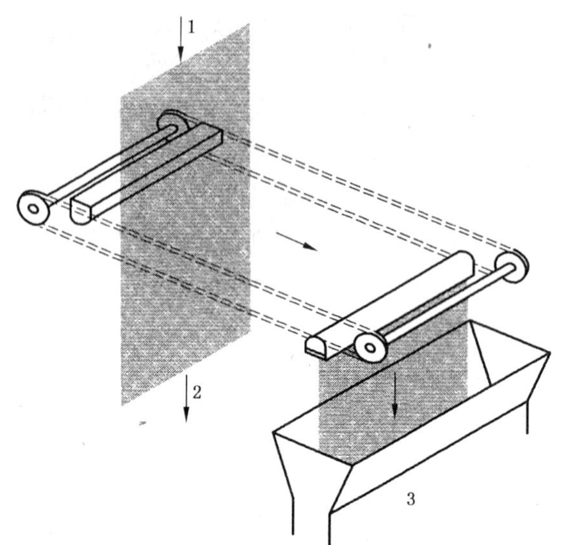

1——给料；
2——排料；
3——缩分样品。

b）链斗型缩分机的示例

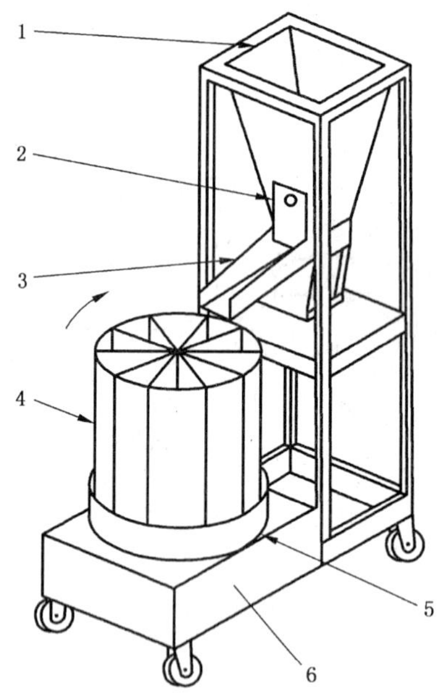

1——给料料斗；
2——滑动闸门；
3——振动给料机；
4——旋转试料罐；
5——转盘；
6——小车座。

c）旋转样品缩分机的示例

图 3（续）

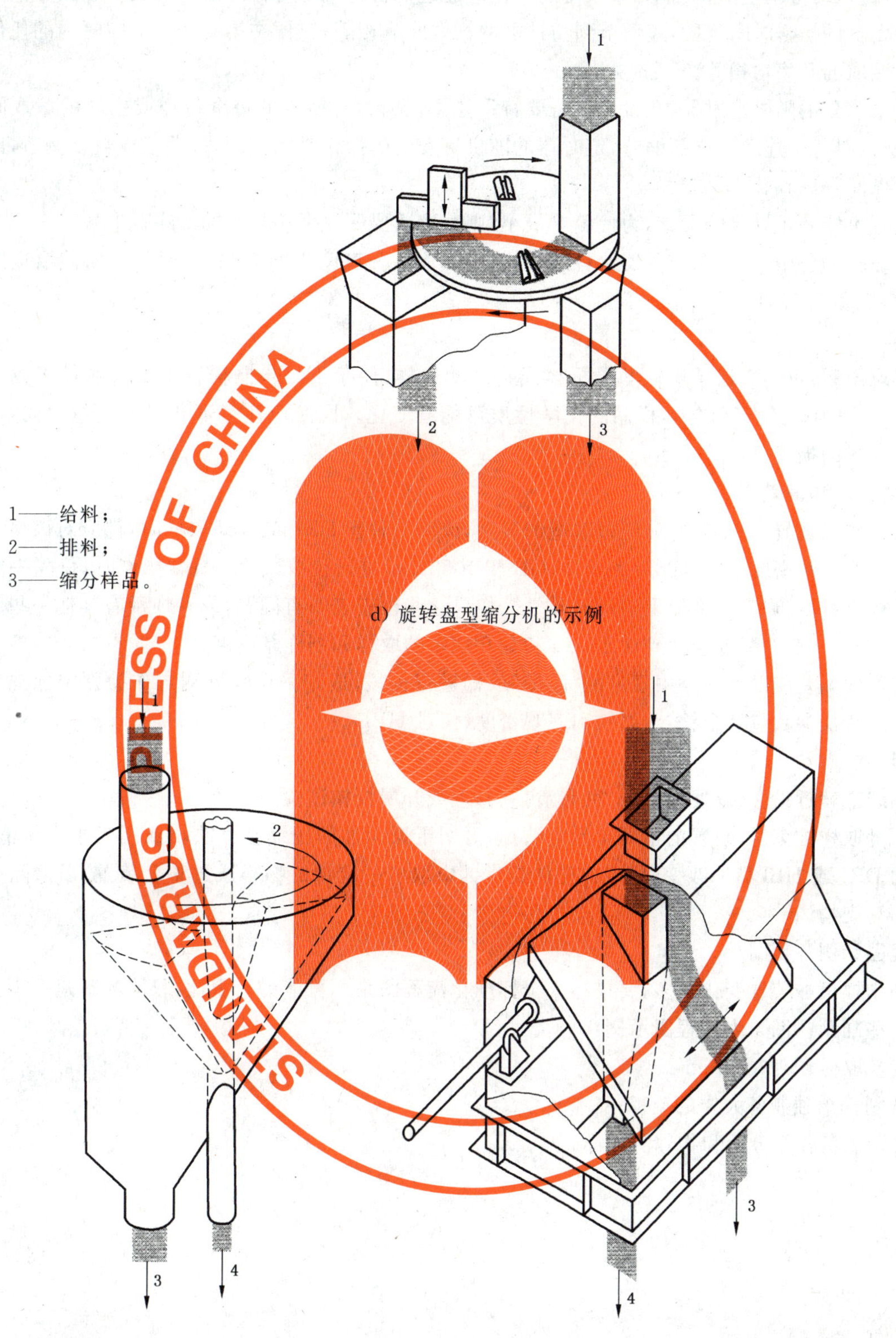

1——给料；
2——排料；
3——缩分样品。

d) 旋转盘型缩分机的示例

1——给料；
2——旋转试料罐；
3——排料；
4——缩分样品。

e) 旋转截取溜槽型缩分机的示例

图 3（续）

为避免偏差，缩分机应随机启动，截取器的操作应通过一台随机定时器与给料器操作联锁。该定时器的随机触发器的操作时间范围，应调节到与计算的截取间隔相等，以便在第1个截取间隔内的任何一点上作首次截取的几率均相等。

用于定量缩分的随机定时器，在设计上需要特别注意。因为待缩分的每个份样或副样的截取间隔可能不同，所以对每个连续的样品缩分，定时器的随机触发器的操作时间范围，应手工或自动调节，以便与计算的截取间隔一致。

如果装置不能满足以上的要求，为使偏差最小，则截取数要明显大于规定的最小截取数。

建议在缩分的各个阶段，向缩分器给料都要均匀，截取口开口度应如7.5.4所规定，而截取速度应恒定（见7.5.3和7.5.5）。

7.7.4 烘箱

水分样取出后，可用烘箱干燥化学分析样或物理测试样，便于下一步制样。干燥应在等于或小于105 ℃下进行，因为在此温度以上，样品的化学性质可能有变化。同时应注意不要引入其他的偏差源，例如干燥时细料的损失。

7.8 校核精密度和偏差

当新建的取样装置，当主要部分经过改造的装置，或对一种新DRI或HBI取样时，都应对该整体装置的包括各阶段的精密度（ISO 3085）和偏差（GB/T 10322.4）进行校核试验。日常操作时，每隔一定时间也应进行检查，以发现装置性能上的任何异常。如果这些检查表明有问题，或者怀疑有其他一些变化时，就应进行偏差试验。装置应达到优于5.4和5.5规定的取样和制样精密度。

取样装置的偏差应以第9章中规定的“停带”取样进行校核，最好采用粒度测定作为判定标准。适合核查偏差的特征参数包括全铁、金属铁和表观密度（仅对HBI）。

7.9 清扫和维护

取样系统应就近设置，以便于检查、彻底清扫、修理或开展校核试验。

一交货批取样结束时，装置的主要单元应清扫，可用干燥无油的压缩空气吹扫或用吸尘系统清扫。如果取样的DRI或HBI品种改变时，应首先从交货批中取出一定量的物料通过整个装置，以清除一些可能存在的污染物。

7.10 流程图示例

取样和制样机械装置变化很多，要描述一个标准化流程图是不可能的。因此，只能为新建一个机械装置提供一些准则。图4为流程图示例：

a） 定量取样；

b） 从副样单独制备大样的流程；

c） 分别制备化学分析和物理测试样。

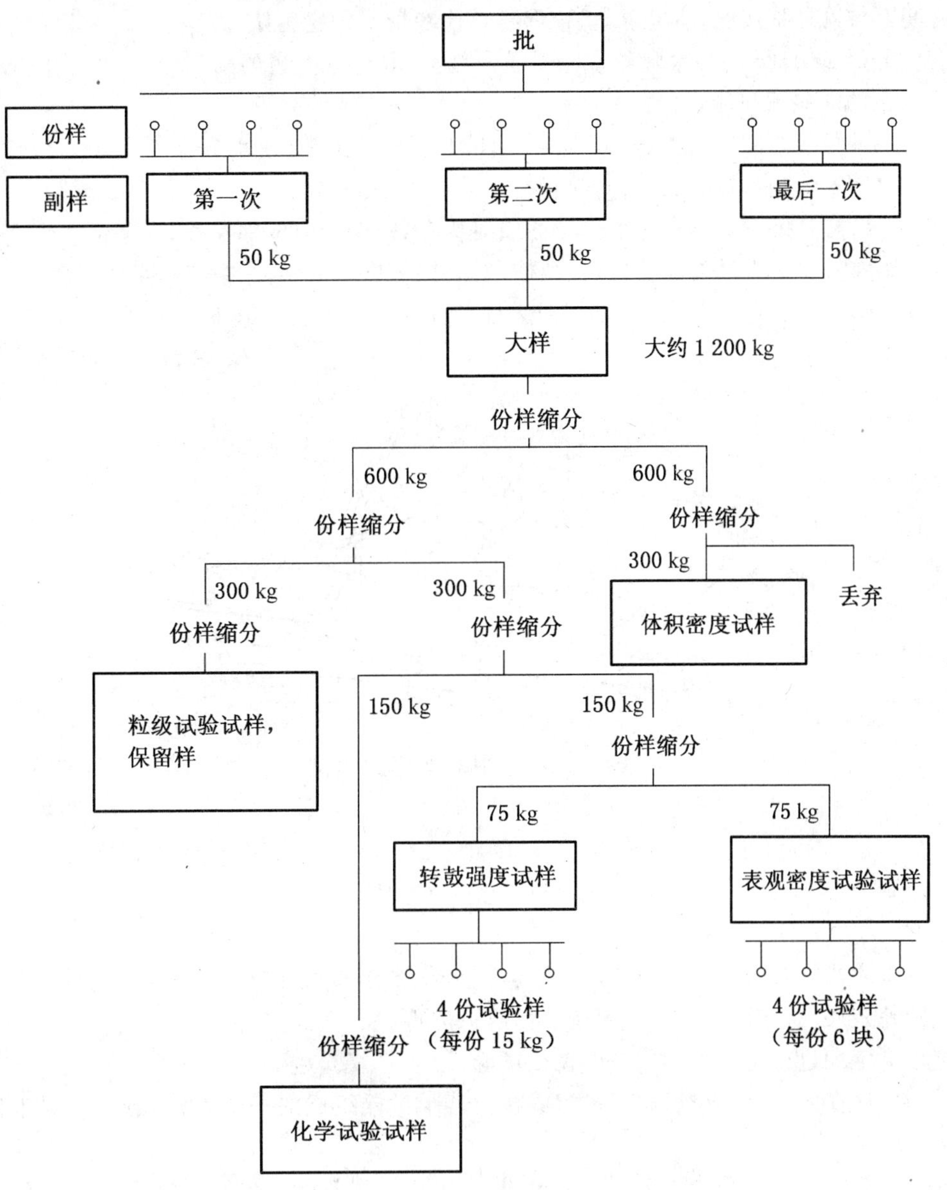

图 4　取样和制样流程图示例

8　固定的场所取样

为避免偏差，从交货批采取份样时，应使物料的所有部分都有同等机会被采取并成为最终试验样的一部分。对于 DRI 或 HBI 的固定批来说是难以实现的，因为没有合适的工具能够伸到底部并取出全截面的垂直柱。因此，从移动料流取样是测定交货批品质特性获取有代表性试验样的最好方法。

9　参比样的停带取样法

停带取样是获得对照样的满意方法，其他取样方法可与之对比。

停带取样的程序如下：

a）　按 4.2 确定取样参数；

b）　按 6.1.4 或 6.2.4 确定的时间或质量间隔停止输送带；

c）　每次停带时，横跨停止的输送带上放置一个与输送带曲线面相适应的取样器（见图 5），其内边长最小为 DRI 或 HBI 公称最大粒度的 3 倍，把它插入穿过 DRI 或 HBI 层，在横跨输送带整个

宽度上与输送带接触(实际上,这个取样器内径通常设定为 1 m);

d) 有些 DRI 或 HBI 颗粒会阻碍取样器插入,应将取样器左边的物料颗粒推入份样内,而把取样器右边的那些细料推出份样外;

e) 尽量在最短的时间内,把取样器内的 DRI 或 HBI 取出来,使水分损失最小,要扫净输送带,保证取出所有的物料颗粒,并将每个份样贮存在适当的容器中;

f) 1) 如果需要按一个份样一个份样的成对比较,则份样应分别保存;
   2) 如果需要交货批的品质特性,则按 10.2 把份样组成副样和大样;

g) 按第 11 章中的规定,把份样、副样或大样贮存在有标签的容器中。

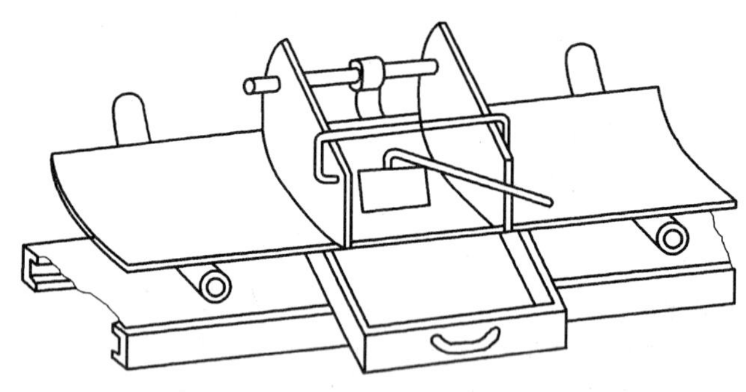

图 5 停带用取样框的示例

10 制样

10.1 基本原则

10.1.1 概述

制样要分多阶段进行,每个阶段均包括破碎、混合和缩分一系列操作。制样过程中应使试验样不受污染或混入其他杂质,且在试验样品质不变的情况下进行。

制样过程应定期进行精密度和偏差的校核试验。

试验样制成试样阶段,可以按每个份样、或按由若干份样组成的每个副样、或按由若干份样或若干副样组成的大样来进行。

副样可由直接采取的两个或更多的份样组成,也可逐一制备到一个适当的缩分阶段后组成。

大样可由直接采取的全部份样或副样组成,也可逐一制备到一个适当的缩分阶段后组成。

图 4 为由份样组成副样和由副样组成大样的制样流程示例。

10.1.2 破碎和研磨

应采用与 DRI 或 HBI 粒度和硬度相适应的设备进行破碎和研磨。破碎机和研磨机应用同一来源的 DRI 或 HBI 来清洗。在将 DRI 或 HBI 破碎到粒级小于 160 μm 时应特别注意,因过度破碎将导致试样氧化。另外,破碎设备不应该过热,如有必要可以降温。

10.1.3 混合

混合会使试验样更均匀,从而减少样品缩分时的偏差。如果试验样由多个来源组成时,混合就尤其重要。在可能的情况下,试验样制样流程设计中混合次数应减到最少。

适宜的混合方法示例包括:

a) 机械混合机,如 V 型混合机;

b) 试验样连续三次通过一个两分器,或最好是旋转样品缩分机,每通过一次后重新组合各个部分。细料损失应最小。

注:有些手工混合的方法,例如锥堆的造堆和重堆,会产生与预想相反的效果,并可能导致偏析增大。

10.1.4 样品缩分

10.1.4.1 概述

样品应按原状进行缩分,必要时可破碎到适当的粒度,以减少样品质量。

为达到规定的制样精密度,缩分应考虑以下方面:

a) 缩分样品的公称最大粒度;

b) 测定各种品质特性规定的缩分后样品的最小质量(见10.1.5)。

10.1.4.2 缩分的方法

样品缩分应单独或联合采用下列的一个或多个样品缩分法。

a) 机械份样缩分法(见10.3.1);

b) 其他机械缩分法(例如机械装料二分器缩分机,见10.3.2);

c) 手工缩分法(见10.4)。

10.1.4.3 缩分的类型

如果单独制备几个份样或副样并组成副样或大样时,应按10.2.1和10.2.2规定的条件,用定量缩分或定比缩分法进行份样或副样的缩分。

10.1.4.4 缩分机的类型

可采用的机械缩分机类型有溜槽截取型、开口型、链斗型、旋转罐型、旋转盘型、旋转溜槽截取型及机械装料二分器(见10.3.2)。

10.1.5 缩分样品的质量

10.1.5.1 水分样和化学分析样的缩分

10.1.5.1.1 大样的缩分

缩分大样时,缩分后样品的最小质量应该符合表4规定。如公称最大粒度的样品缩分后的最小质量小于表4的值,大样就不应再缩分,直接破碎到更小的粒度,直到最小质量为500 g,满足制取化学分析样制备的要求为止(见10.7)。

表4 水分测定和/或化学分析用大样缩分的最小质量实例

公称最大粒度/mm HBI或DRI	缩分后大样的最小质量/ kg
100	1 600
63.5	500
40	160
31.5	90
22.4	38
10	5
6.3	1.6
2.8	0.5
1.4	0.5
0.500	0.5
0.250	0.5
注:最小质量的值由国际试验测试获得。	

10.1.5.1.2 单个份样或副样的缩分

当缩分份样或副样时,缩分应保证由缩分后份样或副样组成的该交货批的大样的质量,不小于表4规定的最小缩分大样的质量。

10.1.5.2 物理测试样的缩分

10.1.5.2.1 大样的缩分

物理测试大样缩分时,缩分大样的质量不应低于表5中规定的最小质量。

如果粒级的实际百分数和表5中规定的不一样时,则表5中规定的最小质量应根据二项式规则用式(16)计算:

$$m_4 = m_3 \times \frac{P(100 - P)}{P_0(100 - P_0)} \quad \cdots\cdots(16)$$

式中:

m_4——修正的缩分后大样最小质量,单位为千克(kg);

m_3——表5中规定的缩分后大样的最小质量,单位为千克(kg);

P——粒级的实际百分数,它比表5中规定的高得多;

P_0——粒级百分数。

注:如果被修正的大样缩分的最小质量值(m_S)低于表5中规定的值(m_S),那就采用表5中的值。

表5 物理测试大样缩分后的最小质量

物理试验		大样缩分后的最小质量(m_S)/kg
粒度(6.3 mm~31.5 mm的DRI块)	−6.3 mm粒级 平均10%	90
粒度(DRI球团)	−6.3 mm粒级 平均5%	90
粒度(−100 mm的HBI)	6.3 mm~25 mm粒级 平均10%	800
	−6.3 mm粒级 平均10%	800
表观密度		150
转鼓指数和耐磨指数		60
注:最小质量的值由国际试验测试获得。		

10.1.5.2.2 单独份样或副样的缩分

当份样或副样缩分时,缩分应保证缩分份样或副样合并组成该交货批的大样的质量不小于10.1.5.2.1中规定的最小值。

10.1.6 样品的分用和重用

从一交货批采取的符合相关品质特性测定具体要求样品可以分用或重用,以获得水分测定、粒度测定和化学分析试样。

10.2 组成副样或大样的方法

10.2.1 概述

根据测定要求,一交货批可以组成一个大样,或交货批的各个部分可以组成副样。此外在某些情况下,根据制样要求可先组成副样,然后再组成大样。

10.2.2 定量取样时的组成方法

10.2.2.1 由份样组成副样和大样

当份样质量的变动系数小于20%时,份样可按原状组成副样或大样,也可以用定量或定比缩分单独制备到一适当阶段后组成副样或大样。

当份样质量的变动系数等于或大于20%时,份样不应按原状组成副样和大样。各个份样首先应在一特定阶段用定量缩分法缩分,然后把制备的份样,在一适当阶段组成副样或大样。

否则将每个份样制成试样并进行品质测定。

10.2.2.2 由副样组成大样

按10.2.2.1组成的副样可以组成大样。

如果按每个副样进行缩分后组成大样时,则按以下方法进行缩分:

a) 如果各个副样由相同的份样个数组成,采用定量或定比缩分均可;

b) 如果各个副样由不同的份样个数组成,则只能采用定比缩分。

10.2.3 定时取样时的组成方法

10.2.3.1 由份样组成副样或大样

如不考虑份样的质量差异,份样可按原状组成副样或大样。如果对每个份样进行缩分,而且由缩分份样合并组成副样或大样时,则应采用定比缩分。

10.2.3.2 由副样组成大样

按10.2.3.1组成的副样可组成大样,此时不考虑副样质量的差异。

但是,当对每个副样进行缩分并由缩分后的副样组成大样时,则应采用定比缩分。

10.3 机械缩分方法

10.3.1 机械份样缩分法

10.3.1.1 概述

物理测试样和化学分析样按10.3.1.2～10.3.1.6中的规定,用截取型缩分机采用份样缩分法缩分。

10.3.1.2 份样(截取)的质量

每次截取的质量应均匀,为此被缩分样的流量要均匀,而且截取口开度和截取的速度应恒定。

注:为得到均匀的截取量,可以将可调的样品给料量和可调的截取机速度综合起来考虑。

截取口开度至少应为待缩分DRI或HBI样品公称最大粒度的3倍。

10.3.1.3 份样的个数(截取次数)

在特定的取样阶段(i),份样、副样和大样由试验确定截取次数(n_i),取决于被缩分料流的品质波动(σ_{Wi}),和要求的取样精密度(β_{Si}),可由式(17)计算:

$$n_i = \left(\frac{2\sigma_{Wi}}{\beta_{Si}}\right)^2 \qquad \cdots\cdots (17)$$

但是,如果在特定的取样阶段,没有可用的品质波动资料,则可用下列的截取次数作为起点:

a) 大样缩分

——最少20次。

b) 单个副样缩分

——定量缩分最少10次;

——定比缩分,对于副样平均质量最少10次。

c) 单个份样缩分

——定量缩分,最少4次;

——定比缩分,对于份样平均质量最少5次。

10.3.1.4 截取的间隔

用定量缩分时,截取间隔应随被缩分试验样的质量而改变。

用定比缩分时,截取间隔应恒定,不考虑被缩分试验样的质量变化。

10.3.1.5 避免偏差

为了避免偏差,每个被缩分试验样的第1次截取应在第1个缩分间隔内随机采取。

10.3.1.6 缩分试样的质量

最小缩分试样的质量应该符合10.1.5的要求。

10.3.2 其他机械缩分法

10.3.2.1 概述

物理测试样品、水分样品和化学分析样品可用非截取型机械缩分机,例如,机械装料二分器。

10.3.2.2 缩分试样的质量

最小缩分试样的质量应该符合10.1.5的要求。

10.4 手工缩分法

10.4.1 手工份样缩分法

10.4.1.1 概述

手工份样缩分适用于DRI或破碎后公称最大粒度不超过40 mm的HBI。份样铲进行缩分，其样式和尺寸见图6和表6。份样铲由无磁性的不锈钢材料制成。

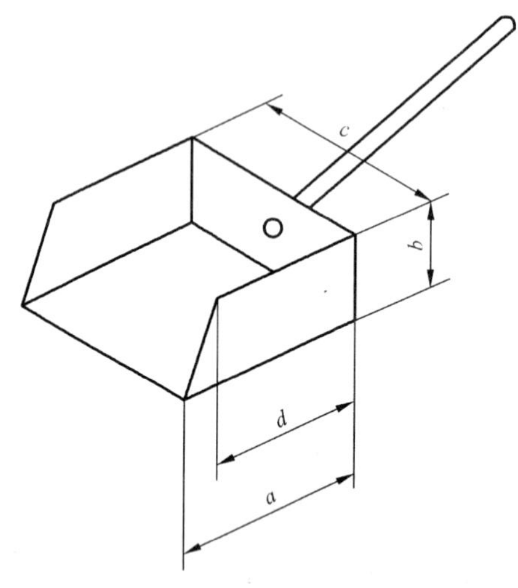

图6 份样铲的示例

10.4.1.2 份样的质量

每个份样的质量应符合表6的规定。

表6 公称最大粒度、铺样厚度、缩分铲尺寸和手工份样缩分的份样质量

公称最大粒度/mm		铺样厚度/mm	份样铲号	份样铲尺寸/mm				份样质量/kg
>	≤			*a*	*b*	*c*	*d*	
22.4	40	80	31.5D	180	120	180	150	4.5
10	22.4	50	22.4D	120	100	120	100	1.8
6.3	10	30	10D	75	40	75	60	0.25
2.8	6.3	20	6.3D	50	30	50	40	0.08
1	2.8	15	2.8D	40	25	40	30	0.05
	1	10	1D	25	20	25	20	0.001 5

10.4.1.3 份样的个数

手工份样缩分的份样个数应符合表7的规定。

表7 手工份样缩分的份样个数

样　　品	手工份样的个数
大样	20
副样	12
一次份样	4

10.4.1.4 缩分试样的质量

最小缩分试样的质量应该符合10.1.5的要求。

10.4.1.5 步骤

手工份样缩分法应按下列程序进行：

a) 被缩分的样品铺在一光滑的平板(不吸湿)上，呈长方形，样品厚度均匀，厚度见表6；

b) 在铺好的样层上划分成与表 7 规定的最小份样个数相同的网格数；

c) 根据被缩分 DRI 或破碎后的 HBI 的公称最大粒度，根据表 6 要求选取一个合适的份样铲，从平铺样层的每格中取出质量大致相等的一个份样(取样位置在每一格中随机选取)；

d) 将一块平滑的挡板垂直插入平铺的样品中，直到与平板面接触。然后，把份样铲插到样品底部，取份样时，水平移动份样铲直到它的开口端与挡板接触，这样保证取到平板面上部所有的物料颗粒；

e) 把份样铲和挡板一起抬起来，保证没有样品从份样铲上滑落，从而使偏差最小。

缩分样的质量可能小于下一步试验所需的质量时，则应增加份样的质量和/或份样的个数。

图 7 是用手工份样缩分法缩分大样的图解。

图 7 大样的手工份样缩分示例(20 份)

10.4.2 缩分铲

10.4.2.1 概述

对 DRI、HBI 块、破碎后的 HBI 缩分使用缩分铲。

10.4.2.2 份样的个数

10.3.1.3 中规定了使用缩分铲进行缩分的份样的个数。

10.4.2.3 缩分试样的质量

最小缩分试样的质量应该符合 10.1.5 的要求。

10.4.2.4 步骤

缩分应按下列程序进行：

a) 混合 DRI 或 HBI，在光滑的平板上形成一个圆锥堆。

b) 通过放置试样在不同的堆上，从堆的底部连续铲试样，直到试样堆重新分配。堆的数量由缩分率决定，举例来说，如果要求 1 份缩分成 5 份，5 个料堆（N_1、N_2、N_3、N_4、N_5）如图 8 那样形成。每堆（份样）铲的数量应该根据 10.3.1.3 的要求而定。

c) 随机选择一堆保留。

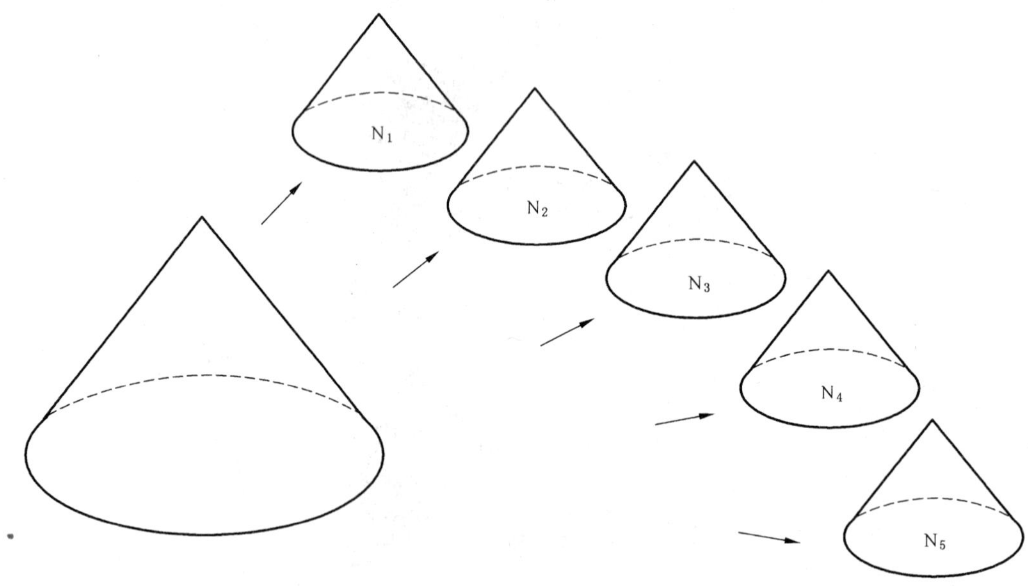

图 8 使用缩分铲手工缩分示例

10.4.3 手工二分器缩分法

10.4.3.1 概述

手工二分器缩分法适用于 DRI 或破碎的公称最大粒度不大于 22.4 mm 的 HBI。

10.4.3.2 二分器的选择

根据 DRI 或破碎的 HBI 公称最大粒度按照表 8 选择一个合适的二分器。附录 C 给出了二分器的详细样式和尺寸。

表 8 公称最大粒度的样品和二分器尺寸

公称最大粒度/mm		二分器号	二分器开口度/mm
>	≤		
16.0	22.4	50	50±1
10.0	16.0	30	30±1
5.0	10.0	20	20±1
2.8	5.0	10	10±0.5
	2.8	6	90±0.5

10.4.3.3 缩分试样的质量

最小缩分试样的质量应该符合10.1.5的要求。

10.4.3.4 步骤

把被缩分的样品混合后放入容器中，轻轻振动容器，把样品均匀地倒入二分器中部(与二分器成直角)，使样品分成两份。为避免引入偏差，应随机选取两份缩分样品的一份。

注意在二分器的漕沟中，不要残留任何物料。

10.5 物理测试样品的制备

用来进行粒度测试项目的各个份样、各个副样或大样，或者缩分未经破碎的样品都可用，粒度测定应按GB/T 10322.7中规定的方法进行。

用来进行物理测试项目的每个份样、每个副样、每个大样，例如表观密度、转鼓指数、耐磨指数以及其他的物理测试应该相应的标准进行。

10.6 水分测定样品的制备

定量取样时，水分测定试样可以取自每个份样、每个副样或大样。定时取样时，试样应取自每个副样或大样，保证达到规定的质量。

在按GB/T 10322.5测定水分含量之前，水分样应保存在一个密闭的、不吸湿的容器中，以免有任何变化。

如果需要，水分样品应按GB/T 10322.5规定破碎到－31.5 mm，－22.4 mm或－10 mm。缩分的第一阶段应按10.3或10.4规定的缩分规则进行。然后应用10.1.4.2中规定的缩分方法之一得到－31.5 mm的试验样最少10 kg，－22.4 mm试验样最少5 kg，或－10 mm的试验样最少1 kg，不再用GB/T 10322.5中规定表4和公式(16)得到的缩分试样的最小质量。

制备水分测定试样应细心快速，以免水分蒸发。试验后的样品可用作制备化学分析样品。

注1：可把－31.5 mm最小10 kg的试样，缩分成两份，每个试验样最少5 kg，以代替最少10 kg的一个试验样。

注2：建议做一个校核，测定－10 mm的试验样与－22.4 mm或－31.5 mm的试样对照，确认是否有偏差。

建议用10.4.1规定的手工份样缩分法制备水分试验样品，以使水分蒸发最小。对于公称最大粒度为31.5 mm，22.4 mm，10 mm或以下的物料，可以用比表6中规定的小1或2个号的份样铲。但是这样得到的试验样不应用来制备化学分析样。

试验样的质量应立即测定，否则立即测定质量，则样品应密封在一个防潮的容器内，并放在接近恒温、恒湿的环境中。

应标出每个份样或副样与交货批各部分(按质量)之间的关系。

水分测定用试验样的个数应符合表9规定。

表9 水分测定用试验样的个数

试样制备	每交货批副样的个数	试验用试验样的个数
由大样	—	4
由副样	2	4
	3～7	最少2
	≥8	最少1
由份样	—	最少1

10.7 化学分析试样的制备

10.7.1 质量和粒度

化学分析试样的公称最大粒度应为160 μm。最好的方法是由粒度250 μm的缩分大样中制成最少100 g的化学分析试样。但是如果使用一台适当的研磨机，可从公称最大粒度为250 μm粗的样品中直接制备成公称最大粒度为160 μm的化学分析试样。

10.7.2 制备到－250 μm

如每个份样、每个副样或大样研磨到粒度－250 μm 时都应按 10.3 或 10.4 重复破碎、缩分。在组成大样前，如按各个份样或副样进行缩分时，则应在缩分的某个阶段，由与各个份样或副样的质量成正比的量合成大样。如果需要，可按粒度－250 μm 的样品应在干燥后研磨至公称最大粒度为－160 μm。

－250 μm 样品的质量应足够制备交换样品所需的个数。

10.7.3 最终制备到－160 μm

10.7.3.1 研磨机的类型

把化学分析样品从－250 μm 研磨到公称最大粒度－160 μm，可用几种类型的研磨机，例如顶磨机、盘式研磨机、罐磨机、锤磨机或振磨机。应该选择那种不产生过多热量的研磨机。建议在研磨结束后研磨机不能热的无法触摸。

研磨机应该由在研磨操作期间不改变样品化学成分的材料制成。

建议按 GB/T 10322.4 做一个试验，校核一下研磨操作是否会引起化学成分偏差。

10.7.3.2 干磨

化学分析用的样品，应用一台合适的研磨机一次研磨至公称最大粒度 160 μm。如果样品研磨不能一次进行时，则将样品分成几部分，分别研磨。因为研磨时间缩短了，这也减少了产生的热量。各部分都研磨至公称最大粒度为 100 μm 后，它们应在一个合适的混合机中充分混匀。为避免研磨后试样的氧化，最终研磨后样品的公称最大粒度不能低于 160 μm。因此，研磨后样品公称最大粒度的检查应该作为有规律的质量控制程序的一部分，从而确保试样没有过研磨。

为确保在研磨期间样品的化学成分没有变化，应该采取下列的一个或多个的预防措施：

a) 通过减少给料量来降低研磨时间；

b) 使用一种单通道直通式的研磨机；

c) 以最少的研磨时间，如少于 1 min，来达到满足要求的公称最大粒度；

d) 在均匀注入研磨器皿的干燥氮气的惰性气体条件下研磨。

无论如何，研磨期间研磨机器皿不能过热(热得无法触摸)。因此在研磨操作间隙可以对研磨机器皿进行冷却，或者在研磨操作过程中使用干燥的氮气进行冷却。

研磨机器皿中应该隔离游离水分。

使用玛瑙研杵和研钵进行手工研磨，或其他合适的手工方法应该参考使用。

10.7.4 化学分析样品的分发

应从 160 μm 的试样中通过合适的方法制备的一组且不少于 4 个化学分析用试样(每份不低于 100 g)，待分发的试样应置于合适的容器中密封，并按第 11 章标记清楚。

适用时向卖方、买方、仲裁方各提供一个样品，如需保留该样品应保存 6 个月。

10.8 制样流程示例

水分样品和化学分析样品制样流程如图 9 所示。

注：图 9 的流程图，为试样制样的一个例子，其中 1 个副样包含 3 个份样，几个副样组成 1 个大样。

11 样品的包装和标识

供分发的样品应保存在密封容器中，样品标签上应标明下列内容：

a) DRI 或 HBI 的种类和等级及交货批名称(船名或火车名等)；

b) 意外的情况；

c) 交货批的质量；

d) 样品号；

e) 取样地点，日期和方法；

f) 制样地点和日期；

g) 样品粒度；

h) 取样的目的，例如，偏差试验、发货样；

i) 其他需要说明的情况。

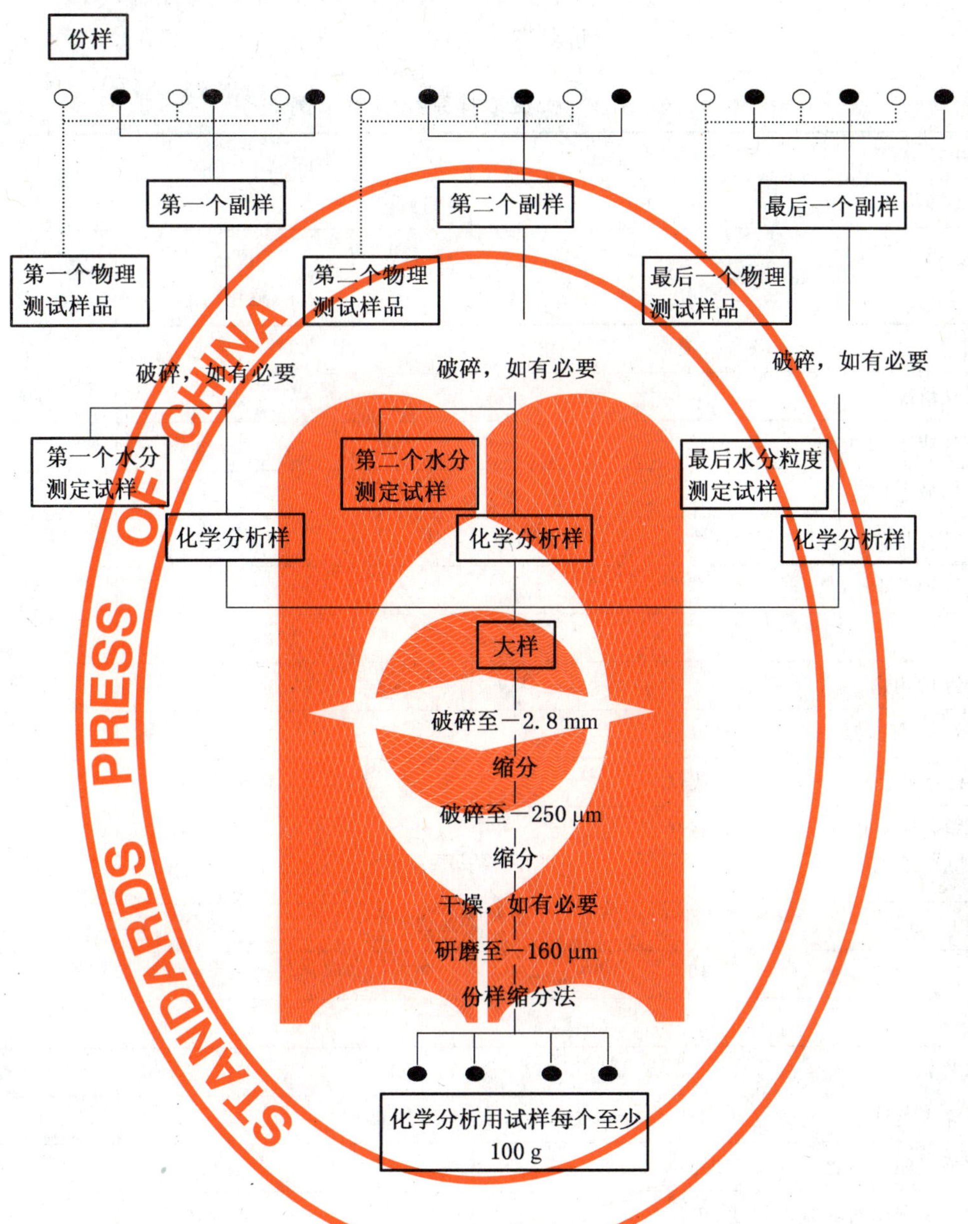

图 9 水分和化学分析试样的制样流程图示例

附 录 A
（资料性附录）
机械取样系统检查

表 A.1 机械取样系统清单示例

公　司		日期		
取样机位置和标志		检验员		
项　目		检查	规格（适用时）	允许差（适用时）
1 一般信息				
a) 天气情况				
b) DRI 或 HBI 类型				
c) 公称最大粒度				
d) 水分含量				
e) 交货批大小				
f) 流量（最大和正常）				
g) 样品的用途				
h) DRI 或 HBI 来源				
i) 取样点和装卸点间的转运点数目			最小	
j) 取样点和装卸点间总的落差高度			最小	
2 取样系统的类型				
		单段 □		
		二段 □		
		三段 □		
3 一次取样机				
a) 取样机类型				
b) 取样机驱动装置				
c) DRI 或 HBI 公称最大粒度				
d) 落差			最小	
e) DRI 或 HBI 流的周期			最小	
f) 截取口开度			最小 3 d	
g) 截取口状态			整齐 无明显损坏	
h) 截取口和料流间的角度			正交	
i) 截取口和导槽的堵塞			不显著	
j) 通过取样机的自由流动			无堵塞 或倒流	

表 A.1（续）

公　　司		日期	
取样机位置和标志		检验员	

项　　目	检查	规格（适用时）	允许差（适用时）
k） 截取全部料流和皮带刮		全截面截取	
l） 取样机速度		0.6 m/s	±5%
m） 均匀的取样机速度		相同的速度	±5%
n） 份样质量			C_V<20%
o） 样品的污染或损失		不显著	
p） 水分的改变		不显著	
q） 取样机停放场所在 DRI 或 HBI 流外		是	
r） 定量或定时取样			
s） 截取间隔			
t） 每交货批截取数			
4　一次样品给料机和溜槽			
a） 给料机类型			
b） 给料速度			
c） 给料传送带轨迹			
d） 溜槽		无孔	
e） 样品的污染或损失		不显著	
f） 水分的改变		不显著	
g） 堵塞		不显著	
h） 破碎机			
i） 破碎后的粒度			
5　二次取样机			
a） 取样机类型			
b） 取样机驱动装置			
c） DRI 或 HBI 公称最大粒度			
d） 落差		最小	
e） DRI 或 HBI 流的周期		最小	
f） 截取口开度		最小 3 d	
g） 截取口状态		无明显损坏	
h） 截取口和料流间的角度		正交	
i） 截取口和导槽的堵塞		不显著	
j） 通过取样机的自由流量		无堵塞 或倒流	

表 A.1（续）

公　　司		日期	
取样机位置和标志		检验员	
项　　目	检查	规格（适用时）	允许差（适用时）
k）截取全部料流		全部料流	
l）取样机速度		0.6 m/s	±5%
m）均匀的取样机速度		同速	±5%
n）一次取样随机开始			
o）份样质量			$C_V<20\%$
p）样品的污染或损失		不显著	
q）水分的改变		不显著	
r）取样机停放位置在料流外		料流外	
s）截取间隔			
t）每个一次份样截取次数			
u）二次取样的量来之于所有的一次取样			
6　二次样品给料机和溜槽			
a）给料机类型			
b）给料速度			
c）给料传送带轨迹			
d）溜槽		无孔	
e）样品的污染和损失		不显著	
f）水分的改变		不显著	
g）堵塞		不显著	
h）破碎机			
i）破碎后的粒度			
7　三次取样机			
a）取样机类型			
b）取样机驱动装置			
c）DRI 或 HBI 公称最大粒度			
d）落差		最小	
e）DRI 或 HBI 流的周期		最小	
f）截取口开度		最小 3 d	
g）截取口状态		无显著损坏	
h）截取口和料流间的角度		正交	
i）截取口和导槽的堵塞		不显著	
j）通过取样机的自由流动		无堵塞或倒流	

表 A.1（续）

公　　司		日期	
取样机位置和标志		检验员	

项　　目	检查	规格（适用时）	允许差（适用时）
k） 截取全部料流和皮带刮		全部料流	
l） 取样机速度		最大 0.6 m/s	±5%
m） 均匀的取样机速度		同速	±5%
n） 与二次取样相关联的第一次三次取样随机开始			
o） 份样质量			C_V<20%
p） 样品的污染或损失		不显著	
q） 水分的变化		不显著	
r） 取样机停放场所在料流外		料流外	
s） 截取间隔			
t） 每个二次份样截取次数			
u） 三次取样的量来之于所有的二次取样			
8 试验室样品			
a） 到容器的落差		最小	
b） 溜槽		无孔	
c） 堵塞		不显著	
d） 封闭容器		是	
e） 公称最大粒度			
f） 样品质量			
g） 水分变化		无显著损失	
9 总的意见			

附 录 B
(规范性附录)
份样个数的计算式

B.1 符号

n_1——为达到要求的取样精密度,从一交货批采取一次份样的最小个数;
β——概率为95%(或 2σ 概率水平)的精密度,是标准偏差的两倍;
β_P——概率为95%的制样精密度;
β_M——概率为95%的测定精密度;
β_S——概率为95%的取样精密度;
β_{SPM}——总精密度,即概率为95%,取样、制样和测定精密度的总和;
σ——用标准偏差表示的精密度;
σ_P——用标准偏差表示的制样精密度;
σ_M——用标准偏差表示的测定精密度;
σ_S——用标准偏差表示的取样精密度;
σ_w——层(或部分)内品质特性的标准偏差。

B.2 推导

表3规定的是单一交货批采取一次份样的个数(n_1)是由公式(B.7)求出,其理论基础是分层取样法。

由概率水平95%的总精密度的定义,可用如下的数学关系表示:

$$\beta_{SPM} = 2\sigma_{SPM} \tag{B.1}$$

或

$$\sigma_{SPM} = \frac{\beta_{SPM}}{2} \tag{B.2}$$

式中:

$$\sigma_{SPM} = \sqrt{\sigma_S^2 + \sigma_P^2 + \sigma_M^2} \tag{B.3}$$

或

$$\sigma_{SPM} = \sqrt{\sigma_S^2 - \sigma_P^2 - \sigma_M^2} \tag{B.4}$$

如果交货批分成了 n_3 部分,每部分的吨位相等,每部分已制备了一个试样,且每个试样测定 n_2 次,以获得每部分品质特性的平均值,则为了确定交货批品质特性的平均值,应用以下公式代替公式(B.3):

$$\sigma_{SPM} = \sqrt{\sigma_S^2 + \frac{\sigma_P^2}{n_3} + \frac{\sigma_M^2}{n_2 n_3}}$$

由于份样的质量比层的质量小得多,理论公式中有限的乘数就几乎近于1,以 n_1 个一次份样为基础的样品,分层取样的取样标准偏差如下:

$$\sigma_S = \frac{\sigma_W}{\sqrt{n_1}} \tag{B.5}$$

因此

$$\beta_S = 2\sigma_S = \frac{2\sigma_W}{\sqrt{n_1}} \tag{B.6}$$

或

$$n_1 = \left(\frac{2\sigma_W}{\beta_S}\right)^2 \qquad \cdots\cdots(B.7)$$

由公式(B.2),(B.4),(B.6)得 β_{SPM} 和 β_S 间的关系如下:

$$\beta_S = 2\sqrt{\left(\frac{\beta_{SPM}}{2}\right)^2 - \sigma_P^2 - \sigma_M^2} \qquad \cdots\cdots(B.8)$$

如果不能把 σ_M,σ_P 分开计算,则 β_S 表示如下:

$$\beta_S = 2\sqrt{\left(\frac{\beta_{SPM}}{2}\right)^2 - \sigma_{PM}^2} \qquad \cdots\cdots(B.9)$$

注:示于表 B.1 中的 σ_W 值,是用以计算表 3 中的 n_1 值。

表 B.1 σ_W 的值(绝对百分数)

品质特性		品质波动的分类(σ_{WM})		
		大	中	小
全铁含量		1.77	1.25	0.88
金属铁含量		4.95	3.50	2.48
碳含量		0.57	0.40	0.28
二氧化硅含量		0.57	0.40	0.28
三氧化二铝含量		0.57	0.40	0.28
磷含量		0.013 0	0.009 0	0.006 4
硫含量		0.013 0	0.009 0	0.006 4
水分含量		0.57	0.40	0.28
粒度(6.3 mm~31.5 mm,DRI 块)	−6.3 mm 粒级平均 10%	6.250	4.375	3.125
粒度(DRI 球团)	−6.3 mm 粒级平均 5%	3.750	2.625	1.875
粒度(−100 mmHBI)	6.3 mm~25 mm 粒级平均 10%	1.77	1.25	0.88
	−6.3 mm 粒级平均 10%	1.77	0.40	0.88
表观密度		0.57	1.75	0.28
转鼓指数		2.50	1.75	1.25
耐磨指数		2.50		1.25
注:σ_W 的值通过国际试验获得。				

附　录　C
（规范性附录）
二　分　器

表 C.1　二分器的尺寸

<table>
<tr><td colspan="3">二分器号</td><td>90</td><td>60</td><td>50</td><td>30</td><td>20</td><td>10</td><td>6</td></tr>
<tr><td colspan="3">格条数[a]</td><td>12</td><td>12</td><td>12</td><td>12</td><td>16</td><td>16</td><td>16</td></tr>
<tr><td rowspan="19">尺寸/mm</td><td rowspan="10">主体</td><td>A[b]</td><td>90±1</td><td>60±1</td><td>50±1</td><td>30±1</td><td>20±1</td><td>10±0.5</td><td>6±0.5</td></tr>
<tr><td>B</td><td>1 120</td><td>760</td><td>630</td><td>380</td><td>346</td><td>171</td><td>112</td></tr>
<tr><td>C</td><td>450</td><td>300</td><td>250</td><td>170</td><td>105</td><td>55</td><td>40</td></tr>
<tr><td>D</td><td>900</td><td>600</td><td>500</td><td>340</td><td>210</td><td>110</td><td>80</td></tr>
<tr><td>E</td><td>500</td><td>360</td><td>300</td><td>200</td><td>135</td><td>75</td><td>60</td></tr>
<tr><td>F</td><td>90</td><td>60</td><td>50</td><td>30</td><td>30</td><td>20</td><td>20</td></tr>
<tr><td>G</td><td>340</td><td>340</td><td>340</td><td>340</td><td>210</td><td>110</td><td>80</td></tr>
<tr><td>H</td><td>300</td><td>230</td><td>200</td><td>140</td><td>85</td><td>45</td><td>30</td></tr>
<tr><td>J</td><td>1 130</td><td>770</td><td>640</td><td>390</td><td>360</td><td>184</td><td>120</td></tr>
<tr><td>K</td><td>300</td><td>240</td><td>220</td><td>220</td><td>140</td><td>65</td><td>55</td></tr>
<tr><td rowspan="5">受料器[c]</td><td>M</td><td>300</td><td>240</td><td>220</td><td>220</td><td>140</td><td>65</td><td>55</td></tr>
<tr><td>N</td><td>340</td><td>340</td><td>340</td><td>340</td><td>210</td><td>110</td><td>80</td></tr>
<tr><td>P</td><td>450</td><td>300</td><td>250</td><td>170</td><td>105</td><td>55</td><td>40</td></tr>
<tr><td>Q</td><td>110</td><td>80</td><td>75</td><td>55</td><td>35</td><td>20</td><td>15</td></tr>
<tr><td>R</td><td>340</td><td>340</td><td>340</td><td>340</td><td>210</td><td>110</td><td>80</td></tr>
<tr><td rowspan="4">给料器</td><td>S</td><td>1 120</td><td>760</td><td>630</td><td>380</td><td>346</td><td>171</td><td>112</td></tr>
<tr><td>T</td><td>500</td><td>400</td><td>400</td><td>300</td><td>200</td><td>120</td><td>80</td></tr>
<tr><td>U</td><td>335</td><td>265</td><td>265</td><td>200</td><td>135</td><td>70</td><td>45</td></tr>
<tr><td>V</td><td>300</td><td>200</td><td>200</td><td>150</td><td>105</td><td>50</td><td>35</td></tr>
<tr><td colspan="10">缩分器内表面应光滑且没有锈。</td></tr>
<tr><td colspan="10">a 格条数应为偶数，且不少于上表中规定的数目；
b A 是规定的尺寸，其他尺寸是作为例子给出；
c 样品受料器应与缩分器开口紧密配合，以免任何细料撒出。</td></tr>
</table>

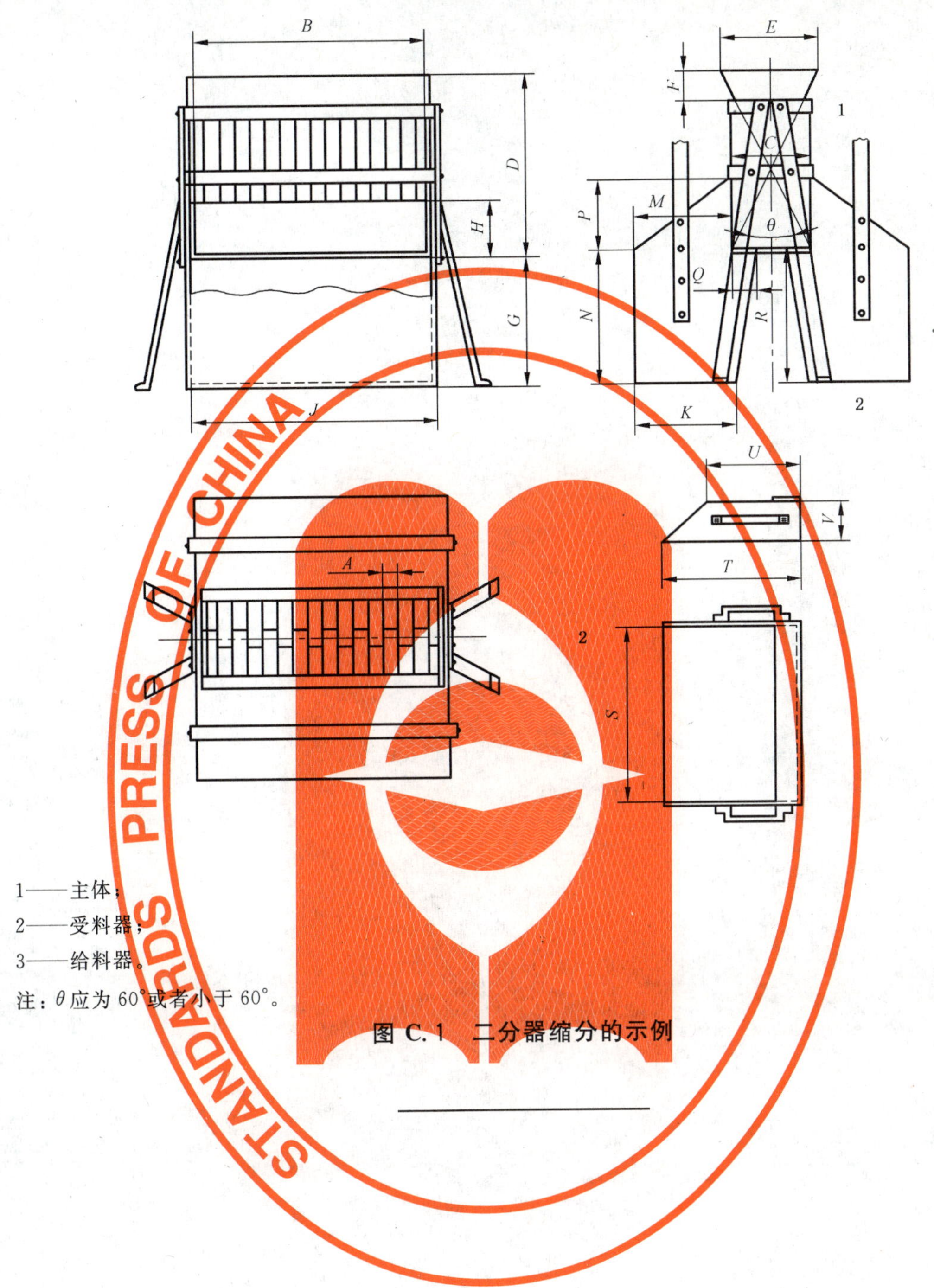

1——主体；

2——受料器；

3——给料器。

注：θ应为60°或者小于60°。

图 C.1 二分器缩分的示例

ICS 73.060.10
D 31

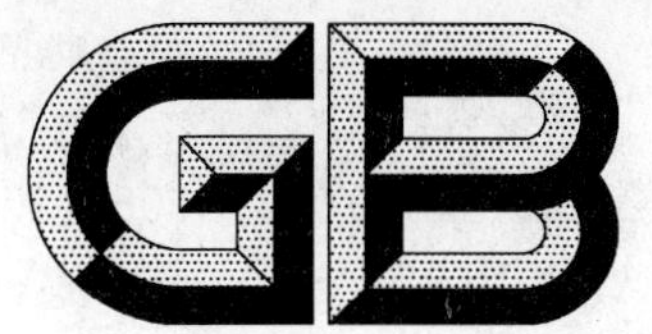

中华人民共和国国家标准

GB/T 24240—2009/ISO 15968:2000

直接还原铁　热压铁块(HBI)表观密度和吸水率的测定

Direct reduced iron—Determination of apparent density and water absorption of hot briquetted iron (HBI)

(ISO 15968:2000,IDT)

2009-07-15 发布　　2010-04-01 实施

中华人民共和国国家质量监督检验检疫总局
中国国家标准化管理委员会　发布

前　言

本标准等同采用国际标准ISO 15968:2000《直接还原铁　热压铁块(HBI)表面密度和吸水率的测定》(英文版)。

为了便于使用,本标准做了下列编辑性和非技术差异性的修改:

——“本国际标准”改为“本标准”;

——用小数点“.”代替作为小数点的逗号“,”;

——删除国际标准的前言;

——为便于用户理解标准,将5.4.1.1和5.4.1.2表观密度的计算公式进行了编辑性修改;

——5.6试验报告变更为第7章,并作了非技术性内容变更。

本标准的附录A和附录B为规范性附录。

本标准由中国钢铁工业协会提出。

本标准由全国铁矿石与直接还原铁标准化技术委员会归口。

本标准负责起草单位:宝山钢铁股份有限公司。

本标准参加起草单位:冶金工业信息标准研究院。

本标准主要起草人:田慧玲、王晗、李凤芸、施鸿雁、李勇、周星、金建华、于成峰。

直接还原铁　热压铁块(HBI)表观密度和吸水率的测定

警告——使用本标准的人员应有正规实验室工作的实践经验。本标准并未指出所有可能的安全问题。使用者有责任采取适当的安全和健康措施，并保证符合国家有关法规规定的条件。

1　范围

本标准规定了热压铁块(HBI)表观密度和吸水率的测定方法。

2　规范性引用文件

下列文件中的条款经过本标准的引用而成为本标准的条款。凡是注日期的引用文件，其随后所有的修改单(不包括勘误的内容)或修订版均不适用于本标准，然而，鼓励根据本标准达成协议的各方研究是否可使用这些文件的最新版本。凡是不注日期的引用文件，其最新版本适用于本标准。

GB/T 6003.1　金属丝编织网试验筛(GB/T 6003.1—1997,eqv ISO 3310-1:1990)

GB/T 6003.2　金属穿孔板试验筛(GB/T 6003.2—1997,eqv ISO 3310-2:1990)

GB/T 10322.1　铁矿石　取样和制样方法(GB/T 10322.1—2000,idt ISO 3082:1998)

GB/T 20565　铁矿石和直接还原铁　术语(GB/T 20565—2006,ISO 11323:2002,IDT)

ISO 10835　直接还原铁　取样和样品制备　还原球团矿和块矿的手工方法

3　术语和定义

3.1

开气孔　open pores

当浸没在水中，水能够渗透进入的孔。

3.2

闭气孔　closed pores

当浸没在水中，水不能渗透进入的孔。

3.3

表观密度　apparent density

干燥物质的质量除于表观体积(3.4)所得的结果。

3.4

表观体积　apparent volume

压块的体积，其大小由水替代浸饱水后表面干燥的物质体积所确定。

注：表观体积包括固体压块的体积、开气孔(3.1)和闭气孔(3.2)的体积。

3.5

吸水率　water absorption

干燥物质中开孔(3.1)所吸收的水的质量，以干燥物质的质量分数表示。

4　取样和试样制备

热压铁块(HBI)的取样和制样应遵循 GB/T 10322.1 和 ISO 10835 的总则和基本原理。试验样应保证足够的数量，至少应包含 100 块热压铁块。

5 试验方法

5.1 原理

将试验样干燥后在空气中称重，接着浸没在水中，使其浸饱水，再次称重，随后在水中称重。从而根据获得的质量来计算表观密度和吸水率。

5.2 试验装置和材料

5.2.1 试验网筛

符合 GB/T 6003.1 或 GB/T 6003.2 之规定，其公称筛孔度为 40 mm。

5.2.2 干燥盘

干燥盘表面光滑无污物，其面积大小能将特定数量的试验样或整个试验样组分平铺成薄薄的一层。

5.2.3 干燥炉

装有温度显示器和控制单元，能恒温至 105 ℃±5 ℃。

5.2.4 两个容器

两个用来盛水的容器。一个用于将试验样浸没于水中；而另一个用于放置在天平上来称量浸饱水的试验样在水中的质量，此容器的体积应足够大，以确保悬挂的试验样或装有试验样的篮筐能够完全浸没在水中，并且不与容器的边部或底部相接触。例如，直径为 200 mm 且高为 200 mm 的容器足以容纳 5.2.6 中的篮筐。

5.2.5 悬挂装置

能将试验样悬挂并在水中进行称重(见图 1)。

5.2.6 悬挂线或篮筐

在悬挂装置中用于悬挂或放置试验样。

注：直径为 150 mm 且高为 100 mm 的篮筐足够放置 6 块典型试验样的一个试验组分。

5.2.7 天平

顶端装样式，其最小称重量为 4 kg，且精确至 0.1 g，有载物台以及可称重并具有去皮功能。

5.2.8 水

不含任何会显著影响其密度的杂质(例如溶解氧)。应使用蒸馏水、去离子水或刚煮开的过滤水。

5.2.9 棉布或纸巾

干燥样品表面用。

5.2.10 温度计

用于浸没过程中测量水的温度。

5.3 操作步骤

5.3.1 通则

操作步骤的示意图见附录 A。

5.3.2 试验数

试验样应进行两次测量试验。如有必要，应按照附录 B 的流程进行进一步测定。

5.3.3 试验组分的准备

按第 4 章规定取样和制样。用试验网筛(5.2.1)进行试验样的手工筛选，舍弃所有直径小于40 mm 的试验样。

将筛选过的试验样平铺在干燥盘(5.2.2)上，铺成薄薄的一层。将试验样一个个随机取出并依次分成 4 堆或放入四个容器内，形成四个试验组分，每个组分应不少于 6 块试验样。

5.3.4 干燥试验样在空气中的质量测定

随机选取一个试验组分进行试验。

每个试验组分中的试验样可同时进行测定或分别进行随机测定后取平均值。

将试验样在105 ℃±5 ℃下干燥并恒重(通常在干燥炉中干燥需要1 h)。随后将试验样在空气中冷却至室温,并将试验样表面附着的灰尘用软刷刷去或用压缩空气轻轻地吹去。称量试验组分的质量,或分别称量单个试验样的质量并记下其质量的和,记为 m_1,精确称至0.1 g。

5.3.5 试验样的浸没过程

将干燥过的试验样浸没在22 ℃±5 ℃的水中,整个试验组分可同时浸没也可以分别进行浸没。偶尔搅拌或翻动试验样以除去产生的气泡,使试验样浸饱水,直至所有的气泡消失。这一过程可能需要1 h。

5.3.6 浸饱水后表面干燥的试验样在空气中的质量测定

将浸饱水的试验样从容器中取出,用纸巾(5.2.9)轻轻擦拭表面的排除的水分。注意避免擦拭到孔内的水分。将整个试验组分的试验样放置在顶端装载式的天平(5.2.7)后立即称重,记为 m_2,精确称至0.1 g。

5.3.7 浸饱水后的试验样在水中的表观密度测定

可使用方法a)或方法b)进行表观密度的测定。样品见图1所示。

a) 整个试验组分的测定——篮筐悬挂法(见图1a))

将一个容器盛上22 ℃±5 ℃的水并放置在顶端装载式的天平上,去皮将天平的读数清零。确保容器有足够的空间保证试验组分放入后水不会溢出(6块平均尺寸的试验样大约需要600 mL的体积)。

将空的篮筐悬挂在水中,称重,记为 m_3,精确称至0.1 g。

将篮筐从水中取出,放入之前浸没水且表面干燥的试验样,注意避免水溅出容器。将篮筐放入水中。确保试验样完全浸没在水中并且篮筐边缘不会接触到容器的边部或底部。直到水中没有气泡且天平读数稳定后,称量,记为 m_4,精确称至0.1 g。

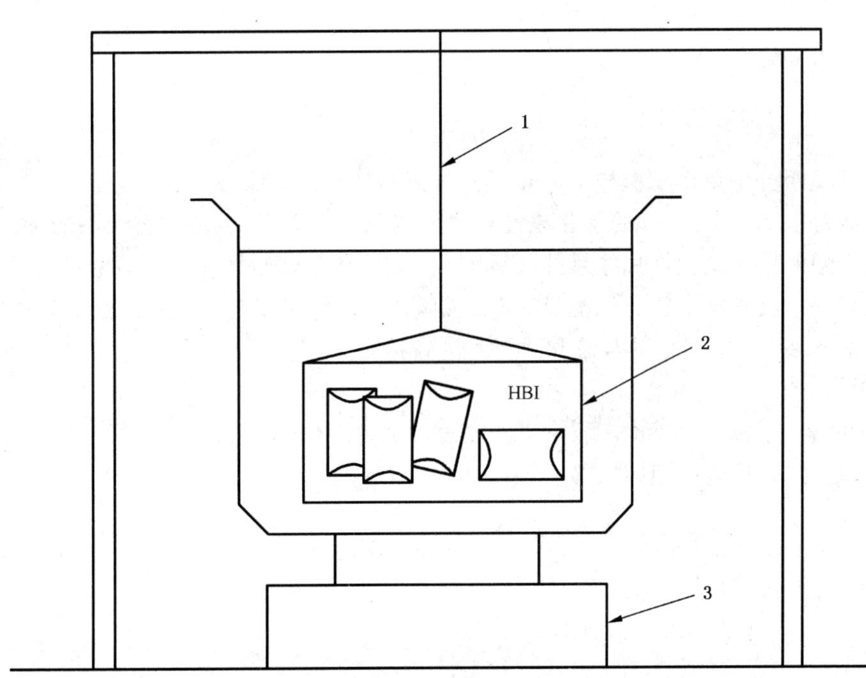

a) 篮筐悬挂法

图1 表观密度测定装置示意图

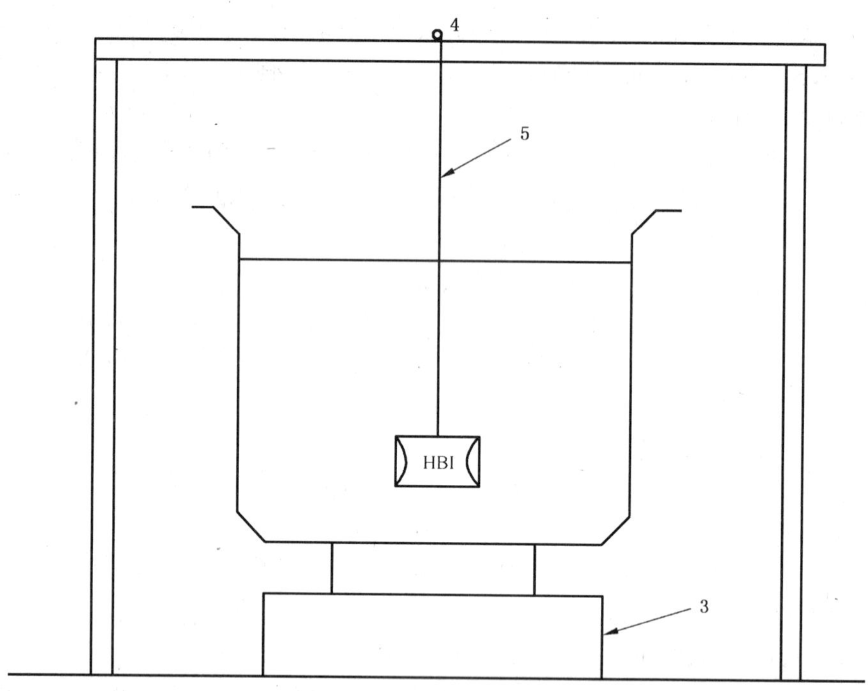

b) 线悬挂法

1——悬挂线；

2——篮筐；

3——天平；

4——悬挂线固定位置；

5——细线。

图 1（续）

b) 整个试验组分中单个试验样的测定——线悬挂法(见图 1b))

将一个容器盛上 22 ℃±5 ℃的水并放置在顶端装载式的天平上，去皮将天平的读数清零。将之前浸没水且表面干燥的单个试验样用线悬挂好后放入水中，确保试验样完全浸没在水中并且不会接触到容器的边部或底部。直到水中没有气泡且天平读数稳定后，称量，记为 $m_{4(1)}$。重复上述操作，得到整个试验组分的质量 $m_{4(2)} \cdots m_{4(6)}$，计算其总和，记为 m_4，精确称至 0.1 g。

5.4 结果的表示

5.4.1 表观密度 ρ_a，单位为 g/cm³。假设水的密度为 $\rho_0 = 1$ g/cm³，如下公式所示：

5.4.1.1 篮筐悬挂法，按式(1)计算：

$$\rho_a = \frac{m_1}{(m_4 - m_3)/\rho_0} \quad \cdots\cdots(1)$$

5.4.1.2 线悬挂法，按式(2)计算：

$$\rho_a = \frac{m_1}{(m_4/\rho_0)} \quad \cdots\cdots(2)$$

5.4.2 吸水率 a，单位为%，表示为干燥质量的百分比，如式(3)所示：

$$a = \frac{(m_2 - m_1)}{m_1} \times 100 \quad \cdots\cdots(3)$$

式中，

m_1——干燥样品在空气中的质量，单位为克(g)；

m_2——浸饱水后表面干燥的样品在空气中的质量，单位为克(g)；

m_3——悬挂篮筐在水中的表观质量，单位为克(g)。这个相当于篮筐的“表观体积”。使用线悬挂法时，m_3 可忽略；

m_4——浸饱水后表面干燥的样品在水中的表观质量，单位为克(g)；这个相当于样品的“表观体积”。

记录每个试验组分(至少含6个样品)的试验结果，至小数点后2位。计算表观密度的试验结果平均值并将试验结果与允许差进行比较，精确至 0.1 g/cm^3。吸水率的试验结果计算应精确至 0.1%。

5.5 试验数和允许差

试验应进行两次试验。若两个平行试验的结果之差不超过允许差 $r=0.20$，则按照其平均值报出最终的试验结果，试验结果保留到小数点后1位。若两个平行试验的结果之差超过允许差的规定，则应按照附录B中的规定进行再次试验。

6 校准

应对试验装置和试验方法进行定期检查以校准试验的结果。定期检查的频率应由每个试验室根据所使用的适当校准方法来确定。校准中应包含以下内容：

a) 天平；

b) 温度计。

校准过程中的记录应保存。

7 试验报告

试验报告应包含以下信息：

a) 本标准号；

b) 试验样的特征详细说明；

c) 测试结果包含内容，具体见5.4；

d) 干燥时间；

e) 浸没时间；

f) 水的类型和水温；

g) 任何可能影响测试结果的异常情况。

附 录 A
（规范性附录）
HBI 表面密度测定的试验操作步骤

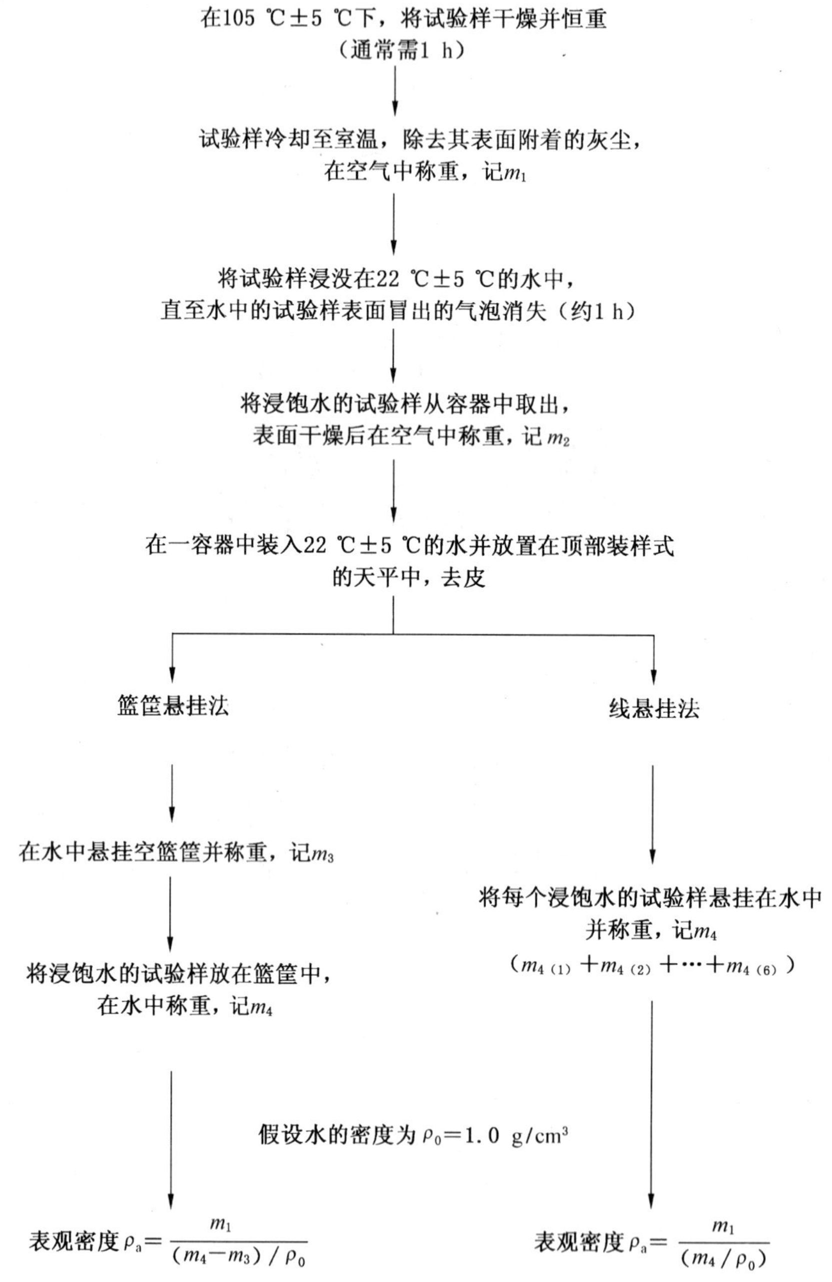

在105 ℃±5 ℃下，将试验样干燥并恒重
（通常需1 h）

↓

试验样冷却至室温，除去其表面附着的灰尘，
在空气中称重，记m_1

↓

将试验样浸没在22 ℃±5 ℃的水中，
直至水中的试验样表面冒出的气泡消失（约1 h）

↓

将浸饱水的试验样从容器中取出，
表面干燥后在空气中称重，记m_2

↓

在一容器中装入22 ℃±5 ℃的水并放置在顶部装样式
的天平中，去皮

↓

篮筐悬挂法：

↓

在水中悬挂空篮筐并称重，记m_3

↓

将浸饱水的试验样放在篮筐中，
在水中称重，记m_4

↓

表观密度 $\rho_a=\frac{m_1}{(m_4-m_3)/\rho_0}$

线悬挂法：

↓

将每个浸饱水的试验样悬挂在水中
并称重，记m_4
（$m_{4(1)}+m_{4(2)}+\cdots+m_{4(6)}$）

↓

表观密度 $\rho_a=\frac{m_1}{(m_4/\rho_0)}$

假设水的密度为 $\rho_0=1.0$ g/cm³

附 录 B
（规范性附录）
试验结果的确认流程示意图

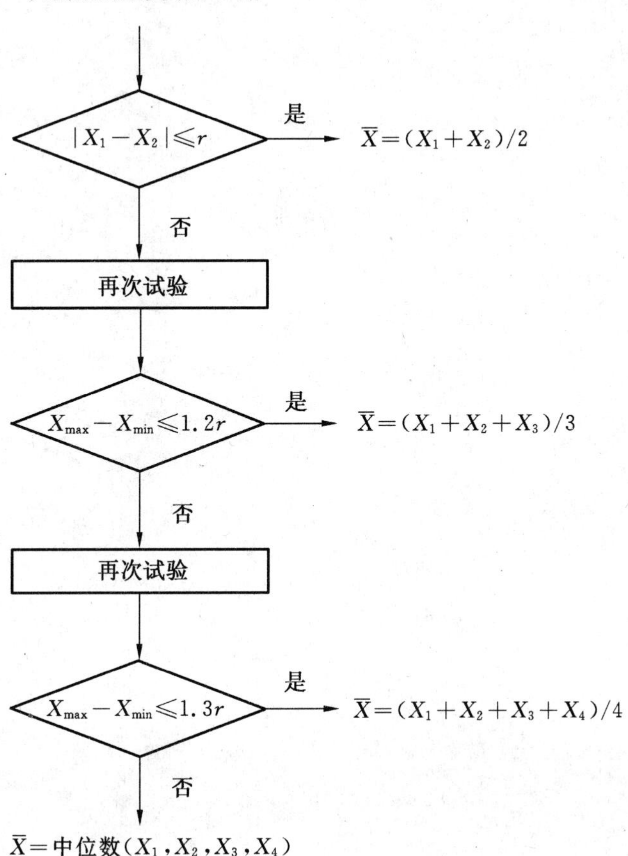

ICS 73.060.10
D 31

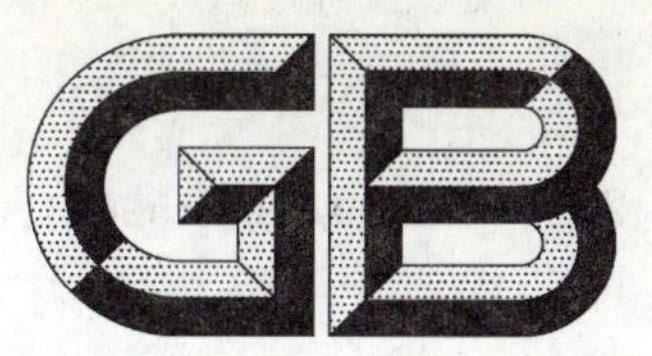

中华人民共和国国家标准

GB/T 24241—2009/ISO 15967:2007

直接还原铁
热压铁块转鼓和耐磨指数的测定

Direct reduced iron—
Determination of the tumble and abrasion indices of hot briquetted iron (HBI)

(ISO 15967:2007,IDT)

2009-07-15 发布　　　　2010-04-01 实施

中华人民共和国国家质量监督检验检疫总局
中国国家标准化管理委员会　发布

前　言

本标准等同采用国际标准 ISO 15967:2007《直接还原铁　热压铁块转鼓和耐磨指数的测定》(英文版)。

为了便于使用,本标准做了下列编辑性和非技术差异性的修改:

——“本国际标准”改为“本标准”;

——用小数点“.”代替作为小数点的逗号“,”;

——删除国际标准的前言;

——引用文件修改为对应的国家标准;

——重新编排图片的编号和位置;

——根据国内实际情况,在 7.2 中增加橡胶为密封鼓门用材料;

——将 8.2 中转鼓指数和耐磨指数计算公式中的单位 g 改为 kg;

——第 9 章试验报告变更为第 10 章,相关内容也作了非技术性变更。

本标准的附录 A 为规范性附录。

本标准由中国钢铁工业协会提出。

本标准由全国铁矿石与直接还原铁标准化技术委员会归口。

本标准负责起草单位:宝山钢铁股份有限公司。

本标准参加起草单位:冶金工业信息标准研究院。

本标准主要起草人:孙良、陆慧中、李凤芸、于成峰、范纯、田慧玲、周星、王晗、许晴。

直接还原铁 热压铁块转鼓和耐磨指数的测定

警告——使用本标准的人员应有正规试验室工作的实践经验。本标准并未指出所有可能的安全问题。使用者有责任采取适当的安全和健康措施,并保证符合国家有关法规规定的条件。

1 范围

本标准提供了一种评价直接还原铁抗冲击性和耐磨性的方法。

本标准规定了热压铁块(HBI)转鼓指数和耐磨指数的测定方法。

2 规范性引用文件

下列文件中的条款通过本标准的引用而成为本标准的条款。凡是注日期的引用文件,其随后所有的修改单(不包括勘误的内容)或修订版均不适用于本标准,然而,鼓励根据本标准达成协议的各方研究是否可使用这些文件的最新版本。凡是不注日期的引用文件,其最新版本适用于本标准。

GB/T 6003.1 金属丝编织网试验筛(GB/T 6003.1—1997,eqv ISO 3310-1:1990)

GB/T 6003.2 金属穿孔板试验筛(GB/T 6003.2—1997,eqv ISO 3310-2:1990)

GB/T 20565 铁矿石和直接还原铁 术语(GB/T 20565—2006,ISO 11323:2002,IDT)

ISO 10835 直接还原铁和热压铁块 取样和制样方法

3 术语和定义

本标准中采用 GB/T 20565 中的术语和定义。

4 原理

将试验样放入圆形滚筒中,以 25 r/min 的速度转动 200 转。转鼓试验后的试验样用 6.30 mm 和 500 μm 的方孔筛进行筛分。转鼓指数用粒度大于 6.30 mm 的转鼓后试验样的质量分数表示,耐磨指数用粒度小于 500 μm 的转鼓后试验样的质量分数表示。

5 取样、制样和试验样制备

5.1 取样和制样

按照 ISO 10835 进行取样和试样的制备。

干燥的试样至少需要 70 kg。

试样在 105 ℃±5 ℃的烘箱中烘干至恒重,然后冷却至室温。

注:若连续两次干燥试样的质量变化不超过试样原始质量的 0.05%,则认为试样达到恒重状态。

用 40 mm 的试验筛对试样进行手工筛分,弃去小于 40 mm 的部分。

5.2 试验样制备

将试验样在光滑的平板上铺成长方形的一层。

试验样从试样中随机取出,至少要制备 4 份 15 kg 左右的试验样,依次将试验样放入四个容器内。

对试验样进行称量,检验其是否满足 15 kg±0.5 kg 的要求。若试验样质量未到达 15 kg±0.5 kg 的要求,应从剩余的试验样中拿出整块的铁块加入试验样或从试验样中拿出整块的铁块并舍弃,直至试验样质量满足要求为止。记录下每份试验样的质量。

6 设备

6.1 通则

本试验设备由下列部分组成：

6.1.1 常规试验设备，包括烘箱、手工具和安全装置等；

6.1.2 转鼓和旋转装置；

6.1.3 试验筛；

6.1.4 称量装置。

试验设备的示意图如图1所示。

单位为毫米

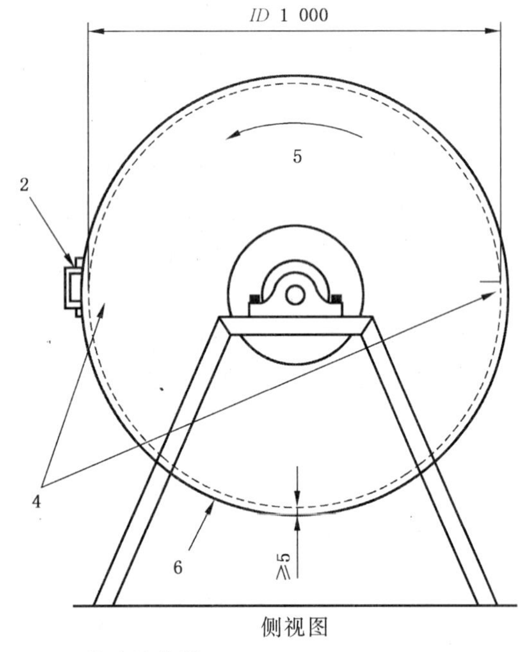

侧视图

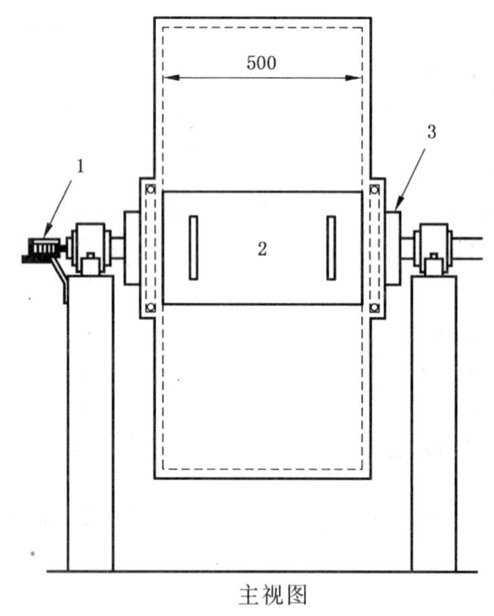

主视图

1——转动计数器；
2——带把手的鼓门；
3——短轴（不穿过鼓腔）；
4——两个提料板(50×50×5)；
5——转动方向；
6——鼓壁；
ID——内径。

图1 试验设备示意图

6.2 转鼓：用至少5 mm厚的钢板制成，内径1 000 mm，内部长度500 mm。鼓体内壁平行于轴向焊接两个相同的角钢提料板(50 mm宽×50 mm高×5 mm厚)，避免试验时试验样堆积在提料板和鼓壁之间。转鼓的鼓门应与鼓内壁形成平滑的表面。试验过程中转鼓应有良好的密封性以防止试样损失。转鼓的轴不穿过转鼓内部焊于鼓两侧的法兰盘短轴上，以保证转鼓内壁平滑。转鼓的轴不穿过转鼓。当鼓壁任何部位的厚度小于3 mm时，应更换鼓体。当角钢高度磨损至小于47 mm时，应予以更换。

6.3 转动装置：电机功率不小于1.5 kW，以保证转鼓在启动后一周内到达规定的速度，以25 r/min±1 r/min的恒定速度转动，并可在一周内停止转动。本装置应配有计数器和自动控制装置，使转鼓完成规定转数后能自动停止。

6.4 试验筛：公称尺寸为40.0 mm、6.30 mm和500 μm的方孔筛应满足GB/T 6003.1和GB/T 6003.2的要求。

6.5 称量装置:能保证试样和试验样称重精确至 1 g。

7 试验步骤

7.1 试验测定的次数

按照附录 A 中的流程进行试验。

7.2 转鼓试验

从 5.2 制备的试验样中随机抽取一份,记录试验样的质量(m_0),小心地将其装入转鼓中。固定好鼓门,然后以 25 r/min±1 r/min 转速转动 200 r。转鼓停止转动后应静置至少 2 min。

安全提示:热压铁块的转鼓试验噪音较大,应注意保护操作者的听力。

推荐使用胶泥、粘土或橡胶密封鼓门,防止细小试样的损失。

7.3 筛分

将试验样小心地从鼓中取出,将其放在 6.30 mm 和 500 μm 的筛子上进行手工筛分。称量并记录 6.30 mm(m_1)和 500 μm(m_2)筛子筛上物的质量,称重精确至 1 g。筛分过程中损失的试样量计算在 −500 μm 部分内。

转鼓试验后各粒级试样的总质量与入鼓前试验样总质量之差不应大于 1%。若超过 1%,则需重新进行试验。

注:只有能充分保证与手工筛分取得的结果一致时,才能使用机械筛分,两种方法所得结果的绝对偏差不能超过 2%。

应注意确保试验筛没有超载。在筛分鼓后试验样的套筛可以加入一规格介于 6.30 mm 和 500 μm 之间的筛子(如 2.0 mm 或 1.0 mm)和另一规格大于 6.30 mm 的筛子(如 10.0 mm 或 8.0 mm),通过减少 500 μm 和 6.30 mm 筛子的筛上试样量来提高筛分效率。

8 试验结果表示方法

8.1 转鼓指数(T)和耐磨指数(A)的计算

转鼓指数 T 和耐磨指数 A 通过式(1)和式(2)进行计算,以质量分数表示:

$$T=\frac{m_1}{m_0}\times 100 \qquad \cdots\cdots(1)$$

$$A=\frac{m_0-(m_1+m_2)}{m_0}\times 100 \qquad \cdots\cdots(2)$$

式中:

m_0——进转鼓的试验样的质量,单位为千克(kg);

m_1——转鼓试验后粒度+6.30 mm 的试验样的质量,单位为千克(kg);

m_2——转鼓试验后粒度为 500 μm~6.30 mm 的试验样的质量,单位为千克(kg)。

记录结果保留至小数点后 2 位。

8.2 试验结果的重复性和可接受性

按照附录 A 的流程验收每个试验结果,其重复性参照表 1。试验结果保留至小数点后 1 位。

表 1 重复性(r)

转鼓强度	重复性 r/%,绝对值
转鼓指数 T (+6.30 mm)	0.2
耐磨指数 A (−500 μm)	0.12

9 校验

为确保试验结果的可靠性，有必要定期对设备进行检查。检查的频率由各个试验室自行决定。

检查过程中需要对如下项目的状况进行确认：

——筛子；

——称量装置；

——转鼓；

——转动装置。

推荐制备内部参考物质来定期检验试验的重复性。

上述检查的记录应保存。

10 试验报告

试验报告应包括如下内容：

——本标准的编号；

——试样的详细情况；

——试验室名称和地址；

——试验日期；

——试验报告日期；

——负责试验人员的签名；

——本标准中未做规定的任何操作和试验条件，或作为可选择选项的以及可能对试验结果有影响的任何操作；

——转鼓指数 T 和耐磨指数 A；

——所使用筛子的类型；

——筛分条件，如：筛分方法和筛分时间。

附 录 A
（规范性附录）
试验结果验收程序流程图

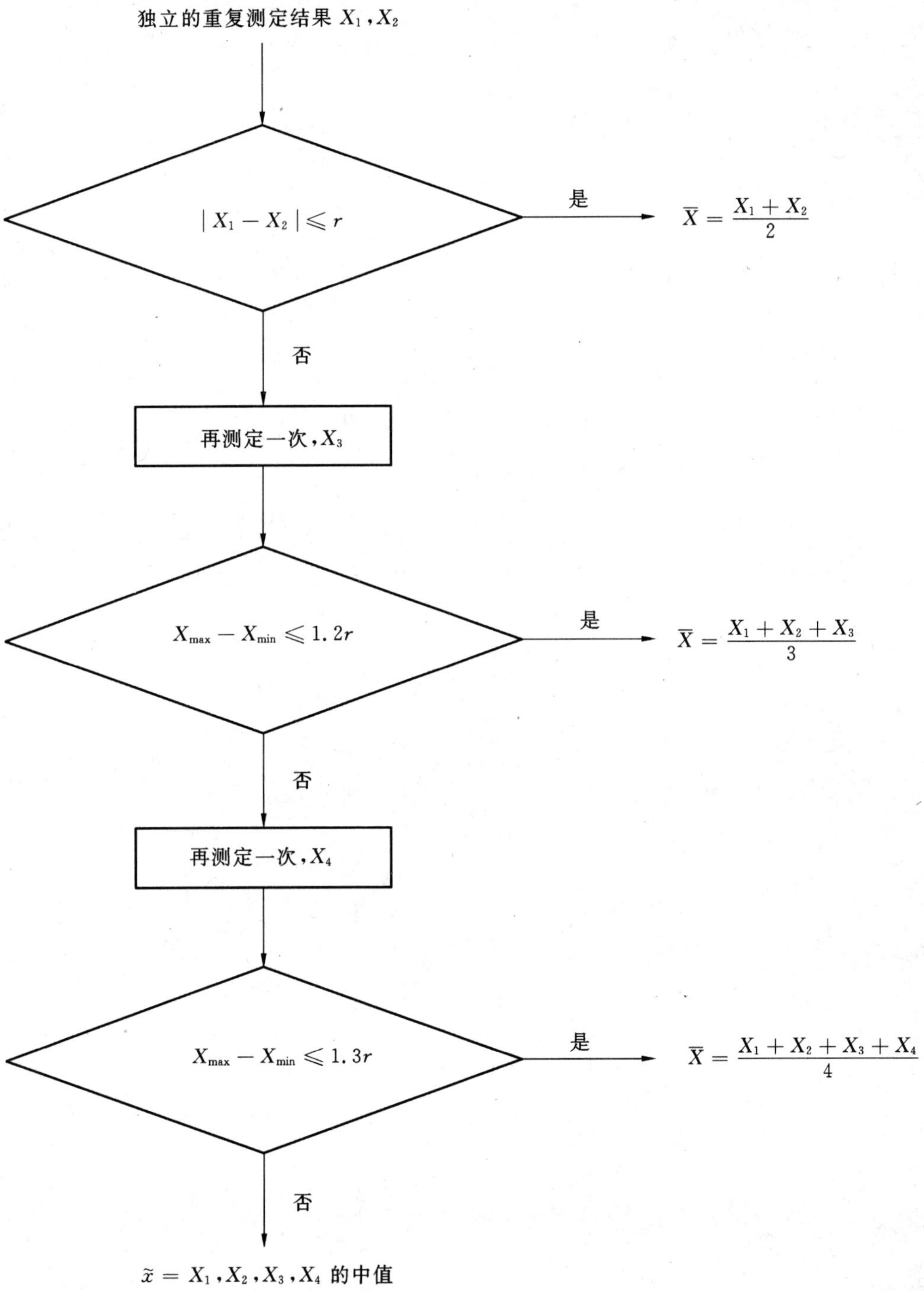

独立的重复测定结果 X_1, X_2

↓

$|X_1 - X_2| \leqslant r$ —是→ $\overline{X} = \frac{X_1 + X_2}{2}$

↓ 否

再测定一次，X_3

↓

$X_{max} - X_{min} \leqslant 1.2r$ —是→ $\overline{X} = \frac{X_1 + X_2 + X_3}{3}$

↓ 否

再测定一次，X_4

↓

$X_{max} - X_{min} \leqslant 1.3r$ —是→ $\overline{X} = \frac{X_1 + X_2 + X_3 + X_4}{4}$

↓ 否

$\tilde{x} = X_1, X_2, X_3, X_4$ 的中值

r：见表 1。

ICS 77.140.60
H 44

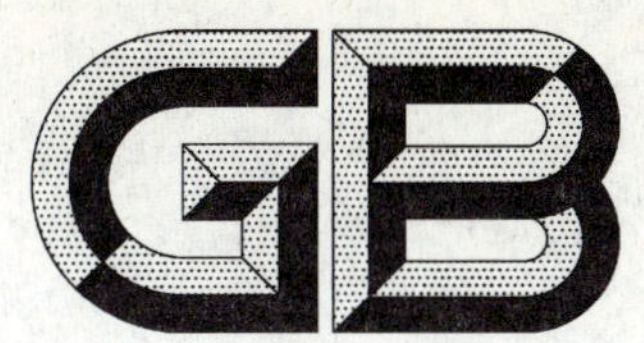

中华人民共和国国家标准

GB/T 24242.1—2009

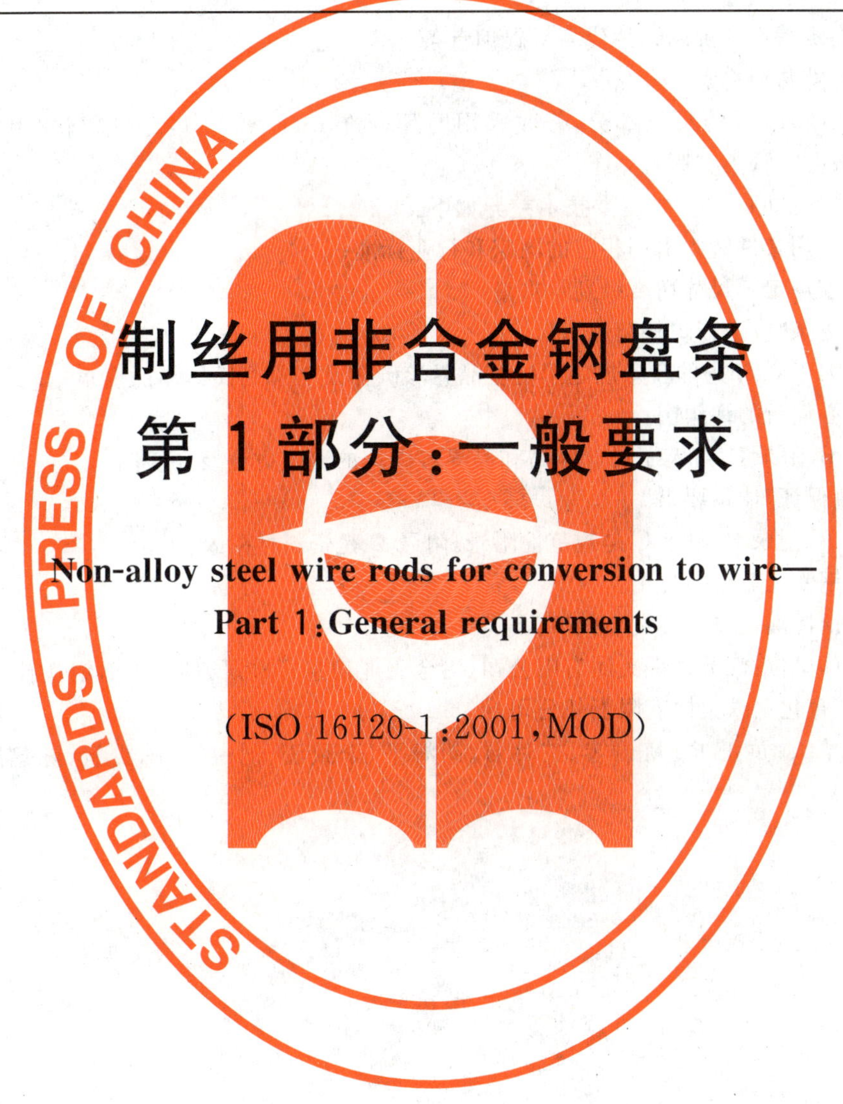

制丝用非合金钢盘条 第1部分：一般要求

Non-alloy steel wire rods for conversion to wire—
Part 1: General requirements

(ISO 16120-1:2001, MOD)

2009-07-15 发布　　　　2010-04-01 实施

中华人民共和国国家质量监督检验检疫总局
中国国家标准化管理委员会　发布

前　言

GB/T 24242《制丝用非合金钢盘条》分为四个部分：

——第1部分：一般要求

——第2部分：一般用途盘条

——第3部分：沸腾钢和沸腾钢替代品低碳钢盘条

——第4部分：特殊用途盘条

本部分为GB/T 24242的第1部分，修改采用国际标准ISO 16120-1：2001《制丝用非合金钢盘条　第1部分：一般要求》(英文版)。

本部分与ISO 16120-1：2001的主要技术差异如下：

——将规范性引用文件转为引用相应的国家和行业标准；

——按国家标准规定了尺寸精度级别及重量；

——明确规定盘条“应进行炉外精炼”；

——对含碳量大于0.65%的盘条规定了检验晶界渗碳体及心部马氏体岛的要求；

——更换了中心偏析的评级图；

——增加附录B、附录C，规定了马氏体岛和晶界渗碳体的测定方法及评级图；

——取消“质量保证”体系要求。

本部分的附录A、附录B、附录C是规范性附录，附录D是资料性附录。

本部分由中国钢铁工业协会提出。

本部分由全国钢标准化技术委员会归口。

本部分主要起草单位：江苏沙钢集团有限公司、冶金工业信息标准研究院、青岛钢铁有限公司、唐山钢铁股份有限公司、宣化钢铁集团有限责任公司。

本部分主要起草人：黄正玉、陈寿琴、王玲君、胡海平、李致清、刘占玲、陈少慧、陈建洲、戴石锋、冯建航。

制丝用非合金钢盘条
第1部分：一般要求

1 范围

GB/T 24242的本部分规定了制丝用非合金钢盘条的尺寸、外形、重量及允许偏差、订货内容、技术要求、试验方法、检验规则、包装、标志和质量证明书、交货后的异议。

本部分适用于拉拔或冷轧钢丝用非合金钢盘条（以下简称盘条）。

GB/T 24242不适用于下列标准中的产品：

——用于热处理的盘条；

——易切削钢盘条；

——冷镦、冷挤压用盘条；

——焊接用钢盘条；

——高疲劳强度机械弹簧用盘条，如阀门弹簧用盘条；

——混凝土用焊接钢筋网用盘条。

2 规范性引用文件

下列文件中的条款通过GB/T 24242的本部分的引用而成为本部分的条款。凡是注日期的引用文件，其随后的所有修改单（不包括勘误的内容）或修订版本均不适用于本部分，然而，鼓励根据本部分达成协议的各方研究是否可使用这些文件的最新版本。凡是不注日期的引用文件，其最新版本适用于本部分。

GB/T 224 钢的脱碳层深度测定法（GB/T 224—2008，ISO 3887:2003，MOD）

GB/T 228 金属材料 室温拉伸试验方法（GB/T 228—2002，eqv ISO 6892:1998）

GB/T 232 金属材料 弯曲试验方法（GB/T 232—1999，eqv ISO 7438:1985）

GB/T 239 金属线材扭转试验方法（GB/T 239—1999，eqv ISO 7800:1984，eqv ISO 9649:1990）

GB/T 2101 型钢验收、包装、标志及质量证明书的一般规定

GB/T 2975 钢及钢产品 力学性能试验取样位置及试样制备（GB/T 2975—1998，eqv ISO 377:1997）

GB/T 6394 金属平均晶粒度测定法

GB/T 10561 钢中非金属夹杂物含量的测定 标准评级图显微检验法（GB/T 10561—2005，ISO 4967:1998，IDT）

GB/T 13298 金属显微组织检验方法

GB/T 14981—2009 热轧圆盘条尺寸、外形、重量及允许偏差

GB/T 18253 钢及钢产品 检验文件的类型（GB/T 18253—2000，eqv ISO 10474:1991）

GB/T 20066 钢和铁 化学成分测定用试样的取样和制样方法（GB/T 20066—2006，ISO 14284:1996，IDT）

YB/T 081 冶金技术标准的数值修约与检测数据的判定原则

YB/T 169 高碳钢盘条索氏体含量金相检测方法

本标准的图谱与冶金工业信息标准研究院联系，电话：010-65252815。

3 尺寸、外形、重量及允许偏差

3.1 盘条的尺寸、外形及允许偏差应符合 GB/T 14981—2009 标准中的 B 级及以上级别精度的规定。精度级别应在合同中注明，未注明者按 B 级精度。

3.2 盘条重量应符合 GB/T 14981—2009 的要求。

3.3 每卷盘条应由一根组成。

4 订货内容

用户在咨询及订货时应提供下列信息，以便供方能完全满足本部分的要求：

a) 本标准号；
b) 产品名称(盘条)；
c) 牌号；
d) 公称尺寸；
e) 尺寸、外形精度级别；
f) 交货数量或重量；
g) 用途；
h) 表面状态(非热轧状态时)；
i) 应注明去氧化铁皮的方法(化学的或机械的)，未注明按酸洗方法去除氧化铁皮处理；
j) 检验与检验文件的类型(必要时)；
k) 包装和标志的方法(必要时)；
l) 适用于直接拉拔(必要时)；
m) 适用于铅浴(派登脱)处理(必要时)；
n) 奥氏体晶粒度(必要时)；
o) 索氏体含量(必要时)；
p) 其他要求。

5 技术要求

5.1 冶炼方法

盘条用钢以氧气转炉、电炉冶炼，并应实施炉外精炼。

5.2 化学成分

盘条用钢应进行熔炼分析，化学成分应符合本标准其他部分的要求。

5.3 交货状态

盘条以热轧状态交货。

5.4 表面状态

盘条表面通常不需进行任何表面处理，以热轧状态时的自然表面状态交货。当需方有要求时，也可以去除氧化铁皮等表面状态交货。

5.5 力学性能

盘条应进行力学性能检验，具体按本标准其他部分的要求。

5.6 高倍组织

5.6.1 脱碳层深度

含碳量大于 0.42%的盘条可进行脱碳层深度检验，具体按本标准其他部分的要求。

5.6.2 显微组织

5.6.2.1 盘条不应有影响使用的异常组织存在。含碳量大于 0.65%的盘条应进行晶界渗碳体及心部马氏体岛等异常组织检验,其要求应分别符合本标准其他部分的规定。

5.6.2.2 按照相应产品标准的要求,含碳量大于0.65%的盘条宜进行显微组织检查,其显微组织主要为索氏体组织。

5.7 中心偏析

盘条可进行中心偏析检验,检验方法按附录A,其允许级别应符合本标准相应部分的要求。

5.8 表面质量

盘条表面质量要求应符合本标准相应部分的规定。

5.9 特殊要求

根据需方要求,可进行扭转试验、奥氏体晶粒度、非金属夹杂物等其他项目的检验。各项检验的指标由供需双方协商,并在合同中注明。

6 试验方法

盘条的检验项目、取样方法和试验方法应符合表1的规定。

表1 盘条取样、检验要求

序号	检验项目	取样数量	取样方法及部位	试验方法
1	化学成分	1/炉	GB/T 20066	按本标准相应部分的规定
2	拉伸	2/批	GB/T 2975、不同根盘条	GB/T 228
3	弯曲	2/批	GB/T 2975、不同根盘条	GB/T 232
4	扭转	2/批	GB/T 2975、不同根盘条	GB/T 239
5	脱碳层	2/批	不同根盘条	GB/T 224
6	奥氏体晶粒度	2/批	不同根盘条	GB/T 6394
7	索氏体	2/批	不同根盘条	YB/T 169
8	中心偏析	10[a]/批	不同根盘条	附录A
9	心部马氏体岛	2/批	不同根盘条	GB/T 13298、附录B
10	晶界渗碳体	2/批	不同根盘条	GB/T 13298、附录C
11	非金属夹杂物	2/批	不同根盘条	GB/T 10561
12	表面质量	逐盘	—	目测
13	外形尺寸	逐盘	—	千分尺、游标卡尺

[a] 取样数量由供需双方协商确定,建议取样数量不少于10个。

7 检验规则

7.1 检查与验收

盘条的质量检查与验收由供方技术监督部门进行。必要时,需方有权按本标准其他部分规定进行检查和验收。

7.2 组批规则

盘条应成批验收。每批由同一炉号、同一牌号、同一尺寸的盘条组成。

7.3 取样部位和取样数量

7.3.1 脱碳层、晶粒度、索氏体含量、金相组织、力学性能等的检验,所需试样应从每个已切去头或尾的盘条的一端切取。

7.3.2 取样数量应符合表1的规定。

7.4 复验与判定规则

盘条的复验与判定按 GB/T 2101 规定执行。

7.5 试验结果的修约

除非在合同或订单中另有规定，当需要评定试验结果是否符合规定值，所给出力学性能和化学成分试验结果应修约到与规定值本位数字所标识的数位相一致，其修约方法应按 YB/T 081 的规定进行。

7.6 检验文件的类型

除非在合同或订单中另有规定，检验文件的类型应符合 GB/T 18253 的规定。

8 包装、标志和质量证明书

8.1 盘条的包装、标志和质量证明书应符合 GB/T 2101 的规定。经供需双方协商，并在合同中注明，也可采取其他特殊包装、防护要求。

8.2 需要时，应在质量证明书中明确盘条时效时间要求。

附　录　A
（规范性附录）
中心偏析的测定

A.1　范围

本附录适用于含碳量不小于 0.40%，由连铸钢生产的盘条，并限定于本部分范围内。

下述方法是一种低倍检验，目的是测定和评定连铸生产的中高碳钢盘条内轴心碳偏析。

A.2　定义

根据本附录的要求，还应采用下列定义：

中心偏析是由炼钢过程引起的化学成分的局部变化形成的，这种变化可以通过盘条截面的低倍照相显示出来，此偏析是由许多元素共同作用造成的，如碳、磷、锰、硫等。本附录是用轴心碳偏析来检验中心偏析。

A.3　原理

用硝酸乙醇溶液浸蚀盘条横截面来显示化学成分不均匀性。

用低倍照相法观察所得图形与标准评级图片对比并进行分级。

A.4　试样制备

A.4.1　试样切取

用缓慢的速度切取试样，切取时应适当冷却以免产生过热现象，并观察每个试样的横截面。

A.4.2　试样磨光和抛光

切取后的试样要在金相砂纸上经过粗磨、精磨，一般不应少于 4 道次磨制，磨制后试样要进行慢慢地抛光，并用不大于 5 μm 大小的细颗粒金刚石磨膏进行磨光。

在抛光如镜面后，小心地用水清洗试样并用酒精擦拭、干燥。

A.4.3　试样浸蚀

在室温下将抛光后的试样表面置于硝酸乙醇溶液中浸蚀大约 10 s。硝酸乙醇溶液是在 2 mL 硝酸（ρ_{20}=1.33 g/mL）中加入 100 mL 乙醇（酒精）配置而成的。浸蚀后试样表面用酒精擦拭、干燥。

A.4.4　试样制备的其他要求

试样制备其余要求应符合 GB/T 13298 的规定。

A.5　偏析评定

将浸蚀后的试样表面用双目显微镜观察，在小角度下照亮，放大倍数的确定应使视场大小与标准图片的大小一样。

实际图片与标准评级图片进行对比和评级。与标准评级图片对比所得级别应等于或差于所观察到的实际图形。

A.5.1　偏析类型及级别

A.5.1.1　轴心碳偏析分为 4 类，以 A、B、C、D 表示，具体代表类别如下：

A 类：中心为一黑点，周围分布着白亮区；　　B 类：中心为一黑点；

C 类：中心黑色区域呈团状；　　D 类：中心黑色区域呈线条状。

A.5.1.2　标准评级图片按每类 5 个级别，以 1～5 级表示，其偏析程度逐级增大。盘条轴心碳偏析的评级照片按图 A.1～图 A.4。

1级　无偏析区。

2级　带有轻微反差色的中心偏析(中等灰色)。

3级　带有中等反差色的中心偏析(暗灰色)。

4级　带有明显反差色的中心偏析(小的黑色中心区)。

5级　带有严重反差色的中心偏析(大的黑色中心区)。

A.5.2　试验结果的评定

从统计学原理来讲,对一炉或一批盘条中心偏析的有效评定要采用大量测试数据。个别试样上的中心偏析明显的只是个别现象的数据。为此,从经济角度考虑应确定一个合理的接受试验数量来评定中心偏析并作为质量保证体系中的一部分。

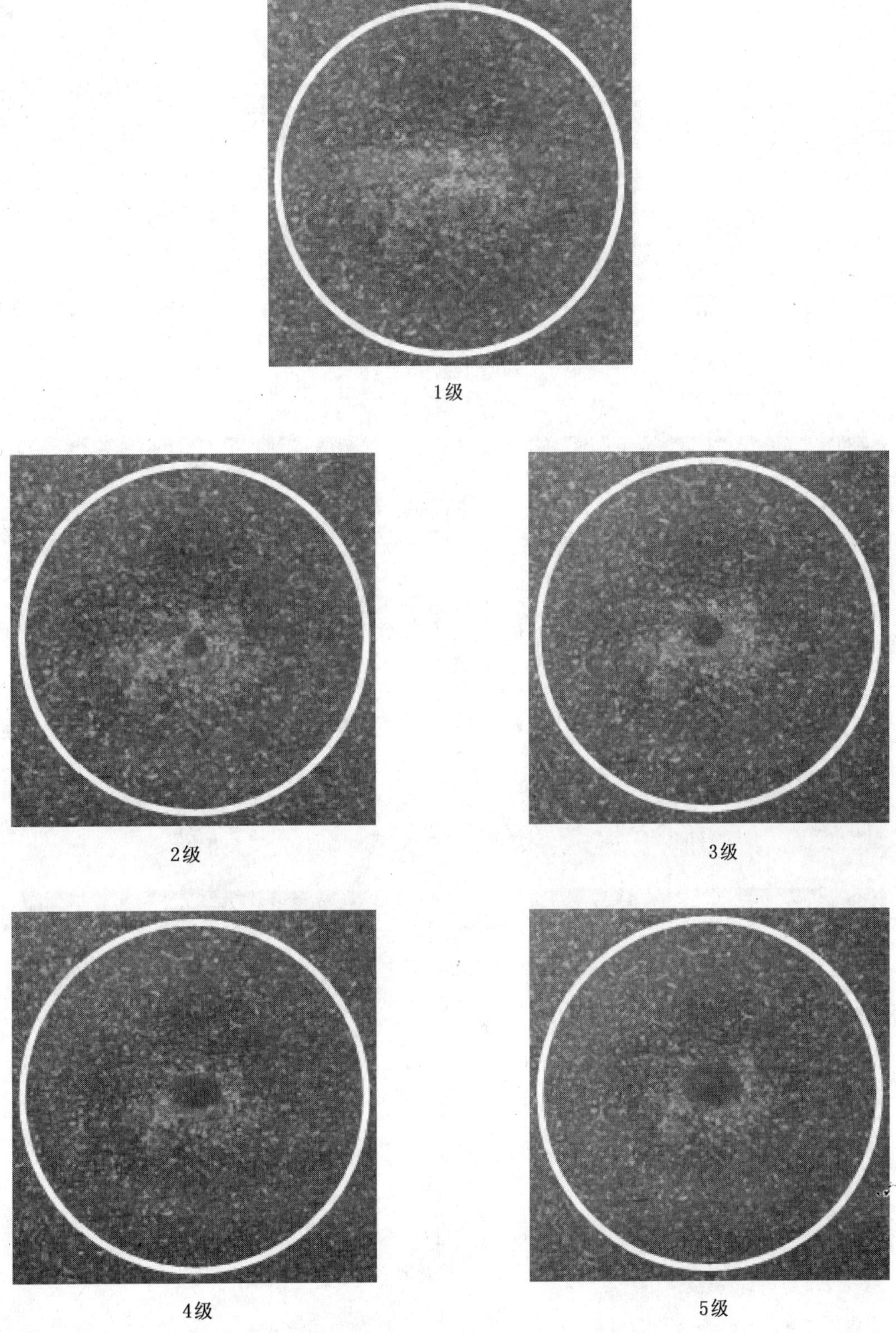

1级

2级

3级

4级

5级

图 A.1　盘条 A 类中心偏析评级图（放大倍数 10×）

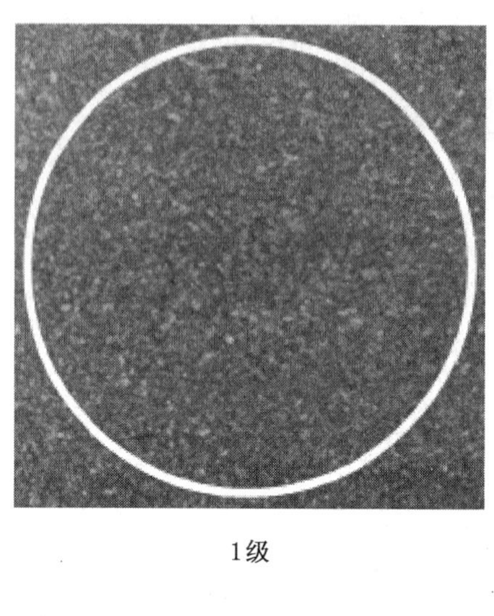

1级

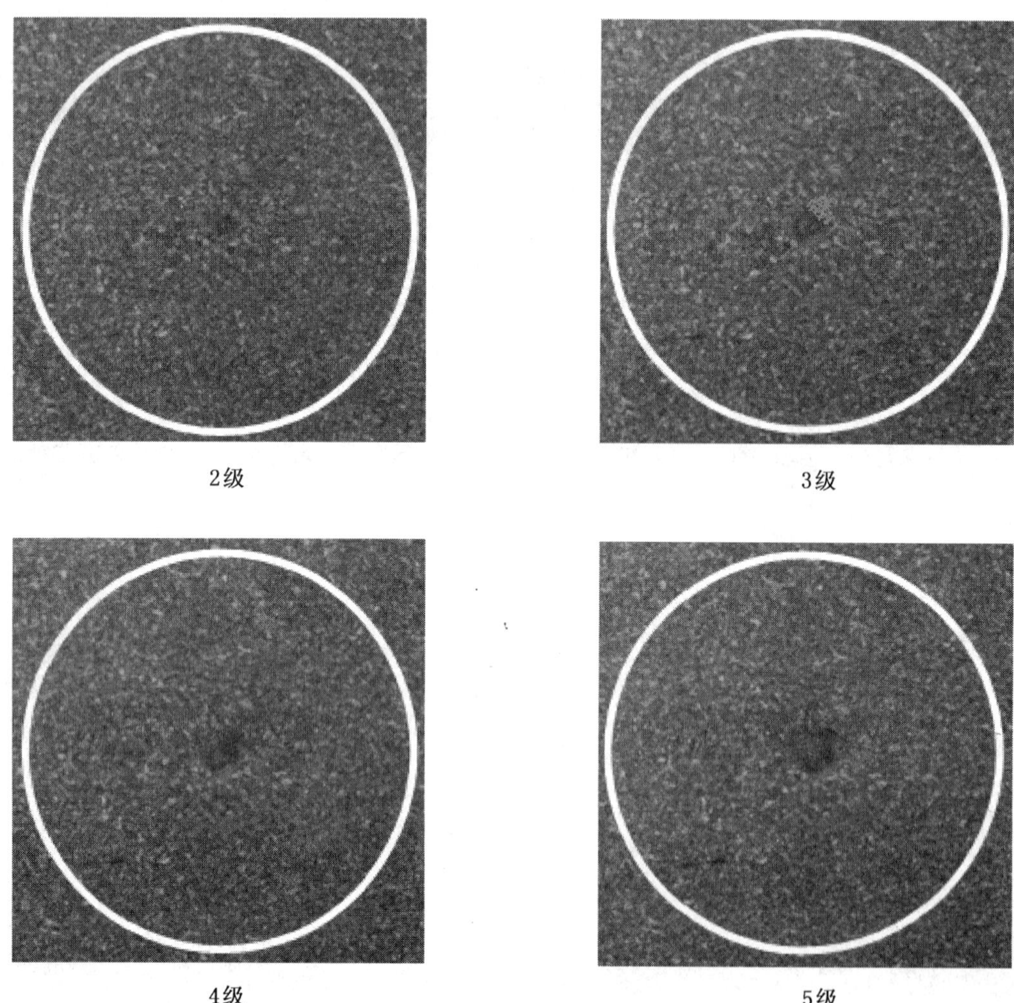

2级

3级

4级

5级

图 A.2 盘条 B 类中心偏析评级图(放大倍数 10×)

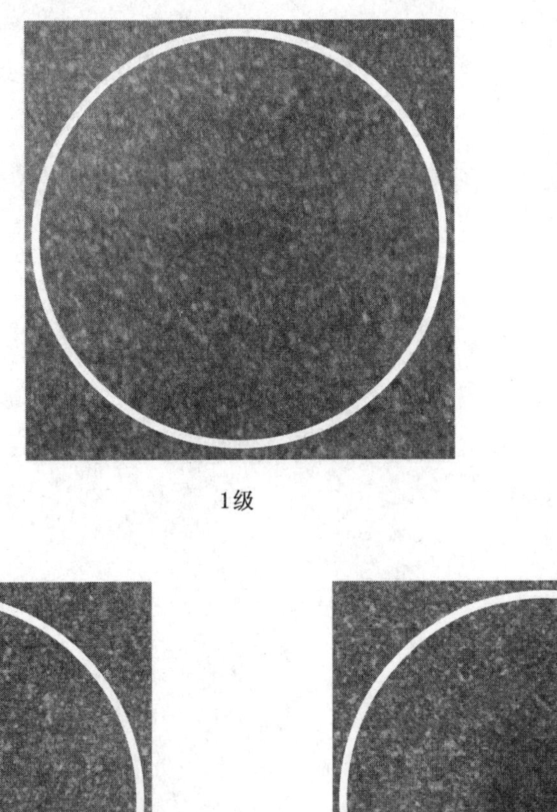

1级

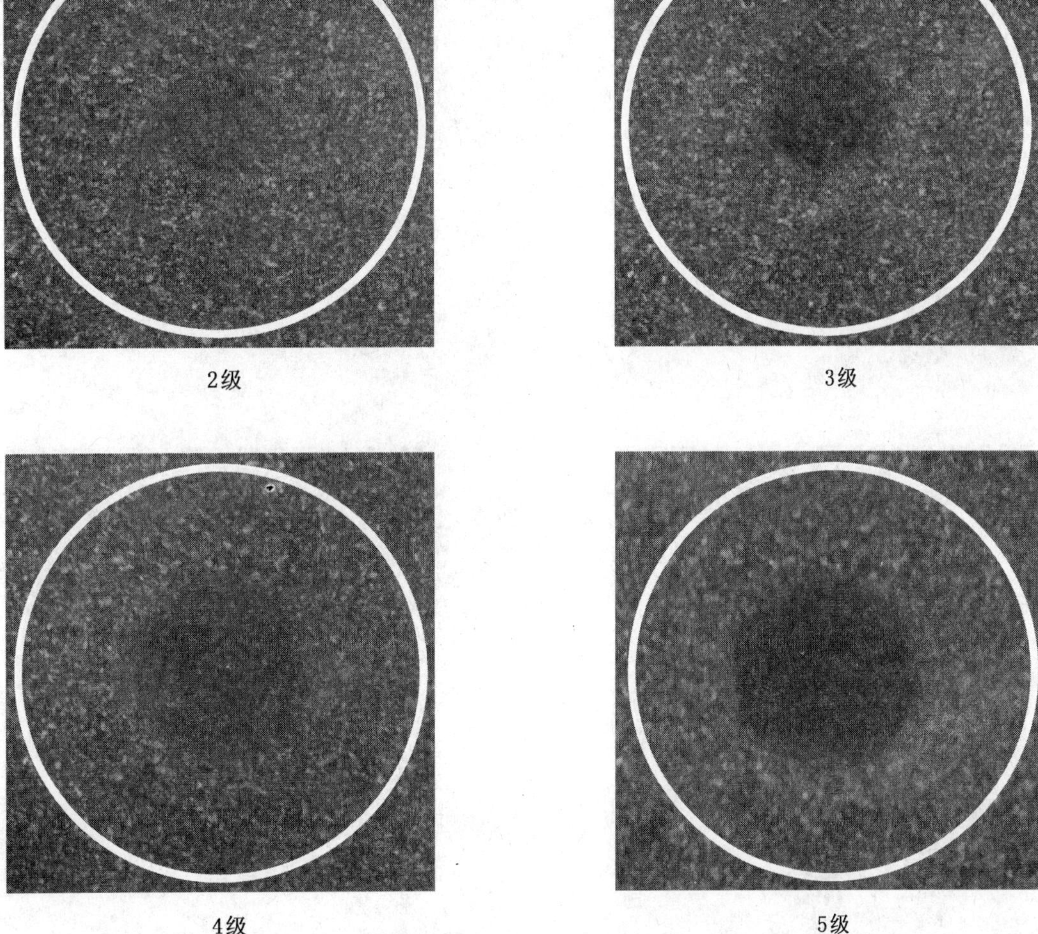

2级

3级

4级

5级

图 A.3 盘条C类中心偏析评级图(放大倍数 10×)

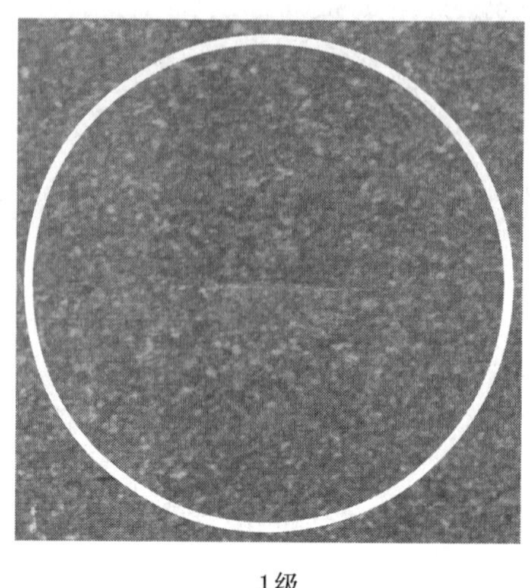

1级

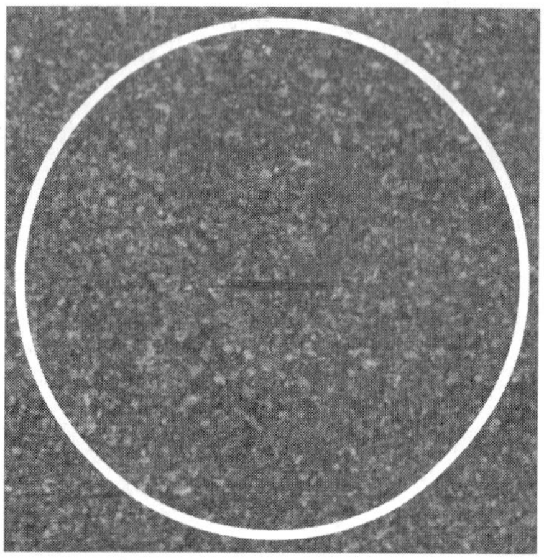

2级

3级

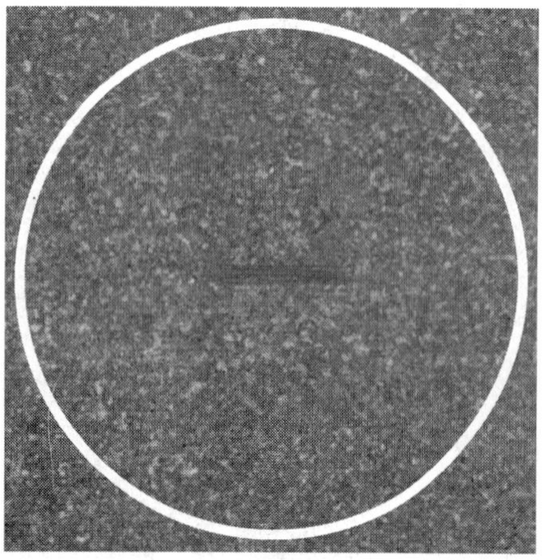

4级

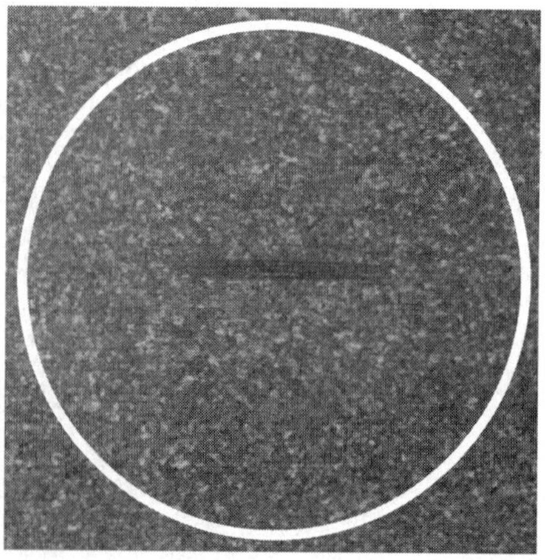

5级

图 A.4　盘条 D 类中心偏析评级图(放大倍数 10×)

附　录　B
（规范性附录）
盘条心部马氏体岛的测定

B.1　范围

本附录规定了制丝用非合金钢盘条心部马氏体岛的金相评定方法。

本附录适用于含碳量不小于0.40%的制丝用非合金钢盘条（以下简称盘条）中出现的马氏体岛组织的评定。

注：本部分中所指马氏体岛泛指马氏体和贝氏体。

B.2　原理

B.2.1　本附录所采用的马氏体岛定义为光学显微镜放大倍数在500倍，物镜数值孔径不小于0.65时，热轧高碳钢盘条心部偏析区出现的高硬度组织。

B.2.2　试样制备

B.2.2.1　切取

用缓慢的速度切取试样，切取时应适当冷却以免产生过热现象，并观察每个试样的横截面。

B.2.2.2　磨光和抛光

首先切取后的试样要在金相砂纸上经过粗磨、精磨，一般不应小于4道次磨制，磨制后试样要进行慢慢地抛光，并用不大于5 μm大小的细颗粒金刚石磨膏进行磨光。

在抛光如镜面后，小心地用水清洗试样并用酒精干燥。

B.2.2.3　浸蚀

在室温下将抛光后的试样表面置于硝酸乙醇腐蚀液中浸蚀大约10 s。

硝酸乙醇腐蚀液是在4 mL硝酸（$\rho_{20}=1.33$ g/mL）中加入100 mL乙醇（酒精）配置而成的。

浸蚀后试样表面用酒精干燥。

B.2.2.4　试样制备其余要求应符合GB/T 13298的规定。

B.3　试验方法

通常检验盘条马氏体组织应在钢材试样横截面（垂直于轧制方向的截面）上进行，以金相比较法评定马氏体组织，即通过同一盘条试样所有视场中最严重的马氏体组织图像与本附录所给定的马氏体岛评级图谱的对比来评定盘条马氏体岛级别，当有争议时可测定最大马氏体岛的尺寸。

测量最大马氏体岛尺寸时可按式（B.1）计算：

$$\text{马氏体岛尺寸}(\mu m) = (a+b)/2 \qquad \text{(B.1)}$$

式中：

a——任意方向马氏体最大长度（长轴尺寸），单位为微米（μm）；

b——垂直于a方向的马氏体岛最大长度（短轴尺寸），单位为微米（μm）。

B.4　盘条心部马氏体岛评级图

B.4.1　盘条心部马氏体岛评级图（见图B.1）。

B.4.2　评级图中各级别的马氏体岛最大尺寸应符合表B.1的规定（各级尺寸均为上限值）。

B.4.3　盘条心部马氏体岛级别介于所给评级图两个级别之间的可在低级别的基础上增加半级，马氏体最大尺寸为上下两级别的最大马氏体岛尺寸的中值。

表 B.1

单位为微米

级　　别	0	1	2	3	4
最大马氏体岛尺寸	0	10	20	30	≥40

0级

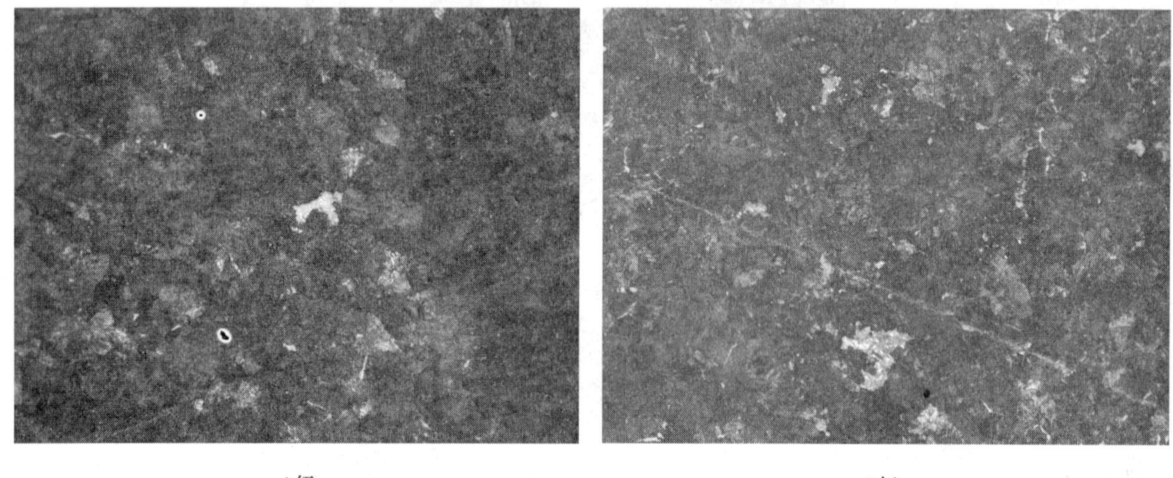

1级　　2级

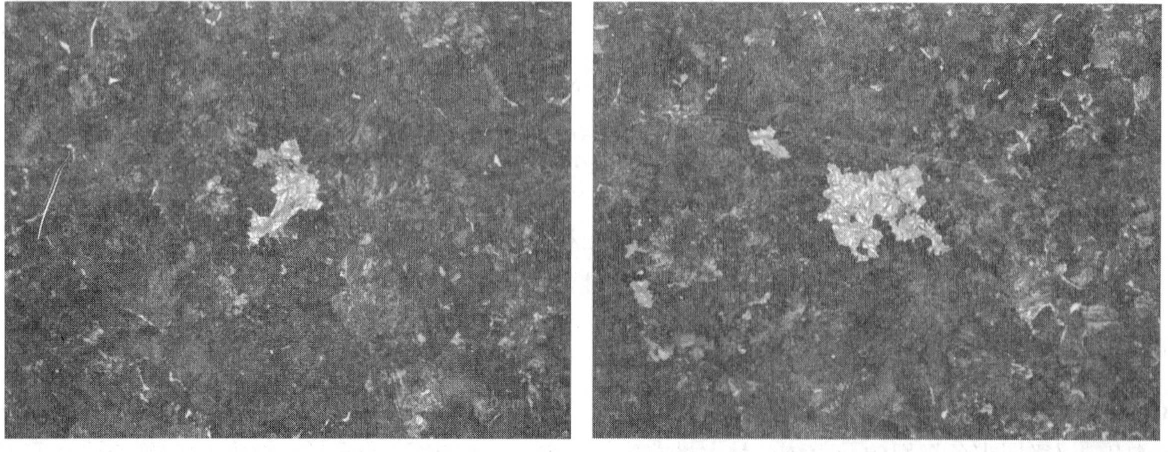

3级　　4级

图 B.1　盘条心部马氏体岛评级图

附　录　C
（规范性附录）
盘条晶界渗碳体的测定

C.1　范围

本附录规定了制丝用非合金钢盘条晶界渗碳体的金相评定方法。

本附录适用于含碳量不小于 0.40%的制丝用非合金钢盘条(以下简称盘条)中心出现的渗碳体组织的评定。

C.2　原理

C.2.1　本附录所采用的晶界渗碳体定义为光学显微镜放大倍数在 500 倍,物镜数值孔径不小于 0.65 时,盘条心部偏析区晶界上出现的半网状或网状组织。

C.2.2　试样制备

C.2.2.1　切取

用缓慢的速度切取试样,切取时应适当冷却以免产生过热现象,并观察每个试样的横截面。

C.2.2.2　磨抛

首先切取后的试样要在金相砂纸上经过粗磨、精磨,一般不应小于四道次磨制,磨制后试样要进行慢慢地抛光,并用不大于 5 μm 大小的细颗粒金刚石磨膏进行磨光。

在抛光如镜面后,小心地用水清洗试样并用酒精干燥。

C.2.2.3　浸蚀

在室温下将抛光后的试样表面置于硝酸乙醇腐蚀液中浸蚀大约 10 s。

硝酸乙醇腐蚀液是在 4 mL 硝酸(ρ_{20}=1.33 g/mL)中加入 100 mL 乙醇(酒精)配置而成的。

浸蚀后试样表面用酒精干燥。

C.2.2.4　试样制备其余要求应符合 GB/T 13298 的规定。

C.3　试验方法

C.3.1　以金相比较法评定晶界渗碳体。

C.3.2　检验晶界渗碳体应在钢材试样横截面上进行,以视场中最严重处与评级图对比评定。

C.4　晶界渗碳体评级图及其评级原则

C.4.1　晶界渗碳体评级图(见图 C.1)

C.4.2　评级原则

根据渗碳体沿晶界析出成网状的不同程度而评定,介于两个级别之间可评半级。

0 级:无网状渗碳体或线条状渗碳体。

1 级:未封闭的网状渗碳体。

2 级:1~2 个晶粒成全封闭网状渗碳体,其他未封闭。

3 级:3 个晶粒成全封闭网状渗碳体,其他未封闭但其分布范围小于整个视场面积的三分之二。

4 级:至少有 4 个晶粒成全封闭网状渗碳体。

0级

1级　　　　2级

3级

4级

图 C.1　盘条晶界渗碳体评级图

附 录 D
（资料性附录）
本部分与 ISO 16120-1:2001 的技术性差异及其原因

表 D.1 给出了本部分与 ISO 16120-1:2001 的技术性差异及其原因的一览表。

表 D.1

本部分的章条编号	技术性差异	原　因
2	将 ISO 16120-1:2001 的引用标准改为引用相应的我国国家标准和行业标准	以适应我国国情
3	尺寸精度及重量级别引用我国国家标准	以适应我国国情
5.6.2	规定了“显微组织”检验要求，并在附录 B、附录 C 中提供评级图	保证产品使用性能，满足用户需求
6	检验方法标准使用国家标准	符合国情
8	包装、标志及质量证明书按我国标准要求；需要时并在质量证明书上明确盘条时效时间	以适应我国国情，并满足用户需求
附录 A	更换中心偏析评级图	原评级图无图谱，不便使用。更换图谱以方便使用

ICS 77.140.60
H 44

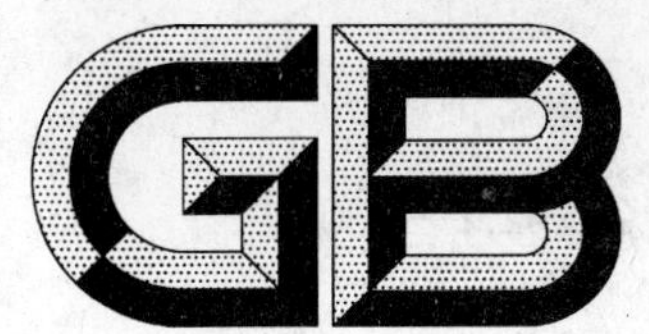

中华人民共和国国家标准

GB/T 24242.2—2009

制丝用非合金钢盘条
第2部分:一般用途盘条

**Non-alloy steel wire rods for conversion to wire—
Part 2:Specific requirements for general purpose wire rod**

(ISO 16120-2:2001,MOD)

2009-07-15 发布 2010-04-01 实施

中华人民共和国国家质量监督检验检疫总局
中国国家标准化管理委员会 发布

前　言

GB/T 24242《制丝用非合金钢盘条》分为四个部分：

——第1部分：一般要求

——第2部分：一般用途盘条

——第3部分：沸腾钢和沸腾钢替代品低碳钢盘条

——第4部分：特殊用途盘条

本部分为GB/T 24242的第2部分。本部分修改采用国际标准ISO 16120-2:2001《制丝用非合金钢盘条　第2部分：一般用途盘条》(英文版)。

本部分与ISO 16120-2:2001的主要技术差异如下：

——将规范性引用文件转为引用相应的国家和行业标准；

——对S、P含量进行了加严，加严量为0.005%；

——明确规定经供需双方协商，可供应牌号以抗拉强度命名的盘条(见附录A)；

——规定了盘条抗拉强度的波动范围；

——对含碳量大于0.65%的盘条规定了检验晶界渗碳体及心部马氏体岛的要求。

本部分的附录A为规范性附录。

本部分由中国钢铁工业协会提出。

本部分由全国钢标准化技术委员会归口。

本部分主要起草单位：江苏沙钢集团有限公司、冶金工业信息标准研究院、青岛钢铁有限公司、唐山钢铁股份有限公司、宣化钢铁集团有限责任公司。

本部分主要起草人：黄正玉、陈寿琴、戴石锋、胡海平、孙晓玲、王勇、陈少慧、陈建洲、王玲君、张志强。

制丝用非合金钢盘条
第2部分：一般用途盘条

1 范围

GB/T 24242 的本部分规定了制丝用非合金钢盘条中的一般用途盘条的牌号和技术要求和试验方法。

本部分适用于制造冷拔或冷轧钢丝用非合金钢一般用途盘条(以下简称盘条)。

2 规范性引用文件

下列文件中的条款通过 GB/T 24242 的本部分的引用而成为本部分的条款。凡是注日期的引用文件，其随后所有的修改单(不包括勘误的内容)或修订版均不适用于本部分，然而，鼓励根据本部分达成协议的各方研究是否可使用这些文件的最新版本。凡是不注日期的引用文件，其最新版本适用于本部分。

GB/T 222 钢的成品化学成分允许偏差

GB/T 223.5 钢铁 酸溶性硅和全硅含量的测定 还原型硅钼酸盐分光光度法(GB/T 223.5—2008,ISO 4829-1:1986、ISO 4829-2:1988,MOD)

GB/T 223.11 钢铁及合金 铬含量的测定 可视滴定或电位滴定法(GB/T 223.11—2008,ISO 4937:1986,MOD)

GB/T 223.12 钢铁及合金化学分析方法 碳酸钠分离-二苯碳酰二肼光度法测定铬量

GB/T 223.19 钢铁及合金化学分析方法 新亚铜灵-三氯甲烷萃取光度法测定铜量

GB/T 223.23 钢铁及合金 镍含量的测定 丁二酮肟分光光度法

GB/T 223.26 钢铁及合金 钼含量的测定 硫氰酸盐分光光度法

GB/T 223.59 钢铁及合金 磷含量的测定 铋磷钼蓝分光光度法和锑磷钼蓝分光光度法

GB/T 223.62 钢铁及合金化学分析方法 乙酸丁酯萃取光度法测定磷量

GB/T 223.63 钢铁及合金化学分析方法 高碘酸钠(钾)光度法测定锰量

GB/T 223.67 钢铁及合金 硫含量的测定 次甲基蓝分光光度法(GB/T 223.67—2008,ISO 10701:1994,IDT)

GB/T 223.68 钢铁及合金化学分析方法 管式炉内燃烧后碘酸钾滴定法测定硫含量

GB/T 223.69 钢铁及合金 碳含量的测定 管式炉内燃烧后气体容量法

GB/T 2101 型钢验收、包装、标志及质量证明书的一般规定

GB/T 20066 钢和铁 化学成分测定用试样的取样和制样方法(GB/T 20066—2006,ISO 14284:1996,IDT)

GB/T 20123 钢铁 总碳硫含量的测定 高频感应炉燃烧后红外吸收法(常规方法)(GB/T 20123—2006,ISO 15350:2000,IDT)

GB/T 24242.1—2009 制丝用非合金钢盘条 第1部分：一般要求(ISO 16120-1:2001,MOD)

YB/T 081 冶金技术标准的数值修约与检测数据的判定原则

3 技术要求

3.1 一般要求

盘条的一般要求应符合 GB/T 24242.1—2009 的规定。

3.2 牌号和化学成分

3.2.1 盘条用钢牌号通常以成分表示，牌号代号为 CxD，其中：x 为平均含碳量，C、D 分别为 Carbon、Drawn 的第一个英文字母。其牌号、统一数字代号及化学成分(熔炼分析)应符合表 1 的规定。

3.2.2 如按附录 A 的要求供应牌号以抗拉强度命名的盘条产品，牌号代号为 TXXX，其中 T 为“Tensile strength”(抗拉强度)的第一个字母，XXX 表示抗拉强度范围的中值。

3.2.3 经供需双方协商，并在合同中注明，可供应其他牌号和化学成分的盘条。

3.2.4 盘条的化学成分的允许偏差应符合 GB/T 222 的规定。

3.2.5 除冶炼所需元素外，表中未列入的其他元素未经用户同意不允许有意加入钢中。

3.2.6 微合金化元素的加入，可以在订货时由供需双方商定。

3.2.7 从 C26D 到 C92D 各牌号，经供需双方协商，碳含量的下限值可降低 0.01%，上限值可提高 0.01%。

3.2.8 用于镀锌的盘条其硅含量的允许下限值应在订货时规定。

3.2.9 从 C20D 到 C42D 各牌号硅含量的上限，订货时经供需双方协商可进一步限制。

3.2.10 C15D 及以上各牌号，锰含量在范围不变情况下，可在表 1 的基础上进行调整，但锰含量上限值应不大于 1.20%，下限值不小于 0.30%。C42D 及以上各牌号可分为 A、B 两个级别(A 级钢，统一数字代号末位数字为“7”，B 级钢，统一数字代号末位数字为“8”)，A：Mn0.30%～0.60%；B：Mn0.60%～0.90%。如：C60DA(统一数字代号 U53607)，Mn 含量在 0.30%～0.60%；C60DB(统一数字代号 U53608)，Mn 含量在 0.60%～0.90%。

3.2.11 根据供需双方协议，铜含量可不大于 0.20%。

3.2.12 从 C48D 到 C92D 各牌号，Cu+Sn≤0.25%。

3.2.13 根据供需双方协议，允许铝含量为 0.01%～0.06%。如有要求，硅含量可不大于 0.10%。

表 1 牌号及化学成分

牌号	统一数字代号	化学成分(质量分数)/%									
		C	Si	Mn	P	S	Cr	Ni	Mo	Cu	Al_t
					不大于						
C4D	U53042	≤0.06	≤0.30	0.30～0.60	0.030	0.030	0.20	0.25	0.05	0.30	0.01
C7D	U53072	0.05～0.09	≤0.30	0.30～0.60	0.030	0.030	0.20	0.25	0.05	0.30	0.01
C9D	U53092	≤0.10	≤0.30	≤0.60	0.030	0.030	0.20	0.25	0.05	0.30	—
C10D	U53102	0.08～0.13	≤0.30	0.30～0.60	0.030	0.030	0.20	0.25	0.05	0.30	0.01
C12D	U53112	0.10～0.15	≤0.30	0.30～0.60	0.030	0.030	0.20	0.25	0.05	0.30	0.01
C15D	U53152	0.12～0.17	≤0.30	0.30～0.60	0.030	0.030	0.20	0.25	0.05	0.30	0.01
C18D	U53182	0.15～0.20	≤0.30	0.30～0.60	0.030	0.030	0.20	0.25	0.05	0.30	0.01
C20D	U53202	0.18～0.23	≤0.30	0.30～0.60	0.030	0.030	0.20	0.25	0.05	0.30	0.01
C26D	U53262	0.24～0.29	0.10～0.30	0.50～0.80	0.030	0.025	0.20	0.25	0.05	0.30	0.01
C32D	U53322	0.30～0.35	0.10～0.30	0.50～0.80	0.030	0.025	0.20	0.25	0.05	0.30	0.01
C38D	U53382	0.35～0.40	0.10～0.30	0.50～0.80	0.030	0.025	0.20	0.25	0.05	0.30	0.01
C42D	U53442	0.40～0.45	0.10～0.30	0.50～0.80	0.030	0.025	0.20	0.25	0.05	0.30	0.01
C48D	U53482	0.45～0.50	0.10～0.30	0.50～0.80	0.030	0.025	0.15	0.20	0.05	0.25	0.01
C50D	U53502	0.48～0.53	0.10～0.30	0.50～0.80	0.030	0.025	0.15	0.20	0.05	0.25	0.01
C52D	U53522	0.50～0.55	0.10～0.30	0.50～0.80	0.030	0.025	0.15	0.20	0.05	0.25	0.01

表 1（续）

牌号	统一数字代号	化学成分(质量分数)/%									
		C	Si	Mn	P	S	Cr	Ni	Mo	Cu	Al_t
					不大于						
C56D	U53562	0.53～0.58	0.10～0.30	0.50～0.80	0.030	0.025	0.15	0.20	0.05	0.25	0.01
C58D	U53582	0.55～0.60	0.10～0.30	0.50～0.80	0.030	0.025	0.15	0.20	0.05	0.25	0.01
C60D	U53602	0.58～0.63	0.10～0.30	0.50～0.80	0.025	0.025	0.15	0.20	0.05	0.25	0.01
C62D	U53622	0.60～0.65	0.10～0.30	0.50～0.80	0.025	0.025	0.15	0.20	0.05	0.25	0.01
C66D	U53662	0.63～0.68	0.10～0.30	0.50～0.80	0.025	0.025	0.15	0.20	0.05	0.25	0.01
C68D	U53682	0.65～0.70	0.10～0.30	0.50～0.80	0.025	0.025	0.15	0.20	0.05	0.25	0.01
C70D	U53702	0.68～0.73	0.10～0.30	0.50～0.80	0.025	0.025	0.15	0.20	0.05	0.25	0.01
C72D	U53722	0.70～0.75	0.10～0.30	0.50～0.80	0.025	0.025	0.15	0.20	0.05	0.25	0.01
C76D	U53762	0.73～0.78	0.10～0.30	0.50～0.80	0.025	0.025	0.15	0.20	0.05	0.25	0.01
C78D	U53782	0.75～0.80	0.10～0.30	0.50～0.80	0.025	0.025	0.15	0.20	0.05	0.25	0.01
C80D	U53802	0.78～0.83	0.10～0.30	0.50～0.80	0.025	0.025	0.15	0.20	0.05	0.25	0.01
C82D	U53822	0.80～0.85	0.10～0.30	0.50～0.80	0.025	0.025	0.15	0.20	0.05	0.25	0.01
C86D	U53862	0.83～0.88	0.10～0.30	0.50～0.80	0.025	0.025	0.15	0.20	0.05	0.25	0.01
C88D	U53882	0.85～0.90	0.10～0.30	0.50～0.80	0.025	0.025	0.15	0.20	0.05	0.25	0.01
C92D	U53922	0.90～0.95	0.10～0.30	0.50～0.80	0.025	0.025	0.15	0.20	0.05	0.25	0.01

3.3 表面质量

3.3.1 盘条应将头尾有害缺陷部分切除，其截面不应有缩孔、分层及夹杂。

3.3.2 盘条表面应光滑，不应有裂纹、折叠、耳子、结疤、分层及夹杂等缺陷。允许有局部的压痕及凸块、划痕、麻面，但其深度或高度(从实际尺寸算起)应不大于 0.10 mm。

3.4 力学性能

盘条应进行力学性能检验。具体要求供需双方协商确定，并在合同中注明。

根据需方要求，供方应提供抗拉强度的特征值、延伸率或断面收缩率等力学性能。供需双方可商定同一炉号、同一公称直径及同一轧制制度盘条的抗拉强度波动范围。通常盘条抗拉强度的波动范围应不超出表 2 的规定范围。

表 2 抗拉强度波动范围

含碳量范围	规格/mm	抗拉强度波动范围/MPa
≤0.20	≤13	120
	>13	150
>0.20～≤0.70	≤13	150
	>13	170
>0.70	≤13	170
	>13	200

3.5 中心偏析

根据需方要求，并在合同中注明，可进行中心偏析检测。

3.6 显微组织

3.6.1 脱碳层

根据需方要求，并在合同中注明，可进行脱碳层检测。

3.6.2 金相组织

3.6.2.1 含碳量大于0.65%的盘条，其晶界渗碳体及心部马氏体岛的允许级别应符合表3的规定。

表3 盘条晶界渗碳体及心部马氏体岛级别要求

碳含量	规格/mm	心部马氏体岛级别 M/级	盘条晶界渗碳体 T/级
≥0.82%	≥10	≤2.0	≤2.0
	<10	≤1.5	
≥0.65%～<0.82%	>6.5	≤1.5	
	≤6.5	≤1.0	

3.6.2.2 含碳量大于0.65%的盘条，其金相组织主要为索氏体组织，供需双方协商可进行索氏体含量检验及其含量要求。

4 试验方法

盘条应进行化学成分、尺寸、表面质量、拉伸试验、金相组织等试验或检验，其取样数量、取样方法、取样部位及试验方法应符合GB/T 24242.1—2009中表1的相应检验项目要求。其中各元素化学分析标准应采用本部分第2章中所引用的相应试验方法。

附 录 A
（规范性附录）
以抗拉强度命名的盘条牌号及其要求

A.1 范围

本附录对牌号按抗拉强度命名的盘条的牌号、化学成分进行了提示。

本附录适用于牌号以抗拉强度命名的一般要求盘条。

A.2 盘条牌号

牌号按抗拉强度命名的盘条，其牌号及每批的抗拉强度范围应符合表 A.1 的要求。

表 A.1 以抗拉强度命名的一般用途盘条的牌号及抗拉强度

牌 号	抗拉强度范围，R_m/MPa
T700	600～800
T800	700～900
T900	800～1 000
T1000	900～1 100
T1100	1 000～1 200
T1200	1 100 ～1 300
经供需双方协商，可供应中间牌号盘条，其抗拉强度范围为：以牌号中命名的抗拉强度值为基数、偏差±100 MPa。如可供应 T720 盘条，其抗拉强度要求为：(720±100)MPa。	

A.3 盘条抗拉强度范围判定

从每批中 5 个不同盘卷各取 1 个试样，其抗拉强度范围应在表 A.1 的相应牌号的"抗拉强度范围"内。

A.4 盘条化学成分

A.4.1 盘条主要元素含量(熔炼分析)应满足表 A.2 规定。

表 A.2 以抗拉强度命名的一般用途盘条的主要元素成分含量

元素	Si	Mn	P	S
化学成分(质量分数)/%	0.10～0.30	0.50～0.80	≤0.030	≤0.030

A.4.2 为确保盘条性能符合表 A.1 的要求，供方应确定 C 及 Cr、Ni、Cu、Mo、Al 等元素的含量。

ICS 73.060.30
D 33

中华人民共和国国家标准

GB/T 24243—2009/ISO 6153:1989

铬矿石　采取份样

Chromium ores—Increment sampling

(ISO 6153:1989,IDT)

2009-07-15 发布　　2010-04-01 实施

中华人民共和国国家质量监督检验检疫总局
中国国家标准化管理委员会　发布

前　言

本标准等同采用ISO 6153:1989《铬矿石　采取份样》(英文版)。

本标准的附录A为规范性附录。

本标准由中国钢铁工业协会提出。

本标准由全国生铁及铁合金标准化技术委员会归口。

本标准起草单位:宁波检验检疫科学技术研究院、中华人民共和国天津出入境检验检疫局、冶金工业信息标准研究院。

本标准主要起草人:楼建元、林力、周成东、曹国洲、孙世明、陈自斌。

铬矿石　采取份样

警告——使用本标准的人员应有正规实验室工作的实践经验。本标准并未指出所有可能的安全问题。使用者有责任采取适当的安全和健康措施,并保证符合国家有关法规规定的条件。

1　范围

本标准规定了在交货地点和接货地点采取铬矿石样品的方法。

该方法适用于手工法和机械法采取所有的天然铬矿石或加工过的铬矿石的份样。

附录A中规定了锤铲取样法采取粒度>100 mm块状铬矿石份样的程序。

2　规范性引用文件

下列文件中的条款通过本标准的引用而成为本标准的条款。凡是注日期的引用文件,其随后所有的修改单(不包括勘误的内容)或修订版均不适用于本标准,然而,鼓励根据本标准达成协议的各方研究是否可使用这些文件的最新版本。凡是不注日期的引用文件,其最新版本适用于本标准。

GB/T 24232　锰矿石和铬矿石　校核取样和制样偏差的试验方法(GB/T 24232—2009,ISO 8541:1986,IDT)

GB/T 24233　锰矿石和铬矿石　评定品质波动和校核取样精密度的试验方法(GB/T 24233—2009,ISO 8542:1986,IDT)

ISO 565:1983(E)　试验筛　金属丝编织网、冲孔板和电铸成型板试验筛　筛孔的额定尺寸

ISO 6154:1989(E)　铬矿石　样品制备

3　术语和定义

下列术语和定义适用于本标准。

3.1

批　lot

在假定相同条件下加工或生产的一定数量的铬矿石。

3.2

交货批　consignment

一次交货的一定数量的铬矿石。交货批可由一批、数批或部分批铬矿石组成。

3.3

份样　increment

(1) 从一交货批铬矿石,用取样器一次采得的一定量的铬矿石。

(2) 由份样缩分法获得的一定量的铬矿石。

3.4

副样　sub-sample

(1) 从一交货批铬矿石中采取的二个或多个份样组成的一定量的铬矿石。

(2) 根据需要,二个或多个份样进行选择性破碎和/或选择性缩分后聚集成的样品。

3.5

大样　gross sample

(1) 从一交货批铬矿石中采取的全部份样组成的一定量的铬矿石。

(2) 根据需要,全部份样或全部副样经选择性破碎和/或选择性缩分后的集合物。

3.6

试样 test sample

按照样品类型所规定的方法,由每个份样、每个副样或大样制备的用于测定水分含量和化学成分的任一样品。

3.7

标称最大粒度 nominal top size

R20 系列筛子(ISO 565:1983 表 1 中的方孔试验筛)中铬矿石筛上物小于 5%的最小筛孔尺寸。

3.8

采取份样 increment sampling

组合一定数量的从交货批中采取的份样从而获得样品的取样过程,该样品代表交货批铬矿石。

3.9

手工取样 manual sampling

由人力使用取样器械(包括使用辅助机械设备)取样。

3.10

分层取样 stratified sampling

将交货批分成数层,从各层中按规定的样品比例进行取样。

注:层是按照规定划分交货批得出的部分交货批。

3.11

间歇式系统取样 periodic systematic sampling

按固定的间隔从交货批中采取份样的取样方法。当采用质量间隔时,称为"定量间歇式系统取样";当采用时间间隔时,称为"定时间间歇式系统取样"。

3.12

二级取样 two-stage

首先从交货批中选出初级取样单元,然后从选出的初级取样单元中取出第二级取样单元。在本标准中,该法可用于从货车或容器中取样。取样时,首先选出一定数目的货车或容器作为初级取样单元,然后从选出的作为第二级取样单元的货车或容器中采取份样。

4 取样的一般原则

下列原则对有关各方是通用的和需要履行的原则。

a) 应使用买方和/或卖方认可的合格取样器或合格机械取样装置。

b) 最好在计量前后或在装卸过程中同步进行取样。

c) 当随机开始取样时,应按系统取样法进行。从货车中采取铬矿石样品可采用二级取样法或分层取样法。

d) 为了防止采取样品时引入系统误差,应根据铬矿石标称最大粒度确定份样量。

e) 从交货批中采取的份样数应根据铬矿石的品质波动类型和要求的取样精密度来确定。

f) 在取样的全过程中应防止样品污染。

g) 所有的取样方法应按照 GB/T 24232 校核证实无系统误差。

h) 在作业完成前,如果已采完预计的份样数时,则应继续以同一间隔采取份样,直至交货批的铬矿石装卸作业完成为止。

i) 执行取样应符合国家安全标准。

5 一般取样方法

5.1 通用取样程序

通用取样程序如下：

a) 验明待取样的交货批。

b) 确定交货批的标称最大粒度。

c) 确定份样量。

d) 确定交货批的品质波动类型。

e) 系统取样和分层取样时，确定从交货批中应采取的最小份样数。二级取样时，指定从交货批中选取的货车或容器，以及从选取货车或容器中采取份样的部位。

f) 确定系统取样和分层取样采取份样的间隔或定量取样时选取货车或容器的间隔。

g) 确定取样部位和采取份样的方法。

h) 按照 ISO 6154 规定组成大样或副样。组成大样或副样的流程如图 1 所示。

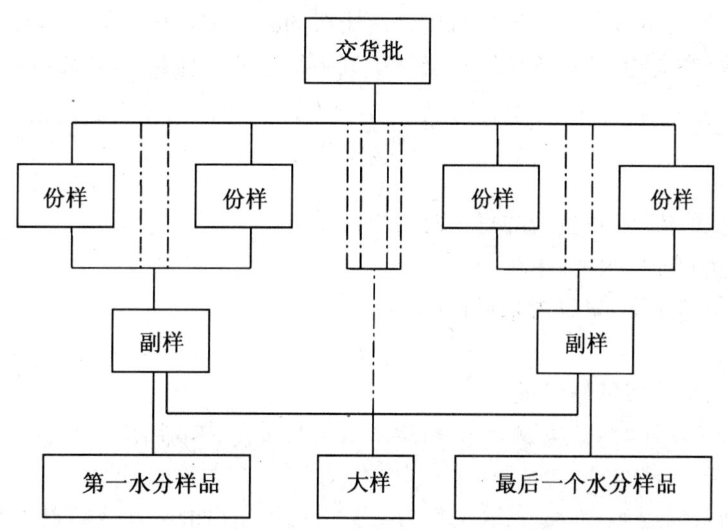

图 1 取样流程图

5.2 取样精密度和总精密度

本标准设计的应达到表 3 中规定的取样精密度(β_s)。取样精密度是总精密度(β_{SDM})的一个分量，建立在按照 ISO 6154 规定进行样品制备和按照相关的国家标准规定的方法进行测定的实践基础之上。

总精密度系指在 95% 概率下交货批品质特性的平均值。取样精密度系指在 95% 概率下大样氧化铬含量的平均值与交货批的实际品位之差不大于 β_s。

β_s 为取样精密度，它等于二倍的取样标准偏差，用百分数表示。

β_{SDM} 为取样、样品缩分和测定的总精密度，它等于二倍的取样、样品缩分和测定全过程的标准偏差，用百分数表示。

按照 GB/T 24233 规定校核取样精密度。

5.3 份样量

5.3.1 手工取样的最小份样量按表 1 中规定的最大粒度确定。

表 1 手工取样的最小份样量

标称最大粒度 /mm	最小份样量 /kg
≥150	30
100	15
50.0	5
22.4(20.0)	2
10.0	0.5
2.8(3.0)	0.2

采取的份样量应具有基本一致的质量。

注:“基本一致的质量”是指质量变化(以变异系数计)小于 20%。把份样量的平均值($\bar{X}$)与标准偏差(σ)之比定义为变异系数(CV),按式(1)计算变异系数,用百分数表示:

$$CV(\%)=\frac{\sigma}{\bar{X}}\times 100 \quad \cdots\cdots(1)$$

5.3.2 机械取样器从矿流中采取的份样量与皮带运输机的流率和取样器的开口尺寸成正比,与取样器的切割速度成反比。可按式(2)计算机械取样器从矿流中采取的份样量(m),数值用千克表示:

$$m=\frac{q_m \cdot l}{3.6\ v} \quad \cdots\cdots(2)$$

式中:

q_m——皮带运输机的流率,单位为吨每小时(t/h);

l——取样器的切割开口尺寸,单位为米(m);

v——取样器的切割速度,单位为米每秒(m/s)。

5.4 品质波动类型

品质波动是对交货批不均匀性的量度。

5.4.1 系统取样和分层取样时,品质波动 σ_w 系指从交货批的层内取出的份样间的品质波动特性的标准偏差。

二级取样时,品质波动用 σ_b 和 σ_w 表示。σ_b 为从交货批中选出的货车或容器之间的品质波动,用标准偏差表示;σ_w 为从选出的货车或容器中所采取的份样间的品质波动,用标准偏差表示。

5.4.2 应当对各种类型或各种等级的铬矿石以及对各个处于正常操作条件下的装卸系统,按照 GB/T 24232来估算 σ_b 和 σ_w 的值。同时按照表 2 中规定的品质波动的大小把铬矿石分类。

表 2 品质波动的分类

品质波动	氧化铬(Cr_2O_3)含量的标准偏差
大	σ_b 或 $\sigma_w \geq 1.0$
小	σ_b 或 $\sigma_w < 1.0$

5.4.3 未给出品质波动估计值的任何类型或任何等级的铬矿石应被认为具有“大”的品质波动。在此情况下,应尽快按照 GB/T 24233 规定进行试验确定其品质波动的类型。

5.5 份样数

5.5.1 根据分层取样的原理,按式(3)计算系统取样时的份样数(n):

$$n=\left(\frac{2\sigma_w}{\beta_s}\right)^2 \quad \cdots\cdots(3)$$

式中：

2——与 2σ 在约95%置信概率水平有关的系数；

σ_w——由表3决定的层内标准偏差，%；

β_s——由表3决定的为 2σ 的取样精密度，%。

表3　由品质波动(Cr_2O_3，%)决定的最小份样数和取样精密度

交货批质量/t	取样精密度，β_s	与品质波动对应的份样数	
		大 $\sigma_w=1.5$	小 $\sigma_w=0.7$
>30 000～45 000	0.33	85	20
>15 000～30 000	0.37	65	15
>5 000～15 000	0.39	60	15
>2 000～5 000	0.42	50	10
>1 000～2 000	0.55	30	17
>500～1 000	0.60	25	6
≤500	0.65	20	5
注：如果需要较高的精密度，那么有关各方协议可增加份样数。			

5.5.2　二级取样时，应按照7.1.2.3规定计算份样数。

5.6　采取份样的方法

每个份样应通过取样装置的一次单一动作采取。如果有困难，可随机地在选出的部位上数次移动取样装置采取份样(具有相同的概率)。在确认后一种方法对各类型的铬矿石没有系统误差时，才可以实施取样。

6　设备

6.1　进行手工取样时使用下列工具：

a)　份样铲(见图2和表4)；

b)　锤子，400 g～900 g；

c)　取样探子(见图3)；

d)　取样筐架。

注：取样探子是一支装有木制把柄的250 mm长的管子。管子可以是整个的或有两槽的管子。两槽管子上安有挡圈。距管端140 mm处，焊有钢角便于震击样品从取样探子中倒出。铲式取样探子可由被切成两等分的管子制作。锐角端被插入矿物中。锐角端为圆锥状，隔板焊接与管子侧与主腔分割开。

6.2　使用机械取样装置(旋转弧形、斗式、切割槽式取样器等)进行机械取样，机械取样装置应满足下列技术要求：

a)　取样装置在切割矿流的全断面过程中应匀速运行。

b)　取样装置的容量应足以容纳一次采取的整个份样，且装入的份样不超过其体积的2/3。

c)　取样装置的有效开口的最小尺寸应为铬矿石标称最大粒度的三倍，并且不小于10 mm。

d)　取样器应设计的便于清洗和校核。

注：也可使用具有机械辅助装置的其他取样器采取份样。这些取样器应具有相当于表4(c)栏中的最小开口尺寸。当尺寸大于100 mm时，它至少应为标称最大粒度的三倍。在有效收集面上，取样器的容积应足以容纳至少两倍的表1中的最小份样量。

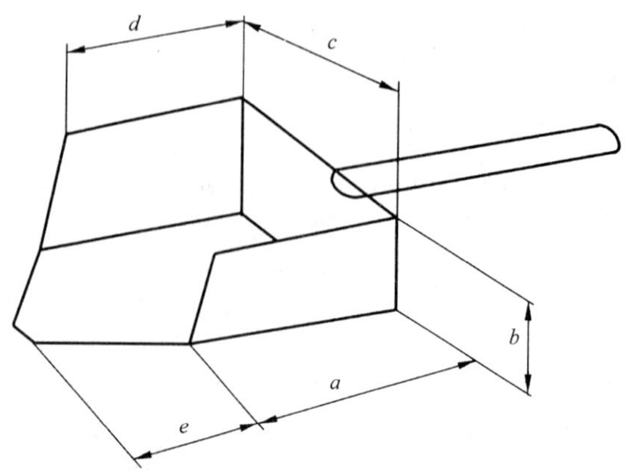

图 2 份样铲

单位为毫米

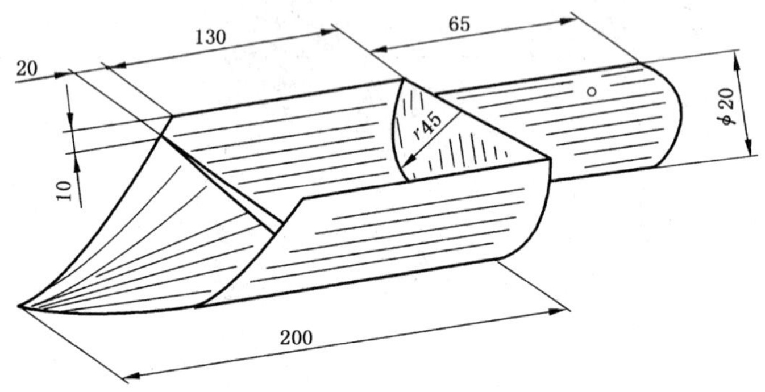

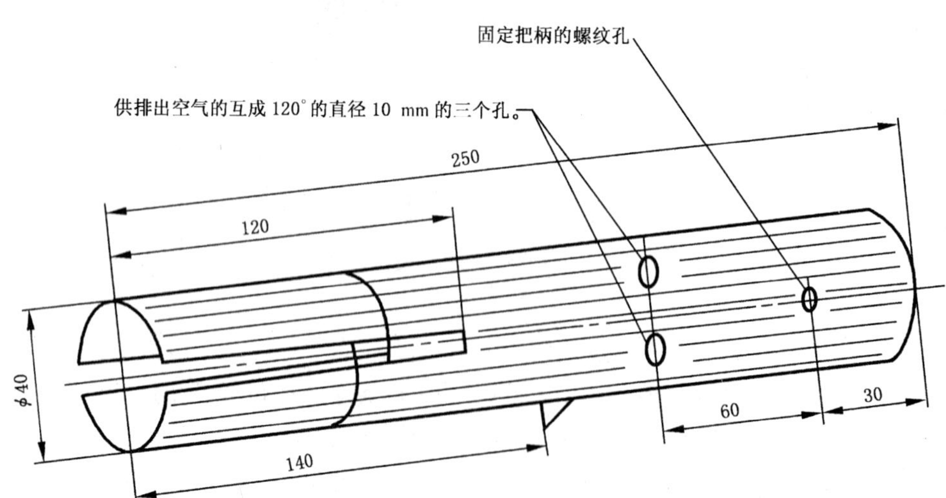

图 3 份样探子

表 4 取样铲的尺寸

标称最大粒度/mm	份样铲号	份样铲尺寸/mm				
		a	*b*	*c*	*d*	*e*
>50～100	100	300	110	300	220	100
>40～50	50	150	75	150	130	65
>31.5(30)～40	40	110	65	110	95	50
>22.4(20)～31.5(30)	30	90	50	90	80	40
>10～22.4(20)	20	80	45	80	70	35
>2.8(3.0)～10	10	60	35	60	50	25
≤2.8(3.0)	3	40	25	40	30	15

7 取样方法

为了能安全地进行手工取样或机械取样，应在交货铬矿石装卸过程中从传送带、货车、容器、船、料堆等处采取铬矿石样品。

7.1 手工取样

传输中的铬矿石取样应按定量法进行。

7.1.1 传输中取样

7.1.1.1 停止传送带后，采取份样。在矿流的方向上，从规定位置采取一段足够长、全宽和全厚的铬矿石流。

足够长系指足以保证能采取到表 1 规定的最小份样量，并且其不小于标称最大粒度的三倍。

注：在停带取样过程中，取样筐架应这样放置，以便于和传送带接触跨越传送带的全宽，取样筐架内的全部铬矿石颗粒能被刮入容器中。必须将取样筐架左边阻止取样筐架插入的任何铬矿石颗粒刮入份样中，同时应将取样筐架右边的阻止其插入的任何铬矿石颗粒从份样中除去。

7.1.1.2 当从运行的转送带上采取份样时，应从落流中用机械辅助装置采取全宽和全厚的铬矿石流。

7.1.1.3 如果已确定采样部位的颗粒偏析影响不大，并且矿流无脉冲，那么可随机地从停带上或落流中选出的部位采取单个份样。

7.1.1.4 当使用定量法采取整个交货批的样品时，采取份样的间隔应是相同的，并且在取样过程中保持不变。按式(4)计算采取份样的质量间隔(T)，其数值用吨表示：

$$T \leqslant \frac{Q}{n} \quad \cdots\cdots(4)$$

式中：

Q——交货质量，单位为吨(t)；

n——要求的份样数。

考虑到作业的方便，采取份样的质量间隔应确定为小于计算的质量间隔(T)。

如果矿流是均匀的，则质量间隔可以转换成相当的时间间隔。

7.1.1.5 装卸作业开始后，在第一个质量间隔内，装卸完随机选取的吨位后，采取第一个份样。

7.1.2 从货车或容器中取样

7.1.2.1 **采取份样的方法**

在货车或容器(以下称为货车)装卸作业中，从裸露的铬矿石新表面上随机地采取份样。

当货车中的铬矿石的上部和下部、前面和后面、左面和右面可能存在一定的系统误差时，最好从每个分割层或各选出的货车的不同部位采取份样。

注：取样部位应距货车边不小于0.5 m。图4给出了选取取样部位的示意图。

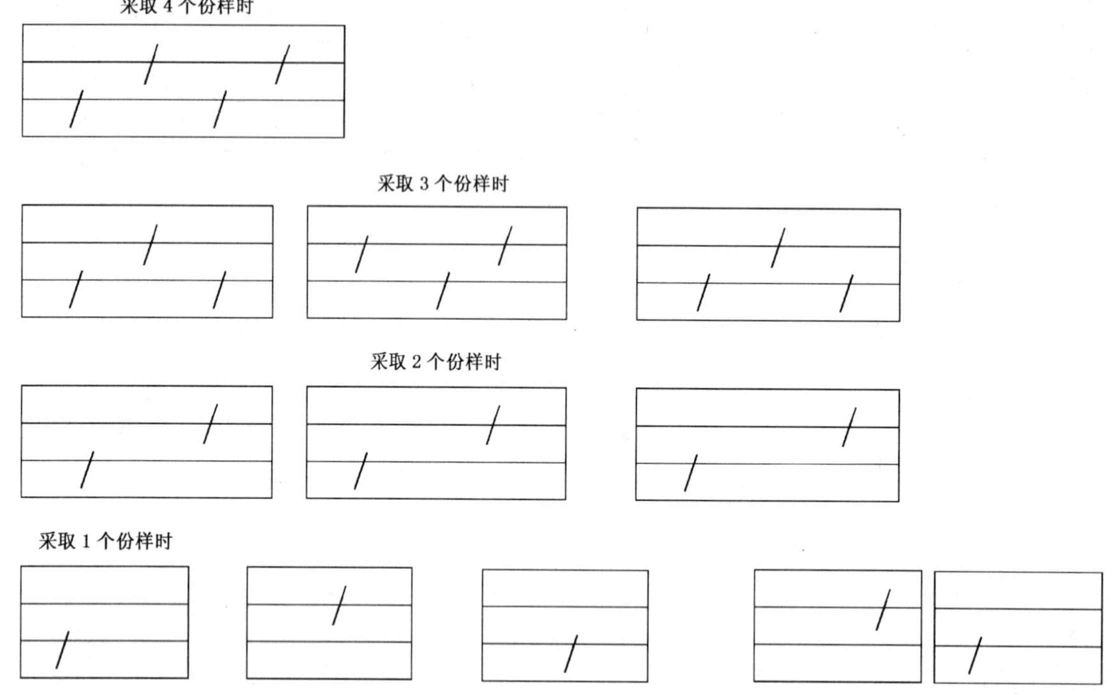

图4 从货车上采取份样的取样点位置实例

当用取样探子或钻孔取样器从装在货车上的铬矿石的上表面上进行取样时，有引入一定取样系统误差的危险。因此，只有通过校核实验确定了该方法无系统误差后，才允许使用该方法。

注1：当用份样铲或取样探子插入矿石至探子插入矿石至探子全长度取样时，可采取到粒度小于22.4 mm的铬矿石样品。如果该方法是可行的，那么在无系统误差的情况下采取岩心样品。采样时，铬矿石样品不应从取样探子中溢出。用焊接在管子上的钢角轻击容器边沿，使样品从探管中排出。

注2：在采取粒度小于100 mm的铬矿石样品时，应使用份样铲采取份样。根据需要，在采取份样的部位上，挖一个0.2 m～0.5 m深的洞，从洞底沿洞壁垂直地从下向上移动份样铲采取份样。不能从洞底采取铬矿石样品。小心谨慎防止铬矿石样品从份样铲边溢出。

注3：对于块粒度大于100 mm的样品，除采用份样铲（见表4）采取份样外，可使用锤铲取样法（见附录A）进行取样。

7.1.2.2 从所有的货车中取样（分层取样）

当构成一交货批的货车数少于表3中规定的份样数时，从每辆货车上采取份样。按式(5)计算从交货批的每辆货车上必须采取的份样数(n_w)：

$$n_w = \frac{n}{M} \qquad \cdots\cdots (5)$$

式中：

n——与交货批质量相对应的表3中的份样数；

M——交货批的货车数。

计算结果应修约至该数值邻近的最大整数。

当货车具有不同的载重量时，应按货车的载重量的比例确定份样数。

7.1.2.3 从选出的货车中取样（二级取样）

当构成交货批的货车数多于表3中规定的份样数时，选出需要取样的货车，然后从选出的每辆货车上随机采取份样。

按式(6)计算应选出的第一级取样货车数(m):

$$m = \frac{M\sigma_b^2 + \dfrac{(M-1)\sigma_w^2}{\overline{n_w}}}{(M-1)(\beta_s/2)^2 + \sigma_b^2} \qquad \cdots\cdots(6)$$

式中:

M——组成交货批的货车数;

σ_b——货车间的标准偏差,%;

σ_w——货车内的标准偏差,%;

$\overline{n_w}$——二级取样从选出的每辆货车中所采取的份样数;

β_s——2σ 的取样精密度,%;

2——与 2σ 在约 95%置信概率水平有关的系数。

当按表 2 规定用“大”或“小”品质波动划分 σ_w 和 σ_b 时,应使用表 5 确定特定交货批选出的最小货车数。

注:在下列条件下,计算应选出的货车数。

a) 品质波动相对于 Cr_2O_3 含量(σ_b 或 σ_w):“大”为 1.5%;“小”为 0.7%;

b) 货车载重量:60 t;

c) 从每辆选出的货车上采取的份样数(n):4。

表 5 选出的所需最小货车数(m)

交货批质量/t	组成交货批的货车数,M	品质波动类型 σ_b \ σ_w	选出的所需最小货车数,m 大	小	取样精密度,β_s
>30 000~45 000	650	大	90	75	0.33
		小	40	25	
>15 000~30 000	425	大	70	60	0.37
		小	30	20	
>5 000~15 000	200	大	60	50	0.39
		小	30	15	
>2 000~5 000	60	大	35	30	0.42
		小	20	15	
>1 000~2 000	25	大	15	15	0.55
		小	10	7	
>500~1 000	10	大	10	8	0.60
		小	8	5	
≤500	10	大	9	7	0.65
		小	7	5	

当货车载重量不是 60 t 时,按式(7)计算出应选出的最小货车数(m'):

$$m' = m \times \sqrt{\frac{60}{c}} \qquad \cdots\cdots(7)$$

式中:

m——式(6)计算出的最小货车数;

C——货车装载量,单位为吨(t)。

计算出的结果应修约至该数值相邻的最大整数,以确保有足够的精密度。

从每辆选出的货车中采取4个份样时。当货车的载重量不是60 t时，应按式(8)计算出从每辆货车上采取的份样数(n'_w)

$$n'_w = 4 \times \sqrt{\frac{c}{60}} \qquad (8)$$

计算出的结果应修约至该数值相邻的最大整数，以此达到略微提高精密度的目的。

7.1.3 在料堆形成过程或料堆转移至其他地方的过程中，按照7.1.1中规定的方法，从料堆中采取铬矿石样品。

7.1.4 在用周期装满和放空容器(抓斗、铲斗、料车等)装卸铬矿石过程中，在不挖洞的情况下，手工法用装卸工具移取矿石过程中裸露出新的表面上或由装置输送到专用站台上从倒出的矿石中采取份样。

待取样的容器数应不小于所需的份样数。

取样间隔等于若干个容器(抓斗等)，按式(9)计算取样间隔(r)：

$$r = \frac{Q}{g \cdot n} \qquad (9)$$

式中：

Q——交货批质量，单位为吨(t)；

g——装卸容器一次采取铬矿石的质量，单位为吨(t)；

n——所需的份样数。

7.2 机械取样

7.2.1 在货车、船、仓库、料斗的装卸过程和用连续运行的装卸工具形成堆的过程中，以固定质量或时间间隔，在从一装卸工具中落入其他地方的矿流，用机械取样装置采取铬矿石样品。

7.2.2 机械取样装置的切割次数应不小于所需的份样数。

7.2.3 从交货批中采取份样的间隔可采取固定的质量间隔或时间间隔，并且在交货批的整个取样过程中应保持不变。

7.2.4 采取份样的质量间隔应按7.1.1.4中的式(4)计算。

7.2.5 采取份样的时间间隔(t)应按式(10)计算：

$$t = \frac{60 \cdot Q}{G \cdot n} \qquad (10)$$

式中：

Q——交货批质量，单位为吨(t)；

G——皮带运输机的最大流率，单位为吨每小时(t/h)；

n——所需的份样数。

附　录　A
（规范性附录）
锤 铲 取 样 法

采取含有块粒度大于100 mm的铬矿石样品应使用锤铲取样法。

用锤子敲碎代表性矿石块，用铲子采取份样。对于明显不均匀的块矿石，从不均匀块中采取的小块矿石要比从均匀块中采取的多。矿石块的总质量应为4 kg，并且与被采取的大块矿石的质量成正比。可根据目视或以往的经验决定。

从一个部位的小块和大块矿石中采取的铬矿石样品应组成一个份样。所采取的份样应置于带盖的料罐或容器中。

ICS 77.160
H 54

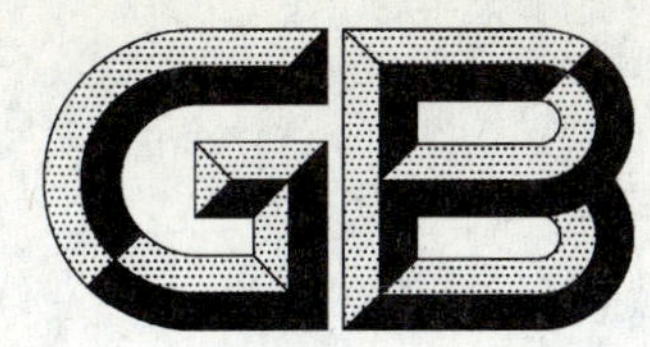

中华人民共和国国家标准

GB/T 24244—2009

铁氧体用氧化铁

Iron oxide for ferrite

2009-07-15 发布　　　　2010-04-01 实施

中华人民共和国国家质量监督检验检疫总局
中国国家标准化管理委员会　发布

前　言

本标准的附录 A 和附录 B 为规范性附录。

本标准由中国钢铁工业协会提出。

本标准由全国生铁及铁合金标准化技术委员会归口。

本标准负责起草单位：宝山钢铁股份有限公司。

本标准参加起草单位：冶金工业信息标准研究院、鞍钢股份有限公司、广东风华高新科技股份有限公司、上海宝钢天通磁业有限公司。

本标准主要起草人：于成峰、李玉光、樊志刚、申联平、涂树林、张瑞香、陈玥、胡春元、徐辉宇。

铁氧体用氧化铁

1 范围

本标准规定了铁氧体用氧化铁(以下简称氧化铁)的分类及代号、技术要求、检验方法、检验规则、包装、标志、运输、贮存及质量证明书等。

本标准适用于氯化亚铁经喷雾焙烧制成的氧化铁(Fe_2O_3)。同时也适用于硫酸亚铁法、碳酸盐热分解和其他方法制得的氧化铁。该材料主要用于生产铁氧体元件,也可作为其他工业用途。

2 规范性引用文件

下列文件中的条款通过本标准的引用而成为本标准的条款。凡是注日期的引用文件,其随后所有的修改单(不包括勘误的内容)或修订版均不适用于本标准,然而,鼓励根据本标准达成协议的各方研究是否可使用这些文件的最新版本。凡是不注日期的引用文件,其最新版本适用于本标准。

GB/T 5060 金属粉末松装密度的测定 第二部分:斯柯特容量计法

GB/T 19587 气体吸收 BET 法测定固态物质比表面积

YB/T 081 冶金技术标准的数值修约与检测数值的判定原则

HG/T 2574—1994 工业氧化铁

ASTM B330 测定金属粉末及相关化合物的费歇尔数目的标准试验方法

3 牌号表示方法

氧化铁的牌号由氧化铁的汉语拼音“Yang Hua Tie”首位字母“YHT”和规定的性能级别的阿拉伯数字两部分组成。

示例:YHT1

YHT—氧化铁的汉语拼音“Yang Hua Tie”的首位字母;

1—规定的氧化铁性能级别。

4 技术要求

4.1 化学成分

4.1.1 各牌号氧化铁的化学成分应符合表1的规定。

表1 %

项目		指标(质量分数)				
		YHT1	YHT2	YHT3	YHT4	YHT5
氧化铁(Fe_2O_3)	不小于	99.40	99.20	99.00	98.50	98.00
二氧化硅(SiO_2)	不大于	0.008	0.010	0.015	0.030	0.040
氧化钙(CaO)	不大于	0.010	0.015	0.020	0.030	0.040
三氧化二铝(Al_2O_3)	不大于	0.008	0.010	0.020	0.040	0.080
氧化锰(MnO)	不大于	0.30	0.30	0.30	0.30	0.40
硫酸盐(以 SO_4^{2-} 计)	不大于	0.05	0.10	0.15	0.15	0.20
氯化物(Cl^-)	不大于	0.10	0.15	0.15	0.20	0.25

表 1（续） %

项目		指标（质量分数）				
		YHT1	YHT2	YHT3	YHT4	YHT5
二氧化钛（TiO_2）	不大于	0.005	(0.01)	(0.01)	(0.02)	—
氧化镁（MgO）	不大于	0.01	(0.01)	(0.02)	(0.05)	—
氧化钠（Na_2O）	不大于	0.010	(0.010)	(0.015)	(0.030)	—
氧化钾（K_2O）	不大于	0.005	(0.005)	(0.010)	(0.020)	—
水分或干燥失重（H_2O）	不大于	0.5	0.5	0.5	0.5	—
五氧化二磷（P_2O_5）	不大于	0.005	(0.01)	(0.02)	(0.03)	—
氧化镍（NiO）	不大于	0.012	(0.015)	(0.020)	(0.040)	—
三氧化二铬（Cr_2O_3）	不大于	0.01	(0.01)	(0.02)	(0.04)	—
氧化铜（CuO）	不大于	0.005	(0.010)	(0.020)	(0.040)	—
硼（B）	不大于	0.000 7	0.001 0	0.001 0	—	—
注：括号内的值仅作为参考值。						

4.1.2 需方对化学成分有特殊要求时，可由供需双方另行协商。

4.2 物理性能

氧化铁的物理性能应符合表 2 的规定。对于平均粒径 APS，如供方能保证，可不进行检验。

表 2

项目		指标				
		YHT1	YHT2	YHT3	YHT4	YHT5
松装密度 BD/(g/cm^3)	不小于	0.40	0.35		—	
比表面积 SSA/(m^2/g)	不小于	3.0	1.8		—	
平均粒径 APS/μm		0.6～1.5			—	

4.3 外观

氧化铁为红褐色、粉状产品。

5 检验方法

5.1 氧化铁的外观用目测检验。

5.2 氧化铁的检验项目、试验方法应符合表 3 的规定。试验方法也可由供需双方协商。

表 3

序号	检验项目	试验方法
1	Fe_2O_3	HG/T 2574—1994
2	SiO_2	附录 A
3	CaO	附录 A
4	Al_2O_3	附录 A
5	MnO	附录 A
6	SO_4^{2-}	附录 A
7	Cl^-	附录 B
8	TiO_2	附录 A

表 3（续）

序　　号	检验项目	试验方法
9	MgO	附录 A
10	Na_2O	附录 A
11	K_2O	附录 A
12	H_2O	HG/T 2574—1994
13	P_2O_5	附录 A
14	Cr_2O_3	附录 A
15	NiO	附录 A
16	CuO	附录 A
17	B	附录 A
18	松装密度	GB/T 5060
19	比表面积	GB/T 19587
20	平均粒径	ASTM B 330

6　检验规则

6.1　检查和验收

氧化铁的检查和验收由供方技术监督部门进行。

6.2　组批规则

氧化铁应按批检验。每批应由同一生产线连续生产的氧化铁组成，组批量应符合 6.3 的要求。

6.3　取样方法和数量

氧化铁试样可采用“袋中取样法”或“连续取样法”取样。将所取得的样品混合均匀后，用缩分器或四分法缩分至约 500 g。分装于两个清洁干燥的塑料袋中，封口。每个塑料袋上粘贴标签，标签上需注明试样名称、试样编号、产品数量、生产厂、批号、取样日期、取样者。一袋用于检验，另一袋保存 30 天备样。

6.3.1　袋中取样法

采用取样勺或探针等取样工具抽取样品，将取样勺或探针自包装袋中心垂直插入至氧化铁深度 3/4 处采样。对袋中取样法，确定取样袋数后，应每袋取重量不小于 200 g 的相等数量的试样，且每批试样混合均匀后试样总量不小于 2 kg。

6.3.1.1　对每袋净重 20 kg 包装的氧化铁，按表 4 的规定选择取样袋数。当总包装袋数大于 500 袋时，则以每 500 袋为一个取样单元。

表 4

组批量/包装袋数	样本量/包装袋数	组批量/包装袋数	样本量/包装袋数
1～10	全部袋数	182～216	18
11～49	11	217～254	19
50～64	12	255～296	20
65～81	13	297～343	21
82～101	14	344～394	22
102～125	15	395～450	23
126～151	16	451～512	24
152～181	17	—	—

6.3.1.2 对每袋净重 1 000 kg 包装的氧化铁，每袋均应取样。

6.3.2 连续取样法

按一定的时间间隔或等袋数间隔在料仓漏嘴口采取截面样品。对于连续取样法，以料仓漏嘴口通过 1 t 氧化铁所需时间或对应 1 000 kg 重量袋数的间隔进行取样，且试样重量应不小于 2 kg，当产品总重量小于 1 000 kg 时，按 1 000 kg 的取样规则取样。

6.4 复验与判定规则

6.4.1 按“袋中取样法”取样时，如果检验结果不符合本标准的规定，则从同一批中再任取双倍数量的试样进行复验。复验结果即使只有一个指标不合格，则整批不合格。

6.4.2 按“连续取样法”取样时产品不允许复验。检验结果即使只有一个指标不符合本标准的要求，则整批不合格。

6.5 数值修约

数值修约应符合 YB/T 081 的规定。

7 包装、标志、运输、贮存及质量证明书

7.1 氧化铁以实际重量交货，包装规格分为 20 kg 袋装或 1 000 kg 袋装。

7.2 氧化铁以内衬塑料薄膜的塑料编织袋或复合编织袋包装，封口严实。

7.3 包装袋上应有清晰的标志，并注明批号，生产厂名称或商标等信息。

7.4 产品应贮存在阴凉、通风、干燥的库房内，不宜露天存放；严禁与酸、碱接触。在产品运输过程中，应防止雨淋和受潮，防止撞击。

7.5 质量证明书应包含：产品商标、供方名称、产品名称、标准号、合同号、重量、定货单位、包数、标准中规定的各项试验结果、生产日期、交货日期、质量管理部门负责人的签字等。

附　录　A
（规范性附录）
氧化铁　铝、硅、硫、钙、锰、硼、钛、镁、钠、钾、磷、铬、镍、铜的测定 电感耦合等离子原子发射光谱法

警告：使用本附录的人员应有正规实验室工作的实践经验。本附录并未指出所有可能的安全问题。使用者有责任采取适当的安全和健康措施，并保证符合国家有关法规规定的条件。

A.1　范围

本附录规定了电感耦合等离子原子发射光谱(ICP-AES)法测定氧化铁中铝、硅、硫、钙、锰、硼、钛、镁、钠、钾、磷、铬、镍、铜含量。

本附录适用于氧化铁中铝、硅、硫、钙、锰、硼、钛、镁、钠、钾、磷、铬、镍、铜的测定。铝、钙、钛、镁、钠、磷、铬、镍含量测定范围(质量分数)：0.004%～0.040%；硅、钾、铜含量测定范围(质量分数)：0.002%～0.020%；硫含量测定范围(质量分数)：0.005%～0.10%；锰含量测定范围(质量分数)：0.10%～0.30%；硼含量测定范围(质量分数)：0.000 5%～0.050%。

A.2　原理

将氧化铁试样用浓盐酸溶解后定容于容量瓶中，在电感耦合等离子原子发射光谱仪(ICP-AES)上测定铝、硅、硫、钙、锰、硼、钛、镁、钠、钾、磷、铬、镍、铜各元素的发射光谱强度，根据预先作好的校准曲线分别计算出各元素的含量。

A.3　试剂和材料

除非另有说明，在分析中仅使用确认为分析纯的试剂和蒸馏水或与其纯度相当的水。

A.3.1　盐酸，ρ1.12 g/mL。

A.3.2　氧化铁粉，光谱纯。

A.3.3　铝标准溶液，0.1 g/L。

A.3.4　硅标准溶液，0.1 g/L。

A.3.5　无水硫酸钠，基准试剂。

A.3.6　硫酸盐标准溶液(SO_4^{2-})，1 g/L。称取1.478 6 g于105 ℃～110 ℃干燥至恒重的无水硫酸钠(A.3.5)，溶于水，然后用水稀释至1 L。

A.3.7　钙标准溶液，0.1 g/L。

A.3.8　锰标准溶液，1 g/L。

A.3.9　硼标准溶液，0.1 g/L。

A.3.10　钛标准溶液，0.1 g/L。

A.3.11　镁标准溶液，0.1 g/L。

A.3.12　钠标准溶液，0.1 g/L。

A.3.13　钾标准溶液，0.1 g/L。

A.3.14　磷标准溶液，0.1 g/L。

A.3.15　铬标准溶液，0.1 g/L。

A.3.16　镍标准溶液，0.1 g/L。

A.3.17　铜标准溶液，0.1 g/L。

A.4 试验仪器和设备

电感耦合等离子原子发射光谱仪。

A.5 分析步骤

A.5.1 试验条件

等离子原子发射光谱仪元素分析推荐谱线见表A.1。不同的仪器，谱线选择有所不同。实际分析中应针对所用仪器的特点，综合考虑谱线干扰情况、灵敏度、检出限等因素来确定分析谱线。

表 A.1

化学元素	谱线/nm
Al	396.135
Si	212.415、288.158
S	180.731
Ca	422.673
Mn	257.610
B	182.640
Ti	336.121
Mg	280.270、279.553
Na	589.592
K	766.491
P	178.287、213.618
Cr	206.149、267.716
Ni	231.604
Cu	327.396

A.5.2 校准曲线绘制

称取10份光谱纯氧化铁粉(A.3.2)，每份1.000 g(精确至0.001 g)，分别移入10个100 mL石英烧杯中，均加入浓盐酸(A.3.1)10 mL，盖上表面皿，低温加热使其溶解(或在微波溶样器中溶解)。待试样完全溶解后，再分别移入10个100 mL塑料容量瓶中，在其中5个容量瓶中分别加入：

铝标准溶液(A.3.3)0 mL、0.40 mL、1.60 mL、2.80 mL、4.00 mL；

钙标准溶液(A.3.7)0 mL、0.40 mL、1.60 mL、2.80 mL、4.00 mL；

锰标准溶液(A.3.8)0 mL、1.00 mL、1.50 mL、2.00 mL、2.50 mL；

钛标准溶液(A.3.10)0 mL、0.40 mL、1.60 mL、2.80 mL、4.00 mL；

镁标准溶液(A.3.11)0 mL、0.40 mL、1.60 mL、2.80 mL、4.00 mL；

钠标准溶液(A.3.12)0 mL、0.40 mL、1.60 mL、2.80 mL、4.00 mL；

钾标准溶液(A.3.13)0 mL、0.20 mL、0.80 mL、1.40 mL、2.00 mL；

镍标准溶液(A.3.16)0 mL、0.40 mL、1.60 mL、2.80 mL、4.00 mL；

铜标准溶液(A.3.17)0 mL、0.20 mL、0.80 mL、1.40 mL、2.00 mL。

另5个容量瓶中分别加入：

硅标准溶液(A.3.4)0 mL、0.20 mL、0.80 mL、1.40 mL、2.00 mL；

硫酸盐标准溶液(A.3.6)0 mL、0.20 mL、0.80 mL、1.40 mL、2.00 mL；

硼标准溶液(A.3.9)0 mL、0.05 mL、0.20 mL、0.35 mL、0.50 mL;

磷标准溶液(A.3.14)0 mL、0.40 mL、1.60 mL、2.80 mL、4.00 mL;

铬标准溶液(A.3.15)0 mL、0.40 mL、1.60 mL、2.80 mL、4.00 mL。

用水将10个容量瓶稀释至刻度,摇匀,然后分别在等离子原子发射光谱仪上按A.5.1试验条件进行各元素的强度测定。以各元素的浓度和所对应的强度绘制校准曲线。

A.5.3 试验步骤

称取1.000 g试样(精确至0.001 g),移入100 mL石英烧杯中,加入盐酸(A.3.1)10 mL,盖上表面皿,低温加热使其溶解(或在微波溶样器中溶解)。待试样完全溶解,冷却至室温,移入100 mL塑料容量瓶中,用蒸馏水稀释至刻度,摇匀。按A.5.1试验条件进行各元素的强度测定,在校准曲线上查出各元素的含量。

A.5.4 注意事项

溶解1.000 g试样时,加入盐酸(A.3.1)10 mL,溶解试样后稀释到100 mL时,其盐酸的酸度相当于1 mol/L。但要防止酸的大量蒸发,故一定要在低温下溶样。并且尽可能使各个试样的加热条件一致,以保持酸度一致。

A.6 允许偏差

二次平行分析结果的绝对差值应不大于表A.2所列允许偏差。

表 A.2

元　素	允许偏差(质量分数)/%
Si	0.000 7
Al	0.001
Mn	0.01
Ca	0.002
SO_4^{2-}	0.01
B	0.000 2
Ti	0.002
Mg	0.002
Na	0.002
K	0.002
P	0.001
Cr	0.002
Ni	0.002
Cu	0.001

A.7 试验报告

试验报告应包括下列内容:

a) 鉴别试料、实验室和分析日期的资料;

b) 遵守本方法规定的程度;

c) 分析结果及其表示;

d) 测定中观察到的异常现象;

e) 对分析结果可能有影响而本标准未包括的操作或者任选的操作。

附 录 B
（规范性附录）
氧化铁 氯离子（Cl^-）的测定 自动电位滴定法

警告：使用本附录的人员应有正规实验室工作的实践经验。本附录并未指出所有可能的安全问题。使用者有责任采取适当的安全和健康措施，并保证符合国家有关法规规定的条件。

B.1 范围

本附录规定了自动电位滴定法测定氧化铁粉中氯离子含量。

本附录适用于氧化铁粉中氯离子（Cl^-）含量的测定，测定范围（质量分数）：0.01%～1.00%。

B.2 原理

试样经磷酸处理后，在自动电位滴定仪上用硝酸银滴定，由仪器自动判断滴定终点，计算出氯离子（Cl^-）滴定结果。

B.3 试剂与材料

除非另有说明，在分析中仅使用确认为分析纯的试剂和蒸馏水或与其纯度相当的水。

B.3.1 磷酸，ρ1.83 g/mL。

B.3.2 硝酸银标准滴定溶液，$c(AgNO_3)=0.1$ mol/L。

B.4 仪器

B.4.1 自动电位滴定仪。

B.4.2 氯离子选择性电极。

B.4.3 磁力搅拌器。

B.5 分析步骤

B.5.1 准确称取5.000 g（精确至0.001 g）左右试样于150 mL烧杯中，加入磷酸（B.3.1）和水，并进行搅拌。

B.5.2 按照仪器说明书，操作自动电位滴定仪用硝酸银标准滴定溶液（B.3.2）进行滴定，至电位突跃处为终点。

B.6 计算

试样中氯离子含量按式（B.1）计算：

$$w(Cl^-)(\%) = 35.45 \times c \times V/1\,000/m \times 100 \quad \cdots\cdots\cdots(B.1)$$

式中：

35.45——氯的摩尔质量，单位为克每摩尔（g/mol）；

c——硝酸银标准滴定溶液的浓度，单位为摩尔每升（mol/L）；

V——滴定试样所消耗的硝酸银标准滴定溶液的体积，单位为毫升（mL）；

m——试样量，单位为克（g）。

B.7 试验报告

试验报告应包括下列内容：

a） 鉴别试料、实验室和分析日期的资料；

b） 遵守本方法规定的程度；

c） 分析结果及其表示；

d） 测定中观察到的异常现象；

e） 对分析结果可能有影响而本标准未包括的操作或者任选的操作。

ICS 77.140.65
H 49

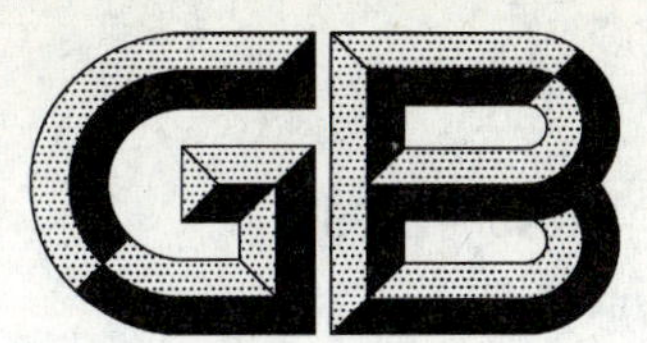

中华人民共和国国家标准

GB/T 24245—2009

橡胶履带用钢帘线

Steel cord for rubber track

2009-07-15 发布

2010-04-01 实施

中华人民共和国国家质量监督检验检疫总局
中国国家标准化管理委员会
发布

前　言

本标准的附录 A、附录 B 和附录 C 为规范性附录；附录 D 为资料性附录。

本标准由中国钢铁工业协会提出。

本标准由全国钢标准化技术委员会归口。

本标准起草单位：河南省蒲光特种金属制品有限公司、冶金工业信息标准研究院。

本标准主要起草人：张国安、党孟军、王玲君、戴石锋。

橡胶履带用钢帘线

1 范围

本标准规定了橡胶履带用钢帘线(以下简称钢帘线)的术语和定义、分类、代号、标记方法、订货内容、尺寸、重量及允许偏差、技术要求、试验方法、检验规则、包装、标志、贮存和质量证明书。

本标准适用于橡胶履带骨架增强材料用镀黄铜钢帘线。

2 规范性引用文件

下列文件中的条款通过本标准的引用而成为本标准的条款。凡是注日期的引用文件,其随后所有的修改单(不包括勘误的内容)或修订版均不适用于本标准,然而,鼓励根据本标准达成协议的各方研究是否可使用这些文件的最新版本。凡是不注日期的引用文件,其最新版本适用于本标准。

GB/T 2104 钢丝绳包装、标志及质量证明书的一般规定

GB/T 10561 钢中非金属夹杂物含量的测定 标准评级图显微检验法

GB/T 24242.2 制丝用非合金钢盘条 第2部分:一般用途盘条

YB/T 135 镀铜钢丝镀层重量及其组分试验方法

3 术语和定义

下列术语和定义适用于本标准。

3.1

单丝 steel filament

在股或钢帘线中作为单独元件的钢丝。

3.2

外缠丝 wrap

以螺旋形式缠绕在钢帘线上的一根单丝。

3.3

股 strand

由一组单丝捻合在一起,捻成一层或多层螺旋状而形成的结构。

3.4

芯 core

作为伸展的轴线使其他单元可缠绕其上的一根或几根单丝或股。

3.5

钢帘线 steel cord

由两根或两根以上单丝、或者由股与单丝、或者由股与股捻成的各种结构的产品。

3.6

开放型钢帘线 open cord

单丝间有周期性的间隙,使橡胶得以渗入其中的一种钢帘线。

3.7

密集型钢帘线 compact cord

由一组单丝按相同捻向和相同捻距捻制而成且具有最小横截面积的一种钢帘线。

3.8

捻向 direction of lay

钢帘线中的单丝、股的螺旋绕向。当股或钢帘线呈垂直状态时，螺旋绕向与字母S(或Z)中心部分倾斜方向相同则称为“S”捻或左手捻(“Z”捻或右手捻)。

3.9

捻矩 length of lay

钢帘线中的股(单丝)或股中的单丝绕其中心旋转360°的轴向距离。

3.10

钢帘线粗度 cord thickness

钢帘线横截面外接圆的直径。

3.11

线密度 linear density

单丝、股或钢帘线单位长度的重量。

3.12

破断力 breaking force

在规定条件下给试样施加负荷直至破断，试样所能承受的最大拉力。

3.13

破断伸长率 elongation at rupture

拉伸试验中，试样断裂时长度增量占初始长度的百分数。

3.14

残余扭转 residual torsion

规定长度的钢帘线，当其一端保持固定，另一端任其自由旋转时，所旋转的转数。

3.15

平直度 straightness

规定长度的钢帘线，在特定的距离内不偏离其中心轴的特性。

3.16

松散度 flare

切断钢帘线时，其末端的散开程度。

3.17

背丝(背股) ridging

一根单丝(或股)与另一根单丝(或股)不适当地重叠在一起的现象。

3.18

冒芯 outshoot

当剪断钢帘线时，芯股冒出1 mm以上的现象。

3.19

跳芯 reveal

钢帘线中芯股局部拱出外层丝(股)的现象。

3.20

起泡 bubble

沿钢帘线轴向间断出现外层丝(或股)隆起灯笼状的现象。

3.21

弹簧圈 spring loop

钢帘线在无张力状态下，呈弹簧状的现象。

3.22

波浪 wave

钢帘线在无张力状态下，沿钢帘线轴向出现波纹状曲折的现象。

4 分类、代号、标记方法

4.1 分类、代号

4.1.1 钢帘线按其强度等级划分，分类和代号为：

普通强度钢帘线：2 750 MPa 以下，代号：NT(可不标注)

高强度钢帘线：2 750 MPa～3 350 MPa，代号：HT

4.1.2 钢帘线按其结构特性划分，分类和代号为：

普通结构钢帘线

开放型钢帘线　　OC

密集型钢帘线　　CC

4.2 标记方法

4.2.1 钢帘线结构的标记方法：

$N\times[(N\times F)\times D+(N\times F)\times D+(N\times F)\times D]+F\times D$

帘线股数×[最内层＋中间层＋最外层]＋外缠层

其中：

N——股数；

F——单丝根数；

D——单丝公称直径，单位为毫米。

4.2.2 钢帘线标记的一般规则

4.2.2.1 从最内层部分逐层向外数。

4.2.2.2 各层之间用加号(＋)表示；各层之间捻距、捻向相同但单丝直径不同用斜杠(/)表示。

4.2.2.3 括号是用来划分每一层的，各层由一个以上的部件组成，各层的中心不等于帘线的中心。

4.2.2.4 当 N 或 $F=1$ 时，可省掉格式中的 N 或 F，则得到简写的命名。如 1×5×0.25 可简写成 5×0.25。

4.2.2.5 如果两层以上的单丝直径相同，只要在最后一层注上单丝直径，其余单丝直径可以省略不写，在螺旋外缠层之前最后一部分的单丝直径必须标出，螺旋外缠层的单丝直径必须标明。

如：(1×3)×0.175＋9×0.175＋15×0.175＋1×0.15

可简写成 3＋9＋15×0.175＋0.15。

4.2.2.6 捻距和捻向可随同钢帘线结构一起标明，也是由里层逐层往外数。

如：3＋9＋15×0.175＋0.15

5/10/15/3.5

S/S/Z/S

4.2.2.7 开放型、密集型、高强度在结构表示式后分别标注 OC、CC、HT。

如：4×0.25 开放型钢帘线标注为 4×0.25OC；

0.25＋18×0.22 密集型钢帘线标注为 0.25＋18×0.22CC；

2×0.30 高强度钢帘线标注为 2×0.30HT；

4.2.2.8 多股钢帘线中心股捻向和钢帘线捻向一致，中心股可适当加粗。

如帘线 7×7×0.22，S/Z，中心股 1×7×0.22 捻向与帘线捻向一致为 Z，中心股可以加粗 1×7×0.23。

5 订货内容

按本标准订货的合同应包括以下内容：

a) 本标准号；

b) 产品名称(如履带用钢帘线)；

c) 结构；

d) 直径；

e) 长度；

f) 破断拉力；

g) 捻向；

h) 镀层类型；

i) 包装方式；

j) 其他特殊要求。

6 尺寸、重量及允许偏差

6.1 粗度

钢帘线粗度应符合表1的规定。

表 1

钢帘线典型结构	捻向	捻距 ±5%/ mm	粗度 ±5%/ mm	线密度 ±5%/ (g/m)	最小破断拉力/N	
					HT	NT
7×4×0.22	S/Z	12.5/14	1.6	8.8	2 930	2 300
7×7×0.22	S/Z	12.5/15	2.00	15.547	5 130	4 000
7×7×0.22+0.15	S/Z/S	12.5/20/5	2.27	15.847	5 130	4 000
7×7×0.25	S/Z	12.5/16	2.30	19.893	6 620	5 100
7×7×0.25+0.15	S/Z/S	12.5/20/5	2.57	20.223	6 620	5 100
7×7×0.3	S/Z	12.5/25	2.70	38.831	9 525	7 450
7×12×0.22	S/Z	12.5/22	2.76	26.106	8 780	6 800
7×12×0.25	S/Z	12.5/22	2.90	31.068	11 340	8 700
7×12×0.30	S/Z	12.5/28	3.60	48.363	16 330	12 700
7×(3+9)×0.22	S/S/Z	6.3/12.5/22	2.76	26.106	8 780	6 800
7×(3+9)×0.30	S/S/Z	6.3/12.5/28	3.65	48.686	16 330	12 800
7×19×0.20+0.15	S/S/Z/S	12.5/25/3.5	3.37	35.200	11 500	9 000
7×19×0.22	S/S/Z	12.5/25	3.40	41.865	14 000	11 000
7×19×0.25	S/S/Z	6.3/12.5/28	3.78	54.022	18 000	14 000
7×19×0.28	S/S/Z	6.3/12.5/35	4.34	68.000	22 500	17 600
7×(3+9+15)×0.175	S/S/S/Z	5/10/16/25	3.25	37.804	15 000	10 000
7×7×0.25+11×7×0.25	S/Z-S/Z	12.5/20-12.5/30	4.05	51.704	17 000	13 300
7×7×0.25+9×0.35	S/Z-S/Z	12.5/20-22	3.00	26.845	9 000	7 000

表 1（续）

钢帘线典型结构	捻向	捻距 ±5%/ mm	粗度 ±5%/ mm	线密度 ±5%/ (g/m)	最小破断拉力/N	
					HT	NT
7×7+10×7×0.25	S/Z-S/Z	12.5/20-12.5/28	3.85	47.786	16 000	12 500
7×7×0.295+11×12×0.25	S/Z-S/Z	16/22-12.5/35	4.68	81.329	27 500	21 000
7×7+9×(3+9)×0.22	S/Z-S/Z	12.5/15-12.5/28	3.85	48.800	16 500	13 000
7×7+9×(3+9)×0.25	S/Z-S/Z	12.5/16-12.5/35	4.38	63.017	21 200	16 700
1×12×0.22	Z	12.5	1.17	3.85	1 250	1 000
3+9+15×0.175+0.15	S/S/Z/S	5/10/16/3.5	1.34	5.42	1 800	1 400
1×0.30+6×0.22+6×7×0.22	S/S/Z	12.5-12.5/16	2.05	15.361	5 230	4 000
1×0.35+6×0.25+6×7×0.25	S/S/Z	12.5-12.5/16	2.35	19.875	7 750	5 300
1×0.30+6×0.22+6×7×0.22+9×(3+9)×0.20	S/S/S/S/S/Z	8.14/7.26/22.66/6.3/12.5/37	3.65	43.215	14 500	11 400
1×0.35+6×0.25+6×7×0.25+9×(3+9)×0.22	S/S/S/S/S/Z	8.5/7.5/25.8/6.3/12.5/43	4.20	53.579	18 000	14 100
3×0.20+6×0.35	S/Z	12.5/18	1.13	5.340	1 850	1 400
注 1：经供需双方协商，可供应其他规格结构钢帘线。 注 2：开放型和密集型钢帘线可由供需双方协商供货。						

6.2 长度及其允许偏差

钢帘线的长度及允许偏差应符合表 2 的规定。

表 2

单位为米

长度范围	允许偏差
≤500	+5
>500～1 000	+10
>1 000～2 000	+15
>2 000	+20

6.3 重量

钢帘线的近似重量用线密度(g/m)表示，其允许偏差应符合表 1 的规定。

7 技术要求

7.1 钢帘线用钢丝

7.1.1 材料

7.1.1.1 钢丝应采用符合 GB/T 24242.2 中规定的或其他能满足要求的盘条制造。

7.1.1.2 盘条的非金属夹杂物按 GB/T 10561 评级，A 类、C 类≤1 级，B 类、D 类≤0.5 级。

7.1.2 性能

7.1.2.1 钢帘线用钢丝强度差不应大于 300 MPa。

7.1.2.2 钢帘线用钢丝进行打结拉伸试验时，结应打在试样中间，打结强度应不低于其强度的 50%。

7.1.3 外观

钢帘线的单丝外表应镀有连续、色泽均匀的黄铜镀层，不应有漏镀或明显的色差存在，且无伤痕、油污、锈蚀和其他杂质。

7.2 钢帘线

7.2.1 捻制质量

7.2.1.1 钢帘线表面应无水、无油、无污和其他杂质。

7.2.1.2 钢帘线应平直、柔顺，残余扭转小，不松散。

7.2.1.3 钢帘线中各股及股中各钢丝均应松紧一致，不应有交叉、折断及压伤的钢丝。开放式结构的钢帘线外层股中各股之间及各股中同一层钢丝之间应有均匀间隙。

7.2.1.4 钢帘线中心股可以焊接，焊接点之间距离不应小于 100 m，外层股不应有单股焊接接头。在单股捻制过程中，钢丝允许插接，插接的钢丝端头应密封在股的内部，不应露在外面。插接处的钢丝允许有局部交叉，同一股中钢丝接头间距不应小于 10 m。

7.2.2 力学性能

7.2.2.1 钢帘线应用同一强度级别钢丝制造，常用规格结构钢帘线的破断拉力应符合表 1 的规定。

7.2.2.2 钢帘线的破断伸长率可根据用户要求，经双方协商确定，并在订货合同中注明。

7.2.2.3 钢帘线在规定力之间的伸长率可根据用户要求，经双方协商确定其数值及试验方法，并在订货合同中注明。

7.2.3 工艺性能

7.2.3.1 钢帘线捻制均匀，不应出现背丝、冒芯、跳芯、起泡、弹簧圈、波浪等缺陷。

7.2.3.2 平直度：6 m 长钢帘线置于距离为 75 mm 的两根平行线的平面上，钢帘线应不与任一平行线相碰。

7.2.3.3 残余扭转：钢帘线残余扭转为：0～±2 转/6 m。

7.2.3.4 松散度：钢帘线垂直切断后端部松散长度应小于一倍捻距。

7.2.4 黄铜镀层

7.2.4.1 单丝表面应镀有连续、均匀的黄铜层，不应有漏镀或明显的色差存在。

7.2.4.2 钢帘线应用同一铜层重量级别的钢丝捻制，钢丝的铜层重量应符合表 3 的规定。

7.2.4.3 用户要求的镀层应在合同中注明。

7.2.5 钢帘线与橡胶粘合力

根据需方要求并提供胶料，经供、需双方协议（并在合同中注明），可进行粘合力试验。

表 3

镀层类型	单丝直径 d/mm	组分 Cu 的质量分数/%	镀层厚度 T/μm	每千克钢丝的镀层重量 W/(g/kg)
普通镀层	<0.20	66±4	0.20±0.06	$W=T/0.235d$
	0.20 ～0.30	66±4	0.24±0.06	
	>0.30	66±4	0.30±0.06	

8 试验方法

8.1 钢帘线的外观质量采用目测检查。

8.2 钢帘线黄铜镀层重量及化学成分试验方法按 YB/T 135 规定，其他按附录 A 的规定。

8.3 试验项目按表 4 规定。

8.4 取样方法

8.4.1 交货的包装箱小于或等于 5 个时，所有的包装箱都要取样。

8.4.2 交货的包装箱为6个或6个以上,任选5个包装箱取样。

8.5 每个包装箱中取样的线轴数及每个线轴上取样的数目见表4规定。

表4

序号	试验项目	每个包装箱中取样的线轴数	每个线轴上的取样数目	试验方法
1	粗度	2	1	A.1
2	捻向捻距	2	1	A.2
3	破断力、破断伸长率	2	1	A.3
4	线密度	2	1	A.4
5	松散度	2	1	A.5
6	残余扭转	10	1	A.6
7	平直度	10	1	A.7
8	镀层重量及组分	2	1	YB/T 135

9 检验规则

9.1 检验

钢帘线的检验由供方技术监督部门进行。

9.2 组批规则

钢帘线应按批验收,每批应由同一结构、同一规格、同一公称强度、同一镀层级别的钢帘线组成。

9.3 复验与判定规则

试验结果如有一个试样一个项目不合格时,则应重新取两倍数量的试样对该不合格项目进行复验,重新测试。复验的两个试样合格,则可认为该批产品为合格,若其中一个试样仍不合格,则该批产品为不合格,但允许钢帘线生产厂逐盘检验,重新组批交货。

10 包装、标志、贮存和质量证明书

10.1 包装

钢帘线应均匀、平整地缠绕在线轴上(线轴的规格由供需双方商定),放在有塑料袋的包装箱内。塑料袋内放防潮剂(防潮剂不能直接与钢帘线接触),并将塑料袋封口。包装箱应有良好的防渗、防水性能。

用户对包装有特殊要求时,经供需双方协商,也可以采取其他的包装方式。

10.2 标志

在每个线轴上标明生产日期(年、月、日)、钢帘线结构表示式、长度和工号,在包装箱上应标明制造厂、生产日期(年、月、日)、钢帘线结构表示式、长度、净重和毛重,并有明显的防潮、防撞击标志。

10.3 质量保证期

从生产日算起,在没有打开包装箱的情况下,钢帘线的质量保证期为半年。

10.4 质量证明书

交货钢帘线的质量证明书应符合GB/T 2104的规定。

附 录 A
（规范性附录）
试 验 方 法

A.1 粗度的测定

A.1.1 普通钢帘线粗度的测定

使用精度为 0.001 mm 带有微调的千分尺。千分尺的测量头应是平整、相互平行的，测量面的直径应大于钢帘线的一个捻距。

熔取一段试样，长度为 150 mm±10 mm。试样必须平直，用于测量部分不能弯曲或扭折、解捻。

先检验千分尺测量面合拢时示值是否为 0.000 mm，然后将试样置于千分尺的测量面中间。在反复测量中，沿轴向旋转试样，以探测直径的最大值和最小值。

以直径的最大值和最小值的算术平均值来确定钢帘线的粗度，结果精确到 0.001 mm。

A.1.2 开放型钢帘线粗度的测定

A.1.2.1 原理

将钢帘线试样陆续放在光学显微镜下，钢帘线的轮廓投影在屏幕上，通过测量轮廓的最大和最小宽度确定帘线的粗度，钢帘线粗度是观测值的平均值。

A.1.2.2 器具

轮廓投影仪：放大能力为 10 倍，测微器载物台分辨能力为 0.001 μm。

试样保持器：一个装有两块磁铁的框架，磁铁是为了使试样定位。

熔焊装置。

A.1.2.3 试验程序

将试样保持器放在测微器载物台上，使通过两块磁铁中心的假想线与轮廓投影仪屏幕的水平线（X 轴）平行，并使试样保持器固定。

从尽可能平直的样品上熔断一段长为 150 mm±10 mm 的试样（弃掉线轴端头 1 m 帘线）。

仔细地将试样放在试样保持器上。试样不要有任何变形，并通过两块磁铁的中心。从此时起不要触动试样。

移动测微器载物台，以使试样中间部分的轮廓投影到屏幕上。

测量投影轮廓的最大和最小宽度如图 A.1 所示。

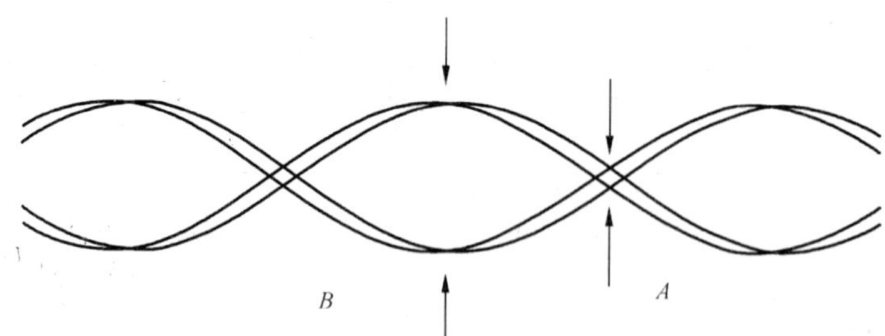

B——最大宽度；

A——最小宽度。

图 A.1

（1） 考察投影的最大宽度（最开放部分）；

（2） 将屏幕水平线与轮廓波浪的最大凸点相接触；

(3) 将测微器重新调至零；

(4) 移动水平线并且在对面找出波浪的最大凸点；

(5) 读取并记录测微器的位移，精确到 0.001 mm。观察投影轮廓的最小宽度（最紧密部分），并重复（2）～（5）的操作；

(6) 从同一样品中进一步取 2 个试样，重复以上试验程序。

A.1.2.4 计算

所有的观测值（6 个）的算术平均值（精确到 0.001 mm），得出一个样品的钢帘线粗度。

A.2 捻向和捻距的测定

对钢帘线、股或外缠丝的捻向均采用直接观察法，记录下“S”捻或“Z”捻。

捻距的测定可用痕迹法和解捻法。

A.2.1 痕迹法

将白纸放在钢帘线上，对钢帘线施加约 10 N 的张力，用铅笔在纸上涂出捻迹（起伏的压痕），以 mm 为单位测定 10 倍捻距的长度，将该数值除以 10 作为捻距，精确到 0.1 mm 加以记录。为了使捻迹更为清晰，也可在钢帘线上放一张复写纸，再加一张白纸，用一光滑硬杆在纸上涂出捻迹。

A.2.2 解捻法

解捻法是将钢帘线或股的试样，进行解捻，直到被测定的股或丝全部解开。解捻机左端有一个可平移的夹持器，右端有一个可回转的夹持器。从线轴上直接取下相应长度的试样，置于两夹持器中，先将右端夹紧使之不能有任何滑动，使钢帘线平直并施加张力（一般不超过 20 N，可借助砣来调节），将两个夹口之间的距离调节到规定长度，一般为 500 mm±1 mm，然后将左端夹紧。钢帘线上有外缠丝时，应将外缠丝剪断并去掉。将计数器调至零位，通过转动可旋转的右夹持器进行解捻，直至试样外层的股（或丝）完全解捻为止。解捻时用针或刮刀把这些股或单丝分开（从右夹头处开始移向左夹头），避免它们相互缠绕并确认捻已解开，记录转数（n_1）。

将右夹持器逆向旋转，转数与 n_1 相同，转向相反，使留下待测的里层股（或芯股）恢复到初始捻距，此时尽管长度有变化也忽略不计。然后重复钢帘线解捻时操作，直至里层股完全解捻，记录转数（n_2）。则：

外层股捻距$=500/n_1$ ……………………………（A.1）

里层股捻距$=500/n_2$ ……………………………（A.2）

按 0.1 mm 修约后的数值作为捻距记录。

注：此法不能用来测定外缠丝的捻距，外缠丝的捻距只能用痕迹法测定。

A.3 破断力和破断伸长率的测定

A.3.1 原理

在一定预张力下，将钢帘线样品夹持在拉力试验机上，以恒定的速度进行拉伸直至断裂。

从拉伸曲线或系统数据中可以读出断裂时破断力和破断伸长率，破断伸长率以百分数表示，它是破断时的伸长除以试样长度乘以 100。

A.3.2 器具（见图 A.2）

拉力试验机

拉伸所用的拉力试验机应该是具有恒定拉伸速度的测力计，装备有：

a) 一套电子测力装置；

b) 一个记录应力-应变曲线的自动记录仪或一套数据收集系统。

操作所用设备应使可移动夹具有恒定的速度，同时包括可以在不同恒定速度下进行操作的装置。

气动夹具：夹具采用渐开线形式，试验时，在夹头内的钢帘线试样不应产生滑动。

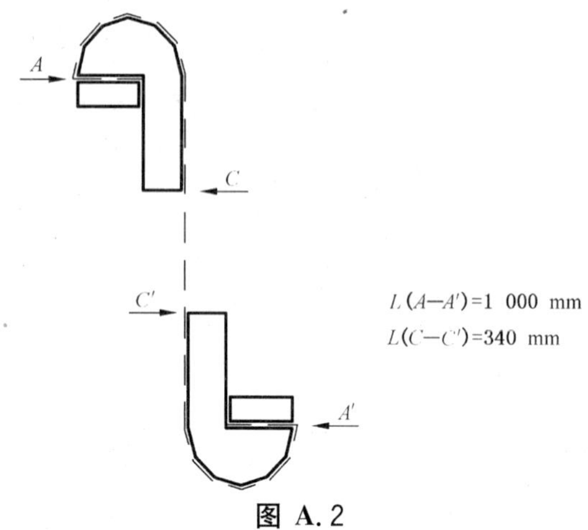

图 A.2

A.3.3 试样的准备

截取一段长度不少于 1 100 mm 的钢帘线试样，并将两端熔断焊住。

如果有外缠丝，将外缠丝褪掉。

A.3.4 试验程序

原始标距：1 000 mm

预张力：将试样在上下夹具中夹紧之后，将拉力机调零，再施加 5 N 的预张力。

拉伸速度：100 mm/min

起动拉力试验机，直至试样断裂，记下最大力。

当试样在钳口内或距离夹紧点 C 或 C' 10 mm 之内断裂，结果无效，并重新进行试验。

A.3.5 计算

破断力在 1 000 N 以内的，精确到 1 N。破断力大于 1 000 N 的，精确到 5 N。

破断伸长率应精确到 0.01%。

A.4 线密度的测定

A.4.1 量具

使用最小值为 1 mm 的刻度尺和最小值为 1 mg 的天平。

A.4.2 测定方法

直接从线轴上拉出足够长度的钢帘线，在 10 N 张力下截取长度为 1 000 mm 的一段，精确到 1 mm。对这段样品进行称重，精确到 0.001 g。

A.4.3 记录

重量以 g 为单位，长度以 m 为单位，将重量除以长度表示线密度(g/m)，数值修约至小数点以后 3 位进行记录。

A.5 松散度的测定

A.5.1 剪切

能获取整齐的直角切口的剪切。

A.5.2 测定方法

直接从线轴上取样。握紧靠近剪切区的钢帘线，垂直于钢帘线轴线剪断(不少于 100 mm)，注意不要打乱切口末端，测量最大散开长度，当松散长度大于股或钢帘线的捻距时，应从同一线轴上另取两个试样进行复试，如果三个试样松散长度均大于股或钢帘线的捻距，则认为该钢帘线松散，否则为不松散。

松散度精确到 1 mm。

A.6 残余扭转的测定

A.6.1 用具

使用一个光滑、平整的矩形板，至少 6 m 长，0.4 m 宽，在板的全长上画两条平行线，平行线的距离按供需双方协商确定(多以 75 mm 为标准)。板的一端有一个安放线轴的装置，能使线轴在水平轴上自由旋转。

A.6.2 测定方法

残余扭转：从悬挂的线轴上沿切线方向拉出钢帘线至少 3 m，紧握住以防回转，剪下并弃之。把线轴上的钢帘线在末端大约 50 mm 处弯成一个直角，紧握住弯头不使钢帘线回转，轻轻拉出 6 m 长。然后将钢帘线的自由端放开，在没有张力，摩擦力的情况下允许它回转，测定其转数。

A.6.3 记录

残余扭转：记录钢帘线末端的旋转数，要精确到±1/2 转。钢帘线末端旋转的方向与钢帘线的捻向(不考虑外缠丝捻向)相同用"+"表示，反之用"－"表示。

A.7 平直度的测定

A.7.1 平行线法测平直度

用测定残余扭转的同一样品(6 m 长)，不必从线轴上剪断，将试样放在矩形板的两条平行直线的中央，钢帘线不与任一直线相碰，便认为是平直的。钢帘线的自由端与一条直线相交在 500 mm 以内时，可以忽略不计。

A.7.2 弧高法测平直度

从线轴上放出端部钢帘线 2 m，剪掉并弃之，然后仔细的剪取长度为 400 mm±10 mm 的样品，避免产生任何改变产品平直特征的情况。

将 400 mm 的样品，置于一个呈 15°倾角的斜面上(斜面上使用滑石粉)，用手轻轻敲击使样品下滑，读出刻度上弧的高度值。

弧高以 mm 表示。

附　录　B
（规范性附录）
缠绕钢帘线用线轴

缠绕钢帘线用线轴示意图见图 B.1：

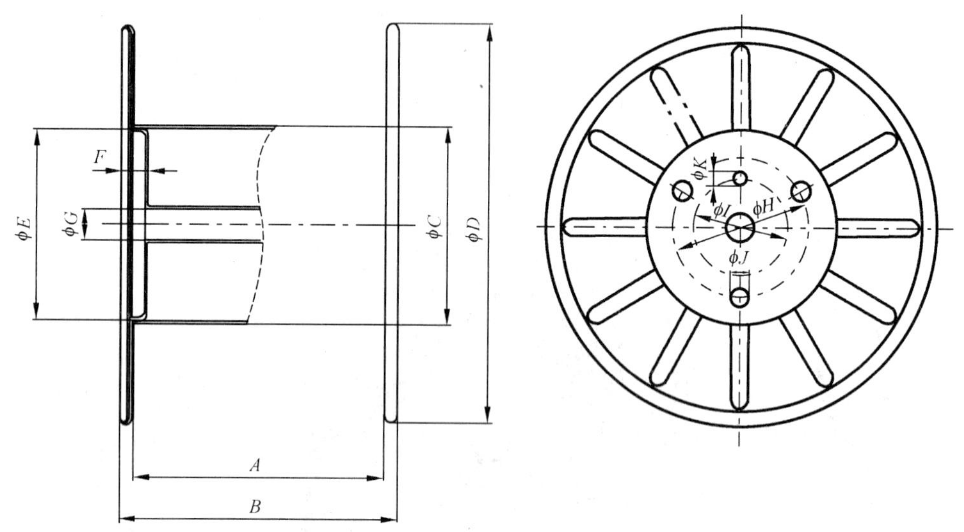

图 B.1

缠绕钢帘线用线轴尺寸见表 B.1。

表 B.1

单位为毫米

代号	线轴类型			
	B40	B60	B80/17	B80/33
A	152	152	315	315
B	166	166	329	329
C	118	118	118	118
D	255	255	255	255
E	110	110	110	110
F	11	3	11	3
G	17	33	17	33
H	86	86	86	86
I	62	62	62	62
J	13	13	13	13
K	10	10	10	10

附　录　C
（规范性附录）
建议采用的钢帘线结构图

说明：如用图形表示钢帘线结构可参照本附录中的图形。

C.1　由2根～5根单丝组成的钢帘线，每根单丝为实心圆（见图C.1）。

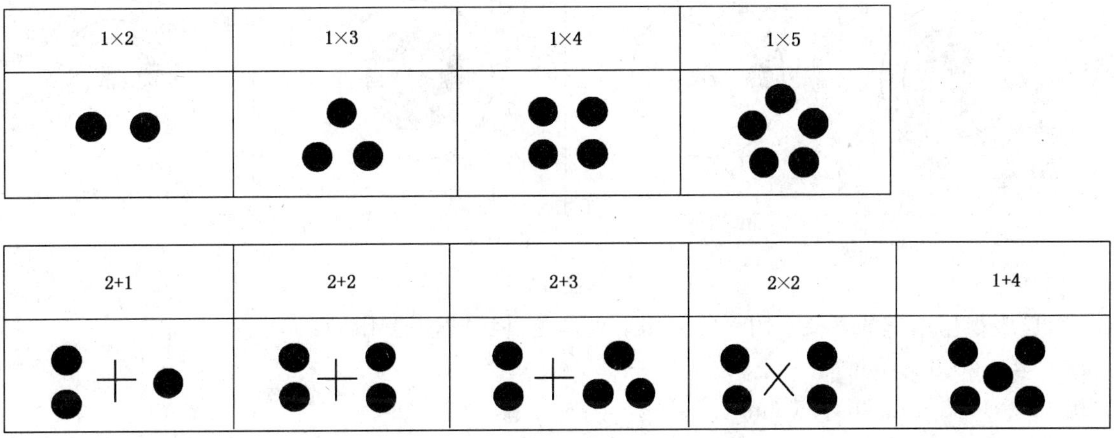

1×2	1×3	1×4	1×5

2+1	2+2	2+3	2×2	1+4

图 C.1

C.2　由5根以上单丝制成的钢帘线：

C.2.1　如果用于钢帘线中的股，每种类型的芯为一个实心图形（见图C.2）。

C.2.2　如果作为钢帘线，当一层中单丝多于6根时，用一个圆来表示，在圆周上标明单丝数量。如果是具有相同捻距和捻向的钢帘线，用一个实心圆表示，在圆的中心，标明单丝数（见图C.3～图C.4）。

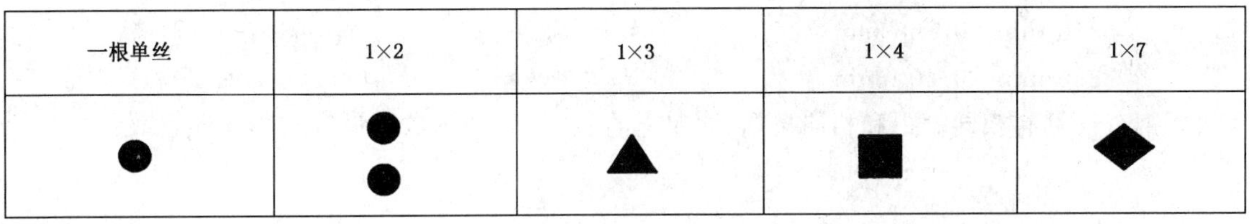

一根单丝	1×2	1×3	1×4	1×7

图 C.2

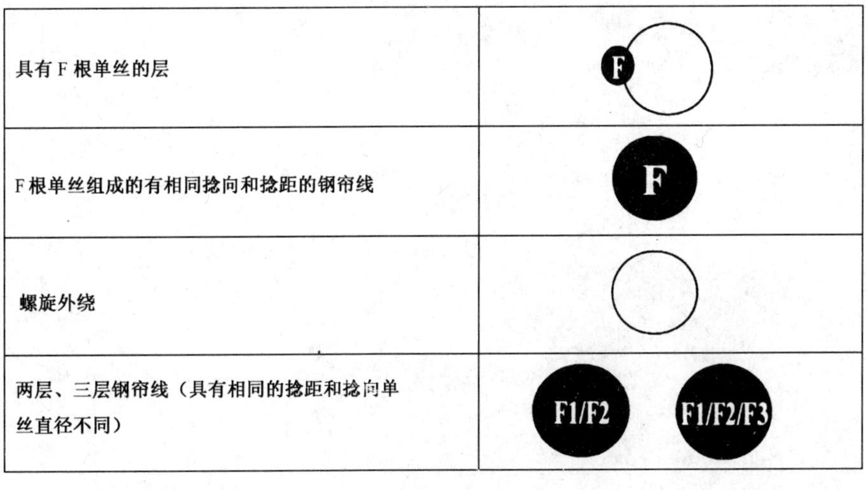

具有F根单丝的层	F
F根单丝组成的有相同捻向和捻距的钢帘线	F
螺旋外绕	
两层、三层钢帘线（具有相同的捻距和捻向单丝直径不同）	F1/F2　F1/F2/F3

图 C.3

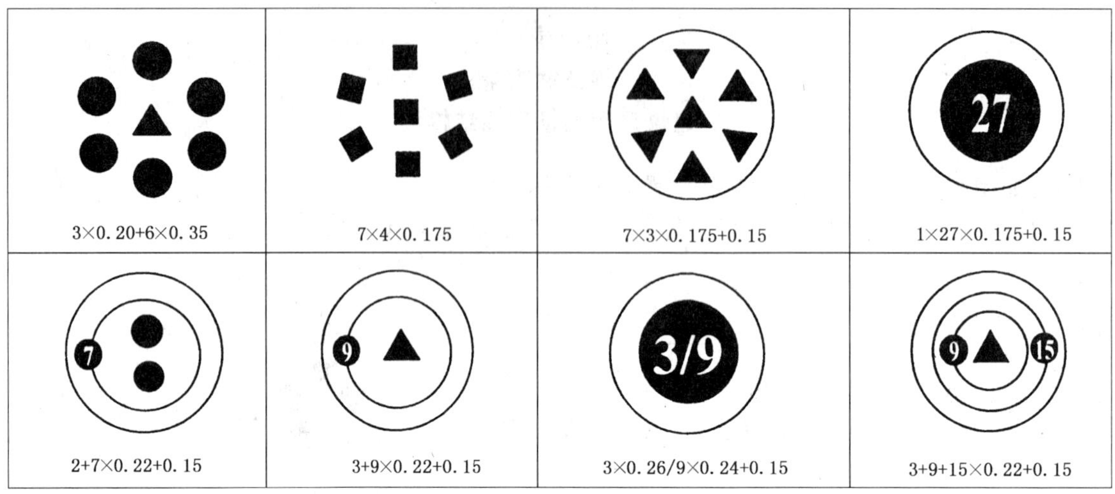

图 C.4

C.3 图形中根据单丝的直径不同一般采用下列颜色，但可以不受限制：

绿 0～0.160 mm

黑 0.165 mm～0.185 mm

粉红 0.190 mm～0.210 mm

蓝 0.215 mm～0.235 mm

黄 0.240 mm～0.260 mm

褐 0.265 mm～0.285 mm

红 0.290 mm～0.310 mm

灰 0.315 mm～0.335 mm

橘红 0.340 mm～0.360 mm

紫 0.365 mm～0.400 mm

如果钢帘线具有相同捻距和相同捻向，而单丝直径不同，则用数目最多的单丝颜色表示。

附 录 D
（资料性附录）
镀层重量、镀层厚度与单丝直径间的关系

黄铜镀层的重量通常用每千克钢帘线所镀黄铜层的重量表示(g/kg)或用厚度(μm)表示。可按式(D.1)进行换算。

$$T = W \cdot d \times 0.235 \qquad \text{(D.1)}$$

式中：

T——黄铜镀层厚度，单位为微米(μm)；

W——每千克单丝黄铜镀层重量；

d——单丝直径，单位为毫米(mm)。

镀层重量、镀层厚度与单丝直径间的关系遵循图 D.1 规律。

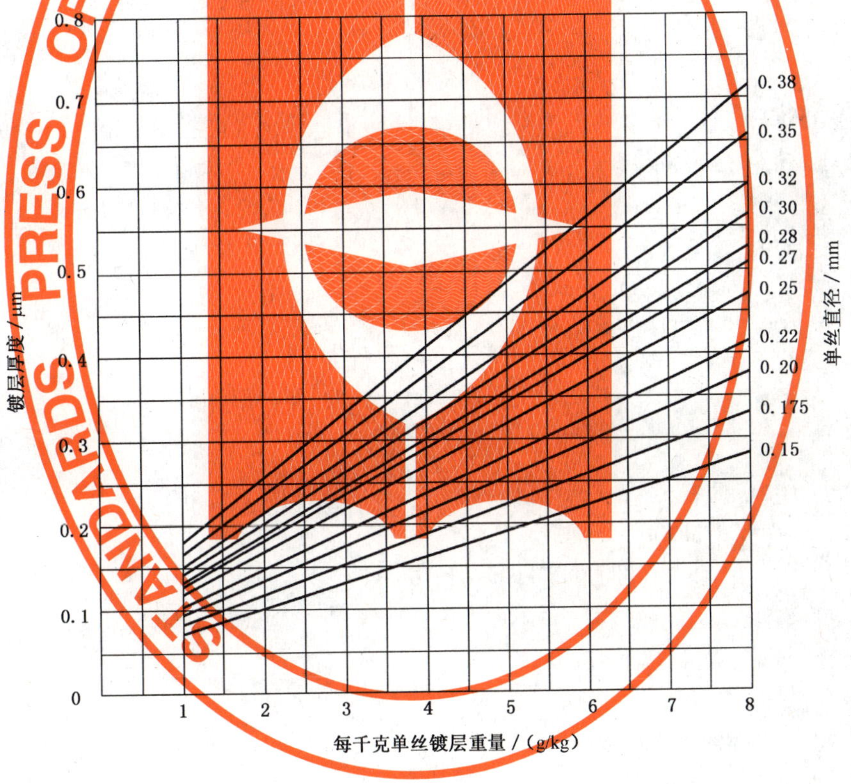

图 D.1